현대과학으로 살펴본
창조와 진화의 비밀 1

현대과학으로 살펴본
창조와 진화의 비밀 1

초판 1쇄 인쇄 2009년 5월 15일
초판 1쇄 발행 2009년 5월 20일

지은이 | 허헌구
펴낸이 | 김태봉
펴낸곳 | 한솜미디어
등 록 | 제5-213호

편   집 | 김주영, 김미란, 박창서
마케팅 | 김영길, 김명준
홍   보 | 장승윤

주소 | (우143-200) 서울시 광진구 구의동 243-22
전화 | (02)454-0492
팩스 | (02)454-0493
이메일 hansom@hansom.co.kr
홈페이지 www.hansom.co.kr

값 15,000원
ISBN 978-89-5959-199-2 (04470)
ISBN 978-89-5959-198-5 (04470)   (세트 2권)

*저자의 독창적인 이론(진술)이나 가설을 무단 전재하는 것을 금합니다
*잘못 만들어진 책은 구입하신 서점에서 친절하게 바꿔드립니다

현대과학으로 살펴본
창조와 진화의 비밀 1

우주만물은 왜 스스로 창조되고 진화되는가?
영혼과 신은 정말로 존재하는가?
에너지는 어떻게 만들어져서 어떻게 작용되는가?
아름다운 생태계의 설계 비밀은?

허헌구 지음

| 머리말 |

 이렇게 무한히 크고 넓은 우주와 무한히 많은 물질(자연물)들은 그저 스스로 우연히 저절로 자연히 만들어져서 그저 우연히 저절로 작동되어지는가? 이들 물질들은 원래 존재했는가, 아니면 신이나 자연에 의해 만들어졌는가?
 이들 물질들이 자연에 의해 스스로 저절로 만들어졌다면 자연의 무슨 힘(에너지)에 의한 것인가? 우주만물이 자연에 의해 저절로 생성된다면, 무슨 이유와 무슨 힘으로 저절로 만들어지고 자연 자신에게는 도대체 무슨 도움이 되는가? 그렇다면 자연에게 사고의 능력과 감정을 느끼는 감각능력과 새로운 메커니즘(기계술, 작동술)을 발명하고 새로운 시스템(계, 조직, 무리, 사회)을 개발하는 지적능력이 있으며, 지적능력을 활용할 기관을 가지고 있는가?
 입자(물질)와 시스템 사이의 상호작용으로 전체시스템이 작동되도록 할 수 있는 사고의 기구인, 뇌-신경계와 호르몬계-감각기관 같은 구조로 된 시스템이나 이들 시스템에 의해 작동되어지는 메커니즘이나 또는 다른 구조로 된 시스템과 다른 메커니즘들을 자연은 가지고 있는가?
 보기에는(외형상으로는) 자연에는 이러한 시스템과 메커니즘이 없으나 실제로는 우연히 자연히 저절로 만물이 만들어지고, 작용하고 변화되고 진화되는 이유는 무엇인가?

　신(하나님)에 의해 창조되었다면, 신이 우주만물을 일일이 손으로 창조했는가, 아니면 말씀으로 했는가. 아니면 어떤 에너지를 이용했는가?

　신이 창조했다면 무슨 이유와 목적으로 끝없이 무한히 크고 넓은 우주와 끝없이 무한히 작은 입자와 에너지를 만들었고, 끝없이 무한히 많은 만물을 구태여 신경 써가며 만들었는가? 반드시 그렇게 무한히 수많은 우주만물을 꼭 창조해야만 하는 이유와 목적은 도대체 어디에 있는가? 과연 신은 사람과 같은 형상이고 사람과 같은 감정을 가지고 사람과 같은 생각을 하는가? 등등의 의문을 사람이면 누구나 한평생 동안 여러 번 가지게 된다.

　그리고 자신도 모르게, 왜 내가 이 세상에 왔으며, 내가 이 세상에서 한 일은 무엇이며, 한평생은 너무나 짧은 일순간같이 지나가며, 내가 죽으면 내 부모와 가족과 동기간 그리고 절친했던 수많은 사람들과 정말로 영원한 이별을 해야만 하는 건가, 아니면 다시 만날 기회가 있는가를 여러 번 골몰히 생각하며 인간 무상함에 대한 허무함을 느끼게 된다.

　고대로부터 지금까지 수많은 지식인, 과학자, 철학자, 종교인들이 이런 문제로 몰두해 왔지만 시원한 답을 얻지 못하고 다만 크게 두 가지 길로만 생각하게 되었다. 즉 신의 창조인가? 아니면 자연의 진화인가…?

　우리는 쉽게 어느 것이라고 단정지을 수는 없다. 그러나 만일 우주만물을 신이 창조했다면 우리 주변 환경에 있는 자연물질은 신의 작품으로 신의 생각과 감정, 신의 의도와 설계, 신의 지성과 창조능력 등이 담뿍 담겨 있는 작품으로서 좋은 창조 증거물이 되므로, 이들 창조물을 자세히 세밀히 분석 관찰함으로써 신이 과연 창조했는지 안 했는지 판단할 수 있을 것이다. 만일 신이 만물을 창조하지 않았다면 자연에 의해 진화로 창조된 것으로 볼 수 있다. 왜냐하면 인간에게는 창조능력이 주어지지 않았기 때문이다.

범죄사건 수사관이 물적 증거물이나 증인, 알리바이, 범행능력이 있는지, 전과가 있는지, 범행동기가 있는지 등을 수사함으로써 범인을 체포하듯이, 우리가 직접 피조물(창조물)인 우주와 지구, 생태계와 인간의 신체구조와 신체기능, 물질계와 정신계의 구조와 기능, 성경 등을 현대의 자연과학지식을 토대로 관찰 분석하면, 우주만물을 창조한 주인공이 신(하나님)인지 자연인지 적어도 판단할 수 있을 것이다.

우리는 우주만물의 창조자를 찾는 데, 증거물인 자연과 인간의 신체구조와 작용 등을 관찰하고, 우주만물을 창조한 이유와 동기가 있는지, 우주만물을 만들 수 있는 지능과 능력이 있는지, 무슨 힘(에너지)으로 수십억 년 걸쳐 진화 창조되게 하는지, 무슨 자연의 법칙을 따르게 하는지, 성경 속에 하나님은 정말로 존재하고, 우리가 찾는 참 하나님인지 등을 수사관찰하면 우주만물을 만든 장본인(창조자)을 찾아낼 수 있을 것이다.

▎창조물(피조물)을 관찰하는 방법

1. 에너지(소립자)의 생성과 특성
2. 상대적인 극성의 힘의 상호작용으로 자연의 4대 기본 힘이 생기고, 이들 힘들의 상호작용으로 여러 종류의 에너지가 생김
3. 상대적인 극성의 힘에 의해 생긴 에너지로 물질이 형성되고, 작동되어 자연변화가 이루어짐(즉 자연변화는 에너지변화이다)

4. 상대적인 극성의 힘(에너지)의 상호작용으로 시스템(계, 조직, 사회)과 메커니즘이 생김
5. 상대적인 3대 극성(기능적인, 상태적인, 정신적인 극성)
6. 모든 자연변화(물리화학반응)는 빛에너지에 의해서 이루어진다.
7. 신의 3대 힘의 원리(=자연의 3대 힘의 원리)=상호작용하려는 힘+상대적인 극성의 힘(에너지)+평형(조화, 균형)해지려는 힘
8. 삼위일체 원리
9. 자연의 질서와 자연법칙
10. 우주와 생태계와 신체
11. 생명의 3대 요소인 광자(빛), 단백질, DNA
12. 정신세계를 만드는 신경계와 호르몬계, 감각기관, 주위환경
13. 생물의 삶의 궁극 목표는 감정을 표현하고 감정을 나누는 의사소통으로 다른 물질과 상호작용함으로써 공생·공존하기 위함
14. 동물의 신체 내부 구조는 의사소통(정보교환)을 하기 위한 구조로 만들어졌고, 의사소통을 하는 암호를 맞추는 과정으로 작용되고, 신체 모습은 의사소통을 하기 위한 감각기관 중심으로 만들어졌음
15. 하나님—영—혼—영혼
16. 창조와 진화

등등 여러 분야를 관찰함으로써 신에 의한 창조의 진화인지 아니면 단순한 자연에 의한 자연의 진화로 우주만물이 창조되어 유지·작동되는지를 판단할 수 있을 것이다.

만일 우주만물을 창조한 주인공이 신이라면 신이 우주만물을 창조한 이유와 목적은 어디에 있고, 신의 설계와 계획은 어떠하고, 신의 지성은 어느 차원이고, 신의 감정은 어떠한지, 신과 사랑의 교제를 할 수 있는지, 신은 우리의 소망을 들어주는지 등을 알아보는 것은 인생의 삶 동안에 가장 중요한 일이 될 것이고, 우리의 삶을 기쁨과 사랑으로 풍요롭게 만들 것이다. 그리고 이 지구를 떠나도 기쁜 마음으로 이별하게 될 것이다.

우주만물이 물질세계와 정신세계의 상호작용에 의한 혼합세계로 창조되고 작용되는데, 이는 화학, 물리, 생물, 지학, 천문학, 수학, 신체학 등 여러 자연과학분야와 성경이 바탕이 되어 자연의 법칙에 따라 자연의 질서에 의해 우주만물이 만들어져서 작용되어진다. 그러므로 피조물인 창조물을 관찰하기 위해서는 어느 정도 자연과학분야 속으로 들어가 심도 있게 관찰하지 않을 수 없는 것이다. 그러므로 이 책 내용은 자연과학, 건강의학, 성경내용 중심으로 이루어져 있기 때문에 풍부한 자연과학지식과 건강지식, 풍부한 자연의 진리와 하나님의 진리 등을 체험하고 깨닫게 될 것이다.

물론 자연과학은 어려운 학문같이 느껴지나 우리와 주위 자연환경이 만들어져 작용되는 학문인 만큼 생각하면서 관찰할 때 점점 흥미로워지는 분야이기도 하다. 왜냐하면 창조물을 관찰하면서 창조자의 구상과 설계, 창조자의 의도와 목적, 창조자의 생각과 감정, 창조자의 지혜와 능력 등을 통감하게 되기 때문이다.

물론 창조자의 창조물을 살펴보고 이해하는 일은 쉬운 일이 아니나, 이해되기 어려운 내용은 읽어가면서 줄거리만 이해해도 자연의 진화인지 신에 의한 창조의 진화인지 알게 될 것이다. 그러나 아무리 어려운 내용도 3번 정도 읽으면 우주만물과 자연 속에 파묻혀 있는 창조자의 진리인 자연의 진리(자연의 섭리)를 깨닫게 되는 기쁨과 흥미와 호기심이 생기고 자연을 사랑하는 마음이 생길 것이며, 더 나아가 참 하나님도 찾을 수 있어 구원도 받는 계기가 될 것이다. 피조물인 우리가 이 세상에 왔으면, 적어도 한번 정도는 심도 있게 이 세상의 창조자의 작품인 우주자연물을 살펴보고 가는 것도 창조자의 성품과 지성을 알게 되고 이 지구에 대해서는 좋은 추억이 될 것이다.

 이 책을 읽는 독자 여러분들에게 진리의 문이 활짝 열려 많은 성과가 있으시길 기원합니다.

허현구

〈참고 서적〉

- Biologie Sekundar stufe I, II (독일 고등학교 생물교과서)
- Chemie heute—Sekundar stufe I, II (독일 고등학교 화학교과서)
- Physik Sekundar stufe I, II (독일 고등학교 물리교과서)
- Basiswissen Physik, Chemie und Biochemie
- Biochemie. Springer—Lehrbuch
- Phsikalische Chemie und Biophysik. Springer—Lehrbuch
- Ökologie der Erde I, II
- 백과사전, 성경 등

| 차 례 |

머리말   4

제1장. 창조—진화—영(영혼)

  1. 창조의 진화   17
  2. 상호작용   22
  3. 에너지   29
  4. 상대적인 극성의 힘과 평형의 힘   34
  5. 자연의 3대 힘의 원리와 하나님의 3대 내적 본질   39
  6. 화학평형과 자연의 평형   44
  7. 시스템과 메커니즘   50
  8. 영혼과 창조자 ①   55
  9. 사랑에 대하여   70
  10. 창조와 진화 ①   73
  11. 영혼과 창조자 ②   93
  12. 영과 소립자의 세계   118
  13. 신이 우주만물과 인간을 만든 이유와 목적   123
  14. 창조와 진화 ② / 동물의 본능은 하나님의 선물   127
  15. 창조와 진화의 3대 요소   144

제2장. 에너지—물질—극성

  1. 원소의 생성 / 창조 능력   151
  2. 물질(입자) / 소립자   158

3. 힘과 상호작용 / 신비스러운 중력　　　　　　　　　165
4. 극성(polarity) / 인과 원리와 평형　　　　　　　　177
5. 극성결합 / 물질의 특성과 영혼　　　　　　　　　189
6. 화학결합　　　　　　　　　　　　　　　　　　　200
7. 화합물 / 영혼　　　　　　　　　　　　　　　　　203
8. 에너지　　　　　　　　　　　　　　　　　　　　208
9. 열과 열에너지 / 죄의 심판과 천국　　　　　　　　214
10. 열역학(thermodynamics) / 창조와 발명　　　　　223
11. 원소의 생성과 우주 대폭발(Big Bang)　　　　　　230

제3장. 자연변화를 일으키는 화학반응에 관련하는 것들

1. 화학반응 / 식물의 삶　　　　　　　　　　　　　237
2. 화학반응의 속도　　　　　　　　　　　　　　　　244
   / 왜 자연에는 스스로 행해지는 흡열반응이 있는가?
3. 화학평형 / 자연변화는 반드시 자연의 법칙에 따른다　251
4. 화학반응의 유형　　　　　　　　　　　　　　　　258

제4장. 자연변화=에너지변화

1. 자연의 평형 / 영적 교제와 천국　　　　　　　　　271
2. 암흑물질(black matter)　　　　　　　　　　　　　280
3. 암흑에너지(검은 에너지)　　　　　　　　　　　　283
4. 블랙홀(black hole) / 우리의 은하계　　　　　　　285
5. 태양계와 우주는 어떻게 유지되는가?　　　　　　292
6. 별의 일생　　　　　　　　　　　　　　　　　　　297
7. 삼위일체(Trinity) 원리 / 기독교의 삼위일체　　　299

제5장. 아름다운 생태계의 설계 비밀

1. 만물-인간-신의 관계   313
   / 신은 왜 인간에게 직접 모습을 보여주지 않는가?
2. 신이 머무르는 곳은?   320
3. 하나님은 어떻게 만물을 창조하는가? / 창조의 진화   323
4. 천적-먹이사슬-평형   339
5. 먹이사슬-죽음과 탄생-생물의 동적평형   344
6. 생물-인간-신과의 상호작용 / 죄와 심판   349
7. 동물을 위한 식물   358
8. 식물을 위한 동물 / 생물의 진화   362
9. 식물과 동물을 위한 미생물 / 신에 의한 창조의 진화   370
10. 신의 지성과 감정이 담긴 생태계   377
11. 생태계의 순환을 위한 물질과 에너지의 순환   383
12. 지구의 생태계   390
13. 생물의 모체인 땅 / 시스템-위대한 선구적인 민족   393

| 2권 차례 |

제1장. 아름다운 생태계의 설계 비밀
1. 생명의 샘(수권)
2. 공기(대기권)
3. 생태계를 이루기 위한 생물의 다양성
4. 생명의 원천-빛(햇빛)
5. 지구에 생명체가 존재하는 이유는?
   / 우연히 자연히 저절로의 기적적인 확률
6. 왜 공룡은 다량 전멸되어졌어야만 하는가?
7. 자연의 무질서와 질서
   / 만들어지는 물질의 모습은 모체와 비슷하다
8. 신비스러운 자연의 질서
9. 우주와 지구 생물의 생성

제2장. 생명체를 만드는 생물기계들
1. 신체를 만드는 생물세포기계
2. 생명의 유전장비가 들어 있는 세포핵기계
3. 정보의 통신과 물질의 수송을 위한 세포막기계
   / 시스템과 메커니즘-히틀러
4. 스스로 생명체로 만들어지는 분자로봇기계들
5. 영적인 단백질분자기계를 만드는 아미노산
6. 생명의 물질이고 로봇이고 대리자인 단백질기계
7. 신진대사를 주도하고 이끄는 단백질효소기계
8. 생명의 말씀이 기록되어 있는 DNA분자기계
9. 부모의 형질을 유전시키는 유전자
10. 유전자 변이 / 시스템-생물
11. 체세포분열과 감수분열/생명의 로봇과 영혼
12. 생명의 신비 / 자연법칙과 자연의 질서
13. 정신세계를 만드는 신경세포기계
14. 황홀한 환상의 세계를 만드는 마약
15. 물질+정신+영의 세계를 만드는 호르몬분자기계
16. 신경계와 호르몬계의 상호작용 ① / 신체항상성
17. 물질+정신+영의 세계를 만드는 두뇌컴퓨터기계
    / 시스템과 메커니즘-경제계와 정치계
18. 신경계와 호르몬계의 상호작용 ② / 스트레스

제3장. 의사소통(정보전달, 에너지전달, 교제)
    1. 의사소통과 상호작용
    2. 암호를 맞추는 신체구조와 삶의 활동
    3. 의사소통은 암호를 맞추는 과정이다
    4. 동물의 신체는 의사소통을 하기 위한 구조로 만들어져 있다
    5. 보는 것은 눈과 뇌의 의사소통을 통한 상호작용으로 이루어진다
    6. 동물과 식물의 의사소통
    7. 가장 값진 삶의 활동은 사랑의 감정을 나누는 교제이다
    8. 의사소통은 주위환경의 영향을 받는다

제4장. 성경의 하나님은 참 하나님인가?
    1. 성경과 하나님
    2. 영-혼-영혼
    3. 영혼의 순환

제5장. 하나님의 영과 지성이 들어 있는 기계들
    1. 심장
    2. 피(혈액)
    3. 소화기관과 배설기관

제6장. 텔레파시(Telepathy, 정신감응)
    1. 텔레파시는 무엇인가?
    2. 동물들의 텔레파시
    3. 인간의 텔레파시
    4. 텔레파시와 광자(에너지+정보+영)

입자와 에너지는 어떻게 생성되어 어떻게 스스로 저절로 물질을 만들고 진화와 창조는 어떻게 이루어지는지, 그리고 영혼과 신은 정말로 존재하는지 총괄적으로 알아본다.

제1장
창조―진화―영(영혼)

- 창조의 진화
- 상호작용
- 에너지
- 상대적인 극성의 힘과 평형의 힘
- 자연의 3대 힘의 원리와 하나님의 3대 내적 본질
- 화학평형과 자연의 평형
- 시스템과 메커니즘
- 영혼과 창조자 ①
- 사랑에 대하여
- 창조와 진화 ①
- 영혼과 창조자 ②
- 영과 소립자의 세계
- 신이 우주만물과 인간을 만든 이유와 목적
- 창조와 진화 ②
- 창조와 진화의 3대 요소

01
창조의 진화

사람은 누구나 한평생 동안 몇 번인가는 왜 내가 태어났으며 왜 죽어야만 하는가, 죽은 후에도 영혼은 없어지지 않고 영원히 있다가 천국에 가서 먼저 가신 할아버지, 할머니, 아버지 그리고 다른 분들과 다시 만나 뵐 수 있는지, 더욱이 연세가 많으신 어머니가 돌아가시면 내가 죽은 후에 다시 어머님을 뵐 수 있을지 매우 의문이다.

그리고 한평생 희로애락을 함께 해온 사랑하는 아내와 멀리 떨어져 있는 자식들과 형제자매, 친척, 동기간, 친한 인연이 있는 사람들 모두의 인연이 죽음과 함께 영원한 이별로 끝나는 걸까?

모든 것이 이승에서 끝나버리고 저승과 연결이 되지 않으면 저승 역시 존재하지 않을 것이며, 저승이 없으면 하나님도 없을 것이고 하나님이 없으면 우주와 만물이 우연히 저절로 자연히 생겨날 수도 없으며, 나와 부모님이 생겨서 깊은 인연을 맺었을 리는 더더욱 없는 일이다.

아무것도 없는 곳에는 시간이 아무리 흘러가 수십억 년이 지나가도 그곳에는 아무것도 없는 것이 자연의 법칙인 것이다. 아무것도 없는 곳에 오랜 세월이 지나 우연히 저절로 자연히 물질이 생기고, 생물이 생겨나고 인간이 태어나서 만물의 영장이 되어 인간사회를 형성하고, 신을 믿고 신과 정신적으로 교제하는 것은 인간의 능력과 자연의 능력을 초월한 신의 영적인 능력이 작용했기에 가능한 일인 것이다.

  모든 자연물질은 자연의 법칙에 의해 만들어져서 자연의 질서를 지키면서 자연의 법칙인 인과법칙에 따라 행할 따름이다.

  처음 태초에 신(하나님)도 없었다면, 영적인 시간, 공간, 물질도 없었을 것이다. 왜냐하면 이러한 영적인 시공과 물질은 영적인 특성을 가지고 있기 때문이다. 이러한 영적인 특성들은 아무것도 없는 곳에서 우연히 자연히 저절로 생겨나거나 만들어지지 않기 때문이다.

  예를 들어 육체물질로 된 동물들이나 인간들한테서는 동물이나 인간의 특성을 초월한 그 이상의 영적인 특성이 우연히 자연히 저절로 스스로 만들어지거나 생기지 않기 때문이다. 그리고 무기물인 산소나 수소, 흙, 물 등도 원래 가지고 있는 특성을 우연히 자연히 초월하여 다른 영적인 특성으로 작용되지 않기 때문이다. 그러므로 물질의 특성은 상대적인 극성의 힘에 의해 원래 정해져 있는 것이지 스스로 저절로 아무렇게나 생기거나 변하거나 하지 않는다.

  입자, 원자, 분자, 물질, 생물의 특성은 우연히 자연히 저절로 스스로 만들어지지 않고 처음 소립자의 특성과 상대적인 극성의 힘(에너지)에 의해 원자, 분자, 물질이 형성되고, 동시에 특성도 만들어진 것이다. 즉 물질의 특성은 물질을 이루는 분자구조와 결합력에 의한 상호작용으로 만들어지는 시스템으로 생겨나므로 각 물질에 작용하는 특성도 각각 다르고 특정하게 한정되어진다. 그러나 물질이 가진 특성 이상으로 물질의 특성이 절대로 나타나지는 않는다. 그러므로 물질의 특성은 상대적인 극성의 힘 사이에 생기는 에너지(소립자)의 작용인 것이다.

만일 처음 태초에 하나님과 천국도 아무것도 없었다면, 에너지(소립자)와 물질이 없었으므로 특성이 생길 수 없어 상대적인 극성의 힘과 그 사이에서 생기는 에너지가 없기 때문에 아무것도 생겨날 수 없는 것이다. 그러므로 처음 태초에는 적어도 신과 천국은 존재했어야만, 이들을 만들게 한 상대적인 극성의 힘과 극성의 힘으로 만들어진 에너지로 이들은 존재하게 되고 활동하게 되는 것이다. 천국과 신이 존재하고 활동함으로써 열에너지가 나오게 되고, 열에너지도 일종의 전자기파이기 때문에 만유인력과 만유척력의 힘의 장을 형성하게 되고, 힘의 장에 의해 공간을 형성하게 되고 오랜 시간이 지나감으로써 우주 허공이 커지게 되고, 우주 허공에는 에너지와 소립자로 바다를 이루게 되고, 이들의 이동으로 온도, 압력, 밀도, 에너지 등이 작용하여 블랙홀(black hole)이 형성되고 이어서 우주 대폭발(big bang)이 일어났을 것이다. 그러므로 영적인 현 우주세상은 태초에 영적인 신과 천국이 출발물질세계가 되고 정신적인 출발정신세계가 된 것이다. 만일 태초 전에 신과 천국이 존재하지 않았다면 물질세계와 정신세계의 혼합세계인 현 우주세계는 만들어질 수 없었던 것이다.

모든 물질은 특성이 들어 있는 소립자로 된 원자와 분자로 되어 있기 때문에 원자와 분자의 상대적인 극성의 힘에 의해 만들어져서 원자와 분자의 상대적인 극성의 힘의 상호작용에 의해 새로운 물질과 새로운 물질의 특성도 생겨나는(만들어지는) 것이다.

우주와 만물이 신에 의한 창조의 진화에 의한 것인가, 아니면 단순한 자연의 진화에 의한 것인가?

자연은 자연의 법칙에 따라 자연의 3대 힘(상호작용하려는 힘, 상대적인 극성의 힘, 평형해지려는 힘)과 자유에너지(유용한 에너지)는 감소하고(발열반응), 엔트로피(무용한 에너지, 무질서도)는 증가하는 일방통행식 경로에 의해 수동적으로 반응·작용·변화할 뿐이지, 여러 단계의 시스템이 공동상호작용하는 생물계나 더구나 물질과 정신과 혼이 혼합상호작용하는 동물계를 그리고 자연과 생물이 공동상호작용하는 다방통행식의 생태계를 우연적이고 자연적인 진화로는 만들어 낼 수 없는 일이다. 만일 자연이 원래 가지고 있는 수동적 능력을 벗어나(초월하여) 조금이라도 능동적으로 자유로이 생각하거나 행동하면 자연의 질서는 무너져 자연의 법칙은 파괴되므로 물질은 만들어질 수 없고, 만들어진 물질은 파괴될 것이다. 그러므로 자연 홀로는 능동적으로 자유로이 설계하거나 발명하거나 물질을 진화시킬 수 없는 것이다.

성경의 창세기에는 "하나님이 6일 만에 우주와 만물을 창조하셨다"로 되어 있는데, 여기서 하루는 오늘날의 하루인 24시간이 아닌 것이다.
베드로후서 제3장 8절에 보면, "사랑하는 자들아 주께는 하루가 천년 같고 천년이 하루 같은 이 한 가지를 잊지 말라"는 거와 같이 하나님은 오랜 세월에 걸쳐 세밀히 설계하시고 창조되게 하신 것을 알 수 있다. 우주와 자연이 너무 오랜 세월 수십억 년 동안 창조의 속도가 아주 느리기 때문에 인간의 감지속도를 벗어나서 인간에게는 신의 창조보다는 자연의 우연적이고 자연적인 발달로 느껴지므로 자연의 진화라고 대부분 믿게 되는 것이다.
신(하나님)은 인간처럼 손으로 만물을 빠른 시일 안에 창조하는 것이 아니라 상대적인 극성의 힘의 상호작용에서 나오는 에너지로 신의 설계프로그램에 따라 물질을 변화시켜 새로운 물질을 창조되게 하기 때문에 창조속도가 우주 대폭발(big bang) 때처럼 초고압·초농도·초고온에 의한 초중력(초인력)으로 번개보다 더 빠를 수도 있고, 지구의 생태계 창조와 같이 수십억 년 느릴 수도 있는 것이다.
아무튼 죽음이 없이 영원한 존재인 신에게는 수십억, 수백억 년이 우리의 한 달, 두 달에 속하기 때문에 현재에 속하는 것이다.

실제로 신은 모든 생물을 따로따로 일일이 손수 직접 창조한 것이 아니라 생명의 칩인 DNA 유전물질을 정신감응력(Telepathy, 정신감응으로 멀리 떨어진 곳과 이야기하거나 멀리 떨어진 곳을 보는 능력)이나 정신동력(Telekinesis, 정신력으로 물체를 마음대로 움직이게 하거나 작용하게 하는 능력) 등으로 영의 에너지(빛의 광자나 보이지 않는 에너지)를 이용하여 생명물질들이 발달·변화하게 하여, 지상의 수많은 생물을 진화로 창조되게 한 것이다. 그러므로 신이 없는 자연의 진화로 우주만물이 창조된 것이 아니라, 신에 의해 자연의 진화로 우주만물이 창조된 것이다. 그러므로 신의 창조보다는 '신에 의한 창조의 진화' 또는 간단히 '창조의 진화'라는 표현이 더 실감 있고 설득력 있는 표현이 될 것이다. 왜냐하면 자연도 결국 하나님에 의해서 만들어지므로 자연의 진화는 엄밀히 생각하면 하나님에 의한 자연의 진화이기 때문이다.

오늘날 과학서적 속에는 유감스럽게도 '자연의 진화'라는 문구는 눈에 자주 띄어도 '신의 창조'라는 문구는 찾아볼 수 없는 실정이다.

신이 존재하지 않는 우주, 죽음과 함께 없어지는 영혼, 모든 것이 적자생존의 자연선택에서 환경에 잘 적응하는 강자만 살아남는 세상은 물질세계에서나 생물세계에서 원동력이 되는 상호작용과 평형(화평, 조화, 균형)과 상대적인 극성의 원리와 인과법칙에도 어긋나므로 그러한 세계(세상)는 존재할 수 없는 것이다.

02
상호작용

원자를 만드는 소립자로부터 소립자 사이의 극성의 힘에 의한 상호작용으로 원자와 동시에 원자의 특성과 시스템과 메커니즘이 만들어지고, 원자들의 극성의 힘에 의한 상호작용으로 분자와 이온과 동시에 이들의 특성과 시스템과 메커니즘들이 만들어지고, 이들의 극성의 힘에 의한 상호작용으로 물질과 동시에 물질의 특성과 시스템과 메커니즘이 만들어지고, 물질들의 극성의 힘에 의한 상호작용으로 우주와 만물이 만들어지고, 동시에 우주와 만물의 거대한 시스템이 만들어지고, 동시에 거대한 시스템에 의한 거대한 메커니즘(기계술, 작동술, 기능술)이 만들어져서 우주와 만물이 운행·변화되고 생태계가 순환·유지되어 인간도 살아갈 수 있는 것이다.

이와 같이 우주만물은 서로 상호작용을 함으로써 존재하고 작용하고 변화된다. 즉 낱개의 소립자들이 모여 상호작용을 하여 거대한 우주도 만들어내는 것이다.

그러므로 소립자의 상호작용은 극성의 힘을 만들고(동시에 반대로 소립자의 극성의 힘은 상호작용을 하려는 힘을 만들고), 극성의 힘은 에너지를 만들고, 에너지의 흐름은 힘의 장을 만들고, 힘의 장은 다시 극성의 힘을 만들기 때문에 극성의 힘과 에너지 사이에는 서로 끊임없이 상호작용을 하므로 우주의 에너지와 극성의 힘은 시간이 지날수록 증가되는 것이다. 에너지 질량의 등가법칙에 따라 한번 만들어진 에너지와 물질(입자)은 없어지지 않고 변화될 수 있으므로, 시간이 지날수록 우주의 물질과 에너지(소립자)는 많아지게 되는 것이다. 그러므로 우주는 팽창되고, 별들은 많아지고, 우주 허공에는 광자, 소립자, 쿼크들이 바다를 이루게 되는 것이다.

  소립자들의 극성의 힘의 상호작용으로 원자, 분자의 미세한 수많은 시스템(계, 계통, 조직, 사회)들이 생기고, 이들 무수히 많은 조그마한 시스템들의 상호작용으로 물질과 물질의 특성이 만들어져서 물질이 작용하고 변화되어 간다. 이는 소립자(에너지)들이 서로 상호작용하여 원자를 만들고 원자시스템의 부속물(품)인 원자핵과 전자의 상호작용으로 원자의 특성과 원자의 시스템과 원자의 메커니즘이 생겨나고, 이어서 원자들 사이의 상호작용으로 분자시스템과 분자메커니즘과 분자의 특성이 만들어지고, 이어서 분자들의 상호작용으로 물질이 만들어지고, 물질의 특성과 물질의 메커니즘이 생겨나고, 물질들 사이의 상호작용으로 복잡한 물질이 만들어지고, 동시에 복잡한 시스템과 복잡한 메커니즘, 복잡한 특성이 생겨나는 것이다.

  작은 시스템들 사이의 상호작용으로 점점 더 커지는 여러 단계의 시스템을 만들어가며 동시에 여러 메커니즘이 생겨나고 나중에는 전체시스템인 한 물질이나 별과 같은 거대한 천체나 인간과 같은 작은 하나의 생명체를 만들어가게 되는데, 이 과정은 서서히 발달되어 가는 과정이므로 진화로 표현할 수 있는 것이다. 그러므로 진화를 이루게 하는 원동력은 상호작용을 하게 하는 극성의 힘에 의해 생긴 에너지의 작용인 것이다.

상대적인 극성의 힘의 상호작용은 물질세계에서뿐만 아니라 정신세계에서도 작용하는 것이다. 즉 정신세계가 이루어지고 작용되려면 상대적인 정신적인 극성(상대적인 성질)에 의한 상호작용이 있어야 하는 것이다. 예를 들어 좋은 것을 알기 위해서는 상대적인 나쁜 것을 알아야 가능하며, 만일 나쁜 것을 모르는 상태에서 좋은 것들만 있을 경우에는 얼마나 좋으며 어디에서부터 좋은지 알 수 없기 때문에 정신적인 생각을 올바로 할 수 없는 것이다.

물이 많은 지역에 사는 사람들은 물이 너무나 흔하기 때문에 비가 오는 것도 그렇게 반갑지 않으며 물이 그렇게 귀중하고 좋은지를 모르나, 물이 적은 지역인 사막지역에 사는 사람들은 물이 상대적으로 없는 물질이기 때문에 물이 다른 무엇보다도 가장 귀중한 물질로 생각하게 되는 것이나 같은 이유이다.

신(하나님)이 물질계와 정신계의 혼합세계로 우주만물을 창조할 때 상대적인 극성의 힘의 상호작용을 이용한 것은 더 잘 돋보여 더 풍부한 감정과 욕망을 유발시키고 더 잘 반응하도록 하여 자연의 아름다움과 풍부함과 다양성을 유발시키고 자연변화가 잘 일어나도록 한 것임을 알 수 있는 것이다.

밝은 색(흰색)으로 둘러싸인 어두운 색(검은색)은 유난히 더 어둡게 보이고, 어두운 색으로 둘러싸인 밝은 색은 밝은 색으로 둘러싸인 밝은 색보다 훨씬 더 밝게 보이는 거와 마찬가지로, 같은 종류 같은 성질의 대상물 사이보다는 상대적인 극성적인 대상물(물질이나 정신) 사이가 훨씬 더 반응을 잘하고, 정신적인 감각과 감정도 더 강하게 작용하므로, 신(하나님)은 상대적인 극성관계를 물질세계에서뿐만 아니라 정신세계에서도 적용한 것이다.

인간한테서 이루어지는 육체와 정신의 상호작용은 주위환경과 감각 기관, 심장과 자율신경계(교감신경, 부교감신경), 중추신경계, 호르몬계와의 상호작용으로 정신적인 감정(감명, 감동)을 만들어내 풍성하고 다양한 감정의 교제(의사소통)를 하게 하여 풍요한 인간사회를 형성하도록 한다.

사랑의 감정은 상대방을 아끼는 따듯한 감정이 담긴 마음에서 행해지며, 인간의 마음과 감정은 여러 신경계와 여러 호르몬계 그리고 여러 감각기관들의 상호작용으로 형성되지만 그 중에서도 교감신경계와 부교감신경계 사이의 상대선수적인 역할(길항작용)인 촉진과 억제의 상대적인 기능적인 극성작용과 중추신경계의 상호작용으로 양심의 작용이 생겨 선과 악을 구별하고 죄를 판단하여 죄의 정도를 알게 되는 것이다. 감각세포에 의해 감각된 정보와 기억세포 속에 저장된 기억정보 사이에 상대적으로 비교·분석·평가되는 상대적 극성적인 작용은 상대적인 정신적인 극성작용으로 생각을 하게 하는 것이다. 다시 말하면 생각하는 것은 정신적이지만 감각된 정보와 경험에 의한 기억정보를 상대적으로 비교함으로써 즉 상대적 정신적인 극성작용에 의해 생각을 하게 되는 것이다. 그리고 신경세포를 통한 자극전류에 의해 정보가 전달되는 현상도 상대적인 전자기적인 극성의 힘에 의해 이루어지는 것이다.

상대적인 극성의 힘에 의한 상호작용은 물질세계에서뿐만 아니라 정신세계에서도 작용하므로 물질적인 힘뿐만 아니라 정신적인 힘의 원동력이 되는 것이다.

사랑과 미움, 선과 악, 좋은 것과 나쁜 것, 행복과 불행 등은 정신적인 상대적인 극성관계를 비교함으로써 감지하게 되는 것이다.

물질의 화학결합에서 원자들은 전기음성도의 크기에 따라 원자 사이의 전자쌍이 치우쳐져 분자를 형성하는 힘과 같이 정신세계에서도 두 극성(양쪽 성질) 사이에서 마음의 힘이 큰 쪽으로 쏠려 큰 쪽의 힘이 더 많이 작용하게 되는 것이다.

　좋은 마음이 강한 사람은 좋은 마음이 나쁜 마음보다 훨씬 강하기 때문에, 마음의 결정은 항상 좋은 마음 쪽에서 이루어지기 때문에, 좋은 마음이 강한 사람은 대부분 거의 항상 좋은 마음으로 처신하게 되므로 좋은 사람으로 행동을 하게 된다.

　내 육체는 여러 수많은 물질로 이루어져 있고, 주위의 물질과 다른 생물의 상호작용에 의해 내가 살아가고 이웃이 있어 사회가 형성되어 내가 필요한 모든 물품과 물질과 정신적인 위안 등을 공급받아 살아갈 수 있는 것이다. 설혹 이웃이 직장이 없어 별 도움이 되지 않는 것 같으나 소비경제를 살리고, 그래도 그들은 멀리 떨어진 다른 사람들에게는 사랑스러운 사람들이고 도움이 되는 사람들일 것이고, 우리 집에 불이 나면 그래도 제일 먼저 올 사람들은 이웃인 것이다. 그리고 이들 이웃이 있으므로 외롭지 않으며 전기, 전화, 컴퓨터 선, 하수구 등을 공동으로 쓸 수 있는 것이다. 보잘것없는 바람, 물, 공기, 식물, 동물, 그리고 모르는 이웃이나 다른 사람들은 내가 살아가고 내 후손이 살아가기 위해서는 필수적이고 값진 귀중한 것이다.

　내 몸은 무생물과 다른 생물의 물질과 에너지로 만들어져서 함께 호흡하고 함께 작용하여 '나'라는 하나의 생명체를 이루는데, 즉 내 몸은 만물의 상호작용에 의해 만들어져서 만물과 상호작용함으로써 삶의 활동을 할 수 있기 때문에 주위환경에 있는 만물인 자연과 이웃을 사랑하는 것은 당연한 일인 것이다.

　하나님은 상대적인 극성 사이에서 힘의 장(전자기장 등)이 생겨나게 하고 힘의 장으로부터 생겨나는 에너지로 우주만물을 창조하시고 우주만물을 운행하게 하시며 우주만물이 변하게 하셨다. 힘의 장에는 방향이 있고 방향은 질서를 잡게 하고 질서를 유지하기 위해서는 규칙이나 법이 있어야 하는데 자연의 질서를 잡는 것이 바로 자연의 법인 자연의 법칙인 것이다.

소립자의 상호작용으로 상대적인 극성의 힘인 자연의 4대 기본 힘이 생기는데 이것을 세기 순으로 나열하면, 강력(강한 핵력=강한 상호작용=쿼크에 의해 양성자 중성자가 결합하여 원자핵을 이루는 힘), 전자기력(전자기적인 상호작용=양전하와 음전하 사이에 작용하는 힘으로 대부분 전자의 작용으로 자연의 대부분의 힘), 약력(약한 핵력=약한 상호작용=원소의 붕괴), 중력(중력상호작용=물질 사이에 작용하는 인력)의 4종류의 기본 힘이 생긴다.

이들 자연의 4대 기본 힘은 물질(소립자) 사이에 서로 상호작용함으로써 생기고, 이들의 다단계의 혼합상호작용으로 자연에는 수많은 종류의 힘(에너지)이 생겨나는 것이다.

신(하나님)은 태초에 특성이 들어 있는 소립자가 만들어지게 하였고 소립자의 특성의 상호작용으로 상대적인 극성이 생기고 극성의 상호작용으로 힘의 장이 형성되어 에너지가 생겨나고(주로 전자의 에너지=전자쌍) 전자(쌍)에 의해 원자, 분자, 이온, 물질, 우주만물이 만들어지고 작용되어지게 설계한 것이다.

상대적인 극성의 힘에 의해 만유인력과 만유척력이 만들어지고 이들의 상호작용으로 우주 허공은 만들어지며, 우주 허공에서 우주만물들은 서로 붙잡고 서로 운행하며 서로 변화되고 서로 물질을 만들며 서로 아름다운 대자연을 만들고 있는 것이다. 즉 만유인력과 만유척력은 우주의 모든 물질 사이에, 지구와 천국 사이에 미세한 힘이든 천체 사이에 거대한 힘이든 많건 적건 모든 만물이 서로 에너지 면으로 끊임없이 항상 상호작용하고 서로 의사소통하며 서로 교제하고 있는 것이다.

　물론 이러한 힘과 에너지에 의해 자연의 질서가 잡히고, 자연의 질서에 의해 자연의 법칙이 만들어지는데, 이러한 자연의 변화는 신의 3대 힘의 원리(원칙)이고, 자연의 3대 힘의 원리인 상호작용하려는 힘, 상대적인 극성의 힘, 평형(화평, 균형, 조화, 화목)해지려는 힘들의 상호작용에 의해 이루어지며, 이들 힘(에너지)의 상호작용으로 자연히 저절로 우주만물이 만들어지고 운행되어지며 변화되어지는 것이다.

03
에너지

별이 탄생해서 수십, 수백억 년 지나 초신성 별로 폭발되면서 우주 공간에 먼지 재를 뿌리며 죽어가다 다시 고중력(고인력)으로 주위의 우주먼지를 흡수해 새로운 별로 탄생하는 것이나 물질이 다른 물질로 변화하거나 분해되거나 합성되는 것이나 지구의 생물이 태어나 살다가 죽어 미생물에 의해 분해되어 화학원소로 전환되는 것이나 우리가 정신적인 생각을 하는 것이나 우리의 이메일(e-mail, 전자우편)이 전달되는 것이나 우리가 호흡하는 것이나 우리가 말하는 것 등등 모든 자연현상은 에너지를 방출하거나 또는 에너지를 흡수하는 에너지작용이며 항상 에너지와 관계되어 있는 것이다.

마찬가지로 천국의 자연도 에너지에 의해 생성·유지되고, 하나님의 말씀도 에너지에 의해 행해지고, 하나님의 설계, 의도, 능력, 성령, 감정, 생각 등 모든 하나님의 물질적, 정신적 행위와 하나님의 영의 활동도 모두 에너지에 의해 작용되고 활동되어지는 것이다. 만일 에너지가 작용을 하지 않고 멈추면 천국과 우주만물의 물질세계와 정신세계도 모두 멈추게 되는 것이다.

지구상의 생물이 태어나고 신진대사하고 활동하고 하는 데도 에너지에 의해 하게 되는 것이다. 지구상의 수많은 생물들에게 에너지를 공급하기 위해서 하나님은 태양항체가 만들어지게 해서, 빛으로 모든 만물을 비치게 하여 빛에너지를 공급하게 한 것이다. 무생물인 무기물로 된 수많은 물질도 속에는 역학적에너지(=위치에너지+운동에너지)가 들어 있어 이 에너지의 힘으로 화학물리반응이 일어나 자연변화가 이루어지는 것이다. 그러므로 무생물이든 생물이든 에너지(소립자)로 만들어져서 에너지에 의해 작동·작용·활동되어지는 것이다. 생물인 미생물, 동물, 식물이 태어나서 살아가기 위해서는 에너지가 필요한데, 식물이 빛에너지를 광합성작용으로 유기물 속에 저장해서 양분으로 동물과 미생물에게 전달하여 생물 3군이 살아갈 수 있는 것이다.

식물이 빛에너지를 화학에너지로 광합성작용하는 것이나 에너지가 전달되고 식물, 동물이 서로 가역반응(정반응과 역반응)으로 산소, 이산화탄소, 물을 끊임없이 만들어내고 분해시키고 하는 순환메커니즘이나 생물 세포 속에서 유기물을 분해해서 에너지를 얻고 소비하는 메커니즘이나 그저 우연히 자연히 저절로 스스로 만들어져서 생태계가 영적으로 유지되고 영적으로 작동되어질 수는 없는 것이다.

만일 빛(광자소립자+전자기파+다른 소립자)이 없었다면 원자나 분자를 못 만들기 때문에 물질세계와 정신세계(기억하고 생각하는데 광자소립자가 작용함)는 존재할 수 없어 현 세상은 만들어질 수 없었을 것이다. 그러므로 만물을 만드는 빛이 자연보다 먼저 존재했는데 어떻게 자연이 우연히 저절로 빛을 만들 수 있었겠는가? 빛은 소립자(에너지)와 전자기파로 눈에 안 보이는 아주 미세한 물질이며 자연의 법칙인 인과법칙에 따라 우연히 자연히 저절로 생겨날 수도 없는 것이다. 오직 빛보다 먼저 존재한 신에 의해서만 오로지 만들어질 수밖에 없었던 것이다.

모든 우주만물은 에너지가 필요한데 모든 우주만물에게 에너지를 공급할 수 있는 방법은 빛으로 전달하는 것이 가장 좋은 방법인 것이다. 빛은 1초에 30만km를 가고, 밝으며, 에너지와 만물의 정보를 담고 있으며, 하나님의 의도와 설계가 들어 있는 영이 들어 있는 것이다. 우리는 전파, 전자기파, 전자파 등의 에너지 속에 말, 사진, 기록 등의 정보를 담아 멀리 보내기도 한다. 우리는 음파에너지에 생각을 말로 담아 이야기한다. 하나님의 말씀인 설계나 의도도 에너지 속에 담아 생물에게 전달시키려면 빛에너지를 통하게 되는 것이다. 그래서 빛은 광자입자와 전자기파의 2중성으로 되어 있다.

우리가 살아가는 데 필요한 정보에너지인 전파와 생활에너지인 전기에너지를 만들어 필요한 정보를 보내거나 기계에 에너지를 주어서 기계를 자유자재로 이용하고 사용하는 것같이, 하나님도 정보에너지, 힘의 에너지, 물질에너지(소립자), 정신감응에너지, 정신동력에너지 등 수많은 에너지를 만들어 생물기계에 에너지를 주어 자유자재로 이용하고 사용하는 것과 마찬가지인 것이다. 하나님은 동물이 볼 수 있게 빛 속에 광명을 넣어 밝게 만들어지도록 하고, 나중에 동물과 사람의 시각기관인 눈이 만들어지게 하신 것이다. 단순한 자연에 의해 뜨거운 태양이 만들어지고, 나중에 자연의 진화로 고차원의 영적인 동물과 인간의 눈기계가 만들어져서 밝은 광명을 보고 많은 감정을 갖게끔 만들어질 수는 없는 것이다. 왜냐하면 같은 포유류 동물의 눈의 구조와 작용은 천차만별로 다르고, 포유류의 카메라장치의 눈기계는 우연히 자연히 고차원으로 발전될 수 없기 때문이다.

하나님은 빛 속의 광자(양자, photon) 속에 에너지와 만물의 정보와 하나님의 말씀과 의도와 설계와 능력이 들어 있는 영(성령)이 들어 있게끔 처음 태초에 광자소립자를 창조되게 하신 것이다. 모든 물질은 에너지인 광자에너지로 만들어지게 되므로 광자 속에는 자연히 하나님의 생기인 에너지와 하나님의 말씀인 정보와 하나님의 모든 능력인 영(성령)이 들어 있는 것이다. 그러므로 광자(빛)는 하나님의 말씀과 하나님의 에너지와 하나님의 성령을 대신하고 하나님의 능력을 대리하는 하나님의 대리자이며 하나님의 분신이며 하나님 자신이기도 한 것이다. 그러므로 하나님은 '빛이요, 생명'이라고 말씀하신 것이다.

지구상의 생물들은 결국 빛에너지인 광자(에너지+정보+영)에 의해 만들어져서 탄생되고 삶의 활동을 하고 죽어 분해되는 것이다. 물질분자는 빛을 받으면 진동, 회전, 전진의 3가지 운동을 하게 되고 정보를 받아 영적으로 움직이게 되는데, 그것은 빛이 전자기파와 광자로 이루어져 있고, 이 3가지 운동과 정보와 영의 활동은 바로 이들 에너지 속에 가지고 있고 활동하기 때문에 그대로 생물이 빛으로부터 받기 때문이다. 그러므로 움직이는 생명은 빛에 의한 것이며, 그 때문에 생명의 원천은 빛에 있는 것이다.

에너지는 에너지보존법칙과 에너지 질량 등가법칙에 따라 없어지지 않고 변화될 뿐이므로 보존되는 것이다.

그러나 소리에너지나 열에너지는 사라져 없어지는 것처럼 보이나 그들은 주위환경의 다른 물질의 역학적에너지(=위치에너지+운동에너지=내부에너지)로 되거나 주위 대기권이나 우주 공간에 머무르며 주위환경이나 우주 공간의 온도를 높여 다른 물질의 변화에 영향을 미치는 것이다. 즉 열에너지 등은 만물과 상호작용을 하는 것이다.

운동에너지는 움직이는 물체 속에 저장된 에너지이고, 위치에너지는 물체가 위치에 따라 잠재적으로 가지는 잠재에너지이며, 열에너지는 물체 속에 원자나 분자가 온도에 따라 무질서적으로 이동함으로써 생기는 에너지이고, 빛에너지는 광자와 전자기파에 의해 전달되는 에너지를 말하고, 화학에너지는 화학결합에 저장된 에너지를 말한다. 전기에너지는 전압 차에 의해 전자가 이동함으로써 생기는 에너지이고, 빛에너지는 전자와 광자의 상호작용에 의해 생기는 전자기적인 에너지(전자기파)이며, 열에너지는 중성자와 다른 입자의 작용으로 생기는 전자기적 에너지(전자기파)로서 에너지의 정체는 빛(광자와 전자기파)과 같은 신비적인 영적인 존재로 끊임없이 모양(형태)을 바꾼다.

다만 분명한 것은 모든 에너지는 광자, 양성자, 중성자, 전자, 쿼크 등 소립자나 미립자로 구성되어 있는 것이 분명한 것이다.

04
상대적인 극성의 힘과 평형(화평, 조화, 균형, 화목)의 힘

상대적인 극성의 힘은 입자 사이나 물질 사이, 입자와 물질 사이에 작용하는 상대적인 극과 같은 성질(특성)로, 즉 상대적인 극성관계에 있는 물질(입자)들 사이에는 서로 상호작용하려는 힘이 생겨나서 서로 화학물리반응을 일으키려는 친화력이 작용하고, 정신세계에서도 정신적인 상대적인 극성(상대적인 성질) 관계의 대상은 서로 상호작용하려는 정신적인 힘이 생겨나서 정신적인 생각, 감정, 의사소통 등 마음의 활동을 할 수 있게 한다.

그러므로 상대적인 극성의 힘은 물질세계에서나 정신세계에서 상대적인 대상(물) 사이에 상호작용을 통한 일(물질적이나 정신적)이 일어나도록 하는 대자연의 3대 힘의 원리 중에 한 가지 힘인 것이다(자연의 3대 힘=신의 3대 힘=상호작용하려는 힘+상대적인 극성의 힘+평형(조화, 균형)해지려는 힘).

※ 자연의 3대 상대적인 극성(상대적인 성질)의 힘 ※

1. 상대적인 기능(성질, 특성)적인 극성의 힘 → 서로 상호작용하면서 반응에 참여함 : 전자기적인 극성(양전하(+)와 음전하(-)), 암컷과 수컷, 창조자와 피조물, 식물과 동물, 교감신경과 부교감신경, 산과 염기 등
2. 상대적인 상태(대소, 다소, 고저, 강약)적인 극성의 힘 → 물질이 평형해지는 쪽으로 흐름 : 농도(밀도), 압력(기압), 온도(열), 에너지 등이 높고 많고 큰 데서 낮고 적고 작은 데로 흐름(이동함)
3. 상대적인 정신(비물질)적인 극성의 힘 → 정신적인 활동을 하게 함 : 좋고 나쁨, 옳고 그름, 기쁨과 슬픔, 감각세포의 정보와 뇌세포의 정보, 사랑과 미움, 탄생과 죽음 등

자연의 모든 현상이나 변화는 자연의 3대 상대적인 극성의 힘 때문에 서로 상호작용하려는 힘이 생기고, 서로 평형(화평, 조화, 균형)해지려는 힘이 생기기 때문에 자연변화는 일어난다. 즉 상호작용하려는 힘, 상대적인 극성의 힘, 평형해지려는 힘은 곧 자연의 3대 힘(=신의 3대 힘)인 것이다.

그러므로 신은 자연의 3대 힘을 이용하여 소립자(에너지)와 소립자의 특성이 만들어지게 하고, 소립자에 의해 원자, 분자, 이온이 만들어져서 물질과 물질의 특성이 만들어지게 하여 우주만물이 창조되게 한 것이다.

자연의 3대 상대적인 극성을 크게는 상대적인 물질적인 극성과 상대적인 정신적인 극성 2가지로 나눌 수도 있다.

자연에서 상대적인 극성(상대적인 성질) 사이에 물질, 성질(특성), 기능, 상태 등의 차를 감소하여 평형(화평, 화해, 균형, 조화)을 이루려는 힘이 생긴다.

상대적인 극성관계에 있는 두 물질(양쪽 물질) 사이에는 서로 반응에 최대한 참여하여 최대한 상호작용함으로써 화해적인 중간물(중성물)을 만들면서 양쪽의 양과 특성의 차를 최대한 감소시켜 화해적인 균형을 이루려는 평형(화평, 조화)의 힘 때문에 상대적인 극성적인 두 물질(정신적인 것도)은 반응하게 되는 것이다.

화학평형은 생성물과 반응물의 반응속도가 같아서 생성물과 반응물의 양이

변하지 않는 상태를 말한다(생성물과 반응물은 상대적인 기능(상태, 물질)적인 극성적인 물질이다). 화학평형은 반응물과 생성물이 최대한으로 반응에 참여하여 최대한으로 상호작용하여 양쪽의 물질의 양이 거의 변하지 않는 상태를 말하는데, 이 평형상태 때 양쪽 물질은 가장 많이 상호작용을 하고 가장 많이 반응에 참여하며 서로의 물질을 화해적으로 감소시켜 균형을 이루는 평형(화평, 화해, 균형, 조화) 상태를 이루는 것이다.

자연의 평형은 친화력이 있는 두 반응물이 특정한 비율로 최대한으로 반응에 참여하여 최대한으로 상호작용하여 화해적인 중간물(중성물)을 만들면서 두 반응물의 양과 특성의 차이를 화해적으로 감소시키며 균형을 이루는 평형(화평, 화해, 균형, 조화) 상태를 말한다. 예를 들어 상대적인 기능적인 극성관계에 있는 산 염기 반응에서 두 반응물은 최대한으로 상호작용을 하여 화해적으로 두 반응물의 특성을 혼합한 중간적인(중성적인) 물과 염을 만들면서 화해적으로 산과 염기의 양과 특성의 차를 일정한 비율로 감소시키면서 조화를 이루는데, 이 과정이 곧 화평(평형, 균형, 화해, 조화, 화목)을 이루는 과정이다. 동물에서도 암컷과 수컷의 수정을 통해 나오는 새끼들은 화해적으로 양쪽의 특성(형질)을 최대한 혼합한 중간적인(중성적인) 형질을 이어받게 되는 것이다. 새끼(중간물)는 커가는 데 비해 암컷과 수컷은 늙어감으로써 조화적으로 물질(육체)적으로나 특성(정신)적으로나 감소되어 간다.

이와 같은 자연의 화목적인 평형메커니즘은 그저 우연히 자연히 저절로 만들어진 것이 아니라 신의 화해(화목)적이고 정의로운 공평한 심리가 들어 있는 것이다.

그러므로 상대적인 극성관계의 두 물질 사이에는 자연의 평형(화평, 화해, 조화, 균형)을 이루기 위한 상대적인 극성의 힘이 작용하는데, 자연의 평형이나 상대적인 극성의 힘은 두 물질(양쪽)이 서로 상호작용함으로써 서로 양과 특성의 차를 감소하려는 화평(평형, 조화, 균형)의 힘 때문에 이루어지는 것이다.

그러므로 현 우주세계가 이루어지고 존재하고 변화되어 가는 힘은 물질 사이나 물질과 정신 사이의 상호작용에서 생겨나는 상대적인 극성의 힘이 화평(평형, 조화, 화목, 균형)의 방향으로 작용하기 때문인 것이다. 그리고 이 세 가지가 곧 자연의 3대 힘의 원리(원칙)이고 신의 3대 힘의 원리(=상호작용하려는 힘, 상대적인 극성의 힘, 평형해지려는 힘)인 것이다.

한 가지 똑같은 물질인 깨끗한 물에서도 약한 전류가 흐른다. pH값이 7로 중성인 물(H_2O)이지만 양성자(수소이온)를 주는 산성의 물과 양성자(수소이온)를 받는 염기성의 물의 작용으로 물속에 양이온($H_3O^+=H^+$)과 음이온($OH-$)이 존재하기 때문이다.

이와 같이 물은 상대적인 물질에 따라 중성, 산성, 염기성의 3가지 성질을 갖는 3성 물질이다(주는 쪽과 받는 쪽은 서로 상대적인 극성관계이며, 상대적인 극성관계의 힘이 클 때에는 반응이 일어나는 것이다).

물 이외에 암모니아(염기), 황산, 초산, 질산, 황화수소 등은 상대 물질에 따라 산과 염기의 성질을 나타내는 양쪽성 물질이다. 이와 같이 두 극성을 나타내지 않는 한 가지 물질 중에서도 두 극성 물질로 분리되는 양쪽성 물질이 있으며 이로 인해 이온이 생겨 전류를 흐르게 하며 전기에너지도 생긴다.

서로 다른 두 물체를 마찰하면 한쪽 물체에는 양전기가 발생하고, 상대 물체에는 동시에 음전기가 발생한다. 우리가 물질을 비비거나 마찰시켜도 전자의 이동으로 전기가 발생하고, 구름의 이동으로 천둥 번개가 치며, 지구핵의 빠른 이동으로 전자기파가 생기는 거와 같이, 같은 종류의 물질을 마찰시키거나 압력이나 온도나 농도의 차를 변화시켜도 전자의 이동이나 농도, 압력, 온도가 같아지려는 평형(조화, 균형)의 힘 때문에 힘이 생기고, 힘의 장인 전자기장이 생기고 상대적인 극성의 힘이 생겨 에너지가 생기는 것이다. 이러한 상대적인 극성의 힘과 에너지 때문에 만물이 생겨나고 작동되어지고 자연변화가 이루어지는 것이다.

에너지(소립자)나 액체 기체가 흐르거나 고체가 이동하는 것도 에너지의 힘에 의한 것으로써 이들의 흐름이나 이동은 전자의 이동이 생겨나고 전자기파가 생겨나게 된다. 왜냐하면 에너지나 소립자나 물질은 전하나 스핀(자전력), 공전력 등의 힘의 특성을 띤 입자들로 만들어지기 때문이고, 전하를 띤 에너지에 의해 이들이 움직이면 자연히 전자의 이동도 생기게 된다. 전자의 이동은 전하의 이동이므로 전류가 흐르게 되어 힘의 장이 생겨난다.

전자는 원자핵 주위를 빛의 속도로 빠르게 움직이고 있는데 다른 에너지에 의해 물질이 움직일 경우, 다른 에너지가 양전하를 띤 에너지이면 전자가 인력으로 당겨지게 되고 음전하를 띤 에너지이면 같은 전하로 서로 척력으로 밀쳐짐으로써 전자는 끊임없이 운동을 하게 되는데, 수많은 전자가 빛의 속도로 움직이므로 전기장이 형성되고 동시에 90도 각도로 자기장도 형성되고 전자기장이 형성되어 전자기파의 에너지를 방출하게 되므로 에너지가 생겨나는 것이다. 그리고 90도 각도로 생기는 전기장과 자기장에 의해 공간이 형성되는 것이다.

원자는 양전하를 띤 원자핵 주위를 음전하를 띤 전자가 빛의 속도로, 양성자와 중성자를 이루는 양전하쿼크와 음전하쿼크 때문에 가까워졌다가 멀어졌다를 반복하면서 돌고 있으며, 동시에 양전하와 음전하의 상대적인 극성의 힘 사이에 전자기장의 힘의 장이 형성되어 전자기파의 에너지를 방출하게 되고, 원자핵 내부에서도 쿼크의 양전하와 음전하 사이에 전자기장이 형성되어 전자기파의 에너지를 방출하게 된다.

모든 물질은 원자로 만들어지기 때문에 모든 물질은 스스로 전자기파를 간직하고 스스로 방출함으로써 에너지를 방출하는 것이며, 반대로 모든 물질은 빛과 같은 빛에너지를 흡수함으로써 모든 물질은 에너지를 끊임없이 방출하고 흡수하면서 에너지대사를 스스로 하고 있는 것이다. 그러므로 물질이 만들어지고 존재하고 변화하는 것은 모두 상대적인 극성의 힘으로 만들어지는 에너지의 상호작용인 것이다.

광명의 상대적인 기능적이나 상태적인 극성관계는 암흑(어두움)인데, 빛이 방출되면서 광명이 만들어지고, 빛이 어두움에 흡수되면서 광명은 사라지게 된다. 이와 같이 자연현상은 상대적인 극성관계로 이루어져 있다.

05

자연의 3대 힘의 원리와
하나님의 3대 내적 본질

물질 사이의 상호작용은 서로 영향을 미치는 작용, 서로 주고받는 작용, 서로 오고가고 하는 작용 등이며 동물세계 특히 인간 사회에서의 상호작용은 이외에 서로 도와주는 작용(마음, 행위), 서로 아끼고 생각하는 작용, 즉 서로 사랑하는 작용(행위) 등 정신적인 행위도 이에 속한다.

여러 가지 상호작용의 근본 목적(의도)은 서로 영향을 미치면서 서로 공존·공생하는 것인데, 이는 결국 사랑인 서로 아끼고 좋아하는 마음(작용)으로 공존하는 교제를 의미하는 것으로 상호작용은 넓은 의미로는 서로가 사랑하는 교제행위(작용)로 서로 공존·공생하기 위한 것이다. 상호작용은 에너지 면으로나 정신적인 면으로나 서로 영향을 미치는 작용으로, 곧 의사소통(정보전달, 에너지전달=물질전달)이며 교제행위인 것이다. 그러므로 상호작용을 함으로써 서로 공존·공생하게 되고, 서로 의사소통하고 서로 사랑의 교제행위를 하는 것이다.

상대적인 극성(상대적인 성질) 관계에 있는 양쪽 물질 사이는 상대적인 극성의 힘이 작용하고 이 힘에 의해 양쪽 물질 사이는 에너지가 생겨 양쪽 물질이 서로 반응하도록 매개(중개)한다. 그러므로 상대적인 극성의 힘은 에너지를 만들고 이 에너지는 양쪽 물질이 서로 상호작용하도록 매개(중개)한다. 그러므로 소립자인 에너지는 매개자이고 중개자 역할을 하는 것이다. 상대적인 극성 사이에서 매개물로 에너지가 생겨나는데, 이는 결국 두 극성이 서로 상호작용하기 때문인 것이다. 반대로 두 물질 사이에 상대적인 극성의 힘에 의해 상호작용하려는 힘이 생기는 것이다. 두 물질 사이에 평형해지려는 힘도 두 물질이 서로 상호작용하기 때문에 생겨나는 것이다. 그러므로 상대적인 극성의 힘이나 상호작용하려는 힘이나 평형해지려는 힘은 동시에 작용하는 것이다.

두 물질 사이에 평형(화평, 화목, 조화, 균형)해지려는 힘은 두 물질 사이의 특성의 차를 감소하여 화목, 화평, 균형, 조화를 이루려는 사랑이 깃든 자연의 행위인 것이다. 그러므로 순환적인 평형상태는 영원히 오래가는 시스템을 이루는 것이다.

이와 같이 자연의 3대 힘(에너지)이고 신의 3대 힘인 상호작용하려는 힘+상대적인 극성의 힘+평형해지려는 힘의 상호작용으로 만들어지는 상호작용, 공존, 사랑은 바로 성서의 계시에 따른 하나님의 3대 내적 본질과 일치하는 것으로 성경의 하나님이 참 하나님으로 우주만물을 만든 장본인에 가장 가까운 하나님이기도 한 것이다. 하나님은 자연의 3대 힘(에너지)으로 우주만물이 만들어지고 작동되고 변화되도록 프로그램화하신 것이다.

자연현상은 자유에너지(유용한 에너지)는 감소하고(발열반응) 엔트로피(entropy, 무용한 에너지, 무질서도)는 증가하는 방향으로 일어나는데, 이는 결과적으로 자연물질이 발열반응을 하여 주위환경과의 에너지의 차를 상대적으로 감소시키고, 주위환경처럼 무질서해져서 주위환경과 잘 어울리려는, 즉 조화(평형, 화평, 화목, 균형)를 이루려는 작용인 것이다. 그러므로 자연변화는 에너지가 물질 사이를 가능한 평형, 조화 상태로 변화시키는 매개(중개)역할로 일어나는 것이다.

모든 물질은 원자로 되어 있고 원자는 다시 +전하를 띤 원자핵(원자핵=양성자(+)+중성자(0))과 −전하를 띤 전자의 상대적 전자기적인 극성의 힘으로 결합되어 있기 때문에 극성물질이며, 전자기장이 생성되어 전자기파를 방출한다. 그러므로 원자로 이루어진 자연의 모든 물질은 내부적으로 극성을 띠기 때문에 극성의 힘을 보유하고 있고 극성의 힘이 들어 있는 전자기파를 방출한다.

원자는 외부적으로 +전하와 −전하 사이에 총 전하량은 0으로, 중성으로 극성의 차를 최대한 감소시켜 균형(조화, 평형)을 이루지만, 내부적으로는 원자핵과 전자 사이의 쌍극 사이에 전기장과 자기장이 생겨 전자기파를 방출하게 되는 것이다. 그러므로 외부적인 중성의 원자도 내부적으로는 극성을 띠고 있는 극성의 물질이고, 원자로 만들어지는 모든 자연물질도 극성의 성질을 내부적으로 띠고 있는 내부적 극성물질인 것이다.

원자핵 주위를 전자가 일정한 거리로 이동하는 것이 아니라 빛의 속도로 멀어졌다 가까워졌다 하고, 전하의 이동에는 전류가 흐르고 전자기장이 생기므로, 즉 두 극 사이에 전기적인 인력의 차로 전압이 생겨 전기장이 생기고 동시에 자기장이 생기게 되는 것이다. 이로 인해 원자로 만들어진 모든 물질은 전자기장을 형성하고 전자기파(전기파+자기파)를 방출하게 된다.

두 극 사이의 전하의 차가 전압인데 이 전하의 차를 감소시키려는 평형의 힘의 작용으로 전류가 흐르게 되는데 이것이 전기에너지이다. 물론 전류가 흐르려면 전압이 어느 정도 이상으로 커야만 하며, 전류가 흐르지 않더라도 전자기장의 힘의 장은 형성되어 있는 것이다.

높은 곳의 물이 낮은 곳으로 흐르고 뜨거운 물체의 열이 차가운 물체로 흐르고 산과 염기가 반응하여 물을 만드는 중화반응이나 고무풍선에 바람을 계속 불어넣으면 공기압력으로 터지거나 하는 것도 두 극(두 물질, 양쪽) 사이의 성질, 특성, 기능, 물질, 위치적으로나 농도, 온도, 압력 면으로나 상대적인 물질적, 특성적, 기능적, 상태적인 극성의 차를 감소시키려는 자연의 평형(균형, 조화)의 힘에 의한 것이다. 예를 들어 물체의 한쪽 끝이 고온으로 되어 있고, 다른 쪽 끝이 저온으로 되어 있으면, 고온인 쪽의 분자는 저온인 쪽의 분자보다 더 활발하게 운동을 하고 있기 때문에 이 분자들이 옆의 다른 분자들과 충돌함으로써 운동에너지의 일부를 옮겨 준다. 따라서 저온인 쪽의 분자의 운동도 활발해져 결국은 같은 평균에너지를 갖고 운동을 하게 된다. 즉, 온도가 같아지게 되어 평형상태를 이룬다.

이러한 현상이 일어나는 이유는 극히 작은 미세한 분자입자는 소립자와 같이 끊임없이 운동을 하려 하기 때문에 일어나는데, 이러한 운동을 '브라운운동'이라고 한다. 즉, 모든 물질은 분자(원자들의 집단)로 구성되어 있으며, 각 분자들은 끊임없이 복잡한 운동을 하고 있다. 고체 상태의 물체에서는 내부의 분자들이 밀집해 있어 그 주위로부터 강한 분자력을 받고 있기 때문에 모양이나 부피가 쉽게 변하지 않지만 고체를 이루는 분자들은 평형의 위치에서 진동하고 있으며 그 위치를 이탈하지 못할 뿐이다. 그러나 분자를 이루는 원자, 원자 속의 원자핵, 원자핵 속의 양성자나 중성자를 이루는 쿼크(quark)는 끊임없이 운동을 하고 있으며, 끊임없이 전자기파가 방출되고 흡수되므로 물질 속의 소립자들은 끊임없이 운동을 하고 에너지를 주고받는 것이다. 그러므로 모든 물질은 내부적 에너지인 역학적에너지를 모두 갖고 있으며 소립자 차원에서는 항상 끊임없이 운동을 하고 있는 것이다.

정신세계에서 정신적 활동을 하는 동물한테는 교감신경과 부교감신경이 촉진과 억제, 즉 상대적 기능적인 극성작용을 하며 중추신경계와 호르몬계와 상호작용을 하며 좋은 마음과 나쁜 마음의 대립 하에 좋은 행동과 나쁜 행동을 하게 하는 데 영향을 미친다. 사람의 정신적인 감정이나 욕망, 생각 등은 교감신경, 부교감신경, 뇌신경과 호르몬, 감각기관과 주위환경들의 상호작용에 의한 새 정보와 기억정보를 상대적으로 비교하는 상대적인 극성작용에 의해 생기며(이루어지며), 정신적인 극성작용인 정신적 활동에는 에너지가 소비된다.

그러므로 정신적인 영혼이 활동하려면 에너지를 공급해 주는 육체가 필요한 것이다. 사람이 죽으면 육체는 에너지나 원소로 분해되기 때문에 영혼은 충분한 활성화에너지가 없어 활동할 수 없으나, 때가 되면 저 세상의 영혼기(일생 동안 영혼의 활동을 자동으로 기록, 녹음, 녹화하는 영혼기계)에 의해 자동으로 죄의 심판을 받고 부활기(영혼의 비밀번호에 따른 DNA 구조에 따라 영혼과 육체를 부활시키는 기계)에 의해 육체와 영혼을 돌려받으면 영혼이 비로소 활동하게 되는 것이다. 정신적인 이름도 누군가가 부르거나 생각하면 즉 에너지를 소비시키면 비로소 이름으로 활동되는 것이다. 누가 부르지 않는 정신적인 이름이나 영혼은 공간과 시간의 제약 없이, 즉 3차원(공간)과 시간(4차원)으로 되어 있는 우리의 현 세계의 제약을 받지 않고 그저 활동 없이 영원히 머무를 뿐인 것이다.

만일 영혼이 에너지 없이 스스로 활동한다면, 아버지, 할아버지, 친척 등 아는 사람들의 죽은 영혼들이 나타나서 스스로 활동하면, 우리는 하루도 올바르게 삶의 활동을 할 수 없을 것이다. 돌아가신 부모님의 죽은 영혼과 죽은 사랑하던 사람의 영혼과 매일 대화하고 여러 감정을 나누기 때문에 삶의 활동은 할 수 없고 노상 슬퍼하고 애통한 마음으로 세월을 보내게 될 것이다.

06
화학평형과 자연의 평형

액체나 기체는 온도, 압력, 농도의 크기에 따라 두 극성(서로 상대적인 성질) 물질의 상대적인 차를 감소시키는 방향인 큰 쪽에서 작은 쪽으로 이동하려는 평형(균형, 조화)의 힘 때문에 이동되면서 전하의 이동이 생겨 에너지가 생겨난다. 이러한 현상은 분자에 의해 전달되어지는데, 양쪽의 분자의 상태가 온도, 압력, 농도, 에너지면 등으로 같아지려는 자연의 평형의 특성 때문에 일어나는 현상이다.

탄생과 죽음은 생태계가 오랫동안 순환·유지되기 위한 동적평형으로 생물의 탄생이 있으면 반드시 상대적인 기능적인 극성적인 상태(현상)인 생물의 죽음이 따라야 한다. 즉 생성(탄생)되는 세상만 있고 분해(죽음)되는 세상이 없으면 물질과 에너지가 순환이 안 되므로 이러한 메커니즘은 한정된 지구 안에서는 물질의 고갈로 계속적으로 오래도록 수십억 년 이상 작동될 수 없는 것이다. 즉, 물질이 순환이 안 되면 결과적으로 에너지가 순환되지 않고 멈춤 상태이므로 에너지의 변화가 일어나지 않기 때문에 그러한 자연변화는 일어날 수 없는 것이다.

탄생만 있고 죽음이 없는 세상이나 죽음만 있고 탄생이 없는 세상은 한쪽만 존재하는 세상이므로 에너지가 작용 안 되어(흐르지 않아) 상대적인 극성의 힘이 작용되지 않아 이러한 불균형의 자연현상이 계속 유지되게끔 밀어주는 힘(에너지)이 없으므로 한쪽만의 불균형의 세상은 존재할 수 없는 것이다. 대자연의 3대 힘의 원리(=신의 3대 힘의 원리)인 상호작용하려는 힘, 상대적인 극성의 힘, 평형해지려는 힘의 원리와 인과법칙에도 어긋나므로 이러한 세상은 존재할 수 없는 세상인 것이다.

마찬가지로 우리의 눈에는 안 보이나 척력이 작용하지 않는 만유인력만 존재하는 세상은 모든 물질이 충돌만 하기 때문에 존재할 수 없고, 만유인력 없이 만유척력만 존재하는 세상은 만물이 멀어져 가기만 하여 반응을 할 수 없어 새로운 것을 만들 수 없으므로, 반드시 만유인력과 만유척력이 동시에 상호작용하는 세상만이 길항작용(상보적 작용, 상대선수적 작용, 상대적 기능적인 극성작용, 상호작용)에 의해 만물을 만들고 만물을 붙잡고 운행하며 만물을 변하게 할 수 있는 것이다.

즉 상대적인 기능적인 극성의 힘의 작용이 없는 만유인력만 존재하는 세상은 존재할 수 없고, 반드시 상대적인 기능적인 극성의 힘이 존재하는 만유척력도 존재해야 만유인력과 만유척력의 상대적인 극성작용으로 물질세상은 존재할 수 있는 것이다. 마찬가지로 창조만 하는 신의 세상만은 존재할 수 없으며, 또한 신(하나님)의 세상 없이 만들어지기만 하는 피조물의 세상만은 인과법칙에도 어긋나므로 존재할 수 없으며, 반드시 신(창조자)과 상대적인 기능적인 극성적인 피조물(창조물)이 공존하는 세상만이 존재할 수 있는 세상인 것이며, 그래야만 아무 탈 없이 수십억 년 수백억 년 이상 존재해 올 수 있으며, 먼 미래까지 갈 수 있는 세상인 것이다.

화학평형은 반응물이 생성물로 되는 정반응과 생성물이 다시 반응물로 되돌아가는 역반응에서 두 반응속도가 서로 똑같아 반응물과 생성물의 양이 더 이상 변하지 않는 상태의 평형상태를 말한다.

화학평형은 정반응과 역반응의 속도가 같을 때 생성물과 반응물의 양이 더 이상 변하지 않는 상태이므로, 이것은 두 물질 사이의 상대적인 극성물질의 차가 최소한으로 되고 두 물질의 특성을 가장 잘 나타낸 상태인 것으로 두 물질 간에 최선의 상호작용에 의한 가장 이상적인 화해적인 평형(화평, 균형, 조화)상태를 만드는 것이다.

평형을 정반응 쪽으로 또는 역반응 쪽으로 이동시키기 위해서는 온도나 압력이나 농도로 이동시킬 수 있으며 이들을 높여 주면 평형의 원리에 따라 이들의 힘이 감소(소비)되는 쪽으로 평형은 이동된다. 자연의 평형은 반응물 사이에 상대적인 기능적인 극성의 힘에 의해 이루어지는데, 반응물 사이의 양과 특성의 차이를 최소한으로 감소시기면서 최대한으로 반응에 참여하여 최대한으로 상호작용을 하여 평형(균형, 화평, 조화)을 이루려는 상태를 말한다. 이 평형을 이루려 하는 힘이 대자연의 법칙인 대자연의 3대 힘의 법칙 중 하나인 것이다.

여기서 말하는 상대적인 극성은 양전하와 음전하 +극과 -극, 자석의 + -극, 남극 북극 등과 같이 전자기적인 극성뿐만 아니라 화학 물리반응을 일으킬 수 있는 상대적인 기능적인 특성적인 관계를 가진 양쪽 물질 사이에 작용하는 극성(서로 상대적인 특성)도 말하는 것이다.

같은 극끼리는 서로 미는 척력 때문에 서로 가까워지지 않아 화학반응이 안 일어나므로 서로 극성이 없는 것이다. 그리고 같은 물질 사이 즉 산끼리나 염기끼리도 극성(상대적인 성질)이 없기 때문에 화학반응이 안 일어난다. 그러나 다른 극끼리는 서로 잡아당기는 인력 때문에 서로 가까워져서 부딪혀(충돌하여) 화학반응을 일으킬 수 있기 때문에 서로 사이에 극성이 있는 것이다.

마찬가지로 산과 염기는 상대적인 물질, 특성, 기능 등이 상대적인 극성을 이루므로 친화력이 있어(양성자를 주고받기 때문에) 화학반응이 잘 일어나는 것이다. 특히 정신활동을 하는 동물한테서는 상대적인 정신적인 극성으로 좋은 것을 알려면, 상대적인 상태적인 정신적인 나쁜 것을 비교·분석·평가해서 알게 되는 것이다. 그리고 생물의 정신적 활동인 의사소통도 정보를 주고받음으로써 행해지는데 주고받는 것은 곧 상대적, 기능적인 극성작용인 것이다. 그러므로 상대적인 극성의 힘은 물질세계와 정신세계로 이루어진 현 우주세계에서 물질적, 정신적인 반응(작용)을 하게 하고 물질세계와 정신세계의 조화(평형, 균형)를 이루도록 직접적으로 영향을 미치는 것이다.

자연의 3대 힘의 원리(법칙)이고 신의 3대 힘의 원리인 상호작용하려는 힘, 상대적인 극성의 힘, 평형(화평, 화목, 균형, 조화)해지려는 힘과 자유에너지(유용한 에너지)는 감소되고(발열반응) 엔트로피(무용한 에너지, 무질서도)는 증가되는 방향으로 우주만물은 생성되고 작동되게 자연변화는 일어나는 것이다.

▌신의 영적 교제를 이루기 위해서 우주만물이 창조되는 과정

물질(입자)의 상호작용으로 물질의 특성과 극성의 힘이 생김 → 극성의 힘으로 에너지와 자연의 평형의 힘과 자연의 질서가 생김 → 자연의 질서로 자연의 법칙과 시스템과 메커니즘이 생김 → 시스템 사이와 메커니즘 사이의 상호작용으로 정보가 전달되는 의사소통(정보교환, 감정교환, 에너지 전달=물질전달)이 생김 → 이들의 상호작용으로 다양하고 다단계의 시스템과 메커니즘으로 진화 발전됨 → 다단계의 시스템과 메커니즘의 상호작용으로 생물의 다양성과 대자연의 아름다운 주위환경이 만들어짐 → 우주만물의 다양성과 아름다운 주위환경으로 신과 인간과의 감정적인 교제분위기(주위환경)가 만들어짐 → 영적 교제로 인간과 신과의 정신적인 사랑의 감정의 교제로 서로 정신적인 상호작용을 함 → 물질세계, 정신세계, 신의 세계의 평형(화평,

화목, 조화)으로 신과 피조물의 상호작용이 이루어져 신과 피조물이 서로 존재의 의의와 보람을 느끼고 우주만물을 즐기면서 오래도록 유지·보존되어짐.

모든 물질은 소립자로 만들어진 보이지 않는 미세한 물질의 최소 단위인 원자기계로 만들어졌기 때문에 입자(물질) 간에 상호작용하는 힘이나 상대적인 극성의 힘은 매우 미세한 힘이므로, 이들 미세한 힘에 의해 만들어지는 분자기계나 이온기계는 역시 보이지 않는 매우 미세한 기계로 에너지를 매우 미세하게 소비하는 보이지 않는 미세한 기계이고, 이들 미세한 원자기계, 분자기계, 이온기계로 만들어지는 생물세포기계도 보이지 않는 미세한 기계로 에너지를 미세하게 생산하거나 미세하게 소비한다. 그러나 생명체가 어느 정도 큰 힘을 발휘해야 하므로 성인 몸체는 140조 이상의 무한히 많은 체세포가 필요한 것이다.

이 미세한 생물세포기계들은 미세한 에너지이지만 스스로 만들고 소비하고, 더욱이 미세한 생명의 3대 로봇기계들인 광자(빛)로봇, 단백질분자로봇, DNA분자로봇기계를 무수히 가지고 있어 살아서 움직이는 기계인 것이다. 세포기계는 유기물 속에 든 빛에너지를 얻어 소비하고 세포분열하여 세포기계수를 증가시킴으로써 거대한 힘을 발휘할 수 있는 거대한 생명체기계로 성장하게 된다.

무기물기계인 이온기계나 분자기계는 극성의 힘인 음전하인 전자(쌍)의 힘으로 만들어지고 유기물기계인 세포기계도 전자(쌍)의 힘에 의해 만들어진 이온기계나 분자기계로 만들어지며 이들의 작용도 3가지 상대적인 극성의 힘(상대적인 기능적인 극성의 힘, 상대적인 상태적인 극성의 힘, 상대적인 정신적인 극성의 힘)에 의해 행해지는 것이다.

하나님은 하나님의 나노대리자이고 나노로봇(원자, 분자같이 아주 미세한 로봇)들인 보이지 않는 아주 미세한 광자로봇기계, 원자로봇기계, 이온로봇기계, 분자로봇기계로 상대적인 극성의 힘 사이에서 나오는 에너지(광자에너지)를 이용해서 물질이나 지구나 별이나 우주까지 만들어지게 한 것이다. 그리고 이들 미세한 로봇기계로 생물세포기계가 만들어지게 하고, 세포기계 속에 생명의 3대 로봇기계인 광자(에너지+정보+영)로봇, 단백질분자로봇, DNA분자로봇이 상호작용하여 생명의 활동이 이루어지고 생물진화가 행해지도록 한 것이다.

07
시스템과 메커니즘

신이 만물을 창조했다면 도대체 무슨 이유와 무슨 목적으로 우주 만물과 인간을 창조했는가? 아니면 뇌가 없어 생각도 못하는 자연이 미생물과 식물과 동물을 만들고 식물의 광합성작용과 동물의 5감각기관 등을 발명하는 능력을 가져 우연히 저절로 자연히 우주와 만물을 자연진화로 창조시켰는가?

왜 우주는 끝이 없도록 무한히 크고, 왜 수많은 원자, 소립자, 분자, 이온으로 만들어진 생물의 세포는 끝이 없도록 무한히 작은가? 왜 하늘의 별들은 셀 수 없이 무한히 많고, 한 생명체 속에 세포수와 박테리아수도 셀 수 없이 무한히 많은가?

한 생명체가 육체적으로 움직이기 위해서는 하늘의 별의 숫자만큼이나 많은 원자, 분자, 이온들이 있어야만 하고 이들의 공동상호작용이 왜 꼭 행해져야만 하는가?

시스템(system, 계통, 계, 조직, 기관, 사회, 권, 무리)은 여러 서로 다른 부속물(부분품)들이 서로 상호작용하여 하나의 전체가 기능을 발휘하는 즉 작용하는 체계(통일된 조직)를 말하며, 예를 들면 태양계, 은하계,

생태계, 소화계(통), 신경계(조직) 등이 있다. 한 개의 생물의 세포도 여러 세포소기관들로 이루어져 있고 이들이 서로 함께 상호작용하여 하나의 세포가 작용(작동, 기능)하므로 하나의 시스템인 것이다. 다시 여러 종류의 세포들은 조직과 기관들을 형성하는데, 조직과 기관의 부분물들인 세포들이 수없이 많이 함께 상호작용하므로 하나의 조직과 하나의 기관도 만들어지며 조직과 기관도 하나의 시스템인 것이다. 낱개의 여러 시스템들은 독특한 자연의 질서에 따라 작용(작동, 기능)되어지는데, 이와 같이 특정한 자연의 질서를 따라 기능되어지는 것을 메커니즘(기계술, 작동술, 기능술)이라 하며, 여러 종류의 시스템에는 여러 종류의 메커니즘이 따르게 되는 것이다. 이들이 서로 상호작용함으로써 새로운 메커니즘들이 만들어지는 것이다.

이때 조직시스템은 낱개의 부분품(물)인 세포시스템들이 가져올 수 없는 큰 능률(성과)을 가져온다. 조직들은 다시 더 높은 단계인 기관시스템(영역)에 속한다. 이 여러 기관시스템들은 다시 상호작용하여 한 생명체의 거대한 시스템을 만들어 내고, 하나의 생명체가 삶의 활동을 하는 데는 이온, 분자, 세포, 조직, 기관 등 수많은 구성성분들과 이들이 속해있는 여러 단계의 작은 시스템들이 한 생명체의 하나의 전체 시스템이 작용 기능되도록 일치되어 함께 공동으로 상호작용해야만 한다.

세포는 아주 미세하고 발휘하는 에너지도 아주 미세하기 때문에 성인 한 사람이 살아가기 위해서 활동하는 에너지를 생산하려면 적어도 140조 이상의 무한히 많은 세포가 필요하고, 이들을 만드는 분자나 원자나 소립자는 세포보다 훨씬 더 미세하기 때문에 이들의 수는 하늘의 별들의 수처럼 무한히 많아야만 하나의 성인생명체 시스템을 만들고 활동시킬 수 있는 것이다. 마찬가지로 대우주가 우주 허공에 공간을 형성하고 만물이 허공에 떠서 은하계별로 군집을 이루고 운행하기 위해서는, 즉 대우주시스템이 형성되고 작동되기 위해서는 막대한 무한한 에너지가 필요한데 질량 에너지 등가의 원리에 따라 에너지와 물질은 같은 것이므로 무한히 많은 수의 별이 필요하게 되므로 하늘에는 무한히 많은 별이 존재하게 되는데, 이것이 자연에 의해 우연히 저절로 자연히 생겨난 것이 아니라 신의 3대 힘의 원리(=자연의 3대 힘의 원리)에 의해 저절로 자연히 생겨난 것이다.

분자나 물질, 시스템 등이 만들어지는 힘은 입자나 물질 사이의 극성의 힘에 의한 상호작용에 의한 주로 전자(쌍)의 전자기력에 의한 것이며 전자기력은 방향이 있으므로 질서를 가지고 있으며 질서에 의해 물질이나 크고 작은 시스템들이 만들어진다. 질서를 지키는 것은 규칙이나 명령 등을 따르는 행위로 물질적인 자연의 질서는 물질의 특성이나 자연의 법칙처럼 입자나 물질들의 극성에 의한 힘의 상호작용으로 생겨나는 것이다.

그러므로 입자와 물질 사이의 상대적인 극성의 힘의 상호작용으로 힘과 에너지, 새로운 물질, 물질의 특성, 기능, 물질의 질서, 물질이 작용하는 규칙(=자연의 법칙), 자연의 정보, 시스템과 메커니즘 등이 만들어지고 우주만물이 창조되고 운행되고 자연변화가 일어나는 것이다.

시스템(조직, 계, 계통, 무리, 그룹, 사회)은 물질세계에만 존재하는 것이 아니라 정신세계(신경계 등) 그리고 동물사회, 인간사회에서도 작용된다. 즉 시스템은 서로 상호작용하는 곳에는 어느 물질 사이나 어느 생물 사이나, 비물질인 어느 정신 사이나, 어느 곳에든지 상대적인 극성의 힘에 의해 스스로 저절로 생겨난다.

식구들에 의해 가정이라는 사회조직이 형성되고 더 나아가 마을(동네, 리 등)조직, 면(읍, 구 등)조직, 군조직, 도조직, 나라조직 등으로 여러 단계의 시스템들이 모여 공동상호작용을 함으로써 나라라는 한 개의 전체 시스템이 형성되어 운영 작용(기능화)되어 나라의 힘이라는 막강한 힘을 발휘할 수 있게 되는 것이다.

인간사회도 육체적인 일이나 정신적인 일로 서로 공동의 이익을 추구하는 상호작용(서로 돕고 영향을 미치는 작용)을 하는 데서 생겨나는 것이다. 식물계는 동물계와 미생물계와 상호작용함으로써 유지 번영되는 것이다. 식물은 동물과 미생물에게 땔감, 목재, 과일, 채소, 유기물, 산소 등을 주고 동물은 식물에게 물과 이산화탄소를 주고, 간접적으로 미생물에게 유기물을 주고, 미생물은 이것을 분해해서 다시 식물에게 무기물과 광물을 공급하고, 식물은 이들 무기물과 광물, 이산화탄소, 물을 빛에너지로 광합성작용으로 유기물(포도당)을 만들어 동물에게 다시 줌으로써 3군인 미생물, 식물, 동물은 서로 생존하기 위한 상호작용을 공동으로 하며, 즉 서로 도우며 삶의 활동을 하면서 미생물계, 식물계, 동물계의 커다란 시스템과 메커니즘을 형성하고, 이 커다란 시스템들은 다시 서로 돕고 영향을 미치는 상호작용을 함으로써 생태계라는 거대한 지구생태계시스템과 메커니즘을 형성하여 서로 공존·공생하는 것이다. 그러므로 물질(입자) 사이의 상호작용으로 시스템과 메커니즘이 만들어지고, 이들 부속물(부속품)들의 상호작용으로 시스템과 메커니즘이 작동되는 것이다.

지구생태계의 색이 있는 대자연의 아름다움, 그 속에서 활기찬 삶의 활동을 하는 동식물, 다양한 감정을 가진 인간들의 기쁨과 환희, 깨끗한 산과 들과 강과 바다로 이루어진 아름다운 지구 자연 속에서 우러나오는 다양한 감정으로 신은 지구 정원을 가꾸어 가며 인간들과 영적 교제(의사소통)를 하며 천국에서 이루지 못한 정신적인 충족을 채울 수 있는 것이다. 즉 신은 지구 생태계를 만들어지게 하고 지구 생태계로부터 아름다움과 여러 감정 그리고 인간과의 영적 교제를 통한 신성과 창조와 지성에 대한 찬양을 받음으로써, 즉 신은 물질적인 것과 정신적인 영을 피조물에게 주고 피조물로부터는 정신적인 감정이나 영적 교제를 받음으로써 서로 영향을 미치며 서로 주고받는 상호작용을 하는 것이기 때문에 상대적인 기능적인 극성관계인 신과 피조물인 지구생태계와 인간은 서로의 특성을 잘 나타내도록 끊임없이 주고받는 순환과정의 평형상태를 이루는 것이다. 주고받고 오고가고 하는 상호작용에 의한 순환과정의 평형상태는 오래가는 동적평형 메커니즘인 것이다(주고받고 오고가고 하는 상호작용도 결국은 상대적인 극성적인 상호작용인 것이다).

창조자인 신은 무생물세계나 생물세계의 시스템 사이와 신과 피조물(창조물) 사이에 서로 물질적, 정신적으로 상호작용하는 상대적인 기능적인 극성의 힘에 의한 메커니즘으로 대자연의 평형(조화, 균형, 화평)을 이루어 우주만물이 작동 기능되도록 하고, 신과 피조물이 정신적으로 풍성하고 다양한 사랑의 감정을 나누며(의사소통 하며) 영원히 존재하게끔 창조한 것이다.

08
영혼과 창조자 ①

죽은 육체는 원소나 열에너지로 변하는데, 정신적인 영혼이 없어지면 물질세계와 정신세계의 균형은 깨져 현 세계인 혼합세계는 존재하기 어려울 것이다. 영혼이 이 세상에서 저 세상으로 순환되어질 때 정신세계도 물질세계와 같이 순환되어 두 세계의 상호작용으로 조화(균형, 평형)를 이루어 현 세계가 오래 유지될 수 있는 것이다. 신에 의해 만들어진 물질적인 육체의 원소나 에너지, 정신적인 영혼은 신이 존재하는 한 영원히 존재하는 것이다. 만일 물질이나 에너지가 없어진다면 우주는 결코 지금과 같이 거대하게 커질 수 없고, 영혼이 영영 없어진다면 하나님의 영도 없어지므로 하나님의 능력도 줄어들게 되는 것이다. 왜냐하면 우리의 영(영혼, 혼)은 하나님의 영으로 만들어졌기 때문이다.

아무것도 없는 곳에는 아무리 시간이 흘러 지나가도 아무런 물질과 재료가 없기 때문에 아무것도 만들어지지 않아 아무것도 없지만, 아무것도 없는 곳에 우주만물이 있다는 것은 누군가가 만들어 놓았거나 만들어지게 했기 때문이다. 아무것도 없는 곳에는 물질과 재료가 없기 때문에, 그저 우연히 자연히 저절로는 진화도 될 수 없으며 아무것도 만들어질 수 없으며 그러기에 자동차 한 대도 만들어질 수 없는 것이다.

만일 아무것도 없는 곳에 그저 우연히 자연히 저절로 컴퓨터 한 대가 만들어진다면, 그것은 자연의 법칙을 따르지 않으므로 자연의 질서가 존재하지 않아 그러한 곳에는 물질이 존재할 수 없으며, 신도 존재할 수 없는 것이고, 그리고 신이 구태여 존재할 이유도 없는 것이다. 그러므로 아무것도 없는 곳에는 신도 없고 이 세상과 저 세상도 없고, 물질과 정신세계도 없고 육체와 영혼도 없는 것이 자연의 질서를 따르는 자연의 법칙인 것이다.

그러나 현 세상에는 물질세계와 상대적인 극성적인 기능적인 정신세계가 있기 때문에, 소립자와 상대적인 기능적인 극성의 대상물인 반소립자가 존재하기 때문에, 피조물(창조물)인 우주만물에 상대직인 기능적인 극성의 대상물인 신(창조자)이 존재해야만 되고, 이 세상이 있기 때문에 상대적인 기능적인 극성의 대상물인 저 세상이 있어야 하고, 육체가 있기 때문에 상대적인 기능적인 극성의 대상물인 정신적인 영혼이 있어야 한다. 물질적인 육체의 원소나 에너지가 순환되기 때문에 상대적인 기능적인 대상물인 정신적인 영혼이 순환되어야 하고, 원인이 있는 곳에는 반드시 상대적인 기능적인 극성의 대상(물)인 결과가 반드시 존재해야 하므로, 피조물인 내가 존재하는 결과가 있으면 반드시 이 결과가 이루어지게 한 원인인 창조자인 신이 반드시 존재할 수밖에 없다. 신이 존재하는 이유가 있으므로 해서 상대적인 기능적인 극성의 대상물인, 신에 의해 창조되어지는 결과인, 피조물인 우주만물이 반드시 존재해야만 하는 것이다.

그러므로 피조물인 우주만물이 존재하는 한 창조자인 신이 존재하는 것이 대자연의 조화(균형, 평형)를 이루는 길이고, 이 길만이 현 세상이 오래 유지되어 신과 피조물이 서로 상호작용하면서 오래도록 존재할 수 있는 화목(평형, 화평, 조화)의 길인 것이다. 특히 물질세계에서는 인과법칙, 즉 결과가 있으면 반드시 원인이 존재한다는 것이 현재까지 한 치의 오차도 없이 적용되어 왔다. 현 우주와 자연, 그리고 나와 우리는 존재하는 결과인데 원인, 즉 우주와 만물이 존재해야만 하는 이유와 목적이 자연에게는 없기 때문에, 반드시 신한테만 있는 것이다. 그리고 신한테는 우주만물을 만들게 한 동기와 의도(설계), 만들 수 있는 지적능력, 만든 창조물을 기뻐하고 즐길 수 있는 감정 등이 있기 때문에 영적인 우주만물을 창조되게 한 장본인은 영적인 능력을 가진 신밖에 없는 것이다.

수많은 동물들이 살아가기 위해서는 산소와 양분을 공급해 주는 수많은 식물들이 존재해야 하고 수많은 식물들이 살아가기 위해서는 광물과 원소(공기)를 공급해 주는 수많은 미생물들이 존재해야 하며 수많은 미생물들이 살아가기 위해서는 유기물을 공급해 주는 수많은 동물과 식물이 존재해야 된다. 동물이 존재하기 위해서는 상대적인 기능적인 극성의 식물이 존재해야 하는 거와 같이, 생물이 존재하기 위해서는 상대적인 기능적인 극성적인 무생물(무기물)인 질소, 산소, 황, 탄소, 이산화탄소, 철, 마그네슘, 물, 태양, 달, 흙, 공기, 광물 등과 같은 원소와 물질이 존재해야 하고, 이들을 공급하는 지구가 필요하다.

지구가 존재하기 위해서는 달, 태양, 목성, 태양계, 은하계, 우주와 같은 천체가 존재해야 한다. 천체가 존재하기 위해서는 이들을 이루게 하는 소립자와 원자, 분자, 이온 등의 기본구성물질들이 존재해야 하며, 이들 기본구성물질이 존재하기 위해서는 이들보다 무한히 더 작은 즉 부피와 질량이 0인 무존재의 극소립자가 존재해야 한다. 이들이 존재하기 위해서는 무존재의 극소립자에게 전하, 색, 냄새, 자전력과 공전력 등의 영적인 특성을 만들어 집어넣게 할 영의 원천이며 전지전능한 신(하나님)이 존재해야만 하며, 신이 존재하기 위해서는 신 스스로 감탄하고 기뻐할 대자연과 신의 창조업적을 같이 기뻐하고 찬양하고 감정을 나눌 인간이 존재해야 하고, 감정을 나누는 의사소통을 하기 위해서는 감정이 우러나오는 분위기가 필요하고 분위기를 조성하기 위해서는 아름다운 대자연(우주만물)이 존재해야만 할 것이다. 그리고 인간은 의사소통을 하기 위한 감각기관이 주축이 되어 신체내부와 신체외부가 만들어져야 하고 그러기에 이들 감각기관들이 머리에 몰려 있는 것이다.

그리고 대우주만물이 우주 허공에 존재하고 운행되기에는 상상하지 못할 막대한 인력과 척력의 우주에너지가 필요할 것이며, 그러하기 위해서는 이들 에너지가 역학적에너지로 들어 있는 수많은 천체들이 필요하기 때문에 우주 허공에는 무한히 많은 쿼크 바다에서부터 큰 은하계들로 장사진을 이루는 것이다.

천재지변이나 전쟁, 전염병, 흉년 등으로 한 가정이나 한 마을이 전멸 몰살된 적은 있어도 한 나라 전체가 전멸 몰살된 적은 없다. 그럼에도 불구하고 나라는 다시 여러 나라로 되어 있다. 한 사람의 몸도 셀 수 없는 수많은 세포로 이루어진 것은 첫 번째는 주어진 자연환경 능력 안에서 자연을 손상시키지 않고 양분과 에너지를 흡수해 신진대사 하면서 에너지대사를 하여 살아가기 위한 에너지를 얻기 위함이고 두 번째는 몸의 일부에 병이 발생하거나 다치더라도 쉽게 재생 회복되어 전체생명을 보존시키기 위함일 것이다.

만일 생명체가 미세한 세포로 되어 있지 않고 큰 세포나 큰 조직(기관) 기계로 되어 있다면, 병이 나면 누가 일일이 수리를 해서 고치겠는가? 우주가 끝이 없이 무한히 크고 별들은 끝이 없이 무한히 많은 것은 우주와 만물이 운행하기 위한 거대한 힘에 의한 에너지가 필요하고, 그리고 예기치 못한 천재지변이 일어나도 우주와 만물을 영원히 보존하기 위한 신의 노력인 것이다.

물질세계의 우주는 보이는 물질과 에너지는 겨우 5%에 해당하고 보이지 않는 물질과 에너지는 95%에 해당된다고 한다. 그러므로 현세상의 물질세계도 결국은 거의 대부분이 인간이 전자망원경이나 전자현미경으로도 감지할 수 없는 인간의 능력과 차원을 넘어선 영적인 물질로 무한히 크거나 무한히 작게 설계되어 만들어진 영의 세상인 것이다. 영의 세상에서 살아가는 우리도 영적인 생물기계구조를 하고 있으며 영적인 생물기계의 작용으로 영적인 감정을 가지고 영적으로 생각도 할 수 있으므로 우리와 모든 생물은 결국 영이 들어 있어 영적으로 작동되어 가는 영적인 생물기계인 것이다.

하나의 생명체(큰 시스템)는 수많은 세포(작은 시스템)들로 이루지고, 낱개의 생명체들이 모여 무리, 모임, 그룹, 사회 등의 여러 종류의 작고 큰 시스템들을 이루고, 사람인 경우 나라, 세계사회 같은 거대한 시스템을 만들고 우주사회를 이루기 위한 희망으로 우주개척사회를 위한 연구가 활발하게 진행되고 있는 것이다.

성인(큰 시스템)인 경우 140조 이상의 체세포(작은 시스템)들과 1,400조 이상의 박테리아(미세한 시스템)들과 하늘의 별들의 수와 같이 무한히 많은 원자, 분자, 이온(극도로 미세한 시스템)로봇기계들과 이러한 물질을 이루는 양성자, 중성자, 전자들의 입자시스템들은 더욱 셀 수 없도록 무한히 존재하고 무한히 작은 시스템들이다.

이들 입자를 이루는 쿼크소립자들은 더욱 더 셀 수 없도록 더 많고 더더욱 미세하게 작아 거의 크기와 질량이 없고, 이들을 이루는 극소립자들은 무한대로 많고, 크기와 질량은 0으로 무존재이면서 무한대로 존재하는 영적인 물질들로 되어 있는 영적인 세상인 것이다. 그러므로 우리의 몸은 하나의 소우주와 같다고도 한다. 소우주인 우리가 수십억 모여서 지구사회(거대한 시스템)를 이루고 지구사회가 유지되기 위해서는 지구보다 크고 작은 천체들이 무한대로 존재하게 되는 것이다.

이와 같이 하나의 생명체도 특정한 힘을 발휘하기 위해서 무수히 많은 세포와 다른 수많은 물질로 형성된 거와 마찬가지로, 현 우주도 (큰 시스템) 우주를 유지시키기 위해 막대한 에너지(만유인력과 만유척력)가 필요하므로 지구(작은 시스템)와 태양(작은 시스템) 같은 천체들이 무수히 많이 모여 이루어진 것이고, 현 우주가 우주 허공에 떠서 유지되기 위해서는 현 우주보다 크고 작은 우주들이 무한대로 존재해야만 되는 것이다.

현 우주시스템을 이루는 우주의 3대 특성은, 끝이 없도록 무한히 작거나 무한히 크거나 무한히 많은 특성을 가지기 때문에 현 우주는 끝이 없도록 무한히 크고, 우주 허공에 있는 천체들이나 광자, 쿼크, 보이지 않는 물질이나 에너지 등 입자나 에너지들은 무한히 작으며, 무한히 많은 양의 바다를 이루고 있는 것이다. 생물의 고유한 특성을 나타내는 생명의 3대 물질이고 3대 로봇인 광자(에너지+정보+영=빛), 단백질, DNA가 생물세포와 함께 처음 생물 태초에 신에 의해 설계되어 만들어져서 생물세포 속에 넣어져서, 그 이후로는 수정(교미)메커니즘과 세포분열메커니즘에 의해 자연히 저절로 유전되어 전달되어 온 것 같이, 물질의 특성들도 신에 의해 처음 태초에 설계되어 만들어져서 소립자 속에 넣어지게 되어서, 그 이후로는 입자 사이의 상호작용에 의해 만들어지는 물질은 동시에 자연히 저절로 물질의 특성이 만들어지게 된 것이다.

모든 물질 속에는 내부에너지가 들어 있기 때문에 광자(에너지+정보+영)에너지가 모두 들어 있다. 빛 속의 광자는 신(하나님)의 영(하나님의 의도=하나님의 말씀=하나님의 설계=하나님의 성령=하나님의 진리=하나님의 자연의 법칙=하나님의 능력=하나님의 에너지)을 가지고 있기 때문에, 모든 물질은 광자로 되어 있으므로 모든 물질은 하나님의 영을 가지고 있어 하나님의 생기인 에너지와 하나님의 말씀인 정보를 가지고 있게 되는 것이다. 그러나 무생물에는 생명의 물질인 단백질이나 DNA를 가지고 있지 않기 때문에, 광자가 이들과 상호작용을 할 수 없기 때문에 생명의 활동(영의 활동)이 이루지지 않고, 다만 신의 영에 따라 수동적으로 행하는 수동능력밖에 없어 물질의 특성만 나타내게 되는 것이다. 그러나 생물에는 생명의 물질인 단백질분자로봇이나 DNA분자로봇이 있기 때문에 광자가 이들과 상호작용을 하여 생물의 특성인 혼(삶의 활동을 하는 영)과 영혼(영적 활동을 하는 영)을 만들어 생물이 삶의 활동을 할 수 있는 것이다. 인간은 삶의 활동 이외에 신의 세계를 알므로 신과 영적 교제를 하는 영혼(신과 영적 교제를 하는 영=신과 영적 활동을 하는 혼)의 활동까지 할 수 있는 것이다.

예수님은 말씀하시기를, "우리 속에 하나님이 거하시고, 하나님 속에 우리가 거한다"라고 하셨는데, 이는 우리의 몸이 하나님의 영으로 만들어졌기 때문에 하나님이 우리한테 거하시는 것이고, 그래서 우리의 일거일동을 하나님이 아시므로 하나님한테 우리가 거하는 것이나 다름없는 것이다. 140조 이상의 거대한 수의 체세포로 되어 있는 우리의 육체는 세포 사이에 세포막들이 정보를 전달하지만 즉 의사소통을 하지만 우리는 통일된 정보를 알아듣는 거와 마찬가지로 하나님의 영으로 만들어진 세포막이기 때문에 세포막의 정보전달을 자연히 하나님은 알게 되는 것이다. 그 때문에 하나님은 우리가 생각만 해도 무슨 생각을 하는지 아시게 되는 것이다.

큰소리를 내지 않고 큰소리로 울지 않고 마음속으로 울거나 기뻐하며 기도해도 하나님은 그 때문에 다 알아들으시고 들어줄 만한 기도는 항상 들어주시는 인정 많은 분인 것이다. 우리가 알아듣는 것은 우리의 뇌의 구조 때문에 신경줄에 의한 자극전류에 의한 것이고,

하나님은 의사소통방법으로 신경줄에 의한 자극전류를 이용하시는 것이 아니고, 광자와 보이지 않는 에너지 즉 정신감응능력이나 정신력동능력을 이용하시므로 생물인 인간과는 다른 방법으로 의사소통을 하시는 것이다. 우리가 구원을 받지 않고 하나님을 생각도 안 하고 찾지도 않고 기도도 하지 않으면 우리와 하나님과 의사소통을 이루게 하는 영이 활동을 안 하므로 하나님이 우리한테 거하시지 않는 것이나 다름없는 것이다.

의사소통을 하려면 양쪽의 암호가 맞아야 한다. 예를 들어 우리가 대화로 의사소통을 하려면 서로 언어를 알고 있어야 하는데, 이는 언어의 암호를 맞추는 것이다. 몸짓으로 의사소통을 하려면 서로 몸짓언어의 암호를 맞추어 서로 알고 있어야만 한다. 이와 같이 모든 의사소통인 교제는 서로가 암호를 맞추어야 한다. 우리가 하나님과 의사소통을 하려면 우리의 영과 하나님의 영과 암호를 맞추어야 되는데, 이는 구원을 받음으로써 성령을 받아 서로 영적으로 통하게 되어 암호가 맞추어져 서로 교제를 할 수 있는 것이다.

서로 언어를 알고 있으면 암호는 맞추어져 서로 통하지만 한쪽이 대화에 응하지 않았을 경우에도 의사소통은 이루어지지 않는다. 우리의 육체는 하나님의 영이 들어 있는 광자로 만들어진 단백질로 만들어졌기 때문에 우리 몸에는 항상 하나님의 영이 거하고 있으나, 하나님과 의사소통을 하기 위한 하나님의 조건인 구원을 우리가 받지 않으면 우리 몸속에 거하는 하나님의 영은 우리의 영과의 영적 교제에 응하지 않으므로 영적인 의사소통이 이루어지지 않는 것이다.

의사소통을 하기 위해서는 언어나 몸짓언어 등 암호를 서로 알아야 한다. 암호를 아는 방법은 보고 배우거나 교육을 받음으로써 알게 되는 것이다.

우리가 우리 몸에 거하는 하나님의 영을 알아보기 위해서 하나님은 독생자인 예수님을 인간 세상에 보내시어 예수님을 통해 하나님과 인간 사이에 영적인 암호가 풀려지도록 하여 영적 교제가 이루어지게 하신 것이다. 우리가 구원을 받으면 잠자던 우리의 영이 깨어나 하나님의 영을 알아봄으로써, 즉 성령을 받아 영적인 암호가 풀려지는 것이다. 그러므로 구원받은 이후로는 자유로이 하나님과 영적 교제를 할 수 있는 것이다.

하나님의 독생자인 예수님이 인간의 죄를 대신해서 피를 흘리시며 십자가에서 돌아가시므로 말미암아 우리의 죄는 모두 사함을 받았는데, 이 사실을 믿는 것이 바로 구원이고 진리인 것이다.

우리가 의사소통을 하기 위해 언어의 암호를 맞추는 것은 결국 언어의 문자의 규칙적인 약속을 이유 없이 그저 믿는 것이다. 언어를 처음 만든 자의 의도대로 그대로 문자의 규칙적인 약속을 이유 없이 믿음으로써 우리는 그 언어의 암호를 알게 되어 그 언어로 의사소통을 할 수 있는 것이다.

마찬가지로 영적인 암호가 풀어지려면 하나님이 처음에 구원받는 규칙의 약속(예수님을 통한 죄 사함)을 만든 자의 의도에 따라 즉 하나님의 독생자인 예수님이 우리의 죄를 대신 짊어지고 죽으신 것을 이유 없이 믿음으로써 영적인 암호가 풀려 영적인 의사소통인 영적인 교제가 이루어질 수 있는 것이다.

우리가 의사소통을 하기 위해 언어를 배우는데, 언어를 만든 자의 의도와 이유를 왜 그러한 과정으로 언어를 만들었냐고 묻지 않고 그저 이유 없이 만든 자의 의도에 따라 언어의 규칙적인 약속을 믿어야 하는 거와 같이 영적 교제(영적인 의사소통)를 하기 위해 영적인 죄 사함을 받는 규칙적인 약속을 만든 하나님의 의도와 이유를 왜 그러한 과정으로 구원을 받게 했느냐고 묻지 않고 그저 이유 없이 믿어야 영적 교제를 할 수 있는 구원을 받게 되는 것이다. 이와 같이 이유 없이 믿음으로써 구원을 받아야 한다. 영적인 암호를 풀게 하는 장본인은 예수님이기 때문에 예수님이 내 죄를 대신해서 돌아간 사실을 진실로 믿을 때 구원을 받고 동시에 성령을 받아(통해) 비로소 영적 교제가 이루어지는 것이다.

우리의 말과 의도를 전혀 듣지 않아 우리를 몹시 화내게 하는 자나, 죄 많은 강간자나 살인자와 우리는 조금도 즐겁게 상대하거나 교제하기를 꺼려하고 원하지 않는다. 이와 마찬가지로 하나님도 하나님을 알아보지 못하고 하나님의 말씀에 순종하지 않는 죄 있는 인간들하고 교제하기를 조금도 원하지 않는 것이 당연한 것이다. 우리의 죄를 모두 깨끗이 없애는 죄 사함은 예수님이 우리의 죄를 대신 짊어지고 죽으신 사실을 믿음으로써 예수님의 사랑의 헌신을 통해 우리의 죄가 말끔히 사함 받아 의로워짐으로 구원을 받아(=성령을 받아(통해)=거듭남으로=하나님의 자녀가 됨으로) 하나님과 영적 교제가 이루어질 수 있는 것이다.

그러므로 하나님과 교제를 하기 위해서는 예수님을 통해서만 하게 되므로, 예수님이 구원받는 길이고, 구원받아야 하는 것이 이 세상의 진리이고, 구원을 받음으로써 천국에 가므로 영생(영원한 생명)을 얻으니, 예수님은 "예수께서 가라사대 내가 곧 길이요 진리요 생명이니 나를 말미암지(통하지) 않고는 아버지께로 올 자가 없느니라"(요한복음 14:6)라고 말씀하신 것이다.

만일 예수님이 이 세상에 오시지 않으셨다면, 우리 인간은 하나님과 영적인 교제를 하기 위한 암호가 지금까지 풀리지 않아 참 하나님을 알아보지 못함으로써 수많은 미신들이 난무하고 있었을 것이다.

과학문명이 발달되어 가는 인간 세상에 하나님이 영적 교제를 하기 위해 의도적으로 일일이 기적을 행사하여 매번 자연의 법칙을 어겨가면서 자연의 질서를 무너뜨릴 수도 없는 일이다.

　만일 하나님이 인간하고 대자연을 함께 즐기고 기뻐하고 대화하는 영적 교제를 할 의도가 없었다면, 인간을 아예 만물의 영장인 고등인간으로 유일하게 독특하게 창조하지도 않았을 것이고, 하나님을 전혀 모르게 창조했을 것이다. 그리고 영적인 감각기관이나 영적인 얼굴표정도 구태여 인간한테만 유난히 특이하게 만들어 놓지도 않았을 것이다.

　만일 하나님이 태초에 어떤 인간들에게, 지구에 살게 될 동물로 일은 안 하고 다른 동물만 잡아먹는 악하고 무서운 사자나 호랑이를 만들고, 이들에게 먹이로 잡혀 먹히기만 하는 선하고 아름다운 사슴을 만들려고 하고, 그리고 평생 사람을 위해 밭에서 일하다가 늙어 힘없으면 사람에게 잡아먹히는 말없는 순진한 소를 만들 거라고 계획한다면, 이 이야기를 하나님한테서 직접 들은 사람이나, 이 이야기를 듣고 전달하는 사람의 말을 듣는 다른 사람들은, 하나님의 생각이 정상이 아니거나 전하는 사람이 꾸며서 하는 말이라고 듣는 사람들은 이 이야기를 전혀 사실대로 믿지 않을 것이다.

　과연 하나님이 그러한 공의롭지 않고 어리석은 설계를 하실 분인가 하고 믿지 않을 것이다. 그러나 현 세상은 하나님 말씀대로 동물들이 만들어졌고, 하나님 설계대로 생태계를 유지시키며 진행되어 간다. 다만 인간이 하나님의 의도와 설계를 몰랐을 뿐인 것이다.

　그리고 지구에 생물이 있기 전에 어떤 인간들에게 하나님이 지구의 생물로 미생물, 식물, 동물을 창조하시려 하는데, 암컷과 수컷이 수정(교미)을 하여, 접합자(배, 배아, 태아)를 만들고 암컷 자궁 속에서 접합자가 영적인 단백질분자로봇과 DNA분자로봇에 의해 생명체의 모양이 형성되어 자라서 새끼로 태어나서 자라서 큰 동물이 되고, 인간은 수많은 능력을 가진 생물기계로 하나님과 사랑의 감정을 나누는 대화 상대자로 만들려고 한다면, 이 이야기를 들은 인간들은 어떻게 물질이 생물체로 변하고 어떻게 생물기계가 생각도 하고 기뻐하기도 하고 슬퍼하기도 하고 눈물까지 흘리고, 어떻게 생물기계가 스스로 자연히 성장을 할 수 있고 조그마한 씨앗이 자라서 큰 거목으로 되어 수많은 과일이 열리는 요술나무를 만들 수 있느냐고 수천수만 가지 의문을 가지고 그러한 영적인 생물기계를 아무리 신이라도 만들 수 없다든지 그러한 상상은 결코 실현될 수 없는 불가능한 것이라고 인간들은 스스로 결정을 내릴 것이다.

그러나 이러한 요술 같고 영적인 하나님의 설계는 현 세상에서 실지로 이루어져서 작동되어 가는 것이다. 다만 인간이 하나님의 능력을 과소평가했을 뿐인 것이다.

마찬가지로 인간이 죽으면 죄의 심판이 있고 부활이 있다는 것은 하나님의 의도이고 하나님의 설계이며, 이것은 현 세상에서 행해지고 있는 하나님의 능력으로 보아 그리 어렵지 않게 자연히 저절로 실행되어지는 하나님의 프로그램인 것이다.

그러나 하나님의 능력을 믿지 못하는 구원받지 못한 인간들은 여전히 그러한 일은 실현 불가능한 일이라고 하고, 그러한 영적인 능력을 가진 자는 존재하지 않는다고 하며, 생각도 못하는 자연에 의해서 저절로 자연히 진화에 의해서 모든 자연현상과 자연변화가 이루어진다고 아무 거리낌 없이 믿게 되는 것이다. 그래서 삶의 행위도 남에게 큰 피해를 주지 않는 한 수단과 방법을 가리지 않고 자기의 이익만 추구하고 자기의 쾌락만 추구하는 방향으로 행동하게 되는 것이다.

구원을 받으면, 우리 몸속에 있는 하나님의 영으로 된 우리의 영(영혼)이 깨어나 하나님과 영적으로 교제(의사소통)의 길이 열리는 것이다.

우리가 전혀 모르는 사람이라도 친하게 되면 서로 친한 교제의 길이 열리는 거와 마찬가지인 것이다.

구원을 받으면 아담과 하와가 저지른 원죄에 대해 사함을 받음으로써 지옥에는 안 가고 낙원(천국)으로 가게 되는데, 낙원에도 천층만층 사람들의 직분이 다 다른 것이다. 천국사람들이 다 똑같은 다 좋은 직분을 가질 수는 없는 것이다. 예를 들어 하나님, 예수님, 우리부터가 직분이 다르고 우리 중에도 관리인, 실행인, 노동자 등 자연히 차별이 있게 되는 것이다. 물질로 이루어진 물질시스템인 원자, 분자, 생물세포나 인간들로 이루어진 사회시스템 속에는 여러 구성물(원)이 존재하게 되고 여러 구성물마다 다른 임무가 있게 되어 다른 직분을 맡게 되고, 각 구성물(원, 품)이 자신의 임무를 충실히 해낼 때 비로소 하나의 작은 시스템도 형성되고 작동되어지는 것이다.

아무리 작은 미세한 세포시스템이라도 세포를 이루는 물질이 다 똑같은 한 가지 물질로는 세포시스템을 만들거나 세포메커니즘으로 작동되어질 수 없는 것이다. 그러므로 살기 좋고 행복한 천국이 건설되어 천국사회가 유지되기 위해서는 수많은 시스템에 해당하는 물질과 사람과 직업 등이 다양해야 하고, 특히 천국사람들의 직분도 여러 가지라야 하고 행하는 임무도 여러 가지라야만 상대적인 물질적 정신적인 극성의 힘(에너지)과 물질 사이의 상호작용의 힘과 평형의 힘으로 천국사회도 유지될 것이다.

만일 천국이 한 가지로 다 좋은 물질과 다 행복한 사람들만 산다면, 이러한 사회는 상대적인 물질적 정신적인 극성의 힘이 작용되지 않으므로 물질 사이에 상호작용하려는 힘이나 평형(화평, 화목, 균형, 조화)해지려는 힘이 없기 때문에 존재할 수 없는 것이다.

문제는 구원을 받고도 죄를 짓게 되는데, 이들 죄는 지옥과는 상관없고, 이들 죄의 경중에 따라 낙원에서도 좋고 나쁜 직분이 주어지게 되는 것이다. 구원을 받고 죄를 지으면 고백을 하여 진심으로 회개하면 이들 죄는 사하여지는 것이다. 그러므로 구원 받은 자는 죄의 고백을 게을리 해서는 안 될 것이다. 아무리 살인죄를 졌더라도 하나님은 회개할 시간을 주신다. 만일 이 회개할 시간을 넘어서면 엄한 벌이 내려지고 현세에 안 내려지면 내세에 또는 자손에게도 내려지게 되는 것이다.

그러나 하나님은 아무리 큰 죄인이라도 언제든지 하나님 품으로 돌아올 수 있는 구원의 사랑의 문을 항상 활짝 열어 놓고 계시므로 우리가 슬프거나 고통스럽거나 괴로울 때 적어도 한번쯤은 이 문을 두드리고 안으로 들어가 보는 아량이 필요하다. 그렇게 함으로써 우리를 육체적으로나 정신적으로 위로받게 되고 평안한 마음을 가질 수도 있는 것이다. 자신의 어리석은 자존심 때문에 한번도 하나님 품에 안기려 하지 않는다면 그 자신만 손해를 보는 불쌍한 짓인 것이다.

피 속에는 양분도 있고 산소도 있고 호르몬도 있고 모든 생체물질이 다 들어 있기 때문에 생명이 들어 있는 것이고, 빛에너지도 들어 있고 신경계와 호르몬계, 감감기관과도 연결되어 감정도 들어 있기 때문에 죄도 들어 있는 것이다. 피의 혈액형이나 피를 만드는 단백질도 유전되므로 아버지가 큰 죄를 지으면 아들에게도 죄가 흐르는 것이다.

예수님이 오시기 전까지는 죄를 사함받기 위해서 소나 양이나 비둘기 같은 동물의 피를 하나님께 끊임없이 계속해서 바쳤으나 예수님의 피로 인류의 죄가 2000년 전에 사함 되었을 때부터는 죄가 완전히 사함 되었으므로 더 이상 동물이나 사람의 피를 바치지 않는 것이다. 그러므로 하나님과 우리 사이의 죄는 이미 2000년 전에 완전히 모두 사함 되었으므로 우리는 단지 이 사실을 마음속으로 진심으로 믿음으로써 내 죄가 완전히 모두 사함 되어 마침내 구원의 길이 열리는 것이다. 만일 예수님이 이 세상에 오시지 않았다면 인간과 하나님은 연결이 안 되어 하나님과 인간은 사랑의 영적 교제를 올바로 하지 못하고 수많은 신들이 이 세상을 지배하고 있었을 것이다.

대자연의 3대 힘의 원리(=신의 3대 힘의 원리)인 상호작용하려는 힘, 상대적인 극성의 힘, 평형(화평, 화목, 균형, 조화)해지려는 힘은 모두 근본사상이 사랑이므로 대자연을 창조한 장본인은 성경의 하나님인 것이 분명히 증명되는 것이다.

입자(물질)들의 상대적인 극성의 힘도 입자 사이의 상호작용으로 만들어지고, 상호작용은 서로 영향을 미치는 작용, 서로 주고받는 작용, 서로 오고가고 하는 작용, 서로 공존·공생하는 작용, 서로 의사소통을 하는 교제의 행위, 에너지와 물질의 전달이나 교환 등이 상호작용이다. 그러므로 상호작용의 근본사상은 사랑이며, 사랑은 상대방을 아끼고 좋아하며 인내와 참을성을 가지고 어려운 역경을 극복해 나가며, 상대방이 잘 되도록 기원하며, 상대방에게 너그럽고 온유하고 어질고 자비롭고 인자하고 자상하고 희망을 주는 마음가짐과 행위이다. 사랑의 교제로 오래도록 공존·공생하기 위한 목적이 담겨있는 것이다. 공존·공생의 상호작용으로 대자연과 인간과 신이 사랑의 의사소통(교제)을 함으로써 존재의 보람이 있고 함께 즐기고 기뻐하고 슬퍼할 수 있으며, 영원히 오래도록 공존·공생할 수 있는 이유와 목적과 보람도 있는 것이다.

09
사랑에 대하여

"내가 사람의 방언(하나님께 영으로 비밀히 말하는 것)과 천사의 말을 할지라도 사랑이 없으면 소리 나는 구리와 울리는 꽹과리가 되고 내가 예언하는 능이 있어 모든 비밀과 모든 지식을 알고 또 산을 옮길 만한 모든 믿음이 있을지라도 사랑이 없으면 내가 아무것도 아니요 내가 내게 있는 모든 것으로 구제하고 또 내 몸을 불사르게 내어줄지라도 사랑이 없으면 내게 아무 유익이 없느니라. 사랑은 오래 참고 사랑은 온유하며 투기하는 자가 되지 아니하며 사랑은 자랑하지 아니하며 교만하지 아니하며 무례히 행치 아니하며 자기의 유익을 구치 아니하며 성내지 아니하며 악한 것을 생각지 아니하며 불의를 기뻐하지 아니하며 진리와 함께 기뻐하고 모든 것을 참으며 모든 것을 믿으며 모든 것을 바라며 모든 것을 견디느니라. 사랑은 언제까지든지 떨어지지 아니하나 예언도 폐하고 방언도 그치고 지식도 폐하리라. 우리가 부분적으로 알고 부분적으로 예언하니 온전한 것이 올 때에는 부분적으로 하던 것이 폐하리라."(고린도전서 13:1~10)

이와 같이 사랑은 모든 것보다 위이며 영원한 것이며, 사랑이 없으면 아무리 값진 진주도 소용이 없고 아무리 남을 위해서 헌신해도 소용이 없고 아무리 좋은 것을 만들어도 소용이 없고 아무리 아름다운 대자연을 만들어도 사랑이 없으면 소용이 없으며, 사랑이 없으면 부모와 형제 친한 사람도 소용이 없고 신도 소용이 없는 것이다. 하나님이 우주만물과 아름다운 대자연을 창조해도 사랑을 나눌 자가 없다면 무슨 소용이 있겠는가?

그래서 하나님이나 예수님이 가장 중요하게 강조하는 것이 사랑인 것이다(불교에서는 자비: 사랑으로 즐거움을 주고 괴로움을 없애는 행위). 그러므로 하나님은 하나님 홀로만은 소용이 없고 사랑을 주고받을 대자연(우주만물)과 인간이 반드시 필요한 것이다.

인간이 살아가는 것도 부모의 사랑, 형제의 사랑, 친척의 사랑, 친구나 친한 사람들의 사랑, 자식 사랑, 이웃사랑, 같은 주민의 사랑, 동창의 사랑, 직장 동료들의 사랑, 대자연의 사랑 등을 매일 느끼고 의사소통하기 때문에 사는 보람이 있고 사는 기쁨과 슬픔, 사는 낙과 괴로움 등을 알고 느끼게 되는 것이다.

사랑은 기뻐할 줄도 알고 슬퍼할 줄도 알며 괴로워할 줄도 알고 좋아할 줄도 알고 싫어할 줄도 알고 미워할 줄도 알고 모든 감정을 느낄 줄도 알고 상대방의 처지를 함께 공감할 줄도 알고 상대방의 행복을 빌 줄도 아는 것이며, 예쁜 마음, 고운 마음으로 인내를 가지고 너그럽게 참을 줄도 알고 어려움을 극복할 줄도 아는 마음의 행위인 것이다. 왜냐하면 슬퍼하고 괴로워하고 미워하는 것도 상대방에 따라 동정과 사랑으로 받아들일 수 있기 때문이다.

사랑이 없는 삶은 감정 없는 기계적인 삶이므로 무생물의 삶으로, 신과 자연과 인간이 존재하지 않고 무생물만 존재하는 세상은 존재해야 할 아무 의미도 없고 설사 존재해도 정신적인 사랑의 상호작용이 안 일어나기 때문에 정신세계는 존재하지 않는 것이다.

그러므로 세상에서 가장 값진 삶은 사랑의 감정이 담긴 교제(의사소통)를 하며 사는 삶인 것이다. 사랑을 주고받는 것은 반드시 생물만 하는 것이 아니고 무생물도 할 수 있으나, 무생물은 생명이 없기 때문에 생명이 있는 생명체에 의해서만 수동적으로 사랑을 주기도 하고 받기도 하는 수동적 사랑으로, 무생물 자신은 사랑을 느낄 수는 없는 것이다.

아름다운 산과 들, 아름답고 고독한 달, 생명의 빛을 주는 생명의 태양, 아름다운 밤하늘의 별 등등 우리는 무생물한테 아름다움에 젖어 아름다운 사랑의 감정을 받아 느끼게 되고, 동시에 사랑의 감정을 주게 되어 무생물인 자연을 사랑한다.

그러므로 무생물세계가 없는 생물세계만으로는 물질적으로나 에너지적으로나 정신적인 사랑의 감정을 충분히 충족시키지 못하기 때문에, 생물세계 단독으로나 무생물세계 단독으로 되어 있는 우주세계는 역시 존재하기 어려운 것이다. 그러므로 천국도 아름다운 물질세계와 정신세계의 혼합세계로 되어 있어야 하고, 천국에서 신도 물질로 된 육체로 되어 있어야만 사랑의 감정을 느낄 수 있는 것이다. 꿈속에서나 현실 속에서나 사랑은 상대의 모습을 그리며 하게 되기 때문에 형상 없는 사랑은 할 수 없기 때문이다.

10
창조와 진화 ①

인간에게는 전신술(telegraphy)의 능력이 있어서 무선으로도 전신을 보낼 수 있다. 그러나 텔레파시(정신감응, telepathy)나 정신력동(멀리 있는 물체를 정신력으로 움직이게 하거나 작용하게 하는 현상, telekinesis) 등의 능력은 거의 없다. 간혹 일부 사람들이 텔레파시로 살인사건 장면이나 범인을 보고 범인을 체포하는 경우가 있다. 이런 현상은 순간적으로 그 사람에게 텔레파시 암호가 일치되어 그 사람에게 사건 장면이 보여지는 현상이다. 전지전능하신 신은 물질적으로나 정신적으로 모든 능력을 다 가지고 있으므로 우주만물도 그리 어렵지 않게 창조할 수 있는 것이다.

만일 하나의 생명체가 그저 우연히 자연히 저절로 만들어졌다면 셀 수 없을 만큼 수많은 부품(부속물)들이 저절로 만들어져서 저절로 제 위치에 조립되어 저절로 조직과 기관을 만들고 저절로 하나의 전체 시스템을 만들어 내어 저절로 작동 기능되도록 하였겠는가? 세심한 설계구상 없이 생각도 못하는 자연물에 의해 그저 우연히 저절로 자연히 수백조가 넘는 부품들이 만들어져서 제자리에 적재적소에 짜맞추어져 하나의 특정한 생명체를 이루어 일치된 방향으로 적합하게 삶의 활동을 한다는 것은 너무나 불가능한 일이다. 그 때문에 자연히 저절로 생명체가 형성되고 형성된 생명체가 물질적 정신적으로 작용하는 것은 단순한 물질만의 기계적인 작용이 아니고 영이 들어 있어 (영으로 만들어져) 영의 돌봄과 영의 이끌음으로 행해지는 영적인 작용인 것이다.

생물 생체 내에서 영적으로 행하는 것은 단백질이고, 모든 생체물질은 수많은 종류의 단백질로 만들어지기 때문에 수많은 형질이 나타나 수많은 특정한 생체모습을 하게 되고 수많은 특정한 형질과 특성을 나타내게 되어 생물의 다양성과 생물의 고유한 개체성을 나타내게 되는 것이다. 그러므로 이러한 영적인 생물기계들은 화가 나서 울부짖고 기뻐서 날뛰고 슬퍼서 눈물까지 흘리기도 하는 것이다. 영적으로 작용하는 단백질의 정체를 우리가 자세히 모르기 때문에 모든 생물은 자연히 저절로 진화되는 것으로 오인하고 착각하게 되는 것이다. 아무리 세월이 흘러 시간이 지나가도 우연히 자연히 자연의 능력으로는 인간이 만들어 놓은 책상 하나도 만들어지지 않는 것이다.

책상 하나를 만들기 위해서, 첫째는 책상의 구조와 기능에 대한 설계를 할 수 있는 충분한 지적수준이 있는 능력 있는 설계자가 있어야 한다.

둘째는 만들 재료인 못과 목재를 쇠나 나무에서 가공할 줄 아는 가공기술자나 가공로봇이 있어야 한다.

셋째는 목재를 적당한 크기로 자르고 못과 조립하여 책상을 만드는 기술자나 로봇이나 노동자가 있어야 할 것이다.

넷째는 책상을 만들기 위해 재료와 일꾼 등을 돌보고 이 일을 총괄적으로 추진하는 통솔자나 인솔자가 있어야 한다.

다섯째는 이 일(책상을 만드는 일)에 종사하기 위해서는 각 부서에 맞는 적합한 지식을 가지고 있어야만 하는데, 이는 교육을 받든가 보고 배우거나 해야 할 것이다.

여섯째는 이 일에 종사하는 자들은 충분한 에너지를 가지고 있어야 하고 에너지를 소비할 줄도 알아야만 한다.

물론 이 중에 두세 가지 일은 한 사람이 겸할 수도 있지만 그러기 위해서는 충분한 교육을 받아야 하거나 보고 배우거나 해야 하며 충분한 에너지를 가지고 있어야 할 것이다. 만일 이 중에 어느 하나라도 없으면 완전한 책상은 만들어지지 않는 것이다. 이러한 여러 단계의 복잡한 과정을 탈 없이 해내야 비로소 단순한 책상 하나라도 만들어지는데, 나무, 설계, 못, 목재, 기술자나 로봇 등이 하나도 없는 곳에는 아무리 시간이 지나가도 책상부품들과 기술자나 로봇들이 자연히 저절로 모여서 아무 인솔자 없이 이들이 각기 자신들의 임무를 찾아 임무대로 자연히 저절로 해내어 완성된 책상이 만들어지기란 시간의 흐름과는 상관이 없는 것이기 때문에 자연의 진화로는 책상이 절대로 안 만들어지는 것이 확실한 것이다.

이 사실을 우리는 누구나 다 믿고 안다. 만일 아무것도 없는 곳에 완성된 책상이 하나 있으면, 누군가가 만들어 갖다 놓은 것이 틀림없으며, 이 사실도 우리는 누구나 다 아는 기정사실인 것이다. 우리는 자연이 오랜 시간을 보내면서 진화로 자연에 의해 책상이 만들어질 것이라고 한 사람도 믿지 않고 기대도 하지 않는다. 그 이유는 자연에는 능력을 가진 설계자가 없고, 능력을 가진 기술자도 없으며 능력을 가진 인솔자도 없고 에너지를 흡열반응 쪽으로 사용할 자도 없고 에너지를 적재적소에 자유자재로 사용할 자도 없기 때문이다.

동물이 수정(교미)하고 식물들의 씨들이 수정에 의해 배(배아, 접합자)가 만들어지고, 동물들은 암컷의 자궁 속에서, 식물의 씨들은 흙 속에서 배(배아, 접합자)가 세포분열하면서 자연히 분화가 이루어져서 생체 조직이나 기관들이 만들어져서 정해진 일정한 임신 기간이 지나가면 아름답고 귀여운 아기가 만들어져서 태어난다. 식물은 씨 속에서 싹이 트여 흙 밖으로 새싹이 자라 오른다. 이러한 생물이 만들어지는 과정은 물질의 작용만이 아니라 영이 들어 있는 영적인 작용에 의해 이루어지는 것이다.

이와 같이 생물이 만들어지는 것은 동물은 접합자를 이루는 세포 속에, 식물은 씨를 이루는 세포 속에 있는 DNA의 유전정보대로 영적인 특정한 단백질이 만들어져서 스스로 특정한 생물을 만들기 때문이다. 만들어진 특정한 단백질(아미노산시슬) 속에는 특정한 유전정보(생명정보)가 들어 있기 때문에 이들 특정한 단백질로 만들어진 특정한 생체물질이나 생체조직들은 자신의 특정한 유전정보대로 자신의 임무를 하게 된다. 이와 같이 특정한 단백질이 만들어지는 과정과 특정한 단백질이 특정한 생체물질을 만들어 생명체를 만드는 과정 등은 인간의 차원을 넘어서는 영적인 작용이다. 그 때문에 아무리 인간의 기술이 발달하더라도 생체기계와 똑같은 기계구조와 기계기능과 육과 혼이 상호작용하는 영적인 생물기계를 만들 수 없는 것이다. 그 이유는 인간이 생물을 영적으로 만들고 돌보는 영이 들어 있는 영적인 단백질 분자로봇(기술자)과 DNA분자로봇을 만들 수 없기 때문이다.

단백질분자로봇들이 이러한 영적인 작용을 하는 것은 단백질이 영적인 능력을 가지고 있고, 영적인 영을 가지고 있기 때문인 것이다. 만일 단백질분자 속의 결합에너지(=광자에너지) 속에 영이 안 들어 있으면 단백질 스스로는 생체물질을 만들 수 없는 것이다. 단백질은 빛에너지로 만들어지는데 빛 속의 광자(에너지+정보+영)는 하나님의 생명의 말씀이고 생명의 정보인 하나님의 영(성령)을 가지고 있다. 만들어진 생명체기계가 육체적 정신적 영적으로 활동하는 것은 생물기계가 영이 들어 있는 단백질로 만들어졌기 때문에 생물기계가 육체적인 활동, 정신적인 활동, 영(영혼)적인 활동(인간)을 할 수 있는 것이다.

만들어진 생물기계는 물질과 에너지와 그리고 육과 혼이 상호작용을 하는데, 이는 낱개의 생물부속기계들이 영이 들어 있는 영적인 단백질로 만들어지기 때문에 영과 영 사이이므로 서로 의사소통이 잘 되어 상호작용을 영적으로 하기 때문이다. 영적인 생체물질 사이에 영끼리 의사소통되는 자체가 영적인 차원의 영의 작용인 것이다. 더 나아가 이러한 영적인 부속기계들로 만들어진 전체 생명체기계가 통일된 육체적, 정신적, 영적인 생각을 해서 통일된 활동을 할 수 있는 것은, 즉 수많은 영이 들어 있는 생물기계를 자유자재로 생각하게 하고 활동하게 하는 것은 영들을 다스리고 돌보고 이끄는 영(혼, 영혼)이 있음을 증거하는 것이다. 만일 생명체 속에 여러 영을 다스리는 영이나 혼이나 영혼(사실은 다 같은 한 가지 영이지만)이 없다면 생물기계는 위험한 상황을 순간적으로 생각해서 결정을 하여 스스로 피할 수 없는 것이다. 그러므로 생물이 스스로 삶의 활동을 하고 스스로 생각하고 스스로 영적인 활동을 하는 것은 생물이 육체의 물질과 정신적인 영으로 되어있음을 의미하는 것이고, 통일된 육체적, 정신적, 영적 활동을 할 수 있는 것은 육과 영을 다스리고 돌보고 이끄는 혼(삶의 활동을 하는 영 : 동물)과 영혼(영적인 활동을 하는 영 : 인간)이 있음을 증거하는 것이다.

이러한 자연 현상은 외관상으로는 자연에 의한 자연의 능력으로 저절로 자연히 아기가 태어나고 새싹이 자라나오는 것 같지만, 내부적으로는 이들 생물은 수많은 세포들로 이루어져 있고, 각각 낱개의 세포 속에는 생명의 물질이며 생명의 기술자이며 생명의 로봇이며 생명의 인솔자인 신의 사신인 생명의 3대 요소인 빛의 광자(에너지+정보+영)로봇, 단백질로봇, DNA로봇이 들어 있고, 이들이 공동상호작용하면서 DNA 속에 들어 있는 유전정보에 따라 수많은 종류의 단백질로봇들이 만들어지고, 이 단백질로봇들에 의해 스스로 세포, 조직, 기관 등으로 만들어지고, 세포분열되어 마침내 귀여운 아기를 만들어 내기 때문이다.

하나님의 영(하나님의 의도=하나님의 말씀=하나님의 설계=하나님의 성령=하나님의 진리=자연의 법칙=하나님의 능력=하나님의 에너지)으로 즉 하나님의 의도(설계)대로 하나님의 생명의 말씀이 DNA분자 속에 4개의 염기글자(A, T, C, G)로 기록되어 있고, 광자로 만들어진 단백질은 즉 하나님의 영으로 만들어진 생명의 기술자인 단백질이 특정한 DNA의 유전정보에 따라 특정한 생명체를 스스로 만들어내기 때문에 단백질의 종류에 따라 다른 수많은 생명체가 만들어지는 것이다. 만일 DNA의 유전정보대로 만들어진 특정한 단백질 속에 영이 안 들어 있다면, 특정한 단백질은 특정한 형질을 가진 특정한 생체물질을 못 만들게 되므로 생명체는 만들어지지 않는 것이다.

특정한 DNA로봇과 단백질로봇 사이에 서로 영적으로 의사소통이 되어 생체의 물질, 조직, 기관이 만들어지는 자체가 영적인 작용이고, 이 영적인 작용이 이루어지는 것은 단백질이 영적인 능력을 가지고 있기 때문이고, 단백질이 영적인 능력을 가지려면 단백질 속에 영적인 영이 들어 있어야 하고, 단백질의 영적인 특성은 단백질의 영적인 분자구조의 결합에너지 속에 들어 있고 단백질의 영적인 분자에너지는 영적인 능력을 가진 광자(에너지+정보+영)로 만들어지므로 빛 속의 광자는 하나님의 영을 가지고 있는 것이다. 그러므로 생명체가 만들어져서 태어나고 삶의 활동을 하는 것은 하나님의 생명의 말씀(설계, 의도)에 따라 하나님의 생명의 일꾼인 생명의 3대 기술자에 의해 이루어지기 때문에 결국 하나님에 의한 창조의 진화인 것이다.

다른 식물과 다른 동물이 만들어져서 새로이 싹트고 태어나는 것은 이들 생명체를 만드는 단백질이 다른 종류이기 때문이며, 이는 단백질을 만들게 하는 DNA가 다른 분자구조를 하고 있기 때문이며, 이는 곧 DNA의 4개의 염기들이 다르게 길게 연결되어 있기 때문이다.

이와 같이 DNA의 염기배열순서를 변화시킬 수 있는 것은 우주선, 방사선, 자외선 등 에너지가 강한 광선이나 광자나 보이지 않는 에너지들의 작용이며 이때 에너지가 강한 방사선이나 자외선 등은 DNA 분자의 결합을 끊어놓기 때문에 기형아나 열등아가 태어나게 된다.

우리는 DNA의 구조변화에 대한 요인으로 2가지를 생각할 수 있다. 첫째는 빛의 광자나 보이지 않는 에너지가 하나님의 영에 따라 DNA의 구조를 변화시키는 것이고, 둘째는 이미 DNA 속에 기록되어 있는 유전정보의 프로그램억제가 현 생명체의 자료와 주위환경의 기온, 기압, 대기의 농도, 습도 등의 값에 의하거나 우주의 힘인 우주전자기파나 만유인력 만유척력의 작용 비율값에 의하여 자동으로 DNA의 억제가 풀려서 DNA의 구조가 변화되어 조금씩 다른 진보된 고등생물을 만드는 고등단백질을 만들어 하등생물에서 고등생물로 진화되게 한 것으로 볼 수 있다. 그러나 DNA의 구조변화는 생명체 자신의 욕망이나 주위환경에 적응하려는 자연선택에 의해서는 변화되지 않는 것으로 알려져 있다.

그러나 어쨌든 생물의 태초에 한번 만큼은 신이든 누구이든 고도의 지성을 가진 자가 생명의 3대 물질인 광자(에너지+정보+영), 단백질, DNA를 설계해서 세포 속에 집어넣고, 동시에 수정(교미)메커니즘과 세포분열메커니즘도 만들어 집어넣어 자연히 수정(교미)에 의해 유전 작동되도록 만들었기 때문에 생물 태초로부터 지금까지 똑같은 메커니즘을 통해서 유전되어 전해오도록 하고 그를 통해 자연히 저절로 다양한 생물이 다양한 개체성을 가지고 탄생되게 한 것이다.

만일 생물 태초에 영적인 능력을 가진 자가 세포와 DNA, 단백질을 만들지 않았다면, 상대적인 극성의 힘과 자유에너지(유용한 에너지)는 감소하고 엔트로피(무용한 에너지, 무질서도)는 증가하는 방향으로만 진행되어 가는 자연의 진행 길 위에는 결코 이러한 영적으로 작동되어지는 생물기계들이 우연히 저절로 영적으로 만들어지고 영적으로 공동으로 상호작용하면서 영적으로 진화될 수는 없는 것이다.

한 가지 종류의 단백질을 만들더라도 세포, 세포핵, 염색체, DNA, 전령 RNA, 번역(운송) RNA가 공동으로 정확히 상호작용하면서 보안을 철저히 지켜 유전정보대로 한 치의 오차도 없게 특정한 단백질을 만들게 되는데, 이중의 한 가지 물질이라도 없으면 안 되고, DNA가 특정한 유전정보를 가지고 있지 않아도 안 되고, 전령 RNA가 잘못 유전정보를 복사해도 안 되고, 번역 RNA가 유전정보를 잘못 번역해도 안 되고, 운송 RNA가 특정한 아미노산을 운송해 오지 못해도 특정한 단백질을 만들지 못하므로 특정한 생체물질을 만들지 못하므로 특정한 생명체를 못 만들거나 신진대사는 이루어지지 않는 것이다.

한 가지 종류의 단백질을 만드는 데도 이렇게 여러 단계로 복잡하고, 만들어지는 과정에서 순서가 바뀌어도 안 되는 이러한 복잡한 메커니즘으로 되어 있는 프로그램이, 더구나 인간 한 사람을 만들려면 100만 가지 이상의 단백질 종류가 필요한데, 어떻게 자연에 의해 우연히 저절로 이 수많은 단백질과 다른 수많은 생체물질과 조직, 기관들을 시간과 공간과 물질의 질서를 지켜가면서 정확한 순서에 따라 특정하게 만들어서 특정하게 작동시켜 비로소 하나의 인간생명체로 만들어서 인간으로서 육체적, 정신적, 영적으로 활동하게 만들 수 있었겠는가?

세포보다 더 작은 세포핵 속에 있는 DNA 속에 백과사전 크기의 종이와 글자로 200만 페이지에 달하는 거대한 유전정보량이 저장되어 있고, 눈에 보이지 않는 세포 속에 세포핵과 여러 세포소기관들,

수많은 물질분자와 이온들, 종이보다 10,000배 더 얇은 세포막, 이 세포막으로 정보를 보내고 물질을 전달하고 그리고 더 작은 세포막 구멍을 통해 생명의 물질과 정보가 출입하는 시스템기계들과 이들에 의해 작동되어지는 특정한 메커니즘(기계술, 작동술)들이 만들어지기에는 얼마나 높은 지혜와 지성의 수준을 필요로 하는 영적인 설계이고 영적인 기술이 필요한지를 보여주는 것이다.

  이러한 영적인 생물세포기계의 구조와 기능은 한마디로 인간의 차원의 수준이 아니고 자연의 차원의 수준도 아니고 신의 차원인 영적인 수준인 것이다. 그러므로 이들 세포로 만들어진 생명체는 기계적인 물질작용은 물론 사랑의 감정으로 의사소통(교제)도 할 수 있고 신과 영적 교제를 하는 영적작용까지 하는 신의 영이 들어 있는 영적인 생물기계인 것이다. 복잡한 수많은 시스템들과 이들로 행해지는 복잡한 수많은 메커니즘들이 수십억 년간 변함없이 똑같은 원리(단백질을 만드는 원리)로 작동되어 오는 것은 자연에 의해 우연히 저절로 자연히 만들어진 시스템과 메커니즘이 아니고 영원히 변함없는 신의 영에 의해 만들어진 것이 분명한 것이다.

  보이지 않는 아주 미세한 접합자(배, 배아)가 세포분열하면서 분화되면서 생체의 조직과 기관을 영적으로 형성해가면서 마침내 하나의 완성된 생명체를 주어진 시간 안에 만들어 내어 성스럽고 귀여운 아기가 태어나서 일정한 비율로 신체의 균형을 맞추면서 성장하며 사랑의 감정을 나누는 의사소통을 하는 인간생물기계는 그저 우연히 자연히 저절로 만들어져서 작동되는 것이 아니라, 보이지 않는 그 생명체 속에서는 아주 미세하게 작은 영적인 능력을 가진 수많은 기술자나 노동자들에 의해 프로그램화되어 있는 유전정보에 따라 물질과 에너지가 생명체로 조각되어 변화해가며 성장되어 가고 있는 과정인 것이다.

이들 기술자나 로봇(노동자)들은 바로 생명의 3대 물질이며 3대 로
봇(노동자)이며 3대 기술자이며 3대 인솔자(안내자)인 빛의 광자(에너지+
정보+영), 단백질, DNA이며, 이들의 능력은 적어도 다음과 같은 수준
이상이어야만 귀여운 아기를 만들어 낼 수 있는 것이다.

▎생명체는 세포로 만들어지는데 세포기계를 만들기 위해서는,
  1) 고도의 지성을 가진 과학자가 있어야 한다 : 세포 속은 화학공장이나
     기계공장이나 마찬가지로 물질과 에너지가 끊임없이 화학물리반
     응이 일어나 여러 생체물질을 만들고 분해하고 에너지를 만들고
     소비하고 하는 신진대사가 일어나기 때문에 고도의 지성(지혜와
     능력)을 가진 과학자들이 필요하다. 이러한 일은 DNA의 유전정보
     에 따라 하나님의 대리자인 영적인 단백질분자로봇들이 행한다.
  2) 고도의 지성을 가진 기술자가 있어야 한다 : 만들어진 생체물질로
     신체의 각 조직과 기관을 만들 수 있는 고도의 기술을 가진 기술
     자를 필요로 한다. 예를 들어 눈이나 얼굴을 만들려면 고도의
     예술가이며 조각가이며 영적인 기술자가 필요한 것이다. 그리고
     눈에 보이지 않는 아주 미세한 세포와 그 속에 세포소기관과 수
     많은 물질이 만들어지고 분해되고 저장되고 에너지를 만들고 저
     장하고 소비하고 하는 시설인 물질 수송관, 물질저장소(창고), 생
     산공장, 분해공장, 발전소, 수송차량, 산소소비 장치인 산화장치,
     단백질기계를 만드는 리보솜시설, 식물인 경우 광합성작용을 하
     는 엽록체시설 등등 수많은 시설을 보이지 않는 세포 속에 설치
     (시설, 장치)할 수 있는 고도의 지성을 가진 기술자가 있어야만
     한다. 이러한 일도 DNA의 유전정보에 따라 단백질분자로봇들이
     행한다. DNA 장치(설비)도 영적인 단백질분자로봇들이 한다.
  3) 정신적 영적인 작용을 할 수 있는 세포도 만들 수 있는 영적인 능력을
     가진 자 : 세포는 물질적인 작용만 하는 것이 아니라 정신적인

작용인 정보의 전달, 감정의 전달, 생각의 형성, 영적 교제 등을 하는 물질적 영적인 생물기계인 것이다. 세포막 속에는 정보를 전달하는 신경전달자(신경전달물질)가 있거나 세포막 스스로 자극 전류에 의해 정보를 전달하는 능력이 있고 이들 세포로 만들어진 감각기관, 신경계, 호르몬계가 주위환경과 상호작용하여 생각하거나 감정이나 의사를 전달하는 의사소통도 할 수 있는 것이다. 이 일도 영적인 단백질분자로봇들이 행한다.

4) 고도의 지성을 가진 영적인 설계자 : 이러한 영적인 세포기계 즉 먼지보다도 수만 배 더 작아 현미경으로도 잘 안 보이는 부피가 거의 0인 세포 속에 수많은 기관시설이 있고, 이들이 하는 작용은 수많은 공장에서 하는 일들과 같게 설계할 수 있는 영적인 능력을 가진 설계자라야만 할 것이다. 이 일도 영적인 단백질분자로봇들이 한다.

5) 고도의 지성을 가진 영적인 통솔자(인솔자) : 이러한 수많은 공장이나 차량에서 일하는 수많은 노동자(로봇)나 기술자, 조각가들을 DNA 분자의 유전정보에 따라 일을 진행시키는 유능한 통솔감독자가 필요할 것이다. 이 일도 하나님의 대리자인 영적인 단백질분자로봇들이 한다.

이와 같이 단백질분자로봇은 고차원의 과학자요, 기술자요, 로봇(노동자)이요, 설계자요, 예술가요, 조각가요, 통솔자(인솔자)이므로 하나님의 영(=하나님의 의도=하나님의 말씀=하나님의 설계=하나님의 성령=하나님의 진리=하나님의 자연의 법칙=하나님의 지성=하나님의 능력=하나님의 에너지)이 들어 있는 하나님의 사신이고 하나님의 대리이고 하나님의 일꾼인 영적인 물질이다.

만일 단백질 속에 이러한 고도의 영적인 능력이 들어 있지 않다면 결코 생물은 만들어질 수 없고, 삶의 활동도 할 수 없는 것이 엄연한 사실인 것이다. 그러므로 빛의 광자(에너지+정보+영)에너지로 만들어진 단백질 속에는 하나님의 영이 들어 있는 것이 확실한 것이며, 그 때문에 생물도 하나님에 의해 만들어지고 진화되어 가는 것이다. 단백질 속에 이러한 고차원의 능력이 우연히 자연히 저절로 진화되어 들어갈 수는 없는 것이다.

그 이유는 단백질을 만들기 위해서는 수많은 생체물질과 기구가 필요하고 이들 물질과 기구들이 서로 일사불란하게 상호작용하여 여러 단계로 순서에 맞게 일을 진행시켜 나가야 하는데 어떻게 우연히 저절로 수많은 이들 물질과 기구들이 만들어져서 우연히 저절로 주어진 특정한 메커니즘대로 순서에 따라 차례대로 일이 진행되어 수많은 종류의 특정한 단백질을 만들어낼 수 있겠는가? 이와 같이 여러 단계를 순서와 시간과 공간에 맞게 일이 진행되어 가는 현상은 우연히 자연히 저절로 행해지는 자연현상이 아니고, 설계에 의한 프로그램을 따라 행해지는 현상인 것이다.

단백질이 우연히 자연히 저절로 만들어지기 위해서는 생명의 3대 로봇이 필요하고, 하나님과 같은 고도의 고차원의 지성(지혜와 능력)을 가진 영적인 단백질과 같은 과학자, 기술자, 노동자, 설계자, 통솔자의 능력을 다 갖춘 어떤 대리인(실행자, 노동자)이 있어야 할 것이다. 자연 홀로만은 이러한 능력을 갖춘 대리인이 없기 때문에 이러한 고차원의 능력을 가진 영적인 단백질을 만들어 낼 수 없는 것이다. 이러한 영적인 단백질을 만들기 위해서는 단백질보다 모든 능력이나 기술면에서 뒤지지 않고, 그 이상의 능력을 가진 영적인 자나 영적인 대리인이라야만 단백질을 만들 수 있는 것이다.

그러나 자연 어느 곳에도 이러한 영적인 능력을 가진 자연물은 없고, 이러한 영적인 메커니즘으로 작동되어지는 시스템도 없는 것이다. 단지 자연은 자연의 3대 힘의 원리와 자유에너지(유용한 에너지)는 감소(발열반응)되고 엔트로피(무질서도, 무용한 에너지)는 증가하는 일방통행식의 방향으로만 변화해간다. 그러나 생체물질이 만들어지고 작동되어지고 진화되고 하는 과정은 발열반응만 필요한 것이 아니고 흡열반응도 끊임없이 필요하기 때문에 자연의 습성인 발열반응은 흡열반응이 아니기 때문에, 자연 스스로는 영적인 단백질을 만들어지게 할 수 없는 것이다.

단백질이 만들어지는 과정은 20종류의 아미노산들과 DNA, mRNA, tRNA, 세포, 세포소기관, 물질 등이 순서와 시간의 차례에 맞게 양과 수와 에너지가 잘 조화를 이루어 서로 공동상호작용을 해야 하는데, 이 과정은 질서를 철저히 지키고 보안까지 철저히 지키는 것이다. 스스로 저절로 우연히 자연히 무질서화해지려는 자연이 수십억 년간 질서를 철저히 지켜오면서 오늘날까지 단백질 만드는 메커니즘을 조금도 다르게 진화시키지 않고 생물 태초와 똑같은 방법으로 유전시켜 올 수는 없는 것이다.

하나의 생명체를 만들기 위해서는 하늘의 별들보다도 더 많은 단백질분자기계들이 필요하고 사람인 경우 100만 가지 이상의 종류들로 된 단백질분자들이 필요하고 이들이 각기 자기가 맡은 임무를 성실히 해낼 때 비로소 하나의 생명체가 만들어진다. 그러기 위해서는 무한 개의 단백질분자기계들이 서로 의사소통(정보전달, 에너지 전달)을 하며 공동으로 상호작용을 할 때에만 가능한 것이다.

자연에 있는 자연물은 수동능력만 가지고 있어 자연의 법칙에 따라 행하기만 하는 수동능력밖에 없어, 수많은 자연물이 공동으로 상호작용하여 새로운 메커니즘이 들어 있는 새로운 시스템을, 그것도 수만 가지 이상으로 되어 있는 생명체를 발전시켜 만들어 놓을 수는 없는 것이다. 그것도 육체적 정신적으로 공동상호작용하는 생명체를 만들어 작동시킬 수는 더더욱 없는 것이다. 즉 생명체가 발전·진화되고 만들어지고 활동되어지고 의사소통을 하고 감정을 나누는 것은 생명의 3대 요소(물질, 로봇, 대리자)인 빛의 광자, 단백질, DNA에 의한 공동 상호작용인 것이지, 자연에 의해서 무질서도는 증가하고 에너지는 감소하는 방향으로만 일방통행하는 자연의 변화 과정에서 이러한 고차원의 복잡한 시스템이 여러 방향의 혼합방향으로 설계되어져야 하는 생명체가 저절로 자연히 만들어져서 생겨날 수는 없는 것이다.

그 이유는 자연물에는 이러한 생명체시스템을 설계할 자도 없고, 시스템을 만들 재료나 가공물을 만들 자나 이들을 조립할 기술자나 노동자도 없고, 이들을 만들 지혜와 능력을 가진 자도 없고 이러한 일을 진행시키기 위해서 에너지를 적재적소에 적당한 양으로 자유자재로 조절하고 공급할 자도 없기 때문이다.

생명의 칩인 DNA 속에 있는 생명의 유전정보(유전물질)는 우연히 자연히 저절로 스스로 들어 있거나 기록되어 있을 수는 없는 것이다. 반드시 생물 태초에 고도의 지성을 가진 자에 의해 만들어져 입력되어졌어야만 할 것이다. 만일 아무도 유전정보를 만들어서 DNA 속에 입력하지 않았다면 생물은 오늘날까지 지구상에 존재하지 않았을 것이다.

정보나 이야기나 기록이나 녹화나 녹음이나 단백질을 만드는 과정 순서 즉 순서표나 계획표나 프로그램이나 설계도 등은 시간이 아무리 지나가도 우연히 저절로 자연히 스스로 만들어지지 않고 반드시 누군가나 로봇이나 대리자에 의해서만 만들어질 수 있는 것이다.

생명의 정보나 이야기나 순서표나 계획표나 설계도나 프로그램이 우연히 저절로 스스로 만들어져서 진화되어 저차원의 내용에서 고차원의 내용으로 변화·발전·진화되지도 않는다. 만일 이들이 우연히 저절로 만들어져서 우연히 자연히 고차원으로 진화된다면, 반드시 처음에 이들을 만든 자가 있어야 하고 고차원으로 진화시키는 어떤 자가 있어야만 가능한 것이다. 이러한 일을 바로 영적인 생명의 3대 물질인 단백질분자기계와 광자입자와 DNA분자기계가 상호작용으로 영적으로 행하는 것이다.

만일 이들 생명의 물질 속에 영의 능력을 가진 영이 들어 있지 않으면 이들은 영적으로 유전정보를 읽고 이해해서 유전정보대로 영적인 단백질을 만들어낼 수 없으며, 그리고 설사 만들어진 특정한 단백질이라도 영적으로 생명체를 만들어내지도 못할 것이다. 이들 생명의 3대 물질(요소, 로봇)들이 영적인 생명체를 만들어내고 만들어진 생명체를 영적으로 작동시키는 것은 이들이 영으로 만들어져서 영의 능력을 가지고 영끼리 상호작용을 하기 때문인 것이다. 이들이 생명의 3대 요소가 너무 미세하고 영적으로 행하기 때문에 이들의 능력과 활동이 우리의 눈에 관찰되어지지 않아서 아직도 거의 이들의 역할이 대부분 밝혀지지 않았기 때문에 우리는 이들의 능력을 과소평가해서 자연의 능력으로 돌려 모든 것을 자연의 진화에 의한 것으로 믿게 되는 것이다.

1665년 영국의 R.혹이 처음으로 세포(cell)를 발견하였다. 그리고 1950년에 허시와 체이스는 대장균에 감염하는 박테리오파지를 이용한 실험을 통하여 DNA가 유전물질임을 밝히게 되었다. 그러나 영국의 생물학자 C.다윈(1809~1882)은 1858년 7월 1일에 린네학회에 진화론의 논문을 발표했다. 다윈 시절에는 유전물질인 DNA를 전혀 몰랐기 때문에 무엇에 의해 생물이 유전되는지도 몰랐고, 더욱이 영적인 단백질이나 광자의 영적인 능력을 전혀 몰랐기 때문에 자연에 의한 진화를 역설한 것이다.

생물세포를 보더라도 하나님은 생물세포를 손으로 만드시는 것이 아니고 하나님의 영인 말씀, 성령을 가진 눈에 보이지 않는 아주 미세한 영적인 능력을 가진 단백질분자로봇에 의해 만들어짐으로써 그렇게 작은 생물세포와 생체물질들이 만들어질 수 있고, 영적 능력을 가진 단백질로 만들어지는 세포이기 때문에 세포가 영적으로 작동(기능)할 수 있는 것이다. 세포가 영적으로 작동되기 때문에 세포들로 만들어진 생명체들은 영적으로 움직일 수 있고, 영적으로 생각하고 감정도 나누고 신과 영적으로 교제도 할 수 있는 것이다. 눈에 보이지 않는 하나의 미세한 세포가 고래와 같이 거대한 생명체를 만들고, 거대한 거목을 만드는 것은 모두 하나님의 영을 가진 수많은 종류의 단백질들이 하나님의 능력을 대신 행하여, 세포와 같이 무한히 작게, 그리고 그 작은 것에 무한히 많은 기관설비와 물질들이 들어가서 작동할 수 있는 영적인 능력과 세포분열과 수정(교미)메커니즘과 DNA의 상호작용으로 무한히 많은 생물의 다양성과 무한히 많은 생물을 만들게 되는 것이다.

즉 단백질분자로봇의 능력은 생체물질을 무한히 작게, 무한히 크게, 무한히 많게 만들 수 있는 능력인데, 이는 곧 하나님의 능력인 것이다. 왜냐하면 하나님은 우주를 무한히 크게, 천체나 물질들을 무한히 많게, 소립자나 에너지와 같이 무한히 작게 만들기 때문에, 우주만물을 만든 자가 역시 생물을 만들게 한 것을 알 수 있는 것이다. 그리고 세포의 모양과 기능은 원자의 모양과 기능이 유사하기 때문이다.

동물들이 손으로 물건을 절대로 만들지 못하나 인간은 손으로 수많은 것을 만들 수 있는 거와 마찬가지로, 인간들이 말씀으로 절대로 물건을 만들지 못하나 하나님은 말씀으로 만물을 만들 수 있다. 즉 하나님의 영으로, 영이 들어 있는 광자나 보이지 않는 에너지를 정신감응력이나 정신동력 등으로 이용하여 에너지의 암호를 맞추어 에너지를 사용할 수 있으므로 만물을 만들 수 있는 것이다.

　무생물인 자연물은 빛의 광자(에너지+정보+영)가 생명의 물질인 단백질과 DNA와 상호작용을 할 수 없어 주어진 임무대로 행하기만 하는 수동능력으로, 예를 들어 전자기력으로 인력과 척력이 작용하여 만물이 만들어지고 변화하고 분해되도록 하는 수동적 능력으로만 자연의 법칙에 따라 행하고, 생물에서는 광자가 단백질, DNA와 상호작용을 할 수 있기 때문에 능동능력이 있어 생명의 활동을 할 수 있어 생명체도 만들 수 있으며, 삶의 활동도 이끌 수 있는 것이다.

　자연에는 우주만물을 만들 목적이나 동기가 없고, 능력도 없고, 만든 우주만물을 기뻐할 감정도 없으나 신은 이들 모두를 충족시키기 때문에 우주만물을 만든 장본인은 하나님밖에 없는 것이다. 만일 하나님도 없다면 물질 속에서 작용하는 영이 없기 때문에 우주만물은 작동되지 못하고 존재하지도 못할 것이고, 공간과 시간, 정신세계도 존재하지 않았을 것이다. 창조자와 피조물이 없는, 아무것도 존재하지 않는 것이 존재할 수 있는가? 아무것도 존재하지 않는 무의 세계는 존재할 수 없는 것이다. 아무것도 없으려면 공간이 있어야 하는데, 공간도 없는 아무것도 없는 곳은 저 세상이나 다른 어떤 세상에서도 존재할 수 없기 때문이다.

　왜냐하면 어떤 것이 있고 없고는 공간이 있기 때문에 구별할 수 있는 것이고, 공간은 만유인력이나 만유척력의 상호작용으로 형성되고, 이들 힘 사이에는 상대적인 극성의 힘의 장이 형성되어 에너지가 생겨나고, 에너지가 있는 곳에는 소립자가 존재하므로 물질이 존재하게 되므로 공간이 있는 한 물질도 있게 되는 것이다. 우주 허공은 하나님과 같이 처음과 끝이 없이 영원히 존재하는 것이며, 다만 우주는 수축기와 팽창기를 순환할 뿐인 것이다.

"이미 있던 것이 후에 다시 있겠고, 이미 한 일을 후에 다시 할지라. 해 아래는 새것이 없나니 무엇을 가리켜 이르기를 이것이 새것이라 할 것이 있으랴. 우리 오래 전 세대에도 이미 있었느니라."(전1:9~10)

현실세계는 우주만물과 생물, 인간들이 수많은 시스템을 이루고 있고 이들이 서로 상호작용함으로써 생태계가 유지·순환되고 물질세계와 정신세계도 서로 상호작용하여 아름다운 주위환경을 만들고 그 속에서 서로 감정어린 의사소통(정보교환)이 이루어져서 현 세계를 이끌어 가고 있는 것이다.

물질세계의 상대적인 기능적인 극성의 세계는 비물질세계인 정신세계이며, 소립자가 존재하면 반드시 반소립자가 존재하듯이 물질세계가 유지되려면 상대적인 극성의 정신세계가 존재하여 서로 균형과 조화를 이루려는 방향으로 행하려는 평형(화평, 조화, 균형)의 힘으로 두 극성세계의 힘의 균형을 이루어 오래도록 영원히 유지시킬 수 있는 것이다.

우리의 현 태양계는 약 120억 년, 우리 지구는 약 46억 년의 오랜 역사를 가지고 있으며, 이러한 오랜 시간을 유지하기 위해서는 대자연의 법칙인 자연의 3대 힘의 원리이고 신의 3대 힘의 원리인 상호작용하려는 힘, 상대적인 극성의 힘, 평형(화평, 균형, 조화)해지려는 힘의 원리에 의해서만 가능한 것이다.

그러므로 피조물인 우주만물과 인간이 존재하면(결과) 반드시 평형(균형, 조화)을 이루기 위한 창조자(신, 하나님)가 있어야(원인, 이유) 하는 것이며, 창조자에게는 반드시 창조할 수 있는 영적인 능력과 의도(설계)가 반드시 있어야 할 것이며, 물질세계뿐만 아니라 정신세계도 자유자재로 만들고 이끌 수 있는 영적인 자라야만 할 것이다.

창조자인 신이 인간까지 만든 이유는 인간과 의사소통(정보교환, 감정교환의 상호작용)인 영적 교제를 하기 위함이다. 동물 중에서 인간이 지능이 제일 높아 인간만이 이상을 가지고 물건을 발명하여 점점 진보된 생활을 할 수 있는데, 그에 비해 인간이 유독 가장 욕구불만으로 정신적으로 불만족한 상태로 항상 정신적인 갈등과 싸우고 있으며 싸우다 지면 자살까지 한다. 그러나 스스로 자살하는 동물은 없다. 그러므로 지능이 높으면 높을수록 이상을 충족시키고자 정신적인 갈등은 높아지고, 높아진 갈등의 차이 때문에 변덕이 생기는 것이다. 그러나 동물에게는 정신적인 갈등이 거의 없으므로 변덕이 없고 본심인 것이다. 정신적인 갈등과 욕구불만을 푸는 가장 좋은 방법은 대화로 감정을 나누는 의사소통(교제)을 하는 것이다.

사랑의 감정이 담긴 의사소통은 피조물과 신이 존재해야 하는 가장 큰 공존의 이유이며, 그리고 존재하는 가장 큰 보람이 있는 것이다. 의사소통을 많이 하면 할수록 사랑도 깊어져 정도 많아지고 인연도 깊어지는 것이다. 하나님은 인간하고는 비교할 수 없는 높은 지성을 가지고 있기 때문에 생각하는 면이 무한히 많아 훨씬 더 높은 이상을 가지고, 이상에 맞는 설계를 무한히 많이 해야 하기 때문에 인간보다 훨씬 더 많은 무수한 정신적인 갈등이 생길 것이고, 이 갈등을 아름다운 지구 정원을 보든가 수많은 인간들과 영적 교제(의사소통)를 함으로써 갈등을 풀 수 있는 것이다.

그러기에 동물과 인간의 육체는 의사소통을 하기 위한 5감각기관과 신경계와 호르몬계가 중심으로 되어 있고 이들을 가장 중하게 여겨 배아발달 과정에서 신경과 뇌가 제일 먼저 생성되도록 하고, 신체는 5감각기관과 뇌, 척수를 보호하도록 설계하고, 신체 내부에는 이들 의사소통기관을 유지하기 위한 소화기관, 호흡기관과 심장, 핏줄이 분포되어 있는 것이다.

의사소통을 하려면 5감각과 주위환경, 신경계, 호르몬계, 뇌가 서로 상호작용하도록 신이 설계한 것으로, 동물의 신체를 보면 하나님이 최우선 목적으로 의사소통을 하기 위해 동물을 설계·창조한 것임을 알 수 있는 것이다.

우리는 우리 신체의 작용에 대해 불만이 있는 사람은 한 사람도 못 보았으며 다만 누구나 스스로 경탄할 뿐이다. 왜냐하면 신체의 구조와 작용 속에는 신의 높은 지성과 사랑의 감정과 뜨거운 창조욕망과 인간을 만물의 영장으로 특별히 생각하여 설계한 것들을 느낄 수 있기 때문이다.

"주께서 내 장부를 지으시며 나의 모태에서 나를 조직하셨나이다. 내가 주께 감사하옴은 나를 지으심이 신묘막측하심이라. 주의 행사가 기이함을 내 영혼이 잘 아나이다."(시편 139:13~14)

그리고 신이 아무리 아름다운 대자연을 창조했어도, 같이 즐기고 찬양과 찬송을 해 줄 관객이 필요하기 때문에 인간을 창조하게 된 것이다.

아무리 좋은 천국, 아무리 아름다운 자연, 아무리 귀중한 보석이 무한히 많더라도 이들을 함께 즐기고 함께 사랑의 감정을 나눌 상대자(관중)가 없을 때는 이들의 진가가 없기 때문에 사랑의 감정도 없고 살아갈 의욕도 없고, 우주만물인 대자연을 창조할 이유와 목적도 없는 것이다. 그리고 신이 존재할 이유와 의의와 보람도 없는 것이다.

11
영혼과 창조자 ②

한 성인의 체세포 수는 140조 이상으로 수많으며 뇌신경세포 수만 도 1,000억 개 이상으로 많으나 각 세포들의 수명은 매우 짧다. 예를 들어 피부세포의 수명은 20일 정도이고 적혈구 세포의 수명은 120일 정도이다.

그렇다면 인간의 육체는 세포로 이루어져 있기 때문에 인간은 한평생 동안에 육체적으로 실제로 수천 번 이상 죽고 다시 부활(재생)되나 정신적인 영혼은 변함없이 머무는 것이다. 세포의 수가 무한히 많아서 일부 세포가 죽더라도 세포분열에 의해 즉시 재생되기 때문에 전체 생명에는 지장이 없고 전체 생명은 한 번만 죽게 되는 것이다. 세포가 노화현상이 일어나지 않는다면 영원히 재생되므로 신과 같이 영원히 살 수 있을 것이다.

50세까지는 수없이 세포들이 활기차게 재생되어 활동하나 60세가 넘으면 세포에서 탈수현상이 일어나 세포가 노화현상을 일으키는데, 유기물로 된 세포기계가 재생에 의하여 영원히 기능이 작동되어져야 하나 나이가 차면 모든 생물의 세포는 재생이 안 되는 퇴화의 죽음의 길로 가는데 이것은 DNA 속에 유전자에 들어 있는 모든 삶의 프로그램에 따라 세포의 활동도 행해지기 때문인 것이다. 빛 속에 있는 photon(양자, 광자)은 빛에너지만 전달하는 것이 아니고 정보도 저장하고 있어 빛과 함께 생물체 속에 흡수되어 생물의 삶의 정보를 제공하여 생물이 살아갈 수 있게 한다. 광자(에너지+정보+영)는 동물의 기억세포 속에서는 기억을 하도록 정보를 저장한다.

빛은 무생물에게는 자연변화가 일어나게 빛에너지를 공급하고 생물에게는 삶의 활동을 하도록 빛에너지를 공급하고, 특히 동물에게는 눈으로 사물을 보아 감지할 수 있는 빛의 광명을 주어 폭넓은 감정을 가질 수 있고 깊은 사고를 할 수 있게 한다.

모든 생물의 육체는 다 똑같은 육으로 되어 있는 것 같으나 세포핵 속의 염색체 속에 있는 DNA(DNS) 분자구조는 모두 다 다르게 되어 있어 고유번호나 다름없다.

인간의 영혼은 DNA 분자구조처럼 물질적인 분자구조로 되어 있는 것이 아니라 사람의 기억처럼 광자(에너지+정보+영)소립자에 저장되어진다. 만일 광자(양자, photon)라는 입자가 없다면 빛도 없고 에너지도 없고 정보도 없고 영도 없으므로, 물질세계도 없고 정신세계도 없어 우리는 기억도 할 수 없고, 생각도 할 수 없는 것이다. 기억이나 생각은 물질이 아니고 정신적인 것인데, 이와 같이 정신적인 것도 보이지 않는 입자인 광자에 의해서 이루어지므로, 정신세계도 보이지 않는 입자들이나 에너지의 작용이기 때문에 넓은 의미로는 정신세계도 보이지 않는 물질세계인 것이다.

원자, 이온, 분자들에 의해 보이는 물질세계는 이루어지고, 안정한 광자, 전자, 중성미자 등의 소립자에 의해 보이지 않는 정신세계가 이루어지는 것이다. 그 때문에 보이지 않는 물질(입자)이나 에너지도 없는 곳에는 역시 정신세계도 형성될 수 없는 것이다. 아무것도 없는 곳에는 정신적인 것도 없는 것이 대자연의 법칙이기 때문이다. 그러므로 하나님의 말씀 속에는 보이지 않는 광자가 들어 있고 광자 속에는 하나님의 능력인 하나님의 영이 들어 있고, 광자 속에는 에너지도 들어 있기 때문에 하나님은 정신감응력으로 이들 보이지 않는 에너지의 암호를 맞추어 즉 우리가 이메일 주소를 맞추거나 전화번호를 맞추어 하고 싶은 말을 다 하는 거와 같이 하나님은 하고 싶은 것을 다 하도록 하게 하시는 것이다. 우리 인간은 전자입자를 이용한 전기에너지로 녹음기, TV, 전화, 컴퓨터 등등 거의 모든 것을 다하도록 할 만큼 많이 발전·발달되어 있다. 인간보다 훨씬 전지전능하신 하나님은 광자에너지를 이용해서 기억하고, 생각하고, 영혼의 활동, 정신감응, 정신력동 등등 무한히 많은 정신적인 것을 행하게 할 수 있는 것이다. 그리고 보이지 않는 수많은 다른 입자와 에너지로 우리가 아직 상상도 못하는 영역을 우리가 상상도 못하는 능력으로 행하고 계신 것이다.

광자, 전자, 양성자, 중성자, 중간자, 중성미자 등의 물질을 구성하는 기본 입자를 소립자라 하고, 소립자는 파동성과 입자성의 이중성을 가지고 있으며, 이들 사이에 어떤 변화가 일어나도 전하, 운동량, 에너지(질량 포함) 등의 총합은 항상 보존된다.

광자는 전하와 질량이 없으므로 빛의 속도로 빠르고 다른 물질과 화학반응도 하지 않으므로 영원한 입자인 것이다. 광자에너지에 저장된 기억이나 영(영혼)은 광자의 에너지와 운동량의 총합은 항상 같으므로 없어지지 않고 영원히 보존되는 것이다. 만일 광자 속에 저장된 기억이나 영이 스스로 자연히 없어지면 광자의 운동량이나 에너지량도 없어지거나 감소하기 때문이다. 그러므로 사람이 죽어도 정신적인 기억과 영(영혼)은 광자와 함께 영원히 머물게 되는 것이다. 하나님의 영으로 된 물질의 특성이 영원히 가듯이 하나님의 영으로 된 우리의 영혼(영)도 영원히 가는 것이다.

우리의 영혼은 하나님의 영으로 만들어지기 때문에 우리의 영혼이 없어지면, 이는 하나님의 영이 없어지는 것을 의미하고, 아울러 하나님의 영이 들어 있는 광자(에너지+정보+영)가 없어지는 것을 의미하고, 광자가 없어지는 것은 빛이 없어지는 것을 의미하고, 빛이 없어지면 우주만물이 없어지는 것을 의미한다. 그러나 실제 우주만물은 없어지는 것이 아니라 점점 더 많아지고 우주는 팽창하고 있으며, 우주 허공은 소립자의 바다를 이루고 있기 때문에 인간의 영혼의 수도 없어지지 않고 점점 많아지고 있는 것이다.

과학적으로 지금까지 풀려지지 않는 실례가 있다. 코끼리는 용하게 자기와 깊은 인연이 있는 가족 코끼리가 죽어서 뼈나 해골만 남아도, 그 지역을 지나가다가 들러서 다른 코끼리 뼈와 해골 뼈들도 많은데, 그 중에서 인연이 깊은 가족의 해골 뼈를 용하게 찾아내서 코로 어루만지며 죽은 코끼리의 추억을 되살리며 슬픈 감상에 젖는데, 아직까지도 어떻게 코끼리가 죽은 가족의 코끼리 뼈를 용하게 알아보는지는 수수께끼이다. 그래서 학자들은 그 뼈와 다른 뼈들을 차로 싣고 코끼리들이 다니는 멀리 떨어진 길옆에 놓아 보아도 해당 코끼리는 역시 용하게 죽은 가족의 코끼리 해골과 다리뼈들을 찾아내어 코로 어루만지며 감상에 젖는다. 뼈 냄새로 알아보기는 힘들 것이다. 왜냐하면 몇 년이 지나가면 뼈가 햇빛에 바짝 말랐기 때문에 냄새가 나지 않기 때문이다. 또는 뼈의 전자기파나 인으로 알아보는지, 또는 뼈 속에서 죽은 가족 코끼리의 영을 알아보는지 현재로서는 수수께끼이다.

빛은 광자와 전자기파로 되어 있고, 모든 물질은 내부에너지를 가지고 있기 때문에 모든 물질 속에는 광자가 들어 있고, 광자는 에너지와 정보와 영을 가지고 있기 때문에 모든 물질 속에는 에너지와 정보와 영(하나님의 의도=하나님의 말씀=하나님의 설계=하나님의 성령=하나님의 진리=하나님의 자연의 법칙=하나님의 능력=하나님의 에너지)이 들어 있는 것이다.

하나님은 나는 빛이요 생명이라고 말씀하셨는데, 빛 속에는 광자가 들어 있고 광자 속에는 하나님의 영이 들어 있기 때문에 빛은 곧 하나님의 분신이므로 하나님이나 다름없는 것이다. 빛은 생물의 생명의 원천이고 모든 생물 속에는 빛의 광자가 들어 있기 때문에 곧 하나님의 영이 들어 있으므로 하나님은 빛처럼 생명의 원천인 것이다. 그래서 "나는 빛이요 생명"이라고 말씀하신 것이다.

사람의 영혼이나 이름도 기억처럼 정신적이기 때문에 한번 광자(에너지+정보+영)에 저장되어진 정신적인 이들은 영원히 없어지지 않고 보존되는 것이다. 왜냐하면 모든 정보는 에너지에 기록·저장되어질 수 있는데, 광자입자 자신이 에너지(전자기파)이기 때문에 기억이나 이름이나 영혼 같은 정신적인 정보를 저장할 수 있고, 광자입자는 영원히 가므로 광자입자에 한번 저장된 정보나 영혼은 영원히 가게 되는 것이다. 소립자 중에서 광자, 중성미자, 전자 등은 안정하므로 특성이 변하지 않고 오래 가는 것이다.

전자의 특성은 영원히 가므로 전자파나 전자기파에너지에 우리는 그림, 말씀 등의 정보를 저장해서 TV를 보거나 핸드폰으로 통화하거나 컴퓨터로 이메일을 보내거나 한다. 만일 전자의 정신적인 특성이 우연히 자연히 만들어졌다면 우연히 자연히 변하거나 없어지므로 우리는 전자파에너지 속에 정보를 저장해서 전달할 수도 없고 전기에너지를 자유자재로 쓸 수도 없을 것이다.

부모님, 형제들, 친척이나 친한 사람들의 모습이나 음성, 성품, 취미 등은 우리 뇌 속에 있는 광자에 모두 저장되어졌기 때문에 평생 동안 저장되어 있어 그 사람을 생각하면 자동으로 암호가 맞추어져 그 사람의 모든 것이 TV처럼 우리에게 재방송해 주는 것이다. 설혹 어떤 옛날 친구의 얼굴은 기억나는데 그 친구의 이름은 잘 기억나지 않으나 그 다음날 다시 생각하면 다시 생각날 때가 있으므로, 한번 기억으로 광자에 저장되어진 것은 없어지지 않는 것이다. 다만 생각이 안 나는 것은 뇌에서 신경세포와 기억세포 사이에 암호가 맞추어지지 않아 그 정보를 찾지 못하는 것이지 그 정보가 없어진 것은 아닌 것이다. 마찬가지로 죽음 후에 광자에 한번 저장된 영혼은 없어지는 것이 아니라 저 세상의 영혼기에 의해 암호(비밀번호)가 불려지면 죽은 영혼은 자동으로 불려가게 되는 것이다.

사람의 영이 영적인 활동 즉 영적 교제를 하는 영을 특히 '영혼'이라 하고 삶의 활동을 하는 영을 '혼'이라고 하는데, 이는 결국 삶의 활동을 하는 영, 즉 혼이 영적인 활동을 하는 혼(영)을 영혼이라 칭하기 때문에 영혼은 혼에 속하는 것이며, 근본적으로 그 사람의 영이나, 혼, 영혼은 다 같은 그 사람의 영인 것이다. 예를 들어, "하나님 아버지, 우리 어머니를 오래 사시게 돌보아 주세요"라고 기도하면 기도하는 영의 활동은 영혼에 속하고, 기도 내용은 육체적이므로 혼에 속하기 때문에 영혼과 혼은 결국 다 똑같은 그 사람의 영의 활동으로 이루어지는 것이다. 그리고 그 사람의 영도 본래는 하나님의 영으로 만들어지는 것이다.

동물은 삶의 활동을 하는 영인 혼은 있으나 영적인 활동을 하는 영인 영혼은 없는 것이다. 무생물에게는 광자만 들어 있고, 생명 물질인 단백질과 DNA가 들어 있지 않으므로 광자가 이들과 상호작용을 하여 생명의 활동을 할 수 없어 혼이나 영혼은 만들어지지 않아 존재하지 않고, 다만 광자 속의 영에 의한 특성만 가지게 되는 것이다.

사람의 영, 혼, 영혼은 넓은 의미로는 다 같은 하나님의 영이며,

이들은 빛의 광자(에너지+정보+영) 속의 영이 생명의 3대 요소(광자, 단백질, DNA)와 상호작용하여 단백질을 만들고 이어서 DNA를 만들기 때문에 각 사람의 DNA가 다르게 되고, 이 다른 DNA로 만들어지는 단백질도 사람마다 다르고, 사람마다 다른 단백질과 DNA의 상호작용으로 만들어지는 그 사람의 형질이나 성품도 다르게 되고, 영혼이나 혼도 다르게 형성되어 영혼의 활동이나 혼의 활동도 다르게 된다.

한번 만들어진 정신적인 이름이나 성품, 영혼은 원자들의 결합으로 이루어진 분자결합이 아니고 보이지 않는 광자소립자에 저장된 것이기 때문에 그 사람이 죽어도 분해되거나 썩거나 하지 않고 다만 우주 허공의 광자 속에 저장된 상태로 현 세상에 머물러 있을 따름인 것이다.

사람마다 고유한 이름이 있고 고유한 DNA 번호가 있듯이(신의 입장에서) 사람마다 고유한 영혼의 번호가 있게 되는 것이다. 140조 이상의 체세포들이 순간적으로 정보가 전달되어 의사소통되는 거와 같이, 우리들의 죽은 영혼들도 때가 되면 천국의 영혼기(영혼들의 일거일동이 자동으로 기록 녹화되고 자동으로 죄의 심판이 내려지는 영혼컴퓨터기)에 고유한 영혼번호가 읽혀져 즉 영혼의 암호가 맞추어져 죄의 심판을 받게 되고, 심판의 형량에 따라 지구보다 더 좋은 지구나 혹은 지구보다 더 나쁜 지구가 정해지고 부활기(DNA에 의한 고유 영혼번호에 따라 육체가 영혼과 함께 정해진 지구로 보내져서 그곳에서 부활시키는 기계)에 의해 정해진 지구에서 부활되어지는데, 이 메커니즘이 우리의 지구와 같은 수정에 의한 새 탄생일 수도 있는 것이다. 이렇게 함으로써 영혼이 영원히 순환되어 하나님과 같이 영원히 존재하게 되어 무한히 거대한 물질세계에 대한 정신세계의 균형(조화, 평형)을 이루어 신의 세계, 물질세계, 정신세계가 영원히 존속할 수 있게 되는 것이다.

눈에 보이지 않는 만유인력은 글자 그대로 모든 물체 사이에는 적으나마 만유인력의 힘이 작용한다는 의미이고, 이 힘은 아무리 멀리 떨어져 있는 물질 사이라도 미세한 인력이 작용하지만, 결코 0이 될 수 없다는 것이 등식 $E=Gm_1m_2/r^2$로 잘 나타내진다. 이는 다른 의미로는 모든 만물은 서로 힘의 상호작용을 끊임없이 하고 있는 것을 나타내는 것이다.

그러므로 우주만물은 근본적으로 서로 각각이 아니라 서로 공생·공존하는 상호작용을 함으로써 서로가 존재하는 것이다. 즉 에너지 면으로 상호작용하는 것은 결국 의사소통을 하는 교제이므로, 우주만물은 서로 의사소통의 상호작용으로 교제하는 것이다. 그러므로 신이 있는 천국과 우리가 사는 지구도 눈에 보이지 않는 입자나 에너지로 또는 정신적인 마음으로 항상 상호작용을 하고 있는 것이며, 이는 의사소통인 것이고 교제인 것이다.

우리들의 이메일 주소가 맞서나 전화번호가 맞으면 즉 주소나 번호의 암호가 맞으면 서로 의사소통을 할 수 있는 거와 같이, 보이는 전자입자의 힘이나 만유인력같이 보이지 않는 에너지의 힘으로나 정보의 암호가 맞으면 의사소통이 되는 거와 같이, 우리의 죽은 영혼도 때가 되어 저 세상의 영혼기가 우리의 영혼번호를 불러 영혼의 암호가 맞으면 자동으로 죄의 심판을 받게 되는 것이다.

우리가 이 세상에 올 때 하나님의 대리자인 생명의 3대 로봇기계에 의해 엄마의 자궁을 통해 자연히 스스로 저절로 탄생하게 된 것같이, 우리가 죽으면 영혼로봇기계나 부활로봇기계에 의해 자동으로 죄의 심판을 받고 자연히 저절로 부활되는 것이다. 우리의 이메일 주소, 이름 등이 영원히 가듯이 우리의 영혼도 영원히 가는 것이다.

하나님이 만들어지게 한 모든 만물은 질량불변의 법칙에 따라 변할 수는 있어도 영원히 없어지지는 않는다. 만일 물질이 없어진다면 수십억, 수백억 년 후에는 우주도 없어지겠으나 우주 대폭발 이후 135억 내지 200억 년이 지났어도 우주는 작아지거나 없어지지 않고 오히려 별들의 수는 늘어나고 별들 사이는 멀어져 가는 우주팽창의 조짐을 보이고 있다.

　사람이 죽으면 육체는 썩어 화학원소로 돌아가고 에너지는 자연에 열에너지로 넘겨진다. 열에너지는 없어지지 않고 자연물에 흡수되어 다른 물질의 역학적에너지(내부에너지=위치에너지+운동에너지)로 머물게 된다. 육체는 원소들이 화학결합된 덩어리이므로 죽으면 미생물에 의해 분해되어 원래 원소로 전부 돌아가는 것이다. 영혼은 이름과 같이 정신적인 것이기 때문에 육체와 같이 분자결합으로 합성된 화학결합이 아니고 보이지 않는 에너지 광자입자에 영적으로 저장되어 있는 것이기 때문에 죽어서도 분해되거나 썩거나 하지 않고 죽음 후 광자와 함께 우주에 머무를 따름이다.

　사람이 죽으면 영혼은 정신적인 사람의 이름처럼 없어지지 않고 머물러 있다가 때가 되면 천국의 영혼기계(일생동안 영혼의 활동이 자동으로 기록되어 저장되는 천국의 영혼기계)의 심판에 따라 등급별로 직분을 받고 부활기에 의해 DNA 구조에 의해 육체를 받아 부활하게 된다.

　그러므로 사람이 죽으면 영혼이 없어지지 않고 공간 없이 이름처럼 정신 그대로 있다가 죄의 심판 후 육체를 다시 받으면 즉 에너지와 육체를 받으면 다시 정신적인 활동을 할 수 있고 정신적인 활동을 할 수 있으면 다시 영혼의 활동도 할 수 있는 것이다. 정신적인 영혼의 활동은 결국 비물질적인 보이지 않는 입자나 에너지의 활동인 것이다.

　한번 만들어진 이메일 내용은 컴퓨터가 부서져 산산이 가루가 되어 바람에 날아가 흔적이 없어도, 그리고 오랜 세월이 흘러가도 이메일 암호(주소)가 맞으면 새 컴퓨터나 다른 컴퓨터나 노트북으로 이메일을 그림과 함께 다시 생생하게 볼 수 있다.

죽으면 육체는 산산이 분해되어 원소로 날아가 흔적이 없어도, 영혼은 이메일처럼 없어지는 것이 아니고 시간과 공간의 제약을 받지 않고 머물다가 영혼의 암호가 이미 자동 저장된 천국의 영혼기(계)에 읽혀져 맞추어져 자동으로 죄의 심판을 받고 부활기에 의해 육체를 받으면 육체의 에너지로 다시 영혼이 활동할 수 있는 것이다.

내가 내 이메일을 열려면 비밀번호가 맞아야 하고, 다른 사람에게 이메일을 보내려면 다른 사람의 이메일 주소가 맞아야 하고, 다른 사람들의 웹(web)을 보려면 웹 주소가 맞아야 한다. 그리고 보고 싶은 TV방송을 보려면 맞는 채널을 켜야 하는데, 즉 송신기로 보내온 방송 전파를 수신기로 주파수를 맞추는 것이다. 이것도 일종의 주소를 맞추는 것이고 주소를 맞추는 것은 결국 암호(code, 비밀번호)를 맞추는 것이고 암호를 맞추는 행위는 의시소통을 하기 위한 교제인 것이다.

다른 사람이 보내온 이메일을 즉시 안 열어보고 한 달 후나 몇 년 후에 열어보아도 이메일 내용은 없어지지 않고 볼 수 있다. 만일 컴퓨터의 작동기능을 변화시키지 않는 한 이메일 내용은 영원히 존재하는 것이다.

방송국에서 송신기로 보낸 일부 전파들은 없어지지 않고 우주 저 멀리 퍼져나갈 뿐이다. 우주 대폭발(big bang) 당시 생긴 음파를 지금도 감지해서 듣는다고 한다.

모든 사람의 육체적인 DNA 구조가 다르듯이 다른 DNA 구조로 만들어지고 다른 육체의 상호작용으로 만들어진 정신적인 혼(삶의 활동을 하는 영)도 사람마다 다르고 신을 섬기고 신과 교제하는 정신적인 영혼(영적 활동, 영적 교제를 하는 영)도 사람마다 다른 것이다.

DNA 구조도 효소처럼 숫자화 할 수 있으며 이 숫자번호가 천국에서는 이름과 함께 영혼의 이름을 대신할 수도 있는 것이다. 이 지구상에서는 신분을 밝히는 데 국적, 본적, 주소, 생년월일, 이름이 필요하지만 천국에서는 영혼의 신분을 밝히는 데, 즉 암호를 맞추는 데는 DNA 구조에 의한 영혼번호만 필요할 것이다. 천국의 지구영혼 호적국 컴퓨터(영혼기)에는 지구 인간들의 영혼비밀번호가 출생과 함께 자동으로 기록되고 일생의 행적이 모두 이 영혼기에 자동으로 기록되어, 만일 사람이 죽으면 영혼기에 의해 자동으로 죄의 심판을 받고 부활기에 의해 육체를 받아 정해진 천체(어떤 지구)에서 죄의 형량에 따라 직분을 받고 부활될 것이다. 지금 사는 지구보다 더 좋은 지구나 또는 더 나쁜 지구의 선택은 죄의 형량에 따라 정해질 것이다. 그러기에 우주는 무한히 크고 지구도 무한히 많은 것이다.

만일 천국과 지옥이 정해진 1개씩이라면 우주가 이토록 크고 별들이 무한히 많을 이유가 없으며, 만일 인간의 영혼이 죽어서 없어진다면, 역시 우주가 무한히 클 이유가 없는 것이다. 우리 인간은 지구에서뿐만 아니라 대우주에서도 만물의 영장이기 때문에 죄의 심판을 받은 후에 죄의 형량에 따라 정해진 지구로 가서 부활되어야 하기 때문에 지구의 수는 무한히 많아야 하고, 이들 지구를 유지하기 위해서는 무한히 많은 다른 천체들의 에너지가 필요하기 때문에 우주는 무한히 큰 것이다.

만일 천국과 지옥이 정해진 대로 하나씩 있다면 하나님의 3대 힘의 원리이고 대자연의 3대 힘의 원리인 상호작용하려는 힘, 상대적인 극성의 힘, 평형(화평, 화목, 균형, 조화)해지려는 힘에도 어긋나고 특히 상대적인 극성의 힘인 동적평형에도 어긋나고 인과법칙에도 어긋나므로 존재하기 힘든 것이다. 천국과 지옥이 각각 한 개씩 또는 여러 개가 존재하는 지는 그리 큰 문제가 아니고, 어쨌든 지옥과 천국이 존재한다는 것이 중요한 것이다.

모든 입자와 입자로 이루어진 원자, 이온, 분자 그리고 이들로 이루어진 모든 물질들에는 각기 그들 고유의 성질인 특성이 반드시 들어 있고, 이 특성은 아무리 시간이 흘러가도 변하지 않는 영구적인 영원한 물질적 정신적인 것으로 자연의 법칙(규칙)을 이루어 자연의 질서를 잡아 우주를 붙잡고 운행시키며 만물과 생물을 돌보게 하는 것이다.

하찮은 무생물에도 고유의 정신적인 특성이 반드시 들어 있고, 이 특성은 신의 영으로 만들어지기 때문에 우주 어디에서나 똑같은 물질 속에는 똑같은 특성이 들어 있고, 이 특성은 변함없이 영원한 것이다.

하물며 신이 만물의 영장으로 만들어 놓은 인간에게서도 신의 영으로 만들어진 인간의 정신적인 영혼이 죽음과 함께 없어질 수는 없는 것이다. 천국이나 다른 은하계나 다른 혹성에서 똑같은 생명의 3대 요소[빛의 광자(에너지+정보+영), 단백질(생명의 물질), DNA(생명의 칩)]로 만들어진 육체만 만든다면 육체와 정신의 상호작용으로 암호가 자연히 스스로 맞추어져 자연히 육체 속으로 영혼이 들어가게 되는 것이다. 이메일 주소가 맞으면 자동적으로 스스로 육체인 컴퓨터 모니터에 이메일 내용이 나타나는 것이나 다름없다. 영혼은 지구상에서 수정(교미)에 의해 육체와 동시에 자연히 저절로 만들어지지만, 저 세상에서는 무활기에 의해서나 수정에 의해서나 다른 메커니즘에 의해서나 똑같은 생명번호(생명의 3대 요소에 의한 고유번호)에 의해 똑같은 육체가 만들어져서 똑같은 영혼이 자동으로 자연히 들어가게 될 것이다.

이메일의 주소가 맞으면 물질(육체)인 글씨와 정신적인 이메일의 내용이 이 나라에서 저 나라로 자동으로 자연히 전달되어 나타나고 핸디(휴대전화)의 번호(비밀번호)가 맞으면 자동으로 SMS 내용이 상대방 핸디(휴대전화)에 나타나는 거와 같이, 우리의 죽은 영혼의 고유번호와 저 세상의 영혼기의 암호가 맞으면 정신적인 영혼은 자동으로 이 세상에서 저 세상으로 전달되어지고, 우리의 육체는 영혼에 있는 육체 비밀번호(DNA 번호)에 따라 부활기에 의해 그곳의 원소가 공급되어 영혼과 자연히 합성되는 것이다.

다른 나라에서 보낸 이메일이 내 컴퓨터에 자동으로 물질인 글씨와 정신적인 내용이 합성되어 쓰여지는 거와 같이 저 세상에서 내 영혼은 물질인 내 육체와 같이 자동으로 합성되어 하나의 새로운 나와 똑같은 생명체를 만들게 되는 것이다.

죽음 후에 저 세상에서 영혼기에 의해 자동으로 죄의 심판을 받은 후에 동시에 부활기에 의해 육체와 영혼이 자동으로 부활되는 것은 영혼이 없어지지 않고 이 세상에서 저 세상으로 이동하는 순환적인 메커니즘으로 정신세계와 물질세계의 계속적인 동적인 균형을 이루기 때문에 이 메커니즘은 영원히 오래갈 수 있는 것이다.

물질세계나 정신세계나 신의 세계나 다른 세계와의 상호작용 없이 단독 세계로는 존재할 수 없기 때문에 항상 이 3개의 세계는 서로 상호작용을 함으로써 이들 세계가 복합세계로서만 존재할 수 있는 것이다.

모든 물질은 역학적에너지(내부에너지)를 가지고 있으며, 역학적에너지는 빛의 광자이고, 광자는 물질적인 에너지와 정신적인 정보와 영을 가지고 있고, 영은 곧 하나님의 의도이고, 하나님의 말씀이고, 하나님의 설계이고, 하나님의 성령이고, 하나님의 진리이고, 하나님의 자연의 법칙이고, 하나님의 능력이므로 이는 곧 하나님 자신이기 때문에, 현 세상은 신의 세계, 물질세계, 정신세계가 항상 함께 공동으로 상호작용을 하고 있는 것이다.

만일 인간의 영혼이 죽음과 함께 없어진다면, 물질인 육체는 모두 원소나 에너지로 변하여 머무는데, 정신적인 영혼은 광자 속에 저장되어 있으므로 영혼이 없어지면 정신적인 생각, 기억, 사고, 이상 등등 수많은 정신적인 것들이 없어져서 정신세계는 매우 좁아지고 작아질 것이며 보이지 않는 광자입자의 양도 줄어들어 빛도 줄어들고 이어서 생물도 줄어들어 우주만물은 점점 없어져버려 우주와 대자연이 사라져 버리게 될 것이다.

그러나 현 우주는 태초보다 별들의 숫자도 많아지고 팽창되기 때문에 정신세계도 물질세계와의 균형으로 정보의 양이 팽창되어지고 있으므로 영혼이 없어지고 소멸되는 것이 아니라 오히려 영혼의 수가 늘어나고 있는 것이다. 즉 물질인 우주는 팽창되는데 정신인 영혼과 기억, 사고 등이 없어져 작아지면 물질세계와 정신세계의 균형이 깨지므로 현 세상은 존재할 수 없는 것이다.

만일 물질의 특성이 자연히 우연히 저절로 물질 속에 들어 있다면 언젠가는 우연히 저질로 특성이 변하거나 없어질 것이다. 인산은 물질의 특성을 이용해 물건을 만들 수는 있어도 물질 속에 새로운 특성을 집어넣을 능력은 없다.

우주와 만물이 진화되든지 창조되려면 수많은 물질들의 특성들이 필요하며 특성들 사이에는 자연의 법칙을 따르지 않는 모순이 없어야 하고 특성이 자연의 법칙에 따라 작용되어져야 하는 고차원의 기술 능력을 필요로 한다.

물건을 만들거나 발명하려면 그 물건에 속하는 부속품들의 특성을 먼저 알아야 하듯이 어떤 물질을 창조하려면 그 물질을 이루는 부분 물질의 특성을 먼저 알고 창조해야 할 것이다. 우리가 자동차를 만들기 전에 수많은 부속품들을 만들어야 하는 것같이 대우주와 인간을 만들기 위해서는 먼저 부속품인 입자와 에너지와 생물세포를 만들고 그 속에 특성을 처음 태초에 만들어 집어넣었어야만 할 것이다.

만일 처음 태초에 입자와 에너지와 이들의 특성을 만들지 않았다면 지금도 우주만물은 없었을 것이다. 특성 없는 입자와 에너지를 만들었으면 상대적인 극성의 힘이 없으므로 에너지가 만들어지지 않아 물질이 형성되지도 않으므로 역시 우주만물은 존재할 수 없었을 것이다.

물질이 만들어지고, 작용되어지고, 활동되어지고 하는 모든 자연현상은 물질의 특성인 상대적인 극성의 힘으로 생겨나는 에너지에 의해 이루어지는데, 이러한 현상은 우연히 저절로 자연히 되는 자연적인 자연현상이 아니고 고차원의 설계와 그리고 설계대로 실행되도록 하는 고차원의 능력과 통솔력을 가진 영적인 자에 의해서만 행해질 수 있는 것이다. 즉 영적인 능력을 가진 창조자가 있어야만 비로소 영적인 특성을 가진 소립자(에너지)들이 존재하게 되고, 이들의 상대적인 극성의 힘에 의해 만들어진 에너지로 대자연이 만들어질 수 있는 것이다. 즉 상대적인 극성의 힘이 없는 곳에는 에너지도 없고, 에너지가 없는 곳에는 자연변화도 없기 때문이다.

큰 힘을 발휘하기 위해서는 여러 부분 조직들의 상호작용하는 시스템(조직, 계, 계통, 사회, 무리)들이 작은 것에서부터 큰 것까지 여러 단계로 여러 개의 시스템들이 형성되어 이들이 서로 상호작용함으로써 마침내 하나의 커다란 전체의 시스템이 형성되어 막강한 큰 힘을 낼 수 있는 것이다. 하나의 전체의 큰 힘은 각 시스템에 속해 있는 수많은 낱개의 부분물들의 상호작용의 힘들의 합이며, 이는 낱개의 부분물들이 맡은 직분의 일을 성실히 해내면서 서로 공동으로 한 가지 목표(목적)를 달성하기 위해 상호작용할 때에만 가능한 것이다.

특히 여러 시스템으로 이루어진 인간사회에서는 해당 시스템의 공동능률을 위하여 열심히 일하는 개인이나 그룹에게는 칭찬이나 상으로 대우해 주고 인간사회시스템을 저해하는 개인이나 그룹에게는 법으로 제재하거나 벌을 받게 하여 저해그룹의 행위를 억제시켜 인간사회시스템을 유지·발전시켜나가는 것이다. 그러므로 법에 의한 죄의 재판에 대한 벌은 인간사회시스템을 오래도록 유지·보존하기 위함이다.

이와 마찬가지로 사망 후 신에 의한 영혼의 죄의 심판은 물질적 정신적으로 상호작용하는 우주만물시스템을 공평하고 정의롭게 영원히 유지·보존시키기 위해서 꼭 필요한 조치인 것이다. 죄의 심판은 현세와 내세의 질서와 정신세계의 균형(조화, 평형, 화평)을 유지하기 위한 죄와 도덕과 양심의 가치관을 정립하기 위해서 꼭 필요한 절차이고 조치인 것이다.

만일 죄의 심판이 없다면 이 세상에서 자기가 행한 행적의 책임이 없으므로 양심의 작용이 무뎌지고, 옳고 그름의 가치관 기준이 무너져 강한 자는 약한 자를 더 누르고 억압하고 살육하기 때문에 생물계나 인간사회는 더 악의에 찬 죄의 세계로 빠져 들어감으로써 현 세상은 지옥으로 변해갈 것이다. 그리고 죄에 물든 영혼들이 저 세상으로 죄의 심판 없이 몰려 들어가면, 아무리 죄가 없는 천국이라도 유지되어 가기 어려울 것이다.

죄의 심판이 없으면 옳고 그르고 즉 선과 악을 구별하는 양심의 활동이 무뎌져서 공평하고 정의로운 행위를 할 수 없고 쉽게 행하기 쉬운 죄의 행위를 하게 된다. 즉 악하고 더러운 양심을 가진 자는 악하고 더러운 마음을 가지므로 악하고 더러운 행동을 하게 되기 때문이다. 신이 우주만물을 창조한 목적은 사랑의 감정으로 만물과 의사소통을 하며 함께 즐기고 기뻐하며 공존하기 위해서인 것이다. 그러나 죄의 심판이 없어 더러운 양심과 마음을 가진 인간들과는 아무리 신이라도 터놓고 감정을 나누는 교제를 나눌 수 없는 것이다.

능률 면에서는 여러 단계의 시스템으로 이루어진 한 나라의 사회시스템을 보더라도 지방자치제 등 민주주의로 국민 개개인의 능력을 충분히 발휘할 수 있는 제도와 상부에서 명령식으로 국민 개개인에게 명령이 하달되어 목표달성을 성취하게 하는 공산주의 제도 사이에는 시간이 지나갈수록 능률 면으로나 창의적인 면으로나 엄청나게 큰 차이가 생기게 되는 것이다. 신이 만들어지게 한 물질의 시스템들과 메커니즘들은 모두 민주주의 방법인 지방자치제 방법으로 구역구역 부분부분 스스로 그들의 힘에 의해 그들의 능력에 따라 만들어지고 행해지게 되는 것이다. 이 방법으로 거대한 대국을 창설하는 거와 마찬가지로 이 방법으로 대우주가 창조되게 한 것이다.

신은 처음 태초에 소립자 속에 이미 전하, 자전력, 공전력, 색깔, 냄새 등의 수많은 특성을 집어넣어 소립자를 만들고, 이들의 상대적인 극성의 힘과 특성의 상호작용으로 스스로 양성자, 전자, 중성자 같은 입자가 만들어지고, 동시에 이들의 특성도 스스로 만들어지게 되고, 이들의 상호작용으로 스스로 원자가 만들어지고, 동시에 원자의 특성도 스스로 만들어지고, 원자의 극성의 힘과 특성의 상호작용으로 스스로 분자와 분자의 특성이 만들어지고, 계속해서 원자는 분자와 이온을 만들고, 이들은 물질을 만들고, 물질은 우주만물을 만들게 되어 마침내는 우주라는 거대한 시스템을 만들게 되었는데, 이 과정들은 모두 민주적인 지방자치제도적인 방법에 의해 능력에 맞게 스스로 조직되어지고 스스로 행해지는 것이다.

특히 생물시스템에서 최선의 능률과 최선의 삶의 활동을 위하여 수많은 낱개의 부분물(품)들 사이와 여러 시스템 사이에 공동의 목표를 가진 한 방향으로 향하여 복합상호작용을 하도록 인솔·통솔하는 것이 바로 생명의 3대 영적인 요소인 광자(빛), 단백질, DNA인 것이다.

생명의 3대 요소로 신의 영(신의 의도=신의 말씀=신의 설계=신의 능력=신의 성령)을 가지고 있는 빛 속에 있는 광자(에너지+정보+영)와 광자로 만들어진 생명의 물질인 단백질과 단백질에 의해 만들어진 생명의 칩인 DNA분자가 서로 상호작용함으로써 생명체의 육체와 정신적인 혼(삶의 활동을 하는 영)과 영혼(영적 활동을 하는 영)이 만들어지고 혼과 광자의 상호작용으로 생명의 활동을 할 수 있는 것이다.

혼과 영혼(영적 활동을 하는 혼)은 생물이 수정시 생명의 3대 요소에 들어 있는 하나님의 영이 생명의 3대 요소와 상호작용함으로써 만들어지는 생물 고유의 영인데, 혼이나 영혼은 결국 하나님의 영으로 자신의 DNA에 의해 만들어지는 고유한 영인 것이다. 그러므로 그 사람의 영 속에는 하나님의 영이 거하는 것이고, 이 경우 하나님의 영 속에 그 사람의 영도 거하는 것이다. 정신적인 혼과 영혼은 보이지 않는 입자인 광자에 저장되어 있기 때문에 혼과 영혼 스스로는 활동을 하기 위한 활성화에너지가 충분하지 않으므로 혼이나 영혼의 활동을 할 수 없으며, 생명의 3대 요소가 있을 때 비로소 활동할 수 있는 것이다. 생명의 3대 요소 없이 혼과 영혼 단독으로는 활동할 수 없는 것이다. 그러므로 정신적인 혼과 영혼은 광자(에너지+정보+영)가 들어 있는 생명의 물질인 단백질과 DNA가 들어 있는 세포로 된 육체와의 상호작용으로써만 비로소 활동을 하게 되는 것이다.

생명의 3대 요소의 상호작용으로 만들어진 혼이나 영혼은 생명의 3대 요소인 광자, 단백질, DNA와의 상호작용으로만 혼이나 영혼의 활동을 할 수 있는 것이다. 그 때문에 죽음 후 육체가 분해되면 영혼은 활동은 할 수 없지만 광자 속에 저장된 영혼은 광자와 함께 우주공간에서 영혼기에 의해 불리어질 때까지 영원히 머무는 것이다.

꿈속에 아버지의 영(혼, 영혼)이 나타나는 것은 아버지의 영이 스스로 활동하여 나타난 것이 아니고 우리의 신경세포와 뇌가 아버지의 영을 상상한 것이다. 꿈속에서 아버지가 말씀하시는 것은 우리가 그렇게 상상하여 우리의 뇌가 환상으로 감지하는 것이지 실제로 아버지의 영이 말씀하시는 것은 아닌 것이다. 이러한 현상이 실제로 일어나려면, 아버지의 영과 내 영 사이에 정신감응(Telepathy)력으로 정신적인 코드(Code, 암호)가 일치되어야 하는데, 드물게 이러한 현상이 일어나기도 한다.

태양계의 9개의 혹성들은 수십억 년 동안이나 태양의 주위를 공전하고 있는데 그것은 만유인력에 의해서라고 우리는 믿고 있다. 그러나 우리는 만유인력을 볼 수도 없고 감지할 수도 없어 자세히는 모르지마는 사과나무에서 사과가 떨어지는 현상이나 천체 우주현상으로 미루어 보아 만유인력이 존재해야만 한다는 추론으로 만유인력이 있다고 믿는 것이지만 확실히 만유인력이 존재하기 때문에 자연의 질서도 잡혀 자연의 법칙이 세워지고 우주만물이 서로 우주 허공에서 붙잡고 운행되는 것이다.

만유인력이 존재하지 않는다면 물질이 가까워져서 부딪혀서 결합하지도 않기 때문에 우주만물이 형성되어 존재할 수 없는 것이다.

마찬가지로 인간은 태초부터 지금까지 한 사람도 한 번도 신(하나님)을 직접 보거나 직접 대화해 보지는 못했다. 하나님의 아들인 예수님도 이 세상에 있을 때, 한번도 직접 하나님을 보거나 직접 대화해 보지는 못했다. 그 이유는 하나님은 천국에서만 육체를 가지고 계시고, 천국 이외의 우주에서나 우리 지구에서는 영으로 거하고 계시므로 우리의 육체의 눈으로는 볼 수 없기 때문이다. 그러나 영적인 능력을 가진 하나님이 존재해야만 영적으로 작용하는 생물기계가 만들어져서 영적으로 작동되어 생각하고 기뻐하고 눈물까지 흘리는 영적인 활동을 할 수 있기 때문이다.

태초에 무생물인 무기물질이 만들어지고, 이어서 생물인 유기물질이 만들어지고 이어서 세포가 만들어지고 이어서 생명체가 만들어지고 생명체가 작동되어 육체적, 정신적, 영적 활동을 하는 과정이 모두 평범한 물질들 사이에서만 이루어지는 것이 아니고 이 속에 영이 관계되어 물질과 영의 혼합작용으로 이루어지는 영적인 작용인 것이다. 만일 이 과정 속에 영의 능력을 가진 영이 관계되어 있지 않으면, 만들어진 생물기계가 생각하고 울고 기뻐하고 눈물을 흘리는 영적인 작용을 도저히 할 수 없는 것이다.

하나님을 보려면 정신감응능력으로 우리의 영과 하나님의 영의 보는 암호를 맞추어야만 볼 수 있는데, 원래 하나님은 인간에게 정신감응능력을 주시지 않았기 때문에 우리는 하나님을 볼 수 없는 것이다. 그러나 아름다운 대자연과 만물의 영장인 인간 등은 전부 요술 같은 영적인 생물기계로 만들어졌고 영적으로 작동되기 때문에 이들 창작품들은 영적인 능력을 가진 신의 창조작품이므로 이 작품을 만든 영적인 능력을 가진 신이 원인(이유)으로 반드시 존재해야만 하는 것이다.

이 작품 속에서 신의 계획과 의도, 신의 감정과 사랑, 신의 창조능력 등을 읽을 수 있는 것이다. 그럼으로써 우리는 우주만물이 과연 신에 의한 창조작품인가, 아니면 단순한 자연에 의해서 자연히 우연히 진화되어 만들어진 자연의 작품인가를 가려낼 수 있는 것이다. 수사관이 물적 증거물이나 범행동기, 증인, 알리바이, 범행능력이 있는지 전과 등을 수사함으로써 범인을 체포한다. 우주, 자연생태계, 인간의 신체구조와 신체기능 등은 곧 창조자 장본인을 찾는 좋은 증거물이므로 자세히 관찰, 분석, 추정하면 우주만물을 만든 장본인이 자연인지, 신인지 판단할 수 있을 것이다. 그리고 창조자는 어떤 힘의 원리로 만물을 창조했는지도 살펴볼 수 있는 것이다.

"하나님의 진노가 불의로 진리를 막는 사람들의 모든 경건치 않음과 불의에 대하여 하늘로 좇아 나타나나니 이는 하나님을 알 만한 것이 저희 속에 보임이라. 하나님께서 이를 저희에게 보이셨느니라. 창세로부터 그의 보이지 아니하는 것들 곧 그의 영원하신 능력과 신성이 그 만드신 만물에 분명히 보여 알게 되나니 그러므로 저희가 핑계치 못할지니라."(로마서 1:18~20)

모든 물질과 생물은 그들이 가지고 있는 특성으로 자연의 법칙에 따라 작용하는 직분이 있으며, 신(하나님)의 직분은 많겠으나 그 중에서도 창조하는 것이 가장 으뜸일 것이다. 그렇다고 창조만 할 수도 없는 일이며 창조물을 보고 찬양해 주고 함께 기뻐하고 함께 감정을 서로 나눌 대화 상대자도 많이 필요할 것이다.

천재적인 지능을 가진 어린아이는 학교에서 너무 지루하여 오히려 바보 같은 행동을 한다고 한다. 지능은 높은데 활용하지 않으면 정신적인 충족이 모자라서 오는 기이한 행동이며 정도가 지나치면 정신적인 병도 유발될 수 있는 것이다.

전지전능하신 하나님이 가지고 있는 지능능력을 충족시키기 위해서는 수백억 수천억 년 동안 늘 보아오고 상대해 온 천국사람들만 가지고는 부족함이 당연할 것이다. 인간이 안방에 가만히 앉아 TV를 통해 달나라, 화성 사진 등을 보고 인공위성을 통해 지구의 작은 물체를 살피고 사람들이 대화하는 내용까지 도청하는데, 하물며 하나님이 인간을 내려다보고 인간과 정신감응력 등으로 영적으로 교제하고 영혼기를 통해 지구의 영혼들의 행적을 기록하게 하고 나중에 영혼기에 의해 자동으로 죄의 심판을 내리게 하는 것은 그리 어려운 일이 아닌 것이다.

만일 인간이 인간하고 감정을 나누며 대화 교제할 수 있는 로봇을 만든다면 그 로봇을 얼마나 많이 사랑하겠는가? 집에서 기르는 말

못하는 개나 고양이도 말은 잘 안 통해도 오랫동안 같이 살아 쉬운 말은 알아들어 얼마나 많은 감정을 나누고 서로 아끼고 사랑하는가? 그리하여 집동물이 죽으면 슬퍼서 눈물까지 흘리기도 한다.

만일 인간의 영혼이 죽음과 함께 없어진다면 인간 못지않게 슬프고 허무하고 억울한 손해를 보는 자는 하나님일 것이다. 대개 영혼의 교제는 중년부터 노년이 가까울수록 많이 이루어지는데 교제를 진정으로 하려고 하면 얼마 되지 않아 인간은 죽어 버리게 된다.

죽음과 함께 영혼이 없어진다면 하나님은 수없이 슬퍼할 것이며 태어나는 어린 영혼들과 다시 교제를 해야 할 것이다. 감정 있고 뜻 깊은 교제는 짧은 교제가 아니고 영원히 오래가는 교제인 것이다. 그러므로 인간의 영혼은 신을 위하고 인간들 사이의 정과 인연을 위해서도 죽음 후에도 영원히 존재해야만 이 무한히 넓고 큰 세상이 물질적 정신적으로 균형을 이루어 신(하나님)도 외롭거나 고독하지 않은 영원한 존재로 머물 수 있는 것이다.

하나님은 인간을 자기의 사랑의 감정을 나눌 대화 상대자로 계획·설계했기 때문에 우리의 신체 모형은 의사소통을 하기 위한 감각기관이 주축을 이루도록 설계되어 있는 것이다. 그리고 대화의 내용이 항상 같지 않게 인간에게 발견·발명의 능력과 사랑의 감정과 생각할 수 있는 이성과 이상의 능력을 주었고 이를 표현할 수 있는 언어의 능력과 얼굴표정 등을 주었다.

특히 인간의 두 손은 모든 것을 만져 감지할 수 있고, 모든 것을 만들 수 있는 재능도 부여했는데, 이와 같은 모든 인간의 지혜와 지능, 능력 등은 동물과 같이 항상 똑같게 머물러 있는 삶이 아니고 나날이 발전되어 하나님의 창조능력도 점점 발견하고 이해함으로써 즐기고 기뻐함으로 지루하지 않은 의사소통을 하기 위함인 것이다.

4,000년 전이나 2,000년 전 사람들과 오늘날의 사람들과의 대화내

용은 자연히 다르게 되나 하나님한테는 아들과 손자 관계의 차이도 안 나는 것이다. 왜냐하면 하나님한테는 천 년, 억 년이 하루와 같기 때문에 수천 수억 년 전도 현재와 같은 것이다.

4,000년 전 인간들의 사랑의 감정을 오늘날의 인간들한테는 전혀 느낄 수 없고, 하나님이 현대 도덕성과 예술성에 만족하는지 아니면 1,000년 전 도덕성과 예술성을 가진 인간들의 영혼들과 인간성으로 더 교제를 원하실 수도 있는 것이다. 분명한 것은 하나님이 오늘날의 인간들의 영혼과 영적 교제를 하는 것만으로는 인간한테서 충분한 사랑의 감정을 나눌 수 없을 것이다. 그러므로 인간의 영혼은 죽음 후에도 하나님의 사랑의 깊은 감정을 오래 영원히 나누게 하기 위해서라도 영원히 존재하게 될 것이다. 만일 하나님이 인간의 영혼을 죽음 후에도 존재하게 할 능력이 없다면, 하나님을 생각하고 찬양하고 기도하는 인간을 만들 능력도 없었을 것이다.

우리의 영혼은 수정시 DNA와 함께 형성되어 하나님이 만들어 놓은 조그마한 영혼기(인간영혼활동기계) 속에 일거일동이 자동으로 기록되어 있다가 죽어서 때가 되면, 즉 죄의 심판날이 오면 이 기계 속에 영혼의 코드(영혼의 비밀번호, code)가 맞추어져 읽혀짐으로써 자동으로 죄의 심판이 내려져 등급대로 직분을 받고 동시에 영혼기에 기록되어 있는 DNA의 구조번호에 따라 부활기에 의해 육체를 받아 부활될 것이다.

동적평형의 원리에 따라 육체적인 탄생이 있으면 반드시 육체적인 죽음이 있어야 하듯이 영혼과 이별하는 육체적인 죽음이 있으면 반드시 영혼과 재결합하는 부활이 있어야 할 것이다. 그래야만 물질적 세계와 정신적 세계 사이에 동적평형이 이루어져 영원히 유지·보존될 것이다. 우리가 사는 세계나 우리가 살지 않았던 옛날 세계는 물질적 정신적 혼합세계이므로 만일 죽음과 함께 정신적인 영혼만 사라진 다면 정신세계는 점점 축소되어 두 세계의 상호작용의 힘이 무너져 물질세계와 정신세계의 균형이 깨져 현존세계는 파괴되어 우주와 만물도 지탱하지 못하게 되고 신과 자연과 나도 존재하지 않는 아무것도 없는 무의 세계로 돌아갈 것이다.

그러나 아무것도 없는, 공간과 시간도 없는, 정신과 물질도 없는, 에너지와 감정도 없는, 빛과 어두움도 없는, 동서남북 방향도 없는, 허공도 없는, 신(하나님)도 없는 무의 세계는 존재할 수 없는 것이다. 왜냐하면 아무것도 없는 무의 세계는 공간이 있을 때 가능한 것이지, 공간도 없이 아무것도 없는 무의 세계는 원래 존재할 수가 없기 때문이다. 공간이 있으면서 아무것도 없는 무의 세계도 역시 존재할 수 없는 것이다. 왜냐하면 공간은 만유인력과 만유척력의 상호작용으로 이루어지기 때문이다. 만유인력과 만유척력은 신과 천국이 있기 때문에 자연히 저절로 생겨날 수 있는 것이고, 이들 힘은 서로 상대적인 극성의 힘이기 때문에 힘의 장이 형성되어 자연히 저절로 에너지(소립자)가 생겨나게 되고 오랜 시간이 지나면 우주 허공과 우주만물은 자연히 저절로 많아지고 팽창되게 될 것이다.

공간, 시간, 우주 허공 등은 낱개의 모습(모양, 형태)이 없기 때문에 신과 같이 처음과 끝이 없기 때문에 영원히 항상 존재하는 것이다. 신의 지능, 능력, 나이, 창조력 등은 끝이 없도록 무한하기 때문에 처음과 끝이 없이 영원히 항상 존재하는 것이다. 인간의 저능으로 발명의 능력이 있는데, 끝이 없는 무한한 지능과 능력으로 신은 창조의 능력이 있는 것이 당연한 일이며, 그 때문에 신은 영원히 오래 존재할 수 있는 것이다. 어느 정도의 능력의 한계를 벗어나면 창조능력도 생기고, 창조능력이 생기면 영원히 존재할 수도 있는 것이다. 지구상의 생물기계들의 수준은 영과 육이 혼합된 생물기계로 영을 다스리고 창조의 능력이 있는 영적인 신에 의해 창조되었음을 증거하는 것이다.

  만유인력도 조그마한 물체에서는 잘 나타나지 않지만 지구나 태양같이 질량이 매우 크면 크게 작용하게 되는 것이나 다름없는 것이다. 마찬가지로 지능도 어느 한계 이상으로 높으면 창조의 능력을 가질 수 있는 것이다.

12
영과 소립자의 세계

자연을 만들고 자연이 운행(작용)되고 자연이 변화·유지되기 위해서는 자연의 질서가 필요하고 자연의 질서를 지키기 위해서는 자연의 규칙이나 자연의 법(칙)이 필요한데, 자연의 법칙은 입자나 물질들의 상호작용으로 물질의 특성이 생겨나면서 동시에 생겨나 자연히 만들어지도록 신이 신의 3대 힘의 원리(=자연의 3대 힘의 원리=상호작용의 힘+상대적인 극성의 힘+평형의 힘)를 이용한 것이다.

물질세계에서 물질이 서로 상호작용하여 자연의 질서를 지키고 자연의 법칙을 수동적으로 따르려면 공간과 시간의 제약을 받아야 하기 때문에 물질이 존재하는 한 동시에 공간과 시간도 존재해야만 되는 것이다. 신 없이 물질이 존재하고, 물질이 자연의 법칙을 따르고, 시간과 공간이 물질과 공존하는 물질세계는 마치 인간이 부모 없이 스스로 원래 존재하고, 스스로 원래 존재하는 법으로 인간사회를 유지해 나가는 것과 같은 것이다. 이러한 인간사회는 존재할 수 없다. 그 이유는 인간을 존재하게 하는 부모가 없어 수정메커니즘이 이루어질 수 없기 때문이며, 원인을 충족시키지 못하기 때문에 결과인 인간사회가 존재할 수 없기 때문이다. 이와 마찬가지로 신 없이 우주만물이 그저 우연히 저절로 존재할 수 없는 이유는 우주만물이 스스로 만들어지게 하는 원인인 재료나 에너지가 먼저 있어야 하는데, 신과 시간과 공간도 없이 이들 재료나 에너지가 어떻게 스스로 만들어질 수 있겠는가?

만일 물질이 스스로 저절로 자연히 생긴다면, 이 현상은 자연현상이 아니고 요술 같은 영적인 현상으로 이들 물질 속에는 이미 영이 들어 있어 자연히 저절로 생기는 것이다. 물질 속에 그 물질의 고유한 영적인 특성이 들어 있으면, 그 물질은 고유한 특성대로 자연의 법칙에 따라 행하게 되는 것이다. 만일 그 물질에 영이 들어 있지 않다면, 그 물질은 영적인 특성이 전혀 없는 무특성 물질이기 때문에 상대적인 극성의 힘도 작용하지 않아 자연의 법칙을 따르지도 못하여, 이러한 물질은 자연히 저절로 스스로 생겨나지도 못하여 현 우주세계에서는 존재할 수 없는 것이다. 그래서 현 우주세계에는 무특성 물질은 존재하지 않는 것이다. 그러므로 현 우주세계에 있는 모든 물질은 특성을 가진 특성물질로 이는 신의 영으로 만들어진 것을 의미하는 것이다. 그러므로 신의 영은 신의 의도인 말씀과 즉 설계와 신의 생기인 에너지가 들어 있는 것이다. 그래서 모든 물질은 입자와 파동의 이중성을 가지는데, 이는 모든 물질은 내부에너지인 빛 속의 광자(에너지+정보+영)소립자를 가지고 있으며, 그리고 빛은 입자와 파동의 이중성을 가지고 있기 때문이다.

빛의 광자는 에너지와 정보인 말씀과 특성인 영을 가지고 있기 때문에 모든 물질 속에는 신의 영(의도=설계=말씀)이 들어 있어 특성을 가지게 되는 것이다. 정보나 말씀이나 이야기는 절대로 자연히 저절로 스스로 만들어지지 않기 때문에 누군가가 광자 속에 광자의 특성이 들어 있도록 했기 때문에 광자가 에너지와 정보와 특성(영)을 지닐 수 있는 것이며, 이러한 능력을 행할 자는 영적인 능력을 가진 신밖에 없는 것이다. 만일 모든 물질이 광자에너지로 되어 있지 않다면 특성을 나타낼 수 없는 무특성 물질인 것이다. 하나님이 태초에 말씀으로 천지창조를 하셨다고 했는데, 이는 하나님이 빛의 광자로 우주만물을 만드신 것을 말하고, 광자는 에너지와 정보와 영을 가지고 있는데, 정보는 하나님의 말씀으로 하나님의 의도와 설계가 들어 있는 것이고 영은 하나님의 성령이며 에너지는 하나님의 생기이고 이는 곧 빛에너지인 것이다.

그러므로 빛은 하나님의 말씀인 하나님의 의도와 설계가 들어 있는 것이고, 빛은 하나님의 생기가 들어 있는 하나님의 에너지이며, 빛은 하나님의 감정이 들어 있는 하나님의 영인 것이고, 그러므로 빛은 하나님의 대리인이요 하나님의 분신이요 하나님 자신인 것이다. 하나님은 천국에서는 우리 형상과 같이 육체와 영을 가지고 있지만, 천국 이외에 우주에서는 육체 없이 영으로 거하시는 것이다. 육체와 함께 있는 하나님의 영이나 육체가 없이 영으로 거하는 하나님의 영이나 두 영은 다 똑같은 하나님의 영이며, 하나님 자신인 것이다. 우리가 살아서 육체와 함께 있는 영(영혼)이나 죽어서 육체 없이 영(영혼) 홀로 광자 속에 머물고 있는 것이나 다 똑같은 우리 자신의 영이나 마찬가지인 것이다. 우리의 영은 충분한 에너지를 가지고 있지 못하므로 육체 없이는 우리 영 스스로는 활동할 수 없는 것이다.

엄마의 자궁 속에 있는 접합자(태아)는 엄마가 대신 먹지 않는 한 물질과 에너지가 모자라고 없기 때문에 자연히 저절로 아기로 만들어지지 않는 거나 마찬가지로 입자나 에너지가 없는 아무것도 없는 곳에는 아무런 물질이 만들어지지 않는 것이 자연의 법칙에 따르고 자연의 질서를 지키는 것이다. 만일 아무것도 없는 곳에 어떤 물질이나 자연물이 우연히 자연히 저절로 있거나 생기는 것은 자연의 법칙을 따르지 않는 자연현상이 아니고, 자연현상을 초월한 영의 작용으로 영을 가지고 영을 부릴 수 있는 영의 능력을 소유한 신의 작용인 것이다. 그 때문에 대자연이 스스로 처음에 태초 자연이 만들어지고 이어서 스스로 진화되어 중간 자연(소자연)이 만들어지고 이어서 스스로 진화되어 오늘날 같은 대자연이 만들어지는 것은 아무것도 없는 무에서 엄청나게 큰 대자연으로 진화된 것으로 이들 진화과정 자체가 질량불변의 법칙, 에너지 불변의 법칙 등 자연의 법칙을 따르지 않기 때문에 자연에 의한 자연의 진화라고 할 수 없으며, 이 과정들은 영의 능력을 따르므로 신에 의한 자연의 진화 또는 신에 의한 창조의 진화인 것이다.

안정한 광자와 전자, 중성미자를 제외한 입자들은 수명이 10^{-6}~10^{-22}s(초)로 극단적으로 수명이 짧으나 이들이 소멸할 때는 자기를 다시 생성할 입자를 생성시키면서 소멸되므로, 비록 극단적으로 짧은 수명이지만 극단적인 순간 후에는 다시 재탄생됨으로써 죽음과 탄생이 순간적으로 되풀이 순환되므로 영원한 죽음이 없는 영원한 삶으로 무와 유의 경계를 영원히 끊임없이 되풀이하므로 소립자(에너지) 세계에서는 무와 유는 상대적인 기능적인(상태적인) 극성의 상태로 서로 상호작용하면서 동시에 존재하고 동시에 존재하지 않는 영적인 세계이며 이는 결국 영원한 무존재이며 영원한 존재인 것이다. 그러므로 현 세상은 약 95%가 보이지 않는 물질과 에너지와 약 5% 정도가 보이는 물질과 에너지로 되어 있으므로 결국 현 세상은 무존재와 존재가 공존·공생하고 서로 상호작용하는 혼합세상인 것이다.

이들 소립자들은 다시 더 작은 극소립자들로 이루어져 있을 가능성이 있다고 하는데, 그들의 수명과 소멸은 더 극단적일 수 있으므로 무와 유의 구별이 거의 불가능하게 될 것이다. 아마도 유와 무의 구별이 없는 세상이 극소립자의 세상이고 영의 세상이고 이들 세상을 지배하는 자는 영적인 신일 텐데, 신이 우리에게 정신감응능력(Telepathy)을 주지 않았기 때문에 우리는 영적인 영의 세상과 영적인 신을 볼 수도 없고 감지할 수도 없는 것이다.

    대우주는 수축기와 팽창기를 되풀이해서 순환하므로 실제 우주의 나이는 신의 나이와 비슷할 것이다. 지금의 현 우주는 팽창기에 속한다고 학자들은 말한다.

13
신이 우주만물과 인간을 만든 이유와 목적

신은 자연을 아름답게 하기 위해서 이미 소립자나 쿼크(quark) 속에 색의 특성이 들어가게 하였고, 생물의 삶의 의욕(욕망)을 가지게끔 향(냄새)과 맛의 특성을 들어가게 하였고, 에너지가 생겨나게 전하와 스핀 등의 특성이 만들어지게 하였고, 생겨난 에너지로 물질이 만들어지고 작용되고 변화되고 움직이게 하였다.

만일 소립자 속에 전하나 스핀(자전력), 공전력 등의 힘의 특성이 들어 있지 않다면 소립자의 상호작용으로 힘(에너지)이 만들어지지 않아 물질이 생성, 활동, 분해되지 않았을 것이다. 만일 소립자 속에 맛과 향이 들어 있지 않으면 동물은 식욕이 없어 먹지 않기 때문에 동물의 번성을 가져올 수 없었을 것이다.

우주만물이 창조되고, 동물이 아름다움을 느끼며 살아가고, 식욕을 가지고 양분 섭취를 하게끔 신(하나님)은 이미 보이지 않는 소립자 속에 우주만물이 창조되고 활동되는 수많은 특성을 들어가게 했는데, 이것이 바로 신의 설계프로그램인 것이다. 만일 소립자의 수많은 특성들 중 몇 가지라도 없으면 우주만물은 만들어질 수 없고, 작동될 수도 없고, 변화될 수도 없는 것이다. 그러므로 모든 우주만물은 신의 설계프로그램에 따라 창조되고, 운행되어지고, 변화되어 가는 것이 분명하다.

그리고 우리와 동물들에게는 감정을 나누기 위한 의사소통이 되게끔 아름다운 눈과 귀와 코와 혀와 피부와 손 등 5감각을 특별히 설계해서 가장 중요한 신체부분인 머리 부분에 두고, 특히 인간에게는 지성미와 감정이 담긴 얼굴표정 능력까지 주신 것이다.

그리고 신은 특히 지구의 동물과 인간의 따뜻한 대화 분위기를 만들기 위해, 그리고 생물에게는 물질과 에너지 공급을 하기 위해 아름다운 지구가 만들어지게 했다. 지구는 신의 조그마한 정원일 수 있으며 지구의 생물은 신의 감정을 풍부하게 하고 아름다운 감정을 갖게 하는 정원이고 정원 동물들이며, 인간은 다양한 사랑의 감정을 나누는 신의 영적 교제 상대자가 될 수 있는 것이다. 우리 신체의 수많은 구성물질들은 일일이 신의 생명의 말씀으로 설계된 것이다.

물론 원숭이가 나무 손수레를 만드는 것이 인간이 자동차를 만드는 것보다 훨씬 더 힘든 거와 마찬가지로 신이 만물을 창조하는 것은 덜 힘들겠으나 머리는 일단 써야 하므로 정신적인 스트레스(압박감, 갈등)를 조금이나마 받을 것이고, 지구만 돌보는 것이 아니고 대우주와 새로 태어나는 별들도 돌보므로 우리가 받는 스트레스보다 훨씬 더 많이 받을 것이다. 만일 신은 스트레스를 안 받는다면 정신적인 갈등도 없을 것이고, 정신적인 갈등이 없으면 욕구불만도 없으므로 다양한 감정도 없을 것이고, 다양한 감정이 없으면 올바른 정신적인 생각도 할 수 없을 것이다. 정신적인 갈등은 정신적인 감정의 불만족으로 오는 것이기 때문이다.

만일 신의 능력으로 자신의 정신적인 갈등이나 스트레스, 여러 감정 등이 생기지 못하게 할 수 있으나 만일 그렇게 하면 상대적인 극성 작용이 없어져 올바른 감정을 가진 생각을 할 수 없어 깊은 사랑의 감정이 담긴 교제를 할 수 없는 것이다. 다양한 사랑의 감정을 느끼기 위해서는 상대적으로 다양한 감정의 갈등도 감수해야 되는 것이다.

이 다양한 정신적인 갈등을 풀고 외롭지 않고 인간과 영적 교제를 통해서 의사소통을 함으로써 서로의 다양한 감정을 나누는 길만이 신이 오래 존재하는 보람과 낙이 있는 것이다. 그러므로 신은 아름다운 지구 정원을 가꾸고 상냥하고 감정 깊은 인간을 창조되게 해서 인간과 영적 교제를 하는 것이다.

다른 한편으로는 관중이 많을수록 경기가 재미나듯이 자기(신)가 창조해 놓은 우주만물을 보고 즐기고 기뻐하고 찬양해 주는 관중이 많이 필요하기 때문이다. 만일 관중 없이 이 거대한 우주만물을 자기 혼자만 보고 즐기면 아무 의미도 없고 우주만물의 진가도 없으며, 그동안 신은 바보처럼 헛된 일만 한 것이 될 것이다.

높은 지능을 가진 사람은 어느 정도 높은 지능의 일을 할 때 만족스러운 것이다. 그 때문에 지능이 무한히 높은 전지전능한 신이, 창조되어지게 한 우주만물은 모두 고차원적으로 신의 지성수준에 맞기 때문에 신이 즐길 수 있는 것이다. 그러기에 신이 창조한 창조물은 아무리 세월이 흘러가도 인간은 생물세포 한 개라도 절대로 똑같이 만들 수 없으며, 박테리아의 위족(헛발) 하나 똑같이 못 만들어내며 그 속에 숨겨져 있는 메커니즘도 정확히 파악하지 못하고, 경탄만 할 뿐인 것이다.

만일 자연이 단순한 자연에 의해서만 진화로 창조되었다면, 수많은 자연물 중에는 인간이 똑같이 만들어낼 수 있는 수많은 자연물이 무수히 많이 있을 것이다.

"주께서 내 장부를 지으시며 나의 모태에서 나를 조직하셨나이다. 내가 주께 감사하오음은 나를 지으심이 신묘막측하심이라.

주의 행사가 기이함을 내 영혼이 잘 아나이다."(시편 139:13~14)

　인간이 우주만물 중에 한 가지도 똑같이 못 만들어 내는 것은, 우주만물이 모두 신의 설계에 의한 고차원적이고 영적이기 때문이다. 이는 바로 영적인 능력을 가진 신이 존재하고, 그에 의해 우주만물이 창조되었음을 증거하는 것이다.
　그 때문에 신이 창조한 인간의 신체도 자세히 관찰하면 신의 생각, 신의 감정, 신의 사랑, 신의 호흡, 신의 능력, 신의 지혜, 신의 의도, 신의 질투, 신의 야망, 신의 이기심 등을 엿볼 수 있는 것이다.

14
창조와 진화 ②

우주와 만물은 하나님이 창조한 것인가, 아니면 자연에 의한 자연의 진화인가?

그 때문에 특히 기독교와 진화론자 사이는 옛날부터 지금까지 치열한 논쟁을 해오고 있다. 종교를 안 가진 많은 사람들 중에도 하나님 쪽에 또는 진화론 쪽에 삶의 상태와 분위기에 따라 수시로 왔다갔다 하며 갈피를 못 잡고 신(하나님)을 못 찾고 노년이 되어서는 삶의 허무감에 빠져 우울해 하며 보람 없는 삶을 탓하며 몹시 괴로워하는 것이 인간사회의 큰 문제라고 할 수 있는 것이다.

학교 교과서나 과학 서적에 보면 진화라는 단어는 자주 눈에 띄어도 하나님의 창조라는 단어는 찾아보기 힘든 실정이다. 배우는 학생들이 사실과 다르게 (만일 신이 존재한다면) 신이 없이 단순한 자연에 의해서만 우주만물과 인간과 내가 자연히 만들어져서 살아가는 것으로 인식할 때, 인간이 지켜야 할 도덕과 양심의 작용은 무디게 되고 죄에 대한 관념도 흐려져 내가 살기 위해서는 수단과 방법을 가리지 않는 이기주의와 개인주의가 자신도 모르게 강해져, 공동상호작용되어 따뜻해야 할 인간사회가 점점 각박하고 메마른 사회로 변해가게 된다.

　만일 신이 우주만물을 창조한 것이 사실이라면 사실을 밝히고, 신의 창조의 의도와 신의 감정과 신의 능력을 살피고 신이 만들어 놓은 대자연을 신과 함께 즐기고 찬양하고 교제하는 길이 신과 만물과 인간을 위하는 길이고, 이들이 존재하는 보람과 의의가 있는 것이며, 그 때문에 영원한 영혼의 미래도 보장되게 되는 것이다. 그리고 도덕성의 회복과 죄의 심판의 확증으로 범죄가 감소되고 이기적이고 배타적인 자세에서 상호작용하는 협동 자세로 변하여 따뜻한 인간사회의 건설을 기하게 되는 것이다.

　하나님의 창조인가, 아니면 자연의 진화인가?

　이 문제는 하나의 선으로 분명하게 금을 그어 답할 수 없다. 그 이유는 넓은 의미에서는 둘 다 맞고 좁은 의미에서는 둘 다 틀리기 때문이다. 왜냐하면 하나님에 의한 자연의 진화로 우주만물이 창조된 것이며, 즉 하나님에 의한 창조의 진화이기 때문이다.

　하나님은 하나님의 3대 힘의 원리(=자연의 3대 힘의 원리)인 상호작용하려는 힘, 상대적인 극성의 힘, 평형(화평, 균형, 조화)해지려는 힘을 이용해 자연물(물질, 입자)이 만들어지게 하고, 만들어진 자연물에 의해 생물과 무생물의 중간생물인 단세포 생물인 미생물(박테리아, 곰팡이, 바이러스, 바이로이드)이 만들어지게 하고 미생물로부터 다세포 생물인 하등식물과 하등동물이 만들어지게 하고 이들이 서서히 발전·발달되어 즉 진화되어 고등식물과 고등동물로 진화되게 한 것이다.

　이러한 생물의 진화도 무생물에서 생물로 진화되어 이루어진 것이기 때문에 자연의 진화라고 할 수 있다. 즉 자연도 하나님이 만들어지게 했기 때문에 외부상으로 자연의 진화는 결국 하나님에 의한 자연의 진화인 것이다. 왜냐하면 모든 자연현상이나 변화는 에너지에 의해 이루어지고, 이 에너지의 원천은 빛이고, 빛은 광자와 전자기파와 전자로 되어 있고, 광자는 에너지와 정보와 영을 가지고 있기 때문이다.

모든 자연물질 속에는 하나님의 영(하나님의 의도=하나님의 말씀=하나님의 설계=하나님의 성령=하나님의 능력=하나님의 생기)이 들어 있고 특성이 들어 있어서 특성에 따라 작용되므로, 하나님의 영이 물질의 특성을 만들고 물질을 특성에 따라 행하게 하므로 이는 결국 하나님의 능력에 의해 자연물질이 생성되고 변화되어 가는 것이기 때문에 하나님에 의한 자연의 진화인 것이다.

하나님의 영은 빛 속의 광자(에너지+정보+영) 속에 들어 있으므로, 하나님의 영은 광자에너지 자신이고, 광자정보 자신이고, 광자특성 자신인 것이다. 모든 물질은 광자에너지로 만들어지기 때문에 모든 물질 속에는 하나님의 영의 에너지와 영의 정보가 들어 있으며, 이때 이 영은 그 물질이 구성하고 있는 광자소립자의 극성의 힘 자신이기 때문에 이들의 극성의 힘의 상호작용으로 그 물질의 특성을 만들게 하는(나타내는) 것이다. 즉 하나님의 영은 광자와 같은 소립자의 특성인 정보와 소립자의 에너지 자신인 것이다.

그러므로 하나님은 하나님의 정보인 말씀과 하나님의 힘(극성의 힘)이 들어 있는 광자[에너지(극성의 힘, 하나님의 생기)+정보(특성, 하나님의 말씀)+영(하나님의 성령)]로 자연의 3대 힘의 원리(=하나님의 3대 힘의 원리)인 상호작용하려는 힘, 상대적인 극성의 힘, 평형(균형, 조화)해지려는 힘에 의해 하나님의 대리자인 원자, 이온, 분자로봇들이 만들어지게 하고 분자로봇의 힘으로, 즉 분자력(응집력)으로 분자로봇들이 스스로 뭉쳐져서(응집되어) 만물이 만들어지고 작용하고 변화되게 한 것이다.

그러나 대부분의 미생물은 진화를 하지 않고 태초부터 지금까지 미생물로 자신의 임무를 다하고, 잡아먹히는 쥐는 먹이사슬과 천적을 위해 희생해 가며 진화를 하지 않고 있다. 만일 생물이 주위환경에 의한 자연선택으로 자연의 진화가 자연히 저절로 이루어진다면, 이러한 잡아먹히는 동물도 진화되어져야 하나 먹이사슬을 위해 잡아먹히는 동물은 아무리 시간이 지나가도 진화를 하지 않고 천적을 살리기 위해 잡아먹히고 있다. 그 이유는 신의 설계 프로그램에 따라 모든 물질은 무생물이든 생물이든 행해 가고 변화해 가기 때문에 진화가 되든 안 되든 하는 것이다.

태양이나 지구, 달, 혹성, 태양계, 은하계, 산, 강, 바다, 들, 흙, 지진, 화산 등은 하루아침이나 하루 동안에 또는 순식간에 만들어지는 것이 아니라 수 년, 수백 년, 수천 년, 수억 년, 수백억 년 등 무한히 긴 시간이 흘러가서 만들어지는 것을 우리는 화석이나 별들을 관찰함으로써 알 수 있는 것이다.

그 이유는 상대적인 기능적인 극성의 힘에 의해 생긴 에너지로 눈에 보이지 않는 소립자로부터 원자, 분자, 이온기계가 만들어져서 이들에 의해 거대한 별까지 만들어지기까지는 자연히 무한히 긴 오랜 시간을 필요로 하기 때문이다. 다만 분명한 것은 하나님이 한마디 말씀으로 이들을 하루아침에 창조하신 것이 아닌 것만은 확실한 것이다.

성경에 보면 하나님이 6일에 걸쳐 천지 창조를 하신 것으로 나와 있는데, 성경은 선지자들이 성령을 받아 쓴 것이고, 성령 속에 하루는 현실 속의 하루와 같을 수 없는 것이다. 성령 속의 짧은 한 이야기는 현실에서는 한 세대 또는 수백 수천 년이 될 수도 있기 때문이다. 그러기에 성경에서 "하나님의 하루는 천 년과 같다"라고 나타나 있는 것이다. 생물의 육신의 구조와 작용(기능)은 무생물인 달, 지구, 태양 등보다 훨씬 복잡하고 고도의 지성을 요하고, 생물 생체 사이에 물질과 정신의 복합상호작용이 이루어져야 하기 때문에 생물의 메커니즘들은 무생물의 메커니즘들보다 더 높은 고차원적인 것이다.

생물에서 생체의 구조와 기능은 상대적인 전자기적인 극성의 작용인 전류와 전자기파뿐만 아니라 상대적인 기능적인 극성의 작용인 산염기작용, 교감신경과 부교감신경 사이의 길항작용, 신체항상성 등 그리고 상대적인 정신적인 극성의 작용인 좋은 것과 나쁜 것, 선과 악 등 상대적인 3대(기능적, 상태적, 정신적) 기본적인 극성작용을 모두 필요로 하기 때문에 생물세계는 무생물세계보다 훨씬 더 복잡하고 더욱 더 영적인 작용을 필요로 하게 된다. 그리고 고도의 지능과 여러 감정을 갖고 무궁한 사고를 할 수 있는 인간생물기계를 만들려면 그 것도 스스로 저절로 자연히 만들어지게 하려면, 자연히 무생물보다 더 오래 걸리게 되는 것이다.

  지구 덩어리가 우주 먼지와 우주 가스로 인력(중력)의 극성의 힘에 의해 오랜 시간을 두고 약 46억 년간 서서히 진화되어 만들어진 것과 같이, 인간덩어리도 박테리아와 바이로이드인 미생물이 세포와 생명의 3대 요소(=생명의 3대 로봇 =생명의 3대 물질)의 상호작용으로, 그리고 신의 사신인 광자나 보이지 않는 에너지에 의해 DNA의 유전정보를 변화시켜 고등단백질을 만들어 서서히 고등동물로 진화되어 만물의 영장인 인간이 창조되기까지는 무생물이나 하등생물보다 더 훨씬 오랜 시간을 필요로 해야만 할 것이다.

  생물 중에는 처녀생식으로 번식하는 종들도 많으며, 어미닭한테 달걀과 거위 알을 넣어주면 부화시켜 병아리와 거위병아리를 함께 보살피며 키우는 것 같이, 인간 원시인도 침팬지의 자궁 속에서 오랜 세월에 걸쳐 조금씩 DNA의 구조변화로 동물에 가까운 원시 원시인이 생겨서 태어날 수 있으며 끊임없는 DNA의 진화로 점점 현대 원시인에 가까워지고 이어서 현대인에 도달되어지게 될 수 있는 것이다. 원시 인간은 침팬지와 같이 온몸이 털로 감싸였기 때문에 그렇게 큰 차이는 없었을 것이다.

  나는 언제가 독일 TV에서 늑대하고 같이 살았다는 두 아이와 정글에서 발견된 기어 다니는 인간 아이에 대한 방송을 본 적이 있다. 이들에게 아무리 말을 가르쳐도 끝내는 말을 완전히 숙달하지 못하고 몇 년 후에 모두 죽어버렸다는 오래된 필름으로 실지로 그 아이들의 모습을 본 적이 있다. 여기서도 아이들이 늑대하고 몇 년간 늑대 굴속에서 같이 살아서 늑대가 부르짖는 시늉을 하기도 했는데, 발견 당시 이 아이들을 늑대 굴에서 발견했기 때문에 늑대와 같이 산 것을 알 수 있는 것이다.

우리 인간이 여러 종류의 가축들이나 동물들과 그리고 애완동물하고 한 집에서 살아가는 거와 마찬가지 이유인 것이다. 이러한 이유로 자기의 몸속에서 태어난 모양이 조금 다른 자기 새끼를 죽이지 않고 다른 새끼들처럼 똑같이 사랑하고 함께 키우게 되는 것이다.

만일 하나님이 인간(아담과 이브)을 하루(실제로는 오랜 세월의 진화에 의함)에 흙으로 창조했다면 수많은 종류의 박테리아가 오늘날까지 우리 몸속에서 1,400조 이상(성인)이 구태여 공생하고 있지 않을 것이다. 그리고 동물의 허파, 심장, 피의 순환 등은 동물들 사이에 기본 구조와 기능이 모두 비슷한데, 이러한 동물의 신체기관이 구조와 기능 면에서 기본 골격과 기능이 매우 유사해서 진화된 흔적이 없어야 할 것이고, 물고기, 새, 동물, 인간이 접합자 발달과정에서 똑같은 모양의 아가미-꼬리 시기가 없어야 할 것이고, 동물의 체액이 모두 바다의 구성성분과 같아 동물의 조상이 모두 바다에서 탄생된 것을 의미하지 말아야 할 것이다. 그리고 우리는 매일 소금을 먹는데, 나트륨이온과 염소이온은 직접 세포작용에 쓰이기 때문인데, 이는 동물세포가 바다에서 만들어진 것을 의미하는 것이다.

그리고 모든 생물이 모두 비슷한 세포로 만들어져서 비슷한 세포의 작용으로 살아가는 것이나, 생명의 영적인 단백질을 만드는 과정이 모든 생물이 하나같이 똑같은 방법으로 행해지고, 모든 생물이 똑같은 에너지 화폐인 ATP(아데노신삼인산)를 똑같은 방법으로 사용하는 것은 모든 생물이 진화에 의해 창조되었음을 뜻하고, 모든 생물을 한 하나님에 의해서나 한 하나님의 생물창조연구소에서 창조되게 한 것을 뜻하는 것이다.

동물의 허파를 관찰하면, 척추동물에서는 다른 동물보다 허파의 표면적이 더 증가되어 있다. 양서류의 허파는 매끈한 벽모양의 자루인데, 그것의 표면은 부분적으로 안에 돌출한 주름으로 인해 확대되어 있다. 파충류에서는 허파의 안 면적이 주름들과 실(작은 방)들로 인해 더 많이 확대되어 있다. 젖먹이동물(포유류)에서는 기관지의 가는 가지들이 무수한 포도송이 모양으로 정렬된 허파소기포(허파꽈리) 모양을 하고 있다. 이를 통해서(이로 인해서) 허파의 안 면적이 무한히 확대되어 있다. 표면적의 확대로 산소를 핏속으로 보내기 위한 허파의 능률이 증가된다.

허파의 진화과정을 보더라도 양서류의 허파의 구조는 단순하고 표면적이 적어 산소를 적게 흡입하나 파충류, 포유류, 즉 고등동물로 갈수록 허파의 구조는 점점 복잡해지고 능률도 더 올리는 기관으로 발전되어 점점 더 많은 양의 산소를 핏속으로 보낼 수 있게 된다. 심장과 순환계를 보더라도, 신체가 더 잘 산소와 영양분을 공급받을 수 있도록 양서류, 파충류, 포유류로 갈수록 이들 생체의 능률이 점점 증가되도록 발달되어 있다.

양서류는 하나같이(통일적으로) 한 개의 심실을 가지고 있는 데 비해 파충류에서는 부분적으로, 새와 포유류에서는 격벽(칸막이)을 통해 심실을 완전히 격리시키고 있다. 그 때문에 산소가 많은 피(동맥)와 산소가 거의 없는 피(정맥)가 더 이상 혼합되지 않는다.

이들 동물들의 허파나 심장 그리고 피의 순환은 동물들 사이에 비슷한 구조와 기능을 하고 있는데, 이것은 하등동물에서 고등동물로 진화되어진 것을 의미하고, 하나의 같은 신(하나님)에 의해 모든 생물이 진화되어 창조된 것을 의미하는 것이다.

"하나님이 가라사대 땅은 생물을 그 종류대로 내되 육축과 기는 것과 땅의 짐승을 종류대로 내라 하시고(그대로 되니라)"(창세기 2:24)와 같이 하나님은 한 마디 말씀으로 모든 동물이 종류대로 창조되게 하셨다.

생물이 그 종류대로 내기 위해서는 생명의 3대 물질인 광자(에너지+정보+영)와 단백질과 DNA가 서로 상호작용해야 하므로 오랜 세월이 흐르게 되는 것이다. 성경에서 첫째 날, 둘째 날은 성령을 받아 쓰는 선지자가 하나님이 우주만물을 6가지 부분적으로 구분하여 6일에 걸쳐 하나님이 우주만물을 창조하신 것으로 감명을 받은 것을 썼기 때문에 6일 창조로 나타내었지만, 성령 속의 하나님의 하루는 천 년이나 수억 년과도 같은 것이다. 그러므로 여기서 생물은 그 종류대로 내라 하심은 오랜 시간에 걸친 진화에 의해 생물의 다양성이 만들어지는 것이지, 하루 만에 수많은 종류의 생물이 만들어져서 태어나서 서로 상호작용하면서 번성할 수는 없는 것이다.

그러므로 하나님의 말씀(설계)으로 이루어지는 우주만물의 창조는 오랜 시간을 필요로 하는 자연의 진화로 이는 곧 하나님에 의한 자연의 진화이고 하나님에 의한 창조의 진화인 것이다. 왜냐하면 하나님은 하나님의 대리자인 원자로봇, 이온로봇, 분자로봇으로 하여금 상대적인 극성의 힘 사이에서 만들어지는 에너지로 물질이 만들어지고 생물이 진화되고 새로운 종의 생물이 만들어지게 하기 때문에 창조와 진화과정은 자연히 오랜 시간이 흐르게 되는 것이다.

태양이나 지구가 오랜 시간이 흘러가야만 만들어지는 거와 같이 하등생물에서 고등생물까지 그리고 인간까지 만들어지기까지는 오랜 시간이 흘러가야만 되는 것이다. 하루아침에 살기 좋은 물질 지구가 만들어질 수 없듯이, 하루아침에 물질세계와 정신세계의 복합물인 동물세계와 인간이 만들어질 수는 더더욱 없는 것이다.

태양과 생물이 하루아침에 신의 말씀으로 만들어진다면, 이는 자연의 법칙에 따르지 않는 것이고 이어서 자연의 질서도 없는 것인데, 단 1초라도 자연의 질서가 무너지든가 없다면 상대적인 기능적인 극성의 힘에도 질서가 없어 극성의 힘으로 만들어져서 작동되어 가는 현 세상은 수없는 자연물의 구조적 붕괴로 파괴되고 분해되고 충돌되어 아름다운 자연은 지옥으로 변해버리고 말았을 것이다.

그러나 신은 신의 능력으로 예외적으로 기적적으로 해당 물질에만 영향력을 발휘할 수는 있겠으나 그렇게 하면 대우주적으로 신은 공평하고 정의로운 하나님이라고 칭함을 받을 수는 없는 것이다.

신(하나님)은 무생물이든 생물이든 모든 물질(입자)에 영(성령)을 집어넣어 창조하셨기 때문에 모든 물질은 자연의 법칙에 따라 예외 없이 작용되어지는데, 하나님이 한 마디 말씀으로 기적적으로 하루아침에 인간과 우주만물을 창조하면 창조된 인간의 육체와 정신은 자연의 법칙과 자연의 질서에 따라 만들어진 것이 아니기 때문에 육체적으로 정신적으로 인간으로서 정상적으로 자연의 법칙과 질서에 따라 활동할 수 없을 것이다. 즉 주위환경과 상호작용을 제대로 할 수 없어 물질적인 신진대사나 정신적인 활동을 제대로 할 수 없을 것이다.

그런가 하면 하나님은 스스로 하나님의 말씀(설계=의도=성령)을 때와 장소와 마음 상태에 따라 달리 말씀하시는 변덕이 심한 공의롭지 못한 분이 되어, 하나님의 말씀에도 권위가 서지 않게 될 것이다. 그래서 죽음 후에 영혼의 세계가 있고 천국과 지옥이 있다는 하나님의 말씀도 큰 의미가 없어지고 인간이 신과 진실하게 영적 교제도 할 수 없게 될 것이다.

그리고 아무리 전지전능한 하나님이라도 아무런 세부적인 설계 없이 말씀 한마디로 복잡하고 다단계의 인간생물기계가 만들어져 영적인 정신작용도 하게끔 창조되게 할 수는 없는 것이다. 인간기계 하나를 만들려면 100만 가지 이상의 단백질 종류가 필요하고 140조(성인) 이상의 체세포가 필요하고 1,400조 이상의 박테리아가 소화작용 등을 도와야 하는데, 그리고 모든 생체물질과 생체조직과 기관이 일사불란하게 공동상호작용해야만 하는데, 아무리 신이라도 하루 만에 흙으로 인간기계를 만들 수는 없으며, 흙의 원소로 인간기계가 만들어지려면 오랜 시간이 지나가야만 하는 것이 신에 의해 만들어진 자연의 법칙인 것이다.

지구상의 미생물, 식물, 동물의 종류의 수는 셀 수 없도록 무한히 많은데, "하나님이 가라사대(말씀하시기를) 땅은 생물을 그 종류대로 내되 육축과 기는 것과 땅의 심승을 종류대로 내라 하시고(그대로 되니라)"(창세기 2:24)와 같이 말씀 한마디로 창조시키셨다면 이 많은 종류 수가 만들어지는 동안은 지구상의 자연의 질서는 없었던 것을 의미하는 것이다. 지구상에 자연의 질서가 없는 한 아무것도 만들어질 수 없는 것이다. 지구상의 생물이 하나님의 기분에 따라 말씀 한마디로 창조된다면 천국도 말씀 한마디로 변하기 때문에, 하나님한테도 감정이 있기 때문에 수백억 년 이상 영원히 변함없이 존재하기는 어려울 것이다.

하나님은 나이가 없이 처음(시작, 출생)도 없고 끝(죽음, 마지막)도 없이 영원한 분인데, 그러기 위해서는 마음적으로 변덕 없이 진심으로 영원해야 되고, 물질적으로 영원하기 위해서는 기적 없이 자연의 질서를 지켜주어야 모든 물질에게 공평하고 정의로운 하나님이 되어 하나님의 성령(영)이 영원히 변함없이 작용하게 되어 우주만물인 대자연이 신과 함께 오래갈 수 있는 것이다.

하나님은 우리의 거대한 태양이나 지구도 하나님의 3대 힘의 원리인 상호작용하려는 힘, 상대적인 극성의 힘, 평형(화평, 균형, 조화)해지려는 힘으로 하나님의 설계(말씀)에 따라 자연물질이 자연히 저절로 만들어져서 하나님의 의도에 따라 자연히 저절로 작용(기능)되어지도록 설계프로그램화한 것이다.

그리고 이들 자연물질로 만들어진 생물도 하나님의 3대 힘의 원리(=자연의 3대 힘의 원리)와 생명의 3대 물질(=생명의 3대 요소=생명의 3대 로봇)인 광자(에너지+정보+영), 단백질, DNA와 수정(교미)메커니즘과 세포분열메커니즘의 복합적인 공동상호작용으로 신의 의도대로 신의 영(성령)에 따라 자연히 저절로 생명체가 만들어지고, 자연히 저절로 성장하고 번식하면서 스스로 삶의 활동을 할 수 있게 삶의 정보가 자연히 저절로 DNA 속에 프로그램되어 각 세포마다 일일이 자연히 들어 있어 자연히 저절로 수정에 의해 유전되도록 설계프로그램화된 것이다.

하나님의 의도(영)를 받들어 하나님의 의도(설계)에 따라 생물체에서 실제적으로 행하는 신의 사신이며 신의 로봇이고 신의 대리인은 바로 생명의 3대 물질(로봇)인 것이다.

무생물인 자연물질 속에는 생명의 3대 물질 중 광자(에너지+정보+영)만 들어 있기 때문에 다른 생명물질인 단백질이나 DNA와 상호작용을 할 수 없어 생명의 활동은 이루어지지 않고, 다만 광자가 지니고 있는 정보와 에너지로 영에 따라 행하는 수동능력의 물질적인 특성만 갖게 되어 특성에 따라 행하는 것이다. 그러므로 분자(원자, 이온)로봇으로 만들어진 무생물인 자연물은 자연의 3대 힘과 자유에너지(유용한 에너지)는 감소하고(발열반응), 엔트로피(무용한 에너지, 무질서도)는 증가하는 방향으로 일방통행식으로 변화된다.

생물기계는 기계처럼 조립하여 만들 수 없는 기계이고, 반드시 수정(교미)에 의해 아주 작은 배(배아, 접합자)로부터 세포분열에 의해 분화되어 육체가 만들어져서 성장되어지는 영적인 기계로 낱개의 부속물(부속품)로 분해될 수 없는 전체가 하나의 기계로 연결·결합되어 있기 때문에 분해할 수도 없고 단숨에 조립하여 만들 수도 없는 기계이므로, 외부적인 제3자에 의한 한 마디 말씀으로 단숨에 만들어지게 할 수 있는 생물기계가 아닌 것이다.

생물기계는 수정과 세포분열에 의해 생물의 3대 요소의 상호작용으로 유전되어 만들어지고 작동되어지는데, 이 과정을 거치는 것이 바로 자연의 법칙과 자연의 질서를 지키는 것이고, 이를 지키는 것은 곧 하나님의 말씀을 지키는(듣는) 것인데, 이를 깨고 즉 하나님은 스스로 하나님 말씀을 어기고, 다른 말씀 한마디로 기적을 행사하기를 원하지 않았을 것이다. 우리는 그 이유를 성경 속에서도 찾아볼 수 있는 것이다.

예수님도 세례 요한한테서 세례를 받았고, 수많은 이스라엘 백성들이 요한한테서 세례를 받을 만큼 요한은 하나님이 가장 사랑하시는 선지자 중에 한 사람이다. 그런데 요한이 헤롯왕의 나쁜 행동을 지적한 이유로 옥(감방)에 갇혀 있을 때 헤롯왕에 의해 목이 잘렸다. 이 엄청나고 억울한 사건은, 하나님에게 정면으로 도전하는 행위로써 하나님으로서는 분통이 터지고 복통이 터질 일이지만 하나님은 존재하시지 않는 것처럼, 기적을 행사하여 헤롯왕에게 벼락을 쳐 즉사시키시지 않고 헤롯왕이 죽을 때까지 부귀영화를 누리고 호의호식하도록 내버려 두신 걸로 보아도(물론 죽음 후에 엄한 죄의 심판이 따르지만) 하나님은 기적을 함부로 행하시지 않는, 인간의 인내심을 초월하는 인내심을 가지신 것을 볼 수 있는 것이다. 그러기에 하나님은 지금까지 인간에게 한 번도 자신의 모습과 자신의 능력을 직접 나타내시지 않은 것이다.

＊동물의 본능은 하나님의 선물＊

　동물에게는 본능이 있어 동물들 나름대로 특이한 특성적인 능력을 가지고 태어나는데, 이 본능이 진화에 의한 것인지 아니면 다른 동료들로부터 보고 배운 건지 아니면 신에 의해 유전정보로 DNA 속에 가지고 태어나는지 과학자들은 새를 가지고 실험을 해보았다고 한다. 5대가 지나도록 여러 해 동안 새 우리 속에 가두고 키운 5대째 새 한 쌍에게 산란기가 되었을 때 풀과 나뭇잎을 우리 속에 넣어주자, 둥우리를 짓는 것을 한번도 보지 못한 이 새 한 쌍은 태어날 자신들의 새끼들을 위해서 즉시 새집(둥우리)을 지었다고 한다.
　이것으로 보아 동물들의 본능(본래 가진 능력)은 진화나 배움으로 갖게 되는 것이 아니고, 세포 속에 DNA 속에 이미 그 동물의 특성적인 능력인 본능이 유전정보로 들어 있음을 알 수 있는 것이다. 생물 처음에 DNA 구조 변화가 일어나서 이 동물이 만들어질 때 신의 설계의도에 따라 유전정보(유전물질, DNA)가 변했기 때문에 변화된 특정한 아미노산 배열로 만들어진 특정한 단백질과 변화된 특정한 DNA의 상호작용으로 새로운 동물이 만들어져서 수정(교미)과 세포분열에 의해 대대로 유전되어 왔기 때문인 것이다.
　벌집, 개미집, 거미집 등은 고도의 지혜와 기술을 요하는 건축기술인데 이러한 고도의 기술을 가진 이들 동물들은 벌집을 짓고 꿀을 모으고, 거미줄을 치고 먹이를 잡고, 거대한 개미인구가 살고 많은 먹이가 잘 저장되게 온도가 맞게 잘 환풍장치를 만들어 놓은 개미집이나 개미들이 공동으로 먹이를 나르고 새끼들을 돌보고 하는 고도의 본능 이외에는 다른 면에서는 이들이 이렇다 할 특이한 능력을 보이지 않고 하찮은 곤충으로만 행동한다. 그것은 지능이 낮은 이들 동물들이 살아가기 위해 특성적인 능력으로 공동사회를 이루고 또는 단독으로 살아갈 수 있는 능력을 신이 특별히 DNA 속에 삶의 정보로 기록해 주셨기 때문인 것이다.
　지능이 낮고, 힘도 약한 곤충이나 벌레, 약한 동물들에게 만일 본능이 없다면, 살아가기 어려울 것이고 더욱이 번식하여 새끼를 먹여 살리기는 더더욱 어려울 것이다. 그러므로 동물의 본능은 하나님이 특별히 주신 선물인 것이다. 만일 보잘것없어 보이는 곤충이나 벌레가 본능이 없어 살아가기 힘들거나 멸종되어 간다면, 먹이사슬도 훨씬 단조로워져서 생물의 다양성도 훨씬 감소되어 자연의 아름다움이나 아기자기한 삶의 상태도 없어져서 대자연에서 우러나오는 수많은 감정들도 깊이 없이 단조로워질 것이고 하나님과의 영적 교제도 여러 깊은 감정 없이 단조롭게 형식적으로 이루어질 것이다.

생물이 하나님의 설계에 의하지 않고 단순한 자연의 진화로만 새로운 종이 만들어진다면 동물마다 특이한 본능이 없어야 하고 고등동물인 인간은 모든 면에서 가장 우수한 능력, 예를 들어 시각, 청각, 전자기파 감지능력, 정신감응력 등이 가장 뛰어나야 할 것이다. 그리고 오늘날의 쥐는 천 년 전의 쥐보다 많이 진화되어 고양이에게 잡아먹히지 않거나 고양이보다 힘이 더 세져 있어야 한다. 그러나 두 동물은 크기 면으로나 천적관계 면으로나 조금도 진화·변화되지 않고 여전히 쥐는 고양이 앞에서 죽음의 공포를 느끼고 항상 불안한 상태로 살아가야 하는 것이다.

이것은 모든 생물이 주위환경에 적응하여 자유선택적으로 진화되는 것을 부정하는 것이고, 생물의 진화는 오직 하나님의 설계의도에 따라 진화가 되기도 하고 안 되기도 하며, 진화가 행해지는 경우는 생명의 3대 물질이 서로 상호작용하여 생명의 칩인 DNA의 구조변화(염기배열순서)를 일으켜 점진적으로 고등생물로 진화되게 하는 것이다. 인간의 문명은 점점 발달 향상되어 가는 거와 마찬가지로 생물의 진화도 하등생물에서 고등생물로 점점 발달 향상되어 가는데, 그 이유는 하나님의 영이 들어 있는 생명의 3대 물질이고 3대 로봇이고 3대 대리자인 광자(에너지+정보+영)와 단백질과 DNA가 생물세포 속에서 서로 영적으로 공동상호작용을 하여 생명의 말씀(설계) 안에서 생물을 발달시켜 나가기 때문이다.

＊올챙이에서 개구리로의 변태＊

물고기처럼 생긴 올챙이는 입이 넓어지고 커지고, 꼬리는 분해되어 사라지고, 눈은 튀어나와 머리 위쪽으로 이동하고, 폐가 발달되어 만들어지고, 네 다리가 성장해서 개구리로 변신한 다음 물 밖으로 나와서 땅에서도 살 수 있게 된다. 이 신비스러운 모습의 변화는 생체(몸체)들의 변화가 동반되어져야만 한다.

감각기관, 신경계, 호르몬계, 순환계인 호흡기관, 소화기관 등 모든 신체물질과 구조가 새로운 신체설계도에 따라 새로이 만들어지고 조각되어져야만 한다. 이 모든 변화과정들은 정확한 메커니즘과 순서의 차례를 거쳐서 마치 시계프로그램과 같이 일정한 질서에 따라 단계적(순차적)으로 각 시스템들이 작동되어, 한 감독 밑에서 공동 목표를 달성하고자 일을 추진하는 것같이 일사불란하게 변태과정이 이루어져 간다.

이러한 변태과정이 신체 내에서 일어나게 하는 것은 생명의 3대 영적인 요소이고, 3대 물질이고, 3대 로봇이고, 3대 대리인인 빛의 광자(에너지+정보+영)와 광자로 만들어진 단백질과 단백질에 의해 만들어진 DNA의 상호작용으로 이루어지는 것이다. 즉 DNA 속에 있는 생명체 제작설계프로그램을 영적인 RNA들에 의해 읽혀지고 번역되어 생체물, 조직, 기관이 만들어지는 것이다. 이러한 변화과정들이 과학자들의 연구를 통해 하나씩 밝혀지고 있다.

예를 들어 올챙이 꼬리의 제거는 고도로 프로그램화된 마이크로 로지스틱스(micro logistics)의 작동으로 이루어지고 있다. 먼저 올챙이는 꼬리 근육세포의 번식을 중단하고, 세포용해 효소(cell dissolving enzymes)를 제조한다. 그러면 이들 미니 효소들은 꼬리 세포들과 짝을 이루어 그 안으로 들어간다.

그러면 대식세포(macrophages)들이 이들 꼬리세포들로 돌진한다. 남아있는 구조물들과 영양분들은 생체의 다른 부분에 건축물질과 에너지로 재사용되기 위하여 해체(분해)되어지고, 수집되어진다. 즉 꼬리는 폐기되어지는 것이 아니라, 생체(몸체)에 의해서 재흡수되어지는 것이다. 이와 같이 올챙이에서 개구리로 변태되는 과정은 이미 올챙이 세포 속, 핵 속, 염색체 속에 있는 DNA분자 속에 신에 의해 설계되어 프로그램화되어 있어서 자연히 저절로 이 프로그램에 따라 변태가 자동적으로 이루어지는 것이다. 이러한 프로그램은 유전을 통해서 대대로 유전되기 때문에 DNA를 유전물질 또는 유전정보라고 하는 것이다.

이러한 초고차원적인 설계프로그램이 생물 태초에 자연히 우연히 저절로 만들어질 수는 없는 것이며, 이는 반드시 고차원적인 설계를 할 수 있는 높은 지성을 가진 자에 의해서만 설계될 수 있는 것이다. 왜냐하면 정보나 이야기나 프로그램이나 계획표 등은 자연히 우연히 저절로 생겨나거나 만들어지지 않고 반드시 누군가에 의해서만 만들어지기 때문이다.

우리는 학생들의 그림이나 조각품이나 글을 보면 대강은 몇 학년 몇 살 먹은 학생이 그린 그림이나 쓴 글이나 만든 조각품인 것을 어느 정도는 추측할 수 있다. 유치원생, 초등학생, 중학생, 고등학생, 대학생, 전문직업인 등의 그림이나 글이나 조각 작품은 대강은 짐작·추측할 수 있는 것이다.

안 그린 그림이나 안 쓴 글이나 안 만들은 조각품은 아무리 시간이 흘러가도 우연히 자연히 저절로는 그려지거나 쓰여지거나 만들어지지 않는다. 올챙이가 개구리로 전혀 다른 모습으로 변태하는 것은 생명의 3대 물질(광자, 단백질, DNA)에 의해서이다. 생명의 3대 물질의 능력수준은 인간의 능력수준도 아니고 생각도 못하는 자연의 능력수준도 아니고 영적인 능력의 수준이므로 영적인 능력을 가지고 영적으로 행하는 하나님의 대리자인 것이다. 즉 아무도 영적인 능력을 가진 자가 없거나 영적인 자를 대신하는 대리인이 없다면, 이 세상에는 영적으로 작용하는 물질이나 작품(자연물)도 없어야만 할 것이다. 그러므로 영적으로 작용하는 작품(물질)이 있다면, 인과의 법칙에 따라 영적 작품을 만들게 한 영적인 존재나 영적인 대리인이 반드시 존재해야만 할 것이다. 왜냐하면, 영적인 존재나 영적인 대리인이 없는 곳에는 영적인 작품도 존재할 수가 없기 때문이다.

자연히, 저절로 영적인 작품(물질)으로 진화되는 것은, 영적인 존재가 상대적인 극성의 힘을 이용하거나 대리인을 이용해 그렇게 자연히 저절로 진화되도록 프로그램화한 것이지, 영적인 존재 없이 생각을 못하는 자연에 의하여 자연히 저절로 진화되는 것은 아닌 것이다. 즉 영적인 존재 없이는 영적인 신도 존재할 수 없고, 영적인 신의 대리인도 없고, 영적인 작품도 존재할 수 없고, 영적인 생각도 존재할 수 없고, 영적인 자연진화도 없고, 영적인 우주만물도 없고, 영적인 공간과 시간, 허공도 존재할 수 없는 것이고, 영적인 물질, 시간, 공간이 존재할 수 없는 곳에는 영적인 신도 존재할 수 없는 것이다. 그러므로 신이 반드시 존재해야만 자연과 우리들이 존재할 수 있게 되는 것이다.

자연물은 대부분 입자(물질)들의 상대적인 극성의 힘인 전자기력인 전자(쌍)의 힘으로 분자력에 의해 만들어지는데, 분자력인 영적인 전자쌍도 자연히 우연히 저절로 영적인 능력으로 작용되어지는 전자쌍으로 만들어질 수 없으며, 전자쌍의 영적인 특성도 영적인 능력을 지닌 하나님의 영으로 만들어질 수밖에 없는 것이다. 그렇기 때문에 전자의 특성도 전자가 존재하는 한 영원히 지니게 되어 변함없이 영원히 나타내어지는 것이다. 만일 우연히 자연히 저절로 스스로 만들어진 전자의 특성이라면, 자주 우연히 저절로 스스로 변해버리기 때문에 전자가 아니고 다른 입자나 무특성 물질이 될 것이다. 무특성 물질은 다른 물질과 상호작용을 할 수 없기 때문에 이 세상에서 아무 소용없는 물질로 자연의 3대 힘의 원리에 어긋나므로 존재할 수도 없는 것이다.

이 세상의 모든 물질은 스스로 다른 모든 물질과 에너지 면으로, 즉 만유인력이나 만유척력으로 상호작용을 하며 의사소통을 하는데 무특성 물질로 상호작용을 못하면, 이 세상 물질에 속하지 못하는 것이다. 이것이 엄한 자연의 법인 자연의 법칙인 것이다.

규칙, 규범, 가훈, 교칙, 사칙, 군법, 형법, 국법, 교통법 등은 우연히 자연히 생겨나고 만들어지지 않고 반드시 누군가에 의해 질서를 지키기 위해 의도적으로 만들어진 거와 같이 자연의 법인 자연의 법칙도 어떤 엄한 자에 의해 대자연의 질서를 유지하기 위해 의도적으로 반드시 만들어지게 한 것이다. 아무도 만들게 한 자가 없이는 아무 규칙이나 법이 우연히 자연히 만들어지지는 않는 것이 곧 자연의 법칙인 것이다.

규칙이나 법이 없으면 인간사회가 존재할 수 없듯이, 자연의 법칙이 없으면 자연의 질서도 없고 상대적인 극성의 힘도 없기 때문에 자연은 존재할 수가 없는 것이다.

그러나 자연과 우리가 존재하는 것은 자연과 우리가 만들어지게 한 자연의 법칙이 존재하는 증거이고, 동시에 자연의 법칙이 만들어지게 한 신도 존재하는 증거인 것이다.

15
창조와 진화의 3대 요소

창조와 진화를 이루게 하는 3가지 요소는 영(정보), 에너지(광자), 분자(원자, 이온)로봇(대리자)이다. 이들 미세한 로봇기계는 광자에너지와 광자가 지닌 영(정보)으로 만들어지기 때문에, 이들 분자(원자, 이온)로봇은 영(정보), 에너지(광자), 분자(원자, 이온)의 3부분(3영역, 3가지)이 한 몸(시스템)을 이루는 삼위일체인 것이다. 이들 미세로봇들은 하나님의 영이 들어 있는 광자(에너지+정보+영)로 만들어지기 때문에 하나님의 영 속에 있는 하나님의 설계의도에 따라 주어진 수동능력(주어진 특성)대로 영적으로 행동할 수 있는 것이다.

하나님의 말씀은 하나님의 생각정보와 하나님의 에너지로 되어 있기 때문에 이는 빛 속의 광자(에너지+정보+영)와 일치하므로 빛의 광자는 곧 하나님의 말씀인 하나님의 영(성령)으로 이루어진 것이다. 왜냐하면 말씀이나 노래나 그림이나 에너지나 영은 아무것도 없는 곳에서는 이들이 자연히 우연히 만들어질 수 없고 인과법칙에 의해 반드시 어떤 자나 어떤 대리자에 의해 만들어져야만 하기 때문이다.

영은 하나님의 영을 말하고 하나님의 영은 하나님의 생각이고 하나님의 정보이고 하나님의 설계이고 하나님의 의도이고 하나님의 말씀이고 하나님의 진리이고, 이는 곧 자연의 진리이고 하나님의 자연의 법칙이고 하나님의 능력이고 하나님의 에너지이고 하나님의 성령이고 하나님의 대리자이고 하나님의 로봇이고 하나님의 분신으로 하나님 자신인 것이다. 하나님의 생각은 하나님의 정보이고 하나님의 생각(정보)은 하나님의 말씀 속에 넣어 전달된다. 하나님의 말씀은 하나님이 생각하는 정보와 하나님의 에너지로 전달된다. 그러므로 하나님의 말씀은 하나님의 정보(생각)와 하나님의 에너지로 되어 있다.

우리가 하는 말도 우리의 생각하는 정보를 음파 에너지 속에 언어로 기록되어 전달되는 현상이기 때문에 우리의 말도 정보와 에너지로 되어 있는 것이다. 빛 속의 광자(에너지+정보=영)입자는 하나님의 생기인 에너지와 하나님의 말씀인 정보를 가지고 있는데, 광자가 가진 정보와 에너지는 곧 하나님의 영으로부터 유래되기 때문에 빛 속의 광자는 바로 하나님의 대리자요, 하나님의 로봇이요, 하나님의 분신이요, 하나님 자신이나 마찬가지인 것이다. 그러므로 빛의 광자는 일반 과학책에서는 에너지+정보로 나타내는데 이 책에서는 광자(에너지+정보+영)로 나타내었으며, 이것의 의미는 빛의 광자 속에는 하나님의 영이 들어 있어 에너지와 정보를 가지고 있기 때문에 광자(에너지+정보+영)로 표현한 것이다.

그래서 하나님은 우주만물을 말씀으로 창조하게 하셨는데, 그 이유는 말씀은 하나님의 설계가 들어 있는 생각정보와 하나님의 에너지가 들어 있기 때문에 하나님은 모든 보이는 에너지든 안 보이는 에너지든 정신력동(Telekinesis, 멀리 있는 물체를 손으로 건드리지 않고 정신력으로 움직이게 하거나 작동시키거나 손같이 행하는 정신적인 능력)으로 자유자재로 부리거나 이용할 수 있어 하나님의 대리자이며 로봇인 미세분자(원자, 이온)로봇기계들로 하여금 자연히 저절로 그들이 지닌 상대적인 극성의 힘에서 생기는 에너지(분자력, 응집력)로 스스로 뭉쳐져서 우주만물이 창조되고 작동되게 설계 프로그램화하신 것이다.

하나님의 영은 정신적인 정보와 에너지로, 즉 말씀으로 되어 있고 빛 속의 광자(에너지+정보=영)에너지 속에 저장되어(머물고) 있는 것이다. 빛 속에는 광자에너지 입자가 있고 광자소립자 속에는 하나님의 생기인 에너지와 하나님의 말씀인 정보(하나님의 성령인 영)가 들어 있으므로 모든 생물이 빛을 받으면 에너지와 삶의 정보를 받게 되고 정보 속에는 하나님의 의도와 설계와 프로그램(계획)이 들어 있기 때문에, 모든 생물은 하나님의 의도대로 생명의 활동을 하며 살아가게 되는 것이다.

그래서 예수님은 "나는 빛이요 생명이니"라고 말씀하신 것이다. 모든 생물은 빛을 받음으로써 에너지와 삶의 정보와 광명을 얻고 빛에 의해 모든 생물이나 물질도 만들어지기 때문에 빛 속의 광자 속의 영(정보, 말씀)은 무생물(무기물) 속에서는 물질의 특성을 나타내고, 생물 속에서는 생물의 특성인 혼(생물)과 영혼(인간)을 나타낸다. 이와 같이 모든 생물이 생명을 유지하며 살아가는 것은 바로 빛 때문인 것이다. 인간이 죽음 후에 생명을 얻어 영원히 살아가기 위해서는 반드시 예수님을 통해 구원을 받는 길밖에 없으므로, 예수님은 내세의 생명을 구원하는 빛이나 다름없는 것이다.

만일 빛이 없다면 물질세계도 없고, 정신세계도 없고, 생명도 없고, 죽음도 없고, 신도 없을 것이다. 신도 없고, 어두움도 없고, 공간도 없는, 아무것도 없는 곳은 원래 존재할 수 없기 때문에 자연히 신의 세계, 물질세계, 정신세계의 혼합세계가 존재하게 되는 것이다. 그러므로 이들 세계는 자연히 소멸되거나 없어질 수 없고 순환만 되풀이하게 된다. 그래서 영혼도 소멸되거나 없어질 수 없는 것이다.

에너지 즉 광자에너지는 어떤 일을 하게 하는 능력으로 상대적인 극성의 힘으로 생긴 힘의 장(예, 전자기장) 사이에서 생겨난다. 소립자 속에는 전하, 스핀(자전력), 공전력 같은 힘의 특성이 들어 있어 소립자의 상호작용으로 상대적인 극성의 힘이 생겨난다. 모든 물질은 힘의 특성을 가진 소립자로 되어 있기 때문에 같은 물질이라도 마찰을 시키면 전하의 이동이 생겨 전자기장이 생기고 전자기파 에너지가 방출되는 것이다. 에너지변화는 자연변화인데, 에너지가 진행해 가는 방향은 자연의 3대 힘의 원리(=신의 3대 힘의 원리)인 상호작용하려는 힘, 상대적인 극성의 힘, 평형(화평, 조화, 균형)해지려는 힘의 방향과 자유에너지(유용한 에너지)는 감소하고(발열반응), 엔트로피(무용한 에너지, 무질서도)는 증가하는 방향으로 일방통행식으로 진행해 나간다.

유용한 에너지가 발열반응과 자연의 3대 힘의 방향 쪽으로 일방통행식으로 진행해 나가기 때문에 하나님이나 인간은 에너지를 이용할 수 있는 것이다. 에너지의 주파수 즉 에너지의 암호를 맞추면 보이거나 보이지 않는 수없이 많은 에너지를 자유자재로 사용할 수 있는 것이다.

분자(원자, 이온)로봇(기계)은 원자로봇들의 전자쌍의 쏠림의 힘(분자력)으로 만들어진다. 분자로봇들의 응집력(분자력)과 만유인력으로 작은 물체나 별 같은 거대한 천체나 대우주가 만들어지는 것이다.

생물에서 미세한 생물세포도 훨씬 미세한 원자로봇, 이온로봇, 분자로봇으로 만들어진다. 원자, 이온, 분자로봇이 자연히 만들어지는 것은 소립자들이 상대적인 전자기적인 극성의 힘의 상호작용으로 스스로 원자로봇으로 만들어지고, 이어서 원자에서 전하의 이동으로 이온로봇이 만들어지고, 전자(쌍)가 원자들을 결합시켜 분자로봇으로 만들기 때문이다.

영적인 능력을 가진 단백질분자로봇은 빛의 광자(에너지+정보+영)에니지로 만들어지기 때문에 동시에 하나님의 말씀인 생명의 정보와 하나님의 영(성령)을 가지고 있기 때문에 영적인 능력을 가지게 되어 생명체 속에서 모든 생체물질과 조직, 기관 등을 DNA의 유전정보대로 자신과 함께 스스로 이들 생체물질과 조직으로 만들어진다. 특정한 단백질로 만들어진 생체물질이나 생체조직은 그 속에 있는 영적인 능력을 가진 단백질에 의해 자신의 임무를 스스로 알게 되고 자신의 임무를 스스로 행하게 되어 하나의 전체 생명체를 만들고 육체적, 정신적, 영적 활동을 할 수 있는 것이다.

사람과 사람 사이는 서로 의사소통이 되는 거와 같이 영이 들어 있는 광자에너지로 만들어진 단백질로 만들어진 생체물질과 생체조직들은 그 속에 영을 가지고 있으므로 영끼리이므로, 즉 영 사이이므로 의사소통이 잘 되어 영석인 상호작용이 이루어지기 때문에 스스로 생체를 만들고 생체를 돌보고 이끄는 것이다. 바로 이러한 능력이 영의 능력이고 이는 단백질 속에 영이 들어 있음을 증거하는 것이다.

그러므로 하나님은 우주만물을 하나님의 3대 힘의 원리(=자연의 3대 힘의 원리)인 상호작용하려는 힘, 상대적인 극성의 힘, 평형(화평, 조화, 균형)해지려는 힘과 창조와 진화의 3대 요소인 영, 에너지, 하나님의 대리자인 분자(원자, 이온)로봇들로 자유에너지는 감소하고 엔트로피는 증가하는 방향으로 자연변화가 이루어지게 프로그램화하여, 외부에서 보면 우연히 자연히 저절로 스스로 자연변화가 이루어지게 한 것이다. 생물의 진화도 이들 대리자와 생명의 3대 로봇이고 대리자인 광자로봇, 단백질분자로봇, DNA분자로봇들의 공동상호작용으로 우연히 자연히 저절로 스스로 이루어지게 하여 마치 자연의 진화인 것 같지만, 이들 대리자 속에는 신의 영이 들어 있기 때문에 실제로는 신에 의한 자연의 진화이고 신에 의한 창조의 진화인 것이다.

입자, 에너지, 원소, 분자는 무슨 힘으로 자연히 저절로 스스로 만들어지고, 이들에 의해 무슨 힘으로 자연히 저절로 스스로 큰 물질로 결합되는지 알아본다.

제2장

에너지-물질-극성

- 원소의 생성
- 물질(입자)
- 힘과 상호작용
- 극성(polarity)
- 극성결합
- 화학결합
- 화합물
- 에너지
- 열과 열에너지
- 열역학(thermodynamics)
- 원소의 생성과 우주 대폭발(Big Bang)

01
원소의 생성

우리가 사는 우주는 끝이 없도록 무한히 크고 넓으며 그 속의 물질들의 양도 끝이 없도록 무한히 많이 존재한다. 그런데 이 물질들은 모두 원자로 이루어져 있다.

우리가 사는 은하계에만 2,000억 개가 넘는 태양계들이 있고 우리 은하계의 한쪽에서 다른 쪽까지 가는 데 빛의 속도로 6만 년, 즉 6만 광년이 걸린다고 하니 우리가 사는 은하계 하나만의 크기도 상상하기 어려울 정도로 크다. 그리고 우리 은하계 옆에 있는 이웃 은하계인 안드로메다—안개(andromeda-nebel) 은하계까지는 빛의 속도로 달리는 비행접시를 타고 가도 220만 광년이 걸린다고 하니 이웃 은하계 사이의 거리도 상상할 수 없도록 먼 것이다. 더구나 우주는 다시 2,000억 개가 넘는 은하계들로 되어 있고 대우주는 다시 수없이 많은 소우주(은하단)들로 되어 있어 결국 우주의 크기와 물질의 양은 무한대처럼 보인다.

우주는 끊임없이 계속해서 팽창한다고 하는데, 만일 우주가 끝이 있는 닫힌계라면 열 출입이 없기 때문에 우주의 온도는 계속해서 내려가야 하나 사실상 우주의 온도는 끊임없이 하강하지 않으므로 우주는 끝이 없는 열린계일 것이다.
 생물의 세포로 이루어진 하나의 생명체도 숫자상으로는 하나의 작은 우주나 다름없다.
 성인 한 사람의 체세포 수는 140조 이상이고 공생하는 박테리아 수는 10배 더 많은 1,400조 이상이고, 적혈구 숫자만 25조 이상이고 이들을 이루는 분자의 숫자는 헤아릴 수 없이 더 많고, 다시 이들을 이루는 원자의 숫자는 더욱 더 많고, 다시 이들을 이루는 양성자, 중성자, 전자들의 소립자의 숫자는 더욱 많고, 다시 이들을 이루는 쿼크(quark)들의 숫자는 상상할 수 없을 정도로 무한히 많으며, 다시 이들을 이루는 극소립자들은 무한대에 이루도록 많은 것이다.
 안정한 광자, 전자, 중성미자 등을 제외한 이들 소립자들의 수명은 10^{-6}~10^{-22}s(초)로 극단적으로 짧아 거의 생명이 없으나 다시 순간적으로 죽어가며 자기를 다시 재생시킬 다른 소립자를 생성시키므로 죽음이 없는 것이다. 이들의 질량과 공간(부피)은 거의 0에 가까우므로 물질적으로는 아무것도 없는 무존재나 다름없는 것이다.
 그러나 이들에게는 전하와 스핀(자전력)이 있어(외부적으로 전하를 띠지 않는 중성미자도 내부적으로는 중성자와 같이 이들을 이루는 극소립자들은 전하와 스핀을 띠고 있음) 극성의 힘에 의해 모아져 에너지상태로 있다가 극성의 힘으로 에너지가 이동하면서 마찰에 의한 열(온도)에 의해 전하의 이동이 생겨 전류가 생기고 전자기장의 힘의 장이 생기며, 힘의 장에 의해 에너지가 생겨난다.
 에너지, 온도, 밀도, 압력의 변화에는 차(기울기)가 생기고, 이들의 차는 자연의 평형의 힘 때문에 이동(움직임)하게 되고, 이들의 이동으로 동시에 전하도 이동되므로 전류가 흐르고 힘의 장이 생겨 극성이 생겨나고, 이어서 에너지가 생겨나는 것이다.
 농도(밀도) 차이와 이동속도로 생긴 초고온, 초밀도, 초압력에 의해 생긴 거대한 초고속 회오리바람 같은 검은 구멍(black hole, 블랙홀)이 생겨 우주 공간의 에너지를 흡입하여 초고온, 초밀도, 초압력, 초고속으로 회전시켜져 압력이 점점 커져 에너지의 부피는 0에 가깝도록 작아지고 압력은 무한대로 커져 중력(인력)이 파괴되면서(중력에 못 이겨) 우주 대폭발(big bang)이 터지면서 거대한 중력(인력)장이 생기고, 압력과 온도가 내려가면서 소립자가 만들어지고 온도가 3,000k(0켈빈은 섭씨 영하 273도)으로 내려가자 소립자로부터 처음으로 수소원자를 만들게 되었다.

수소원자는 다른 원자들을 만드는 출발원자이며 기본원자이다. 지금도 우주에는 98%가 수소가스(기체)이고 2% 가까이가 헬륨가스로 되어 있다. 다른 원자들은 별들에서 수소원소를 출발로 하여 거대한 핵융합, 핵융해(핵붕괴) 반응으로 만들어진다.

원자번호 1번인 수소로부터 원자번호 8번인 산소까지는 우리의 태양에서 만들어지고 원자번호 9번인 플루오르부터 원자번호 26번인 철까지는 태양보다 질량이 더 크고 더 뜨거운 별에서만 만들어질 수 있다고 한다.

철보다 더 무거운 원소는 오직 초신성 폭발(별이 죽어가며 중력에 못 이겨 폭발함)에서 핵융해를 통해서만 만들어진다고 한다. 우리가 사는 지구에는 철도 있고 철보다 원자질량이 더 큰 원소들이 있는데 그들은 별 폭발시 먼지로 우주 공간에 뿌려졌다가 지구의 중력에 의해 지구로 빨려들어 지구를 크게 한 것이다. 흔히 보이는 철도 우리 태양보다 더 크고 더 뜨거운 별에서 만들어진다니 얼마나 귀중한 것인가?

별들에 존재하는 원소들은 스펙트럼으로 프라운호퍼선(Fraunhofer lines)을 관찰함으로써 알 수 있다.

창조 능력

　우주가 무한히 이유 없이 큰 것은 신의 무한한 창조능력을 채우고 우주만물이 서로 우주 공간에서 머물기 위한 막대한 에너지가 필요하기 때문일 것이다. 우리가 사는 은하계 속에만 2,000억 개 이상의 태양계가 있고, 우주 속에는 다시 2,000억 개 이상의 은하계로 되어 있고, 대우주 속에는 다시 수많은 소우주(은하단)들로 이루어져 있어 결국 우주는 끝이 없는 무한대일 것이다. 그러니 인간의 지능으로는 상상하기조차 어려운 것이다.

　만일 신(하나님) 없이 감각기관과 뇌가 없어 감각이나 생각도 못하는 자연이 스스로 저절로 우연히 불어나 커져 이렇게 끝없는 대우주와 만물을 만들어낼 수 있겠는가? 만일 그렇다면 자연의 법칙인 질량과 에너지보존법칙에도 어긋나므로 자연 스스로는 불가능하다.

　자동차를 만들려면 철, 구리, 알루미늄 등 여러 원소와 고무, 철사 등 많은 물질들과 부속품들이 필요한데 이것들은 모두 인간이 자연에서 얻었거나 가공하거나 만든 것들이다. 이러한 원소나 가공한 재료들과 만든 부속품들이나 부속기계들이 없으면 인간은 도저히 자동차를 만들 수 없다. 그저 우연히 저절로는 아무리 시간이 지나가도 없는 자동차는 만들어지지 않는다. 자동차를 자연 스스로 자연의 진화로 만들었다고 믿는 사람은 없을 것이고, 아무리 세월이 흘러가도 아무것도 없는 곳에 자동차가 우연히 저절로 자연히 진화되어 만들어진다고 믿는 사람도 없을 것이다.

　그러면 자연은 인간이 만든 자동차도 못 만드는 발명의 능력도 없는데, 인간은 생물의 세포 하나 만들지 못하는데, 어떻게 자연이 생물과 인간을 진화로 창조할 수 있었겠는가? 자연의 진화를 믿는 사람은 신에 의한 자연의 진화와 혼동하기 때문이다.

　무기물인 거대한 별이 만들어지는 것은 입자들이 원자가 되고 원자가 분자가 되고 분자 사이는 분자력이 작용해 서로 다른 전하를 띤 원자들 사이에 인력이 작용해 조그마한 물질로 되고 조그마한 물질은 응집력(분자력)으로 더 큰 물질로 된다. 물질이 커갈수록 비례적으로 입자들 수도 늘어나고 입자는 전하를 띠고 있으므로 전하의 힘이 커져 극성의 힘이 커져서 인력이 질량에 비례하여 커져서 우주 허공에 있는 먼지입자구름이나 가스구름, 운석 혜성 등을 잡아당겨 점점 커져서 거대한 별이 되는 것이다.

즉 별이 되는 것도 낱개의 입자들의 전하에 의한 분자력에 의해 만유인력이 커져서 별이 형성되는데, 결국 눈에 보이지 않는 분자력의 극성의 힘에 의한 에너지의 작용인 것이다. 그리고 보이지 않는 무한히 작은 미세한 생물세포도, 보이지 않는 입자들로 된 보이지 않는 아주 미세한 원자, 분자, 이온기계들의 상대적인 극성의 힘(에너지)에 의해 결합된 생체물질들로 만들어지고, 생물세포기계의 작용도 분자기계나 이온기계들의 상대적인 극성의 힘에 의해서 이루어지는 것이다.

결국 자연현상은 입자나 원자, 분자, 이온기계들의 미세한 영적인 기계들의 작용으로 상대적인 극성의 힘 사이에서 생겨나는 에너지로 별 같은 거대한 천체가 무한히 수없이 자연히 저절로 스스로 만들어지고, 생물세포기계나 박테리아 같은 미세한 생물기계로부터 고래와 같은 큰 생명체기계를 빛에너지를 이용해서 무한히 작게 무한히 많게 저절로 자연히 스스로 만들어지게 할 수 있는 것이다. 그러므로 하나님은 자연의 무기물이나 유기물인 생명체를 미세한 분자, 이온기계를 사용해서 무기물에서는 상대적인 극성의 힘의 에너지를, 생물에서는 상대적인 극성의 힘과 빛에너지를 이용하여 만물이 창조되게 하고 활동되게 하고 변화되게 한 것이다.

그러므로 광자로봇, 원자로봇, 이온로봇, 분자로봇들은 하나님이 만들어지게 한 부속물들이고 로봇기계들이다. 이들 로봇기계들은 하나님의 영이 들어 있는 광자(에너지+정보+영)로 만들어지기 때문에 이들 로봇들은 하나님의 로봇기계들이고 하나님의 대리자들이고 하나님의 분신(영이 들어 있기 때문에)이기도 한 것이다.

그러므로 지구상에서 생물과 사람을 창조되게 하려면 먼저 시공(시간과 공간)—온도(열), 압력(기압), 농도(밀도)—신의 3대 힘(=자연의 3대 힘=상호작용의 힘+상대적인 극성의 힘+평형의 힘)—극소립자(에너지, 빛)—소립자—원자—이온, 분자—(창조와 진화의 3대 요소인 영, 에너지, 원자(이온, 분자)로봇)—물질—우주(은하단—은하계—태양계—지구—대기권—바다—육지)—생명의 3대물질(광자, 단백질, DNA)—세포—미생물—식물—동물—사람의 순으로 만들어지게 해야 한다. 만일 이러한 가공된 재료나 부속물이나 창조의 3대 요소인 원자, 이온, 분자로봇기계나 생명의 3대 요소(로봇)인 광자(에너지+정보+영), 단백질분자, DNA분자가 사전에 만들어지지 않았다면 도저히 동물이 지구상에서 만들어져 출현될 수 없는 것이다.

그리고 지구상에 생물과 사람이 출현되기 위해서는 이러한 영적인 물질들이 모두 정확하게 순서와 공간에 맞게 먼저 만들어져야 하는데 치밀한 설계 구상 없이, 단순한 자연에 의해 우연히 자연히 저절로 시간이 무한히 지나가서 되는 진화로는 1억 개의 주사위를 1억 번 던질 때마다 모두 똑같은 수가 나오는 것보다 더 불가능한 일이다. 왜냐하면 지구상의 생물의 수는 무한히 많고, 하나의 생명체를 이루는 원자, 분자, 이온의 수도 무한히 많고, 이들에 의해 만들어지는 시스템이나 메커니즘도 무한히 많기 때문이다.

이러한 무한히 수많은 물질에 의해서 특정한 생명체가 만들어지기 위해 특정한 부분물(부품)이 만들어져서 적재적소에 특정하게 조립되어 특정한 시스템들을 형성해서 특정한 메커니즘들로 작동되는 특정한 고유한 생명체가 만들어지기 위해서는, 특정한 메커니즘에 따라 특정하게 작동되게끔 특정하게 시스템들을 설계하고 특정하게 만들 수 있는 영적인 능력을 가진 존재나 영적인 능력을 가진 대리자에 의해서만 가능한 것이다. 왜냐하면, 수백억 개의 주사위가 설계의 의도대로 수백억 번 매번 똑같은 수가 나오기 위해서는 그렇게 되도록 주사위가 설계되어 만들어지는 수밖에 없기 때문이다.

자연히 우연히 저절로 만들어진 주사위로는 전혀 불가능하기 때문이다. 그러므로 우리가 한평생 동안 탈 없이 호흡하고 탈 없이 신진대사하고 탈 없이 삶의 활동을 하는 것이나 태양이 120억 년간이나 탈 없이 태양계를 이끌며 광명과 빛에너지를 하루도 빼놓지 않고 주는 것이나 하루살이 곤충이 그 작은 몸기계로 영적으로 날아다니는 것 등 모든 자연현상은 영적인 능력을 가진 신이나 신을 대리하는 대리자의 영적인 능력의 힘에 의해서만 가능한 것이다.

신은 빛이나 생물의 세포에서나 생태계에서나 수많은 자연물과 물질 사이의 상호작용으로 인간에게 간접적으로 신의 능력을 보이고 있다. 그러나 믿음이 약한 사람들은 이 능력을 자연의 능력으로 잘못 믿고 있는 것이다.

현미경으로도 선명히 잘 안 보이는 세포소기관과 세포막은 그 작은 공간에서 필요한 생명의 물질을 만들고 분해하고 에너지와 양분을 저장하고 호흡도 하고 보이지 않는 세포막구멍을 통하여 물질들이 들어가고 나오며, 세포막끼리는 그것도 140조 이상의 체세포들이 서로 정보를 전달하여 육체와 정신을 보살피는 것은 물질의 작용만으로는 불가능하고 신의 영이 들어 있어 영적인 작용으로만 가능한 것이다. 그래서 모든 물질은 내부에너지인 신의 영이 들어 있는 광자(에너지+정보+영)로 되어 있는 것이다.

특히 생물에서는 광자로 만들어진 영적인 단백질이 스스로 생체물질로 되기 때문에 생명의 정보를 알기 때문에 스스로 삶의 활동을 할 수 있어 형질이 나타나는 것이다. 무생물 속의 광자는 생명의 물질인 단백질이나 생명의 칩인 DNA가 없기 때문에, 이들과 상호작용을 하지 못하므로 생명이 없이 그 물질의 특성만 나타내므로 수동적인 능력만 나타내게 되는 것이다.

생물에서는 신의 영이 들어 있는 생명의 3대 물질(로봇, 대리자)인 광자로봇, 단백질분자로봇, DNA분자로봇들이 세포 안에서 서로 상호작용을 할 수 있어 움직이면서 삶의 활동을 할 수 있어 이들이 DNA분자 속에 들어 있는 유전정보(삶의 정보=하나님의 말씀) 대로 하나님의 말씀(설계) 안에서 생물을 진화시켜 나갈 수 있는 것이다. 그러므로 생명의 3대 로봇들은 하나님의 대리자로서 생물을 만들고 진화시키는 설계자요, 기술자요, 노동자요, 인솔자인 것이다.

그러나 무생물(무기물)—자연 속에는 광자(에너지+정보+영)와 원자, 이온, 분자로봇들이 있는데, 이들은 다른 생명의 물질인 단백질과 DNA가 있는 움직이는 세포가 없어 상대적인 전자기적인 극성의 힘에 속박되어 있기 때문에 자유로이 삶의 활동을 할 수 없어 자연의 3대 힘과 자유에너지(유용한 에너지)는 감소하고 엔트로피(무용한 에너지, 무질서도)는 증가하는 정해진 방향으로만 변해가기 때문에 생물을 설계하거나 발전·발달시키는 진화의 능력은 없는 것이다. 그러므로 이들은 하나님의 수동적인 대리자로서 주어진 임무만 철저히 해내는 로봇이나 다름없는 것이다.

02
물질(입자)

먼저 궁금한 것은 에너지와 물질이 어떻게 만들어져서 어떻게 작용되는지를 알아보기 위해서는 물질을 쪼갤 수 없을 때까지 쪼개보는 것이다.

물질 → 분자 → 원자(이온) → 원자핵(양성자+중성자)과 전자 → 소립자(쿼크, quark) → 극소립자(미지의 입자)로 된다.

분자는 물질의 성질을 가지고 있는 최소의 단위로 2개 이상의 원자가 공유결합하여 독립된 입자로 행동한다. 원자는 화학원소의 특성을 가진 물질의 최소입자로 중심에 원자핵이 있고 그 주위를 전자가 돌고 있다. 그러나 원자를 쪼개면 화학원소의 특성을 잃는다. 소립자는 물질을 구성하는 최소단위의 구성요소들을 말한다.

＊소립자＊

소립자는 중입자족(baryon group), 중간자족(meson group), 경입자족(lepton group), 광자(photon, 양자)의 네 가지로 분류한다.

광자(양자), 중성미자, 전자를 제외한 소립자들은 대부분 수명($10^{-6} \sim 10^{-22}$s)이 극단적으로 매우 짧고, 다른 소립자로 생성, 소멸, 붕괴한다.

광자, 전자, 양성자, 중성자, 중간자, 중성미자 등의 물질을 구성하는 기본 입자를 소립자라 한다.

소립자는 파동성과 입자성의 이중성을 가지고 있으며, 이들 사이에 어떤 변화가 일어나도 전하, 운동량, 에너지(질량 포함) 등의 총합은 항상 보존된다. 소립자 중에는 전자와 양전자, 양성자와 반양성자, 중성자와 반중성자, 중간자와 반중간자와 같이 질량은 같으나 전하가 반대로 기본적인 성질이 반대인 입자가 존재하는데 이것을 반입자라 한다.

입자와 반입자, 즉 한 쌍이 충돌하면 빛(광자)을 방출하면서 소멸되어 광자가 된다($e^+ + e^- \rightarrow 2h\nu$). 이 과정에서 질량은 없어지지만(질량이 에너지로 변함), 아인슈타인의 질량 에너지 등가의 법칙에 따라 에너지(질량 포함)와 전하와 운동량 등의 총합은 항상 보존된다.

개개의 소립자에게는 반드시 개개의 반소립자가 존재하므로 모든 물질은 상대적인 극성을 가지며 상대적인 극성의 반물질을 가지고 있는 것이다.

입자와 반입자 사이는 질량, 수명, 전하의 크기는 같고 전하의 부호만 반대이다.

소립자는 자전의 크기에 해당하는 스핀(spin, 자전력)이라는 양의 능력을 가지고 있다.

μ 중간자는 2×10^{-6}초의 매우 짧은 수명으로 전자 또는 양전자와 2개의 중성미자로 붕괴하며, 붕괴물은 우주선 속에 남아 있다.

높은 에너지 상태에서는 어떤 종류의 소립자는 다른 종류의 소립자와 짝이 되어 생성되고 다시 순간적으로 소멸되거나 다른 소립자로 변하는 것을 알 수 있다. 입자와 그 반입자가 만나서 결합하여 소멸하면서(충돌하면서) 그 질량의 합에 대응하는 에너지가 방출된다.

예를 들어 높은 에너지를 가진 빛 속에서 전자와 양전자 1쌍은 생성되었다가 단시간 안에 소멸되면서 정지질량과 운동에너지의 합에 해당하는 에너지를 가진 빛인 r선을 빛으로 방출한다(쌍소멸). r선은 다시 소멸하면서 다시 전자와 양전자(전자의 반입자)를 생성시킨다(쌍생성).

중성자선은 전체적으로는 전하를 가지지 않지만 운동에너지가 크기 때문에 운동에너지를 잃으면서 감마선 r을 내놓거나 양성자를 방출하여 이온화작용을 일으킨다. 양성자와 반양성자가 쌍소멸할 때는 몇 개의 π 중간자가 나오거나 k중간자가 쌍생성되기도 한다.

베타(β) 붕괴는 핵 안에 들어 있는 중성자가 양성자로 변하면서 전자가 튀어나오는 현상이며, 이때 베타선과 중성미자(neutrino)가 방출된다. 즉 베타(β) 붕괴에서는 중성자는 양성자와 전자 그리고 반중성미자로 변한다.

원자핵은 양성자와 중성자의 집합체로 안정하다고 생각하여 왔는데 실제로는 중성자가 양성자와 π 중간자로, 양성자는 중성자와 π 중간자로 끊임없이 변화하고 있다.

소립자는 소멸되면서 영원히 없어지는 것이 아니라 자기를 생성시키는 다른 소립자를 생성시키므로 즉 소립자들 사이는 서로 변하는 상호반전의 상호작용 때문에 자연의 4가지 기본 힘이 생겨난다.

광자(양자)와 몇몇 경입자(중성미자, 전자)를 제외하고 수명이 매우 짧으므로 끊임없는 소립자들의 상호반전의 상호작용으로 힘이 생기고 힘에 의해 에너지가 생겨난다. 즉 소립자들 사이의 번개보다 빠른 상호반전의 상호작용으로 자연의 4가지 기본 힘이 생기고 이 기본 힘들의 상호작용으로 여러 종류의 힘이 생기고 이들의 힘에 의해 여러 종류의 에너지가 생기고 소멸된다(소립자로 됨). 그러므로 소립자가 있는 곳에는 에너지가 있고 반대로 에너지가 있는 곳에는 소립자가 있다.

아인슈타인의 에너지 질량 등가의 원리에 따라 에너지와 물질은 서로 변환할 수 있다. $E=mc^2$, 예를 들어 우리의 태양에서는 수소원소의 핵융합으로 헬륨원소가 만들어지는데, 약 1%의 질량결손이 생긴다. 이때 이 질량결손은 에너지로 변한 것이며 이때 헬륨 1그램은 7×10^8kj(kilo jeul, 에너지 단위)의 막대한 빛에너지(광자)를 방출한다.

모든 소립자는 내부적으로 전하를 띠고 있고, 상대적인 반입자를 가지고 있기 때문에 극성입자이므로 이들의 작용도 극성의 힘에 의한 작용인 것이다. 모든 물질을 형성하는 원자도 외부적으로는 중성이지만 내부적으로는 양성의 원자핵과 그 주위를 도는 음성의 전자가 같은 수의 전하를 가지므로 전체적(외부적)으로는 중성이 되지만 내부적으로는 극성을 띠고 있는 것이다. 만일 원자가 전자를 버리면 양이온으로 되고, 전자를 얻으면 음이온으로 된다.

이와 같이 물질의 화학적인 변화(반응 후 물질의 성질이 변함)는 거의 다 전자라는 음전하를 띤 소립자의 작용이기 때문에 극성작용인 것이다. 그러므로 원자, 분자의 운동에는 전자와 빛(광자와 전자기파)이 주원인이 된다.

빛 속에는 전자와 광자(양자)가 들어 있고, 전자와 광자의 관계는 떨어졌다 붙었다 하는 절친한 관계이다. 광자 속에는 에너지, 정보가 들어 있어 전자와 떨어지면 빛을 발생한다.

생물은 전자기파와 광자 즉 빛으로 만들어져서, 생물 신체는 전자기장을 형성하고 광자에 의해 전자기장과 상호작용을 하여 삶의 활동을 하고 특히 이들 빛에 의해 정신적인 생각도 하는 것이다. 즉 빛의 광자(양자)는 기억정보를 뇌세포에 저장시키고 꺼내기도 한다. 빛의 전자기파는 신경자극전류의 흐름을 보살핀다. 모든 물질은 전자기장을 가지고 있고 전자기파를 방출하는데, 이것도 전자기파와 광자 즉 빛에 의한 것이다.

수많은 소립자 속에는 이미 전하, 자전력, 공전력, 반전성 등 수많은 힘의 특성이 들어 있으며, 이들 힘의 특성들은 에너지를 가지고 있기 때문에 소립자들의 상호작용으로 자연의 4대 기본 힘이 생기고, 다시 이들 힘의 상호작용으로 자연의 수많은 힘이 생기고, 힘 사이의 힘의 장에 의해서 수많은 종류의 에너지가 생겨난다.

태양 속에는 수많은 종류의 소립자가 있는데, 이들 소립자들의 상호작용과 수소원소에서 헬륨원소로 핵융합반응으로 막대한 빛에너지가 방출된다. 현미경으로도 안 보이고 부피는 거의 0인 무존재인 미세한 소립자 속에 여러 가지 특성들과 에너지가 우연히 자연히 저절로 들어가 존재하는 것은 아니다. 왜냐하면 아무것도 없는 곳에서는 어떤 특성이나 어떤 에너지가 스스로 생기지 않기 때문이다. 만일 특성이나 에너지가 우연히 저절로 소립자 속에 들어갔으면, 언젠가는 우연히 저절로 변하거나 없어지므로 수백억 년 된 우주의 나이를 유지해

올 수 없기 때문이다.

그리고 소립자들의 수명이나 상호반전, 에너지 등의 특성은 영적으로 소립자 속에 들어 있고, 영적으로 작용하고, 영적으로 다른 입자와 상호작용을 한다. 이는 소립자 속에 영이 들어 있어서 소립자가 영적으로 작용하기 때문이다. 만일 소립자 속에 영적인 능력을 가진 영이 안 들어 있다면, 소립자는 영적인 특성을 지니지 못할 것이다.

이와 같이 소립자 속에 영적인 특성이 들어가게 할 수 있는 자는 영적인 신밖에 없는 것이다. 신은 신의 영적인 영을 빛의 광자를 통해 모든 만물 속에 들어가게 함으로써 모든 만물은 특성을 가지게 되는 것이다.

왜냐하면 모든 만물은 내부에너지인 역학적에너지(위치에너지+운동에너지)를 가지고 있으며, 이 에너지는 바로 빛 속의 광자(에너지+정보+영)에너지이기 때문이다.

태양 속에는 수많은 소립자, 전자, 광자, 전자기파, 영이 들어 있는 것이다. 즉 햇빛은 하나님의 영이 들어 있고 소립자덩어리인 에너지 덩어리인 것이다. 그 증거로 우리가 발견한 300가지 이상의 소립자는 거의 모두 지구 대기권이나 우주 공간에 있는 우주선 속에서 발견한 것들이다.

소립자들 중 광자, 전자, 중성미자는 안정하고, 특히 광자는 전하가 없고 질량이 0이다. 그러나 광자는 외부적으로 중성자처럼 중성이지만 에너지를 지니고 있기 때문에 광자소립자는 더 작은 소립자인 쿼크 등으로 되어 있어 내부적으로 극성을 띠기 때문에 에너지를 가질 수 있는 것이다. 그러므로 빛은 광자와 전자기파로 되어 있고, 광자는 에너지와 정보와 영을 가지고 있는 것이다.

우리는 말은 음파에, 핸드폰(휴대전화)이나 TV방송은 전자기파(전파)에, 이메일은 전자파 등과 같이 여러 가지 에너지에 정보를 담아 전달하거나 음파에너지를 이용해 말을 하거나 한다. 즉 우리가 의사소통을 하는 교제도 정보를 에너지에 기록하거나 멀리 전달하거나 하는 거와 마찬가지로 하나님도 하나님의 설계와 의도가 들어 있는 말씀의 정보를 빛에너지 속에 기록하여 우주만물에게 빛을 통하여 말씀(정보, 설계, 의도)이 전달되도록 한 것이다. 그래서 빛에너지로 만들어지는 생물이나 생물의 활동도 빛에너지를 받아 생명의 정보를 받아 특정한 생물은 특정한 생물로 삶의 활동을 하며 살아가는 것이다.

쿼크(quark) 소립자에는 6가지가 있고 각각 6개의 반입자가 있다. 이들 쿼크들이 물질을 구성하는 최소단위의 소립자인 것이다. 원자는 중심에 원자핵이 있고, 원자핵 주위를 전자가 돌고 있으며, 원자핵은 양성자와 중성자로 되어 있고, 이들 내부는 다시 2개의 서로 다른 쿼크형, 즉 up-quark(전하 +2/3)와 down-quark(전하 -1/3)로 이루어져 있다.

한 개의 양성자는 2개의 up-quark와 1개의 down-quark로 이루어져 있어 2(+2/3)+(-1/3)의 총 +1의 양전하를 띤다. 1개의 중성자는 정반대로 1개의 up-quark와 2개의 down-quark로 이루어져 있어 총 0의 전하인 중성인 것이다.

이때 양성자나 중성자의 양전하 쿼크와 음전하 쿼크는 구 모양 속에서 양쪽 극으로 분리되어 즉 극성을 나타내어 양성자나 중성자를 만들기 때문에 이미 내부적으로는 뚜렷한 극성을 나타내며, 다만 중성자에서 외부적으로 중성을 나타낼 뿐이다.

그러므로 물질을 만드는 최소단위인 소립자가 극성의 힘으로 구성되어 있기 때문에 이들 소립자로 만들어지는 원자, 분자, 이온, 물질들은 모두 내부적으로 극성의 힘과 에너지를 가지고 있는 것이다. 그 때문에 모든 화학물리반응이나 자연변화는 극성의 힘에 의한 에너지로 이루어지는 것이다.

원자핵 속에 있는 양성자들은 척력으로 서로 밀쳐내야 하나 그들은 오히려 강하게 핵력(강력)으로 결합되어 있는데, 쿼크들이 양쪽으로 극을 이룬 구(공) 모양이므로 서로 다른 극끼리 결합하기 때문일 것이다.

이와 같이 극성이 다른 두 소립자는 서로 녹아 합쳐 극성을 잃어버리는 것이 아니라 자기의 극성은 가지고 결합하고 있다가 떨어지면 그대로 극성을 나타낸다.

부피와 질량이 거의 0인 이들 쿼크입자 속에 이미 전하, 향(냄새), 색(색깔), 대칭성(공간, 시간, 전하), 스핀(자전력), 패리티(반전성) 등의 개체적인 특성이 들어 있는 것은 소립자들 사이에 극성이 생겨 극성의 힘으로 4개의 기본 힘이 생기고, 이들의 상호작용으로 에너지도 생겨나 이들로 이루어진 물질들은 다시 여러 힘의 상호작용에 의해 독특한 특성을 갖게 되며, 이들의 독특한 특성으로 자연의 질서가 잡혀 자연변화가 일어나 자연이 유지되는 것이다.

지금까지 인간이 발견한 소립자 종류는 300가지 이상으로 많으나 실제로는 훨씬 더 많을 것이다. 이들 수많은 소립자들의 상호작용으로 수많은 종류의 힘과 에너지가 만들어져서 물질이 만들어져 자연을 창조시키고 자연을 변화시키고 더 나아가 정신세계의 사고력도 영향을 미치게 되기 때문에 소립자의 종류는 수없이 많고 보이지 않는 물질과 에너지도 수없이 많은 것이다.

인간이 발견한 4개의 자연의 기본 힘은 모두 인간이 감지하는 물질과 에너지로 형성된 힘이다. 실제 우리가 사는 우주는 보이는 물질과 에너지는 불과 5% 정도이고 보이지 않는(감지하지 못하는) 물질과 에너지는 95%로 거의 보이지 않는 암흑물질과 암흑에너지로 되어 있기 때문에 보이지 않는 물질에 의한 기본 힘은 훨씬 더 많을 것이며 보이지 않는 기본 힘이 정신세계와 영혼의 세계를 지배할 수도 있는 것이다.

03
힘과 상호작용

힘은 일을 할 수 있는 능력을 말하고, 물리학에서는 물체를 움직이는 에너지를 말한다. 힘은 물질 사이, 즉 입자와 입자 사이, 입자와 장(전기장이나 자기장) 사이의 상호작용으로 생긴다. 대부분의 입자는 전하, 스핀(자전력), 패리티(parity, 반전성) 등의 힘의 특성을 띠고 있으며, 이들 힘의 특성들의 상호작용으로 이들(소립자) 사이에는 힘의 장인 전자기장이 생기므로 극성의 힘이 생기며, 극성의 힘의 장인 전자기장에 의해 전자기파의 에너지가 방출되는 것이다.

그러므로 물체 사이의 상호작용으로 생기는 극성의 힘은 힘의 장이 형성되어 에너지를 만들고 만들어진 에너지는 자연의 물질을 만들고 자연변화를 유도하고 자연의 질서를 잡는다. 소립자가 가진 속성(특성)을 보면, 전하, 대칭성(시간, 공간, 전하), 질량, 스핀(자전력), 패리티(반전성), 하전스핀, 스트레인지니스(strangeness, 기이도), 향, 색, 개체성, 아이소스핀 등을 가지고 있다. 질량과 부피가 거의 0인 소립자 속에 수많은 특성이 들어 있는데, 이와 같이 무존재의 소립자 속에 변하지 않는 특성이 생기거나 만들어지게 되는 것은 그저 우연히 자연히 저절로 되는 것이 아니고 신(하나님)의 의도(설계)에 따라 신의 영적인 능력에 의해 영적으로 신의 영(하나님의 말씀=하나님의 의도=하나님의 성령=하나님의 능력=하나님의 설계=하나님의 자연의 법칙)으로 특성이 만들어지고 생겨나는 것이다. 이들 소립자들의 특성들의 상호작용으로 힘이 생기고, 힘에 의해 에너지가 생겨서 입자가 모여 원자와 원자의 특성을 만들고 원자들의 상호작용으로 이온이나 분자와 이들의 특성을 만들고 이온이나 분자의 상호작용으로 물질과 물질의 특성이 만들어진다.

물질을 구성하는 입자와 그 입자들 사이의 작용을 매개하는 입자(매질)를 통틀어 소립자라고 하면, 소립자를 나타내는 가장 중요한 특징은 소립자 상호반전(서로 변함)과 개체성이다. 소립자의 충돌, 생성, 소멸(붕괴), 다른 입자로의 전환(반전) 등은 소립자들 사이의 상호작용에 의해서 생기는 힘에 의해 일어나는데 이 힘을 자연의 기본 힘이라고 한다.

자연계에 존재하는 4가지 기본 힘은 모두 소립자들의 상호작용(서로 영향을 미치는 작용, 서로 주고받는 작용)으로 생기며 다시 기본 힘들의 다양한 상호작용으로 여러 종류의 힘이 생긴다. 물질적인 큰 힘은 결국 소립자들의 상호작용에서 출발된다.

자연계의 4가지 기본 힘을 세기 순으로 나열하면 강력(강한 상호작용), 전자기력(전자기적 상호작용), 약력(약한 상호작용), 중력(중력 상호작용)이다. 이들 상호작용은 게이지 입자라는 스핀(spin)이 1인 입자가 모두 매개하는 것으로 알려져 있으며, 각각 글루온, 광자(양자), 위크보존, 그라비톤의 생성과 소멸을 통해 일어난다고 한다.

물질의 구조를 보면, 물질은 분자의 집합체이고 분자는 원자의 복합입자이고 원자는 원자핵과 전자의 복합입자이고 원자핵은 중성자와 양성자의 복합입자이고 중성자와 양성자는 쿼크(quark)의 복합입자이다.

전자를 원자핵 주위에 붙들고 있는 힘은 전자기력(전자기적 상호작용)

이며, 이 힘은 광자(양자)에 의해 매개되고 있다. 중성자와 양성자를 결합시켜 원자핵을 이루게 하는 힘을 핵력 또는 강력(강한 상호작용)이라 하며, 이 힘은 중간자(meson)에 의해서 매개되고 있다.

질량이 무거운 원자핵은 스스로 β붕괴를 하여 안정해지려고 하는데, 이때 핵 내의 중성자는 양성자로 전환하면서 전자와 반중성미자를 탄생시켜 핵 외로 방출한다.

이와 같은 붕괴현상을 지배하는 힘은 약력(약한 상호작용)이고, 이 힘은 약력자(weakon)에 의해 매개되고 있다. 핵 속에 있는 쿼크들은 강력(강한 상호작용)에 의해 결합되어 있는데, 이 힘은 색깔전하를 띤 쿼크들이 글루온이라는 매개입자를 교환하여 강한 상호작용으로 양성자와 중성자를 형성해 이들을 결합시켜 원자핵을 이루게 한다.

지금까지 소립자와 매개입자(접착제)는 300여 종 이상 확인되었다. 소립자 사이의 상호작용으로 생긴 힘의 작용으로 퍼텐셜에너지(잠재에너지=위치에너지)가 생기며, 한 개의 소립자가 존재하는 경우에도 자기 자신과 주위의 장(전자기장)과의 상호작용에 의해 에너지가 생긴다. 질량과 에너지는 등가이므로 자체에너지는 입자의 질량을 변화시키는 일이 된다.

장의 이론에 따르면 전자는 광자(양자)를 임시로 방출하여 곧 그것을 흡수하는 과정을 되풀이함으로써 자체에너지를 가지며, 핵자는 π중간자를 방출하고 재흡수함으로써 자체에너지를 갖는다고 한다.

생긴 에너지가 고온도, 고밀도, 고압력의 영향을 받으면 소립자나 플라스마(이온핵과 자유전자 상태) 상태로 되어 물질의 기본단위인 원자를 만들게 된다. 빛에너지는 광자(양자)라는 소립자가 저장·매개하고, 전기에너지는 전자라는 소립자가 저장·매개하고 있다.

힘의 작용(전달)에는 매질을 필요로 하지 않고 순간적으로 전달되는 원격작용과 매질에 의해 차례로 옆으로 옮겨감으로써 전달되는 근접작용이 있는데, 근접작용은 작용이 전달되는 데 시간이 걸린다.

현재는 모든 힘은 그것을 매개하는 장(전자기장 등)이 있어서 그 상태변화에 따라 힘이 전달되는 근접작용으로만 알려져 있다. 하전입자 사이에 작용하는 힘은 전자기장이라는 장의 상태변화를 통하여 전자기력이 전달되는 것도 근접작용인 것이다. 만유인력이나 전자기력은 일반상대성이론에 따르면, 매질이 진공 그 자체이므로 특정한 물질을 필요로 하지 않는 근접작용으로 보는 것이다.

★상호작용★

　상호작용(interaction)은 서로 영향을 미치는 작용, 서로 주고받는 작용, 서로 오고가고 하는 작용, 서로 돕는 작용 등 물질계나 정신계에서 서로 공존·공생을 위해 서로 영향을 미치는 작용이고 넓은 의미로는 의사소통처럼 서로 교제하는 행위인 것이다. 특히 물리학에서 상호작용은 물체 상호간에 힘이 작용하여 서로의 원인과 결과가 되는 작용을 말하는 것으로 모든 자연물질의 형성과 작용 변화에는 원인과 결과가(인과법칙) 있다는 것이다.

　물질을 구성하는 입자 및 그 입자들 간의 작용을 매개하는 입자를 통틀어 소립자라고 하면, 소립자의 가장 중요한 특성은 소립자 상호반전(소립자들이 서로 변함)이며(결과), 이것의 원인이 되는 것은 소립자 간의 상호작용이며, 소립자들의 상호작용(원인)으로 자연의 4가지 기본 힘이 만들어진다(결과).

　소립자의 강한 상호작용으로 강력(강한 핵력, 원자핵을 이루는 힘), 전자기적 상호작용으로 전자기력, 약한 상호작용으로 약력(약한 핵력, 원자핵의 붕괴)과 입자(물질)들 사이에 중력(인력)장 상호작용으로 중력(인력)의 자연의 4가지 기본 힘이 만들어지고, 이들 힘 사이의 복합된 상호작용으로 수많은 자연의 힘이 만들어지는 것이다.

　우리가 접하는 대부분의 자연의 힘은 전자(쌍)에 의한 전자기력이며, 이 힘은 곧 극성의 힘인 것이다. 전자 홀로는 역시 아무런 힘을 발휘할 수 없고, 오직 전자와 관계하는 상대적인 대상물이 있을 때 대상물과 상호작용함으로써 비로소 전자(쌍)는 힘을 발휘할 수 있으므로 극성의 힘은 항상 상호작용을 통한 상대적인 극성의 힘인 것이다.

　자연의 화합물은 분자화합물(비금속+비금속)이나 이온화합물(금속+비금속)인데, 분자화합물은 전기음성도의 크기에 따라 원자가 전자쌍을 잡아당기고 전자쌍끼리 밀어주고 하는 상호작용에 의한 결합물이고 이온화합물은 양이온과 음이온 사이의 전자를 주고받는 상호작용으로 결합된 화합물이다. 그러므로 자연물은 상대적인 전자기적인 극성의 힘인 전자쌍에 의해 형성되는 것이다.

　화학반응 유형에는 크게 3종류로 나눌 수 있는데, ① 산, 염기(염)의 반응 ② 산화환원 반응 ③ 착화합물(배위결합) 반응이며, 모든 화학반응은 이 세 가지 반응 유형 속의 하나에 들어가는데 이 세 가지 화학반응도 모두 반응물 사이의 전자(쌍)에 의한 상호작용으로 상대적인 극성의 힘에 의한 것이다.

우리가 정신적으로 생각하는 것도, 예를 들어 좋은 것을 알려면, 상대적인 극성적인 대상인 나쁜 것을 알아야 하는 거와 마찬가지로, 정신세계에서의 사고도 상대적인 극성관계가 필요한 것이다. 그리고 생각하는 것도 상대적인 전자기적인 극성의 힘인 자극전류에 의해서 이루어지는 것이다. 그러므로 물질세계나 정신세계의 혼합세계인 현 세상은 상대적인 물질적인 극성의 대상물과 상대적인 정신적인 극성의 대상의 상호작용으로 이루어지는 것이다.

그러므로 물질세계나 정신세계 그리고 혼합세계의 존재와 작용은 다양한 상호작용을 통해서만 가능하고 이는 곧 서로 영향을 미치는 교제관계이며, 이러한 다양한 상호작용을 통해서 다양한 시스템이 만들어지고 동시에 다양한 시스템을 작동(작용, 기능)시키는 다양한 메커니즘(기계술, 작동술)이 만들어지기 때문에 다양한 물질세계와 다양한 정신세계 그리고 다양한 혼합세계가 존재하고 작용되어 가는 것이다. 이러한 상호작용을 하려는 힘이 생기는 것은, 물질적으로 정신적으로 상대적인 극성의 힘에 의해 생기는 것이다.

신은 물질(입자) 사이에서 상호작용을 하려는 힘이나, 물질 사이(입자와 입자 사이, 입자와 물질 사이, 물질과 물질 사이, 물질과 정신 사이)의 상대적인 극성(양쪽 대상)의 힘이나, 물질 사이에서 평형(화평, 화목, 균형, 조화)해지려는 힘, 즉 자연의 3대 힘(=신의 3대 힘)으로 대자연이 창조되고 대자연이 운행되고 변화되게 한 것이다.

예를 들어 산과 염기는 상대적인 기능적인 극성적인 물질들로 반응하기 전에는 양쪽의 극성의 차는 매우 크지만 이들이 상대적인 물질적 기능적인 극성의 힘에 의해 반응하게 되며, 이들 양쪽 물질은 똑같이 반응에 최대한으로 참여하여 최대한으로 상호작용을 하는 것이며, 염과 물을 만드는 것은 산과 염기의 특성의 차를 감소시키는 것이므로 양쪽의 극성의 차를 최소한으로 감소시키는 것이다. 즉 산과 염기는 상대적인 기능적인 극성적인 물질로 서로 반응하게 되며, 양쪽의 극성의 차를 줄이면서 화평(평형, 조화, 균형)해지려는 중성(중간)의 중화반응으로 물과 염을 만드는 것이다.

상대적인 전자기적인 극성일 경우는 양이온과 음이온 사이에 상대적인 극성적인 성질 때문에 반응하려는 인력이 작용하고, 이들 사이에 전자가 이동하므로 상대적인 극성의 차를 감소하려고 전류가 흐르고 전자기장이 형성되는데, 이는 곧 양쪽 극성의 화평(평형, 균형, 조화)상태가 이루어지려는 힘 때문인 것이다.

물질 사이의 상호작용은 물질 사이의 상대적인 극성(양쪽의 특성)의 힘에 의해 생기는 것이다. 그러므로 엄밀히 말하면 입자 사이의 상호작용으로 자연의 4대 기본 힘이 생기는 것이 아니라, 입자 사이의 상대적인 극성의 힘에 의해 서로 상호작용하려는 힘이 생기고, 이 상호작용하려는 힘에 의해 자연의 4대 기본 힘이 생기는 것이다.

그러므로 자연의 3대 힘(=신의 3대 힘)인 상호작용하려는 힘, 상대적인 극성의 힘, 평형(=화평=균형=조화=화목)해지려는 힘은 상대적인 극성의 힘에 의한 상호작용으로 동시에 자연의 화평(평형, 조화, 균형)을 이루려는 방향으로 행해지므로 자연의 3대 힘은 거의 동시에 상호작용을 하는 것이다.

여기서 말하는 자연의 평형은 화학평형인 생성물과 반응물의 반응속도가 같아 생성물과 반응물의 양이 변하지 않는 평형상태 즉 생성물과 반응물 양쪽이 최대한으로 반응에 똑같이 참여하고 동시에 양쪽의 특성의 차를 최소한으로 줄이는 화학평형상태뿐만 아니라, 넓은 의미로는 반응물 사이에 최대한으로 반응에 참여하여 같은 비율로 반응하여 항상 같은 생성물을 만드는 화평하고 균형을 이루고 조화를 이루는 자연의 평형상태도 말하는 것이다.

✱ 중력—신비스러운 영적인 힘 ✱

우주상의 모든 물체 사이에 작용하는 서로 끌어당기는 힘을 만유인력이라 한다. 우리와 달에 있는 어떤 돌 사이에 또는 우리와 천국에 있는 하나님 사이에도 인력이 작용하고 있으나, 이 힘이 매우 미세하기 때문에 우리의 감지능력으로는 느낄 수 없으나, 실제로는 미세하나마 작용하고 있는 것이다.

1665년 영국의 물리학자 뉴턴은 독일의 케플러가 발견한 행성운동에 관한 3가지 법칙을 기본으로 하여 귀납적인 방법으로 만유인력을 발견했다. 그는 사과를 나무에서 떨어뜨리는 힘이나 지구를 태양 주위로 돌게 하는 힘이 모두 같은 종류의 힘이라는 것을 발견하였다. 그리고 우주에 있는 모든 물체들이 서로 끌어당긴다는 사실을 발견하였다. 뉴턴은 행성의 운동을 행성과 행성 사이에 작용하는 만유인력 때문이라고 설명하였다. 그리고 자연계의 여러 현상에 대해 만유인력과 운동법칙을 적용하여 해석하는 역학적 자연현상을 전개하였다.

물체가 땅위로 떨어지는 현상은 지구가 물체를 끌어당기기 때문이다. 지구가 물체를 끌어당기는 힘을 중력(인력)이라고 한다. 중력의 크기는 질량과 가속도의 곱으로 나타내며, 크기를 물체의 무게라고 한다.

$$w(무게) = mg (m: 질량, g: 중력가속도)$$, 이때 중력은 지구중심을 향한다.

중력도 힘의 일종이므로 단위를 N(뉴턴)을 사용한다. 질량과 무게는 원래 다르다. 질량에 중력가속도를 곱한 값이 무게이다. 중력이 미치는 공간을 중력장(인력장)이라고 한다.

중력장이 공간에서 빛의 속도로 퍼져나갈 때, 전기장 자기장은 시간에 따라 변화되는 동시에 변화된 전자기파를 발생하고, 동시에 시간에 따라 변화되는 중력장은 중력파를 발생한다. 그러므로 원자로 되어 있는 모든 물질(물체)에는 전자기장이 형성되어 전자기파를 발생하므로, 전하를 띤 입자들의 인력(중력)은 동시에 전자기파의 영향을 받게 되므로 모든 물질은 전자기장과 함께 동시에 중력장(인력장)이 형성되는 것이다.

특히 강한 중력파(인력파)는 무엇보다도 큰 질량이 매우 빨리 이동하거나 혹은 질량의 밀도가 변화될 때 발생한다. 중력파(인력파)의 에너지는 중력양자(Gravitons)에 의하여 운반되어진다. 그러나 중력파의 직접적인 증명은 지금까지 실현되지 못하고 있다.

질량은 방향이 없는 스칼라양이다. 무게는 지구상이나 또는 다른 혹성으로 이동하면 그 곳의 위치에 따라 달라진다. 그러나 질량은 우주 어느 곳에 있든 변하지 않는다. 그래서 무게를 측정하기 위해서는 보통 용수철저울이 사용되며, 질량을 측정하기 위해서는 보통 양팔저울이 사용된다.

물체에 작용하는 중력(인력)은 지구표면의 모든 위치에서 다 같지 않다. 그 이유는 주로 지구의 회전에 기인한다. 그래서 지구 표면의 중력은 물체에 작용하는 중력(지구의 중심으로 끌리는 힘, 구심력, 인력)과 원심력(지구를 벗어나려는 힘) 사이의 차의 힘이다. 그러므로 지구 표면에 있는 물체에 작용하는 원심력도 다르게 되는데, 적도에서는 원심력이 상대적으로 커서 중력이 상대적으로 작으나, 극지방에서는 원심력이 0으로 중력이 상대적으로 크다.

중력은 보통, 지구 위의 물체에 작용되는 가속도의 형(형태)으로 측정되어진다. 적도에서 지구중력가속도는 매 초의 제곱(s^2)마다 978cm에 달하고 극지방에서는 983cm/s^2에 달한다. (평균 g=9.80665m/s^2)

지구의 중력(인력)은, 즉 지구에 떨어지는 물체는 매초마다 약 980cm 빨라지는 것이다. 중력은 우리를 땅위에 서 있게 하고, 사방으로 움직이게 하고, 음식물을 소화시키게 하고 지구가 태양을 돌게 하고 물을 순환하게 하고 물을 흐르게 하고 천체가 특정한 궤도를 운행하도록 돌보고, 대기를 붙잡고 있어 우리가 호흡도 할 수 있게 하는 모든 자연현상에 가장 필요한 힘인 것이다. 그러나 우리는 지금까지도 중력(인력)에 관하여 거의 모르고 있는 실정이다.

아이삭 뉴턴(Isaac Newton)은 1686년에, 케플러가 발견한 행성운동에 관한 3가지 법칙을 기본으로 하여 귀납적인 방법으로 만유인력을 발견했다. 그리고 중력은 모든 물체들 사이에 존재하는 인력이라고 주장했다. 그는 사과를 나무에서 땅에 떨어지도록 하는 힘이나 지구를 태양 주위로 돌게 하는 힘이나 달을 공전궤도에 붙잡고 있는 힘이 모두 같은 종류의 힘이라는 것을 발견하였다. 지구의 중력은 실제로 달이 매 초마다 직선 경로로 1mm 멀어지는 것을 막아 공전궤도를 돌 수 있도록 하고 있다.

뉴턴의 우주적인 중력의 법칙은 고금을 통해서 가장 위대한 과학적 발견 중의 하나이다. 중력은 자연계에서 알려진 4개의 기본 힘 중에 가장 약한 힘이다. 그러나 그것은 거대한 규모의 우주 공간의 물체들을 지배하고 있다.

뉴턴이 보여줬던 것처럼, 어떤 두 물체 사이에 끌어당기는 중력(인력)은 거리가 멀어질수록 훨씬 줄어든다. 그러나 그것은 결코 제로(0)에 도달하지 않고 없어지지도 않는다. 그러므로 전체 우주의 모든 입자들은 실제로 보이든 안 보이든 다른 모든 입자들을 서로 그물망처럼 끌어당기고 있는 것이다. 즉 우주 만물은 서로 크든 미약한 힘이든 서로 상호작용을 끊임없이 공동으로 하고 있는 것이다. 그러므로 중력은 아무리 먼 거리에서도 작은 힘이나마 항상 존재하는 것이다.

중력은 어떤 방법으로도 차단될 수 없다. 떨어져 있는 두 물체는 구성물이 무엇이든지 그들 사이의 인력에 아무런 영향을 미치지 못한다. 이것은 중력이 없는 곳이 우주 공간 어디에서나 존재할 수 없음을 나타내는 것이다.

모든 물체는 수많은 중력장(인력장)으로 싸여져 있고, 각 중력장들은 다시 다른 물체들에 중력(인력)의 힘을 미치기 때문에 우주 허공에 있는 수많은 천체들은 서로 중력장 그물망에 싸여져 있는 것이다. 뉴턴은 이들 중력장 그물망에 의해 공간이 형성된다고 생각했다.

1951년 아인슈타인이 발표한 일반상대성이론에 따르면, 그와는 달리 질량을 가진 물체 주위의 공간은 중력장에 의하여 공간이 휘(왜곡, 구부러짐)게 된다고 한다. 그 증거로 강한 중력장 속에서는 빛도 휘어 편향(편차)된다는 것이다. 수성의 근일점 이동, 태양에 의한 별빛의 휨 등 몇 가지 천문학상의 관측 사실을 해명함으로써 가장 믿을 만한 이론으로 인정받고 있다.

〈우리는 다음과 같이 생각해 볼 수 있다〉
빛은 전자기파와 광자와 전자의 상호작용으로 형성되고, 입자와 반입자의 충돌로도 광자가 만들어지면서 빛이 발생되므로 이는 전하들의 이동이나 충돌에 의해 생기고, 전하의 심한 이동에는 강한 중력장(인력장)이 생기는데, 태양과 같은 강한 중력장 속에서는 빛도 전하를 가지므로 자연히 끌리게 되므로 빛이 편향되고, 공간은 만유인력과 만유척력에 의해 이루어지므로 강한 중력장에서는 공간도 휘어 빛이 휘어지는 현상이 일어나는 것이다.

이러한 현상은 중력(인력)이 없는 우주 공간은 존재할 수 없음을 의미하는 것이다. 왜냐하면 공간(입체)도 가로, 세로, 높이로 중력과 척력이 작용해야 되기 때문이다. 힘의 장인 전기장과 자기장은 90도 각도로 형성되기 때문에 공간이 형성되는 것이다. 그러므로 태초 전에 신이나 천국 등 무엇이든지 상대적으로 존재해야만 중력이 작용해 공간을 형성하여 우주만물이 만들어질 수 있는 것이다. 신도 없고, 아무것도 없는 상태에서는 시간, 공간, 에너지 등도 없어 중력도 없었을 것이다.

그러나 아무것도 없는 공간은 다른 공간 속에서 있는 현상이지, 다른 공간도 없이 아무것도 없는 공간은 존재할 수 없는 것이다. 즉 아무것도 없는 공간은 다른 공간이 있을 때만 성립하는 것이다. 일단 공간이 있으면 동시에 힘의 장이 있고 힘의 장에 의해 상대적인 극성의 힘에 의해 인력과 척력이 있게 되고, 인력과 척력이 있으면 에너지가 생겨나고, 에너지가 있으면 소립자도 생겨나고, 소립자가 있으면 원자, 이온, 분자가 생기고, 분자가 있으면 분자력과 응집력에 의해 물질도 만들어지는 것이다.

중력을 설명하기 위한 시도에는 물체들 사이를 이동하는 중력양자(gravitons)라 불리는 보이지 않는 입자들이 포함되어 있다고 한다. 또한 우주의 끈(cosmic strings)과 중력파(gravity waves)가 제안되어지기도 했다. 그러나 어떠한 것도 직접적으로 확인되지는 않았다. 광대한 거리로 떨어져 있는 서로 다른 수많은 물체들 사이에 서로 어떻게 상호작용하여 서로 붙잡고 있는지는 지금까지 알 수 없는 것이다. 우리는 중력을 직접적으로 보거나 감지할 수는 없어도 수학적인 중력방정식에 의해 계산해 낼 수는 있는 것이다.

뉴턴의 중력방정식(만유인력법칙)은, 거리 r만큼 떨어진 두 물체 m_1과 m_2 사이의 힘 F는, $F=Gm_1m_2/r^2$로 나타낼 수 있다(G는 중력상수).

즉, 두 물체 사이의 인력(중력)은 두 물체의 질량의 곱에 비례하고 거리의 제곱에 반비례한다. 그러나 인력(중력)은 물체의 종류나 물체 사이에 존재하는 매질과는 관계없이 두 물체의 질량에만 관계가 있는 것이다. 즉 중력은 물체들의 화학적 구성에 의존하지 않고, 오직 무게로서 인식되고 있는 질량(mass)에만 의존한다. 어떤 것에 대한 중력의 강도는 무게에 달려 있다. 질량이 클수록 중력은 더 커진다. 만약 흙, 돌, 종이, 물, 얼음, 나무들로 이루어진 덩어리들이 모두 같은 질량을 가지고 있다면, 실험에 의하면 이들은 항상 동일한 중력(인력)이 작용한다.

물질(입자) 사이의 상호작용으로 생겨나는 중력(인력)의 힘은 자연의 4대 기본 힘 중에서 가장 약한 힘이다. 다른 3개의 기본 힘은 전하를 띤 입자들의 극성의 힘의 상호작용으로 생겨난다. 중력은 두 물질의 질량 사이에 작용하는 인력인데, 물질의 질량은 입자들의 질량의 합이고, 낱개의 입자들은 전하를 가지고 있으므로, 인력도 상대적으로 다른 극성을 띤 입자(물질)들 사이에 작용하는 극성의 힘으로 생기는 힘인 것이다.

중력방정식은 두 물체가 멀리 떨어질수록 중력이 현저히 감소되나, 결코 중력이 0이 될 수 없음을 보여주고 있다. 이는 아무리 멀리 떨어져 있는 두 물체 사이에 존재하는 인력은 0이 될 수 없기 때문에 미세한 힘이나마 항상 존재하는 것을 의미하므로 전 우주만물은 서로 에너지 면으로 상호작용을 항상 하고 있음을 보여주는 것이다. 원래 중력 F는 중력상수(G) 곱하기 두 물체의 질량 m_1 곱하기 m_2를, 두 물체 사이의 거리 곱하기 거리(거리의 제곱)로 나눈 값이다.

곱하기의 의미는 가로 곱하기 세로를 하면 사각형의 면적이 되고, 여기에 높이를 곱하면 입체(부피)가 된다. 이때 곱하기의 역할은 어떤 변수들이 동시에 서로 상호작용하면서 일어나는 현상을 수식으로 나타낼 때 쓰인다. 즉 중력은 중력의 비례상수와 두 물체의 질량이 동시에 서로 상호작용하는 것에 비례하므로 세 가지를 곱하게 되고, 그리고 두 물체 사이의 거리가 멀어질수록 이 힘은 줄어들므로 반비례적인 분모형이 되고, 일직선상의 거리로 이 힘이 줄어드는 것이 아니라 영역적인 면적범위로 줄어들므로 거리 곱하기 거리가 되며, 이때 2개의 거리는 동일한 거리이기 때문에 거리의 제곱(r^2)으로 나타낸 것이다.

04
극성(polarity)

상대적인 극성의 상호작용으로 힘이 생기고 힘에 의해 에너지(소립자)가 생기고, 극성의 힘에 의해 생긴 에너지 때문에 모든 화학반응(반응 후에 물질의 성질이 변함)이나 물리반응(반응 후에 물질의 성질이 변하지 않음)이 일어나 자연변화가 일어난다.

같은 극끼리는 서로 미는 척력이 있고 다른 극끼리는 서로 잡아당기는 인력이 있다. 이러한 전자기적인 극성은 전하(물체가 띠고 있는 정전기의 양)의 상호작용으로 생긴다.

전하에는 양전기를 띤 양전하와 음전기를 띤 음전하가 있으며 이들은 이미 소립자 속에 들어 있어 소립자 스스로가 극성을 띠고 있으므로 모든 입자와 물질은 극성물질로 되어 있고 극성의 힘으로 결합하고 분해되며 다른 물질로 변화되기도 하는 것이다.

외부적으로 전체 0의 전하를 갖는 중성의 중성자도 내부적으로는 양전하의 쿼크와 음전하의 쿼크가 극성으로 결합되어 있는 것이며 다만 전체적(외부적)으로 양전하와 음전하의 크기가 같아 중성인 것뿐이지 내부적으로는 극성을 띠고 있는 것이다. 내부적인 극성의 힘 때문에 중성인 중성자가 만들어져 존재하고 작용하는 것이다.

극성(polar)은 예를 들어 결정의 결정축 양끝의 성질이 서로 다른 경우로서, 전기적인 성질이 양(+)과 음(-)으로 서로 다르다. 극성이 있는 축의 양끝에서는 전기적 성질이 다르다. 한쪽 축의 방향이 전기적으로 양이면 다른 쪽은 음이 된다. 그 때문에 자석의 한쪽이 N극(+)이면 다른 쪽은 S극(-)이 된다.

원자에서도 중심의 원자핵(+)과 주위에 있는 전자(-)가 상대적인 전자기적인 극성의 힘으로 결합되어 있고, 분자에서는 한 원자의 원자핵(+)과 다른 원자의 전자(-)가 상대적인 전자기적인 극성의 힘으로 전자쌍을 공유결합하거나 원자끼리 전자를 주고받음으로써 상대적인 전자기적인 극성의 힘인 이온결합을 하고 있고, 물질에서는 한 분자의 부분극성이 + 부분과 다른 분자의 부분극성이 - 부분이 상대적인 전자기적인 극성의 힘으로 결합되어 응집력(분자력)으로 물질을 형성하고 있는 것이다.

생물에서도 비슷한 현상이 일어나는데, 예를 들어 플라나리아의 몸을 중간에서 자르면 앞부분의 뒤 끝에서는 앞부분에 이미 머리가 있기 때문에 원래의 극성에 일치되게 꼬리가 재생되고, 머리 끝 가까이를 자르면 이미 꼬리가 있기 때문에 원래의 극성과 반대로 머리가 재생된다.

이와 같은 현상도 극성반전(극성전환)이라고 하는데 이러한 현상도 상대적인 극성관계로 나타내지는 것이다. 이와 비슷한 현상은 지렁이나 올챙이의 재생에서도 볼 수 있다. 재생되는 조직은 그에 접한 것보다 강력한 조직의 영향 하에 그 본래의 극성이 전환되는 현상이라고 생각된다. 재생의 경우뿐만 아니라 양서류 알의 결찰에 의한 쌍생아의 1개체나, 신경판 중앙부를 머리와 꼬리의 방향을 반대로 하여 재이식했을 때 일어나는 내장역위(內臟逆位)도 좌우 방향의 극성의 반전에 의한 것이다.

 자석도 자르면 N극이 이미 있으면, 잘린 부분은 S극이 되고, 자꾸 잘라가도 같은 원리로 이미 존재하는 극에 상대적인 기능적인 반대 극이 잘린 쪽으로 생겨나는 것이다. 이와 같이 상대적인 극성의 특성은 무생물에서뿐만 아니라 생물에서도 강하게 작용하는 것이다. 우리가 정신적으로 생각하는 것도 상당히 많은 부분이 상대적인 극성관계로 이루어지는 것이다.

 좋은 것과 나쁜 것, 새것과 헌것, 사랑과 미움, 탄생과 죽음, 육체와 영혼, 물질세계와 정신세계 등등 이러한 상대적인 극성의 원리로 머리가 있으면 꼬리가 있고, 수놈이 있으면 암놈이 있고, 양이 있으면 음이 있고, 밝음이 있으면 어두움이 있고, 척력이 있으면 인력이 있고, 천국이 있으면 지옥이 있게 되고, 피조물인 우주만물이 있으면 피조물을 만든 창조자가 있게 되는 것이다. 모든 물질세계와 정신세계는 상대적인 3대(기능적, 상태적, 정신적) 극성의 힘에서 생기는 에너지로 물질적 정신적인 세계가 만들어지고 작동되는 것이다.

 자연계의 동물을 보더라도 수정이 되어 완전한 생명체가 만들어져 탄생될 때까지 암놈의 역할이 거의 대부분을 차지하는 것처럼 무생물계의 물질의 작용도 결합하거나 또는 분해되어 다른 물질로 변할 때까지 음성인 전자(쌍)의 역할이 대부분이다.

 분자 내에서 양전하와 음전하의 무게중심이 일치하지 않을 때 극성이 생기며 무게중심이 일치하면 외부적으로 무극성이 된다. 전기음성도(원자가 전자를 끌어당기는 힘)의 차는 0이 아니지만 쌍극자 모멘트(양과 음의 두 극의 세기와 거리를 곱한 것)가 0일 경우에는 외부적으로 무극성물질이 된다.

 수소분자(H_2)와 같이 두 개의 같은 종류의 수소원자로 결합된 분자는 결합하는 전자쌍의 하전이 대칭적으로 분열되어 있으므로 무극성 분자이다. 그와 반대로 다른 종류의 원자로 되어 있으면 분자 내에서 음전하 양전하의 무게중심이 일치하지 않으므로 극성분자로 된다 (H_2O).

즉 전기음성도가 큰 원자가 공유전자쌍을 전기음성도가 작은 원자보다 더 강하게 잡아당기므로 분자 속에는 부분양극(δ+)과 부분음극(δ-)이 생긴다. 이와 같이 부분 극성이 있는 분자를 쌍극자분자라고 한다. 물도 쌍극자분자로 된 극성물질이다.

무극성물질에서 원자 1개를 다른 물질로 치환할 경우 대칭이 안 이루어져 무게중심이 일치하지 않으므로 쌍극자모멘트는 0이 아니어서 극성물질이 된다. 극성물질은 양성과 음성을 띠므로 서로 정전기적인 인력이 작용한다. 이 정전기적인 인력이 전기장을 만들고 동시에 전기장은 자기장을 만들어 이들 힘의 장에 의한 전기력과 자기력에 의해 에너지가 들어 있는 전자기파를 방출한다(에너지가 생겨서 방출된다).

자석의 힘인 자력도 전하의 이동에 의해 생기거나 원소입자의 스핀(spin, 자전하려는 능력)에 의한 자기모멘트에 의해 생긴다. 자기모멘트는 자기장에서 N극(+)과 S극(-)의 세기와 두 극 사이의 거리의 곱이다.

자기장은 S극으로 흘러 들어와 N극으로 나가서 다시 S극으로 들어감으로써 힘의 장인 자기장은 순환하는 것이다.

자기모멘트가 발생하는 경우는 3가지로, 흐르는 전류(전자의 흐름)가 만드는 것, 외부 자기장 안에 놓인 자석 또는 전류회로에 의한 것, 원자핵 주위를 도는 전자에 의한 것이 있다. 그러므로 자력도 전하의 흐름에 의한 극성의 힘의 작용으로 생기는 것이다.

모든 원자 낱개는 하나의 작은 자석이다. 극성의 힘으로 원자를 이루고 있는 것이다. 극성으로 이루어진 원자로 모든 물질은 만들어졌기 때문에 모든 물질은 내부적으로 극성결합물인 것이다.

원자는 양전하를 띤 원자핵 주위를 음전하를 띤 전자가 돌고 있으므로 전자기적인 극성이 생기며 전자가 돌기 때문에 전류가 흐르고 전기장이 생기고 동시에 자기장도 생기고 이들의 상호작용으로 전자기력의 힘이 생겨 에너지가 들어 있는 전자기파를 방출하게 된다. 그러므로 모든 물질은 스스로 전자기파를 발생하며, 이는 곧 모든 물질은 스스로 에너지를 미량이나마 방출하는 것을 의미한다.

많은 물질에서는 낱개의 초석들의 자기모멘트가 낱개로 작용하지 않지만, 낱개의 초석들의 자기모멘트가 모여 지구와 같은 거대한 자석도 만드는 것이다.

물질을 이루는 소립자들은 대부분 전하와 스핀(자전하려는 능력)을 가지고 있는데 이로 인해 자기모멘트를 가져 전기력과 자기력을 가지게 된다. 전기장이 있는 곳에는 자기장이 있고, 반대로 자기장이 있는 곳에는 전기장이 있어 이들 장의 상호작용으로 생긴 전자기력은 전자기파를 방출하게 된다. 전자기파 속에는 에너지(광자, 양자)와 정보, 자연의 질서가 들어 있고 전자기파와 광자에 의해 이들이 전달된다.

대표적인 전자기파는 빛이며 모든 생물은 빛 속의 에너지(광자)로 만들어져서 광자의 빛에너지로 삶의 활동을 하고 광자에 의해 정신적인 생각도 할 수 있는 것이다.

오스트레일리아 해변의 바다 속에 사는 산호초들은 수정을 1년에 한 번만 시키는데 뇌가 없어 생각을 못하는 그들이 수정을 시키기 위해 보름달이 환하게 비치는 보름날 밤에 일제히 난자(알)와 정자를 바닷물 속으로 쏟아대어 아름다운 장관을 이루게 하면서 하나라도 더 수정시키려 한다.

뇌가 없는 이들이 어떻게 똑같은 날 밤에 똑같은 시각에 그것도

1년에 단 한 번의 기회를 놓치지 않고 똑같이 행동을 맞출 수 있겠는가? 뇌를 가진 인간들의 행동도 이와 같이 단합된 행동을 보이기 힘들 것이다. 그 이유는 산호초 속에 들어 있는 빛의 광자(에너지+정보+영)로 만들어진 영적인 단백질호르몬의 작용인 것이다.

미생물이나 식물들은 뇌가 없어도 그들의 삶을 살아가는 데 별 문제가 없는 것 같다. 생물의 몸속은 전자기파로 잘 진열되어 있고, 신의 영을 가지고 있는 광자로 만들어진 영적인 단백질이 생체물질과 기관을 영적으로 만들고, 삶의 활동을 영적으로 이끌기 때문이다. 그리고 모든 물질은 잠재에너지를 가지고 있는데 이 에너지가 바로 광자에너지인 것이다. 다시 말하면 모든 물질은 빛의 광자(에너지+정보+영)로 되어 있는 것이다.

광자(양자)로 되어 있는 원자나 분자로 만들어진 생물세포도 역시 광자로 이루어져 있어 이들은 삶의 정보를 가지고 있고 몸 전체는 전자기파가 끊임없이 흐르고 있기 때문에 광자와 광자 사이, 즉 세포와 세포 사이는 삶의 정보가 흐르기 때문에 140조 이상의 체세포로 이루어진 한 성인의 한 생명체가 전체적으로 일치된 하나의 생각과 하나의 행동을 천분의 1초 안에 아주 짧은 시간 안에 결정해서 행하도록 할 수 있는 것이다.

그러므로 뇌가 있는 동물에서도 자율신경에 의한 무의식적인 작용이나 뇌가 없는 미생물이나 식물의 삶의 활동은 생명의 3대 요소인 빛의 광자(에너지+정보+영), 광자로 만들어진 단백질, 단백질로 만들어진 DNA의 상호작용으로 이루어지는 것이다. 즉 모든 생물의 탄생과 삶의 활동은 생명의 3대 요소인 빛의 광자(에너지+정보+영), 생명의 물질인 단백질, 생명의 칩인 DNA가 서로 상호작용하기 때문이다.

정신계와 물질계를 겸비한 동물계의 정신적인 활동도 감각기관을 통한 자극 정보와 경험인 기억정보의 비교·분석·평가로 행해지므로, 이들 감각기관과 신경계를 만든 생명의 3대 요소와 기억세포 속에 기억을 저장하고 있는 광자(양자)와의 상호작용인 것이다.

빛의 작용도 전자와 광자의 상호작용으로 곧 극성에 의한 힘의 작용이고 이 힘에 의해 빛에너지가 만들어져 전자기파를 방출하게 된다.

이와 같이 빛의 광자는 만물 속에 들어 있고 만물에게 에너지와 정보 그리고 영(신의 의도=신의 말씀=신의 설계=성령=진리=자연의 법칙=신의 능력=신의 분신)을 공급하고 자연의 법칙이 들어 있는 정보를 가지고 만물을 다스리고 자연의 변화를 유도하고 우주만물을 붙들고 운행하게 하는 힘과 에너지와 영을 가진 물질적 정신적으로 신(하나님)의 사자(심부름꾼)처럼 행동하는 영적인 존재인 것이다.

그러므로 하나님은 광자나 보이지 않는 에너지를 정신감응력(Telepathy, 멀리 떨어져 보이지 않는 곳에서 일어나는 상황을 보거나 정신적으로 상대방의 생각을 읽거나 생각을 의사소통하는 능력)이나 정신력동력(Telekinesis, 멀리 떨어져 있는 물체를 건드리지 않고 정신적으로 움직이게 하거나 정신적으로 에너지를 사용해 기계를 작동시키는 능력) 등으로 이용하여 즉 말씀(설계)의 에너지로 우주만물을 창조되게 하시는 것이다. 이러한 능력은 수준이 모두 영적인 능력이므로 이러한 능력을 행사할 영적인 자에 의해서만 행해지는 것이다.

광자나 전자나 양성자나 중성자나 이들 소립자들이 가지고 있는 특성들은 영적인 능력의 특성이기 때문에 이들이 영적으로 행할 수 있는 것이다. 이들 소립자가 우연히 저절로 스스로 인간도 가질 수 없는 특이한 영적인 특성을 가지고 있는 것은, 영적인 능력을 가진 신이 이들에게 영적인 특성이 영적으로 자연히 저절로 들어 있게 했기 때문인 것이다. 아무도 이들에게 영적인 특성을 집어넣게 한 자가 없으면, 이들은 영적인 특성을 도저히 영원히 가지고 있을 수 없으며, 영적으로 행동할 수도 없는 것이다.

전자는 스핀으로 스스로 도는 자전력과 원자핵을 도는 공전력을 가지는데 이러한 힘들도 전하를 띤 입자들의 전자기적인 극성으로부터 생긴다. 전기력이나 자기력은 같은 극끼리는 서로 미는 척력과 다른 극끼리는 서로 잡아당기는 인력에 의한 힘이다. 이들 힘은 양전하(+)와 음전하(-) 사이에 상호작용으로 생긴다.

이러한 힘은 물질세계에서뿐만 아니라 정신세계와 물질세계의 혼합세계인 동물세계에서도 작용한다. 서로 다른 성을 가진 양성의 수컷과 음성의 암컷은 서로 당겨 가까워지려 하고 화합하여 함께 오래 살려고 하고 같은 성끼리는 서로 멀어지려 하여 떨어져 살려고 한다.

자연에 존재하는 4가지 기본 힘도 소립자들의 전자기적인 극성의 힘의 상호작용으로 생겨나는 것이다.

핵자(양성자와 중성자)를 결합하는 인력인 깅력(강한 핵력)도 양전하를 띤 쿼크(quark)와 음전하를 띤 쿼크 사이의 강한 상호작용으로 생기는 전자기적인 극성의 힘이고, 원자핵 붕괴(β붕괴)시 중성자가 양성자로 변하며 전자와 반중성미자를 방출하는 약한 상호작용에 의한 힘도 전자기적인 극성의 힘에 의한 것이고, 음전하를 띤 전자와 양전하를 띤 원자핵이 서로 붙들고 있는 전자기적 상호작용도 극성의 힘에 의한 것이다.

가장 약한 상호작용인 중력(인력)상호작용도 질량을 가진 물질 간에 작용하는 인력인데, 물질은 전하를 띤 입자들이 모인 것으로 두 물질 사이에는 반대전하를 띤 입자들이 가까이하여 인력으로 작용하고 같은 전하를 띤 입자들은 서로 멀어져 척력으로 작용하므로 전체적인 두 물질 사이에는 어느 정도 떨어져 있을 때는 인력의 물질(소립자)이 척력의 물질보다 더 가깝게 되므로 인력이 척력보다 크게 되기 때문에 인력이 작용하는 것이다. 그러나 어느 한도 이내로 거리가 가까워지면 다시 척력이 인력보다 더 크게 작용하므로 더 이상 가까워지지는 않는다(우주 공간의 큰 천체들 사이). 무극성물질끼리라도 유발쌍극자나 분발력이 생기고 편극이 생겨 인력이 생겨나는 것이다. 그러므로 중력(인력)도 전자기적인 극성의 힘에 의한 것이다.

자연계의 대부분의 힘은 4가지 기본 힘이 각각 단독으로 작용하지 않고 여러 힘의 혼합형으로 나타나고 다시 이들의 여러 단계의 혼합 상호작용으로 수없는 종류의 힘이 생기고 이들 힘의 상호작용에 의해 여러 종류의 에너지와 소립자, 물질들이 만들어지고 물질들의 특성이 생겨나고 질서가 잡혀져 자연의 법칙이 만들어지는 것이다.

극성에 의한 자력은 이것저것 당기거나 밀치거나 누르기 때문에 밀도, 압력, 온도에도 영향을 미친다.

우주 대폭발(big bang)을 일으키게 한 초고밀도, 초고압력, 초고온도를 지닌 검은 구멍(black hole)도 극성에 의한 전자기력과 전자기모멘트에 의한 것이다.

극성의 힘은 입자들이 원자로, 다시 원자들이 분자로, 다시 분자들이 물질로 뭉치게(결합하게) 하며, 반대로 물질을 분해시키기도 한다.

✷ 인과 원리와 평형─영적 교제 ✷

물질계가 있으면 상대적인 기능적인 극성관계의 비물질계인 정신계가 있어야 하고, 발명품이 있으면 발명자가 있어야 하고, 피조물(자연물, 창조물)이 있으면 창조자가 있어야 한다. 이와 같이 하나의 결과가 있으면 그 결과를 가져오게 하는 상대적인 상태적인(기능적인) 극성관계의 원인이 반드시 존재해야 한다.

원인과 상대적인 극성(상대적인 성질)관계인 결과 사이에는 한쪽만은 존재할 수 없고 반드시 원인과 결과 양쪽이 존재해야 양쪽의 평형(균형, 조화)을 이루어 둘 다 존재할 수 있는 것이다.

예를 들어 물질세계만 있고 정신세계가 없으면 동물세계는 없고 식물세계만 존재하게 되는데, 식물세계만으로는 이산화탄소와 광물의 부족으로 오래갈 수 없는 것이다. 동물세계가 없으면 물과 이산화탄소의 부족으로 200년 후에는 식물세계도 전멸될 것이다. 식물세계 없이 역시 동물세계도 존재할 수 없다. 그 이유는 빛에너지가 들어 있는 양분을 얻지 못해 동물이 에너지를 얻지 못하기 때문이다. 식물을 생존시키기 위해서 우연히 저절로 사연히 스스로 동물과 미생물이 있고, 동물을 생존시키기 위해서 우연히 저절로 식물과 미생물이 있고, 미생물을 생존시키기 위해서 우연히 저절로 식물과 동물이 그 복잡한 영적인 생물기계로 만들어져서 서로 수십억 년간 일사불란하게 영적으로 공동상호작용을 해올 수는 없는 것이다.

그리고 식물이 하는 광합성작용과 동물이 하는 세포호흡은 정확히 가역반응(정반응과 역반응)이므로 식물계와 동물계는 작용(기능, 역할) 면으로 정확히 상대적인 기능적인 극성의 힘으로 상호작용을 하고 있는 것이다. 이러한 현상은 영적인 능력을 가진 자에 의해 영적으로 설계되어 영적으로 만들어졌기 때문에 이들이 영적으로 공동상호작용하여 생태계에 공헌하는 것이지 식물계나 동물계가 자연히 우연히 진화에 의해 만들어져서 자연히 우연히 정확히 반대기능을 할 수는 없는 것이다. 식물이 진화로 만들어졌다면 왜 움직이지도 못하고 생각도 못하고 감각도 느끼지 못하는 식물기계로 머물러 있고, 왜 동물로는 자연선택에 의해 진화를 하지 않고 있는가? 그리고 모습이나 기능이 식물 반, 동물 반의 생명체는 왜 존재하지 않는가?

발명품이 있으면 반드시 발명가가 있어야 하듯이 피조물(자연물, 창조물)이 있으면 반드시 창조자인 신(하나님)이 있어야 양쪽의 균형을 맞추어 평형을 이루어 속해 있는 세상이 오래 유지되는 것이다.

화학결합에서도 극성에 의한 즉 원자 사이의 전기음성도의 크기에 따라 전자쌍이 전기음성도가 큰 원자 쪽으로 쏠려(이동되어) 결합되어 분자가 형성되는데 이때 쏠려서 결합되는 곳이 원자 사이의 힘의 균형이 이루어지는 곳이고 이곳이 힘의 평형이 이루어지는 곳이다.

정신세계에서도 마찬가지로, 예를 들어 좋은 마음과 나쁜 마음 사이에서 좋은 마음이 나쁜 마음보다 강하면 마음의 결정은 좋은 마음 쪽에서 결정되는데, 이 결정되는 곳이 마음의 균형이 이루어지는, 즉 마음의 평형이 이루어지는 곳인 것이다.

인간세계가 반드시 꼭 있어야 할 이유는, 신의 입장에서 보면 신의 정신적인 사랑의 감정을 나눌 상대자가 필요하기 때문인데, 이는 정신적인 감정의 평형(조화, 균형)을 이루기 위해서인 것이다.

하나님의 본분은 창조하는 일일 것이고 창조를 하다 보면 스트레스(압박감)도 많이 쌓일 것이다. 물론 하나님 제자들이 알아서 다 하겠지만 수백억 년 이상 매일 보는 제자들이나 천국사람들은 그들의 마음까지도 다 알 정도이므로 스트레스가 그리 잘 풀리지 않을 것이다.

자연의 변화가 끊임없이 자유에너지(유용한 에너지)는 감소되고 물질은 다양해지고 엔트로피(무용한 에너지, 무질서도)는 증가하는 방향으로 일어나는데, 이것도 하나님이 자연을 다양하고 아름답게 변화시켜 정원처럼 돌보고 동물은 정원동물처럼 돌보고 인간하고는 영적 교제를 통해 인간의 기쁨과 슬픔, 고통, 행복, 불행 등을 보고, 기도로 듣고 하여 다양한 감정을 나누어 정신적인 평형을 이루기 위함일 것이다. 천국사람들은 다 행복하므로 지구인간과 같은 아기자기한 다양한 깊은 감동과 감정이 담긴 교제를 신은 할 수가 없을 것이다. 다양한 자연환경은 다양한 감정을 만든다. 지능과 감정은 비례하는 것 같다. 동물의 지능은 낮기 때문에 동물의 감정도 단순하다. 인간의 지능은 꽤 높아 감정도 다양하고 깊다.

하나님의 지능은 무한대이므로 감정도 매우 다양하고 강도도 더 깊을 것이다. 그래서 하나님은 무한히 인내심이 많고 무한히 인자하고 무한히 사랑의 감정이 강하고 무한히 질투가 강하고 무한히 샘이 많고 무한히 엄하고 무한히 잔인하신 것이다. 하나님의 감정이나 설계하는 생각이나 하나님의 습성인 무한히 크게 하거나 무한히 작게 하거나 대부분 정신적, 물질적으로 대부분 상대적인 극성의 힘을 이용하시는 것을 알 수 있는 것이다.

그러므로 스트레스도 더 많이 쌓일 것이다. 물론 하나님이기 때문에 스트레스를 없앨 수는 있으나 모든 스트레스를 자동적으로 없애면 상대적인 마음의 극성작용이 없어 마음이 자유의지대로 제대로 작용이 안 될 것이며 감정도 제대로 나타나지 않을 것이다. 아무튼 하나님은 지구와 같은 아름다운 자연과 다양한 생물을 보기를 원하고 그럼으로써 우러나오는 다양한 감정으로 수많은 인간과 다양한 영적 교제를 원하는 것 같다.

하나님은 인간에게 아름다운 자연을 주었고, 하나님이 인간에게서 받을 수 있는 것은 영적인 다양한 사랑의 교제이며 이를 통해서 하나님과 인간 사이에 정신적인 평형(화평, 화목, 조화)이 이루어져 인간과 하나님의 관계가 오래 유지·보존되는 것이다.

인간이 이 지구상에 출현한 이래 하나님은 한번도 직접 인간한테 나타나지 않았다. 만일 하나님이 인간한테 직접 나타나 숙음 후에 영생이 있고 천국이 있다는 것을 100% 인간들이 알게 되면, 누구나 선한 일 한두 가지 해놓고 속히 죽기를 원하고 일은 등한시 여기고 자식 낳는 것도 등한시하고 아침부터 저녁까지 기도만 할 것이다. 그리하여 인간사회는 서서히 무너져 하나님이 원하는 아기자기한 다양한 사랑의 감정이 담긴 영적 교제를 더 이상 하지 못할 것이다.

하나님이 있는지 없는지, 천국이 있는지 없는지 성경과 자연을 보고 하나님이 반드시 존재한다는 믿음으로 하나님을 섬기고 교제할 때 마음속 깊이 우러나오는 거짓 없는 진실된 신앙으로 자유의지에 따라 영적인 교제를 할 수 있는 것이다.

하나님을 보고 하나님을 믿는 것은 사리사욕이 마음보다 앞서기 때문에, 자유의지에 따라 진실된 영적 교제를 할 수 없는 것이다. 자유의지 없이 진실한 감정 없이 기계적인 교제는 무의미하고 보람도 없고 교제하는 의의도 없는 것이다.

우리가 대부분 말이나 글로 의사소통(교제)을 하는데 이는 언어글자에 들어 있는 규칙암호를 이유 없이 믿고 그대로 실행하기 때문에 이루어지는 것이다. 마찬가지로 우리가 하나님과 영적인 의사소통을 하려면 이유 없이 구원받는 규칙암호(예수님을 통한 죄 사함)를 믿고 실행하여야 비로소 영적 교제가 이루어질 수 있는 것이다.

05
극성결합

분자나 화학결합 때 전하 분포가 고르지 못한 상태일 경우에 극성이 있다고 하며 극성분자, 극성결합이라고 한다.

공유결합을 하는 분자들은 대부분 비금속이기 때문에 전기음성도가 커서 서로 공유전자쌍을 끌어당기려는 힘 때문에 전자구름이 전기음성도가 큰 쪽으로 기울게 되어 극성이 생겨난다.

물이나 알코올은 극성분자로 극성물질을 잘 녹이므로 극성용매로 쓰인다. H_2O(물)은 H—O—H가 105° 기울어져 있고 O—H 사이에 O(산소)의 전기음성도가 H(수소)보다 크기 때문에 전자쌍이 산소 쪽으로 기울어져 있어 산소 쪽이 부분적인 음성을 띠고 수소 쪽이 부분적인 양성을 띠기 때문에 물은 극성을 띠게 된다.

물의 산소원자에는 8우설(최외각 전자수가 8개일 때 안정함)에 따라 4개의 전자쌍(8개 전자)이 있는데, 2개의 전자쌍은 공유결합으로 수소와 결합에 참여하고 2개의 전자쌍은 결합에 참여하지 않은 자유전자쌍(비공유전자쌍)이다.

물의 산소에는 4개의 전자쌍이 있고, 전자쌍끼리는 서로 밀치기 때문에 물의 입체구조는 정사면체이고 중심에 산소가 있고 2개의 모서리에는 수소원자가 하나씩 있고 2개의 모서리는 비어 있다. 원래 정4면체의 각도는 109.5°이지만 2개의 비공유전자쌍이 2개의 공유전자쌍보다 더 많이 밀치기 때문에 결합각이 4.5도 기울어진 105도가 된다.

분자를 만드는 원자 사이에는 전기음성도의 크기에 따라 큰 쪽으로 전자쌍(전자구름)이 쏠리고 전자쌍 사이는 같은 극성이므로 서로 밀치게 되며 이 힘으로 분자의 입체구조가 형성되고 분자의 특성이 생기게 된다.

이와 같이 물질계의 모든 화학반응은 전자(쌍)에 의해 이루어지고 물질의 특성 예를 들어 원자, 이온, 분자들의 특성도 거의 음성인 전자들의 상호작용으로 이루어지고 이들의 입체구조 즉 형상도 선자(쌍)로 이루어지는 것이다.

물질을 만드는 구성성분은 이온이나 분자이고 이들은 원자로 만들어지며, 전자쌍은 원자들을 분자로 결합시킨다. 그러므로 모든 물질의 생성, 결합, 분해, 변화에는 전자(쌍)의 극성의 힘이 작용하는 것이다.

같은 전자쌍(-)들의 밀침(척력)과 전자쌍과 다른 원자의 원자핵(+) 사이의 인력은 분자들끼리 결합하는 응집력으로 작용한다. 원자는 화학결합(극성의 힘)에 즉 전자의 힘에 의하여 분자를 구성하고, 분자들은 다시 응집력에 의해 고체, 액체, 기체를 형성하는 것이다.

정신과 물질이 겸비된 동물계에서도 하나의 생명체를 완전히 만들고 즉 육체의 형상과 독특한 고유의 성질 즉 성질을 완전히 만들게 하는 것은 음성인 암컷이 한다. 다시 말해 생명체가 암컷의 뱃속에서 탄생하는 순간 생명체는 육체적, 정신적, 영적으로 완전히 완성된 것이다.

양성인 수컷은 수정시 반수의 성염색체만 준 것뿐이다. 무생물계에서도 양성자의 작용보다는 음성인 전자(쌍)의 역할이 훨씬 큰 것이다. 그러나 탄생된 생명체를 기를 때는 먹이를 구하는 데 단점이 없는 한 대부분 함께 돌본다.

우리는 분자로 되어 있는 많은 물질을 가스로 보는데, 예를 들어 산소, 질소, 수소, 일산화질소, 황화수소 등이다. 이들 기체를 충분히 냉각시키면 액체로 응축되고 마침내는 고체로 결정화된다. 이와 같이 입자들의 열이동이 충분히 강하지(세지) 않으면 모든 분자들 사이에는 인력이 작용하게 되는 것을 알 수 있다.

분자들 사이의 인력은 분자들 안에서 전자(쌍)—밀침으로 생긴다. 왜냐하면 외부적으로 중성인 분자가 내부적으로는 원자 사이에 전기음성도가 큰 쪽으로 전자쌍이 쏠려 부분적으로 양전하와 음전하를 띠게 되고, 결국 내부적으로는 극성분자가 되어, 다른 분자와 국부적으로 같은 전하끼리는 밀고 국부적으로 다른 전하끼리는 당기기 때문에 외부적으로 중성인 분자끼리도 인력이 작용하게 된다. 그러므로 외부적으로 중성의 물질이나 같은 물질이라도 내부적으로는 부분 극성을 띠고 있으므로 모든 물질은 원래 극성이 있는 것이다. 극성물질은 극성용매에 잘 녹고, 비극성물질은 비극성용매에 잘 녹으나 극성용매인 물에는 잘 안 녹는다.

사염화탄소(CCl_4)와 같이 분자구조의 대칭성이 좋아 원자의 전기음성도에 대한 극성이 상쇄되어 무극성분자를 이루지만 C—Cl 사이에 원자 간의 공유결합에는 부분적인 부분 극성이 존재한다. 이들의 부분 극성의 부분 벡터 합이 0이 되므로 무극성분자가 된다. 무극성분자는 극성이 전혀 없는 분자가 아니라 다만 대칭적인 분자구조로 극성이 상쇄된 것뿐이다.

＊쿨롱의 법칙과 기본 전하＊

　서로 다른 두 물체를 마찰하면 한쪽 물체에는 양전기가 발생하고, 상대 물체에는 음전기가 발생한다. 이와 같이 물체가 전기를 띠는 것을 대전이라고 하고, 대전된 물체를 대전체라 한다.
　비단천으로 유리막대를 마찰하면, 유리막대에는 양전기(+)가 생기고, 모직물로 마찰한 플라스틱 막대에는 음전기(-)가 생긴다.
　대전체 사이에 작용하는 힘을 전기력이라 하며, 같은 전기 사이에는 척력이 작용하고, 다른 전기 사이에는 인력이 작용한다. 전하가 도선이나 전해질 용액을 통하여 연속적으로 이동하는 것을 전류라 하고, 단위 시간에 이동한 전기량을 전류의 세기라고 한다. 두 극 사이의 전위차가 전압이고, 두 극 사이의 전위차가 자연의 평형(조화, 균형)의 원리에 의해 감소되어 같아지려는 특성 때문에 전류가 흐르게 된다.
　금속, 전해질 용액과 같이 전기를 잘 통하는 물질을 도체라 하고, 유리, 플라스틱, 고무와 같이 전기를 거의 통하지 않는 물질을 부도체 또는 절연체라고 한다. 자유전자(원자핵으로부터 이탈하여 자유로이 움직이는 전자)나 이온과 같은 전하 운반체를 충분히 가진 물질은 도체이고, 전하 운반체를 거의 가지고 있지 않은 물체는 부도체(절연체)이다.
　절연된 도체(절연체)에 대전체를 접근시키면 대전체 가까운 부분은 대전체와 반대 종류의 전기가, 먼 쪽에는 같은 종류의 전기가 나타나는데 이 현상을 정전유도라 한다. 정전유도에 의하여 나타난 양, 음의 전하량은 같고 대전체를 멀리 하면 절연체는 다시 중성이 된다.
　예를 들어 (+), (-)로 된 낱개의 원소들이 제멋대로 정렬되어 있는 중성의 절연체에 음전기(-)를 띤 대전체를 가까이 하면, 음전기인 대전체(-) 가까운 쪽으로는 절연체의 (+)부분이, 먼 쪽으로는 절연체의 (-)부분이 정렬되어진다.
　절연체는 자유 전자가 없고 모든 전자는 양이온에 구속되어 있다. 그러나 절연체에 대전체를 접근시키면 절연체 내의 양, 음 전하의 위치가 약간 변하여 전기 쌍극자가 되어 표면에 대전체와 반대 종류의 전하가 나타나는데, 이 현상을 유전 분극 또는 전기 분극이라고 한다.
　쿨롱의 법칙(Coulom's law)은 두 대전체 사이에 작용하는 전기력 F는 두 전기량 q1와 q2의 곱에 비례하고, 대전체 사이의 거리 r의 제곱에 반비례한다.

$$F = k\,q1\,q2/r^2$$

(여기서 k는 힘, 거리, 전기량의 단위에 따라 결정되는 비례 상수이다)
쿨롱의 힘은 결국 만유인력 같은 비슷한 힘인 것이다.

전기장 내에서 작은 양전하가 전기장으로부터 힘을 받아 움직여 나가는 길을 이은 선을 전기력선이라고 한다. 그런데 전기력선은 첫째, 양전하로부터 나와 음전하로 들어간다. 둘째, 도중에 분리되거나 교차하지 않는다. 셋째, 전기력선에 그은 접선은 그 점의 전기장의 방향을 나타낸다. 넷째, 전기력선이 지나는 공간이 전기장이며, 전기력선이 밀집한 곳일수록 전기장의 세기가 크다. 다섯째, 전기장이 있으면, 동시에 90도 방향으로 자기장이 형성됨으로써 전자기장이 형성되고, 전자기파의 에너지를 방출한다.

＊물질의 특성과 인간의 특성인 영혼＊

원자들의 종류와 특성은 양성자, 중성자, 전자 수에 의해 다른데, 이들 속에 신이 지시한 정확한 특성들이 들어 있어, 이들 입자들의 수에 의해 원자들의 종류가 다르고 특성도 달라지게 된다. 왜냐하면 모든 입자는 에너지를 가지고 있고 모든 정신적인 정보나 특성은 상대적인 극성의 힘 사이에 생겨나는 에너지들의 상호작용으로 생기기 때문이다.

마찬가지로 생물에 있어서도, 수정(교미)이 되면서 동시에 DNA와 생물의 고유한 특성인 혼(삶의 활동을 하는 영)과 영혼(영적 교제를 하는 영, 사람에서)이 만들어진다.

애당초 태초에 물질의 특성을 신이 안 만들어지게 했다면 물질은 특성이 없이 다 똑같은 무특성 한 가지 물질일 것이다. 무특성 한 가지 물질로는 우주만물을 창조할 수가 없는 것이다. 더욱이 무특성 물질에는 상대적인 극성의 힘이 없기 때문에 원래 존재할 수가 없는 것이다.

그러므로 물질에 특성이 없다면 극성도 없고 에너지도 없으므로 물질이 만들어질 수 없기 때문에 존재할 수도 없어 우주만물이 창조될 수 없는 것이다. 그러므로 우주만물이 창조되기 위해서는 영적인 능력을 가진 자에 의해 소립자(에너지)와 동시에 소립자의 특성이 먼저 만들어져야만 하는 것이다.

발명이나 창조는 목적과 의도가 있을 때 행해지는 것이다. 필요하고 쓸모

있는 것을 만들겠다는 목적과 강한 의도가 있을 때 목적에 따라 설계구상하여 어떤 것을 만들거나 창조하게 되는 것이다.

신도 어떤 목적과 강한 의도가 있었기 때문에 우주만물과 인간을 창조했을 것이다. 사실상 신은 무엇이든지 필요한 것은 다 만들 수 있어 필요한 것이 없어 보인다. 전지전능한 신은 물질적으로는 필요한 것이 없으나, 정신적으로는 자유의지가 있는 사랑의 영적 교제가 절실히 필요할 것이다. 그리고 아무리 좋은 물건을 만들거나 아무리 아름다운 자연을 만들어도 즐기거나 기뻐하거나 찬양해 주는 자가 없다면 무슨 소용이 있겠는가?

만일 우리가 만물이나 경치나 영화를 보는 재미(즐거움)도 없고, 음악이나 노랫소리를 듣는 재미도 없고, 맛있는 음식을 먹는 재미도 없고, 향기로운 꽃이나 맛있는 음식의 냄새도 못 맡고, 사랑하는 친한 사람들과 대화하는 즐거움도 없고, 사랑하는 사람과 피부 접촉하는 즐거움도 없다면, 즉 5감각에 의한 즐거움(재미)이 없다면 우리는 전혀 낙이 없기 때문에 속히 죽는 것이 고생 안 하고 훨씬 더 나을 것이다. 마찬가지로 우리의 형상과 같은 하나님도 보는 낙(즐거움, 재미)도 없고 교제하는 낙도 없다면, 존재하는 낙도 없고 사는 의미와 보람도 없을 것이다.

그러므로 하나님은 하나님 자신을 위해서 천국보다 더 풍부한 하나님의 즐거움과 낙을 추구하고자 우주만물을 창조되게 하신 것이다. 마치 우리가 힘들게 번 돈으로 세계여행을 하며 수많은 만물과 경치를 보고 음미하며 즐기고 감탄하고 관찰하며 수많은 갈등과 스트레스를 해소하는 것이나 다름없는 것이다.

자유의지와 감정이 담겨있는 마음의 활동만은 아무리 신이라도 의도대로 창조할 수는 없는 것이다. 자유의지대로 신과 교제할 때, 신도 다양하고 깊은 감정의 교제를 나눌 수 있으므로, 인간과의 다양한 정신적인 상호작용으로 정신적인 균형을 이루어 마음의 평형을 이루게 되는 것이다(만일 상대방이 자유의지 없이 무조건 나를 좋아하고 아무 감정 없이 나를 무조건 좋아하고 사랑하면, 나는 죽을 지경에 빠지게 되고 몹시 시달리게 될 것이다).

그리고 관중이 많은 경기일수록 흥미진진한 거와 마찬가지로 자기가 창조한 우주만물과 아름다운 자연을 함께 즐기고, 자기의 창조업적을 찬양하고 기뻐해 주는 많은 관중이 필요할 것이다. 그리고 지구 정원에서 사는 수많은 동물과 인간들이 아름다운 대자연 속에서 함께 즐기고 기뻐하며 열심히 살아가는 모습을 보는 하나님은 마음의 흐뭇한 감정을 가지게 되고 창조의 보람과 의의를 느끼게 될 것이다.

하나님이 힘들게 그것도 수십 수백억 년 동안에 걸쳐 머리를 써가며 치밀한 설계 아래 창조해 놓은 우주만물을 진심으로 찬양해 주거나 기뻐해 주는 관중이 매우 적거나 거의 없다면 매우 바보 같은 일만 한 것이 된다. 그렇게 해서 자신을 위하는 것이 무엇이기에 그토록 큰 우주와 만물을 창조했겠는가? 아마도 신은 지구의 관중만으로는 만족을 충분히 못 느낄 것이다.

우리가 사는 은하계에만 2,000억 개 이상의 태양계가 존재하고 우주에는 다시 2,000억 개 이상의 은하계로 되어 있으며 대우주는 다시 수많은 소우주(은하단)로 되어 있다니, 우주의 크기는 무한대인 것이다. 우주는 결국 태양계로 이루어져 있으며, 한 태양계에는 적어도 지구가 한 개 정도 있으므로 대우주 속에는 지구가 셀 수 없을 만큼 많이 존재하는 것이다. 이들 중에는 온도가 알맞고, 물과 대기권이 있어서 생물과 인간이 살아가기에 알맞은, 지구보다 더 좋은 곳이 여러 단계로 무수히 많이 있을 것이다.

그곳에 있는 식물은 더 싱싱하고 더 파란 잎을 가지고 더 먹음직스럽고 더 맛있는 과일과 열매가 열리고, 더 향기롭고, 더 아름다운 꽃이 필 것이며, 동물들은 먹을 것이 남아돌아 먹이사슬에 얽매이지 않으므로 더 유순하고 더 평화스럽게 살 것이다. 인간은 더 좋은 날씨와 옥토로 지구와 같이 힘 안 들여도 많은 수확을 올릴 수 있고, 지구보다 더 넓은 땅을 가지므로 부족한 것이 없이 풍요하게 평화롭게 더 오랫동안 살 수 있을 것이다. 만일 먹을 것이 충분해서 먹고 싶은 것을 충분히 먹을 수 있고, 가지고 싶은 땅도 가지고 싶은 대로 마음껏 가질 수 있고, 구경하고 싶은 것을 실컷 구경할 수 있고, 하고 싶은 것을 실컷 할 수 있는 곳이 있다면 그곳은 바로 천국일 것이다.

그리고 이들 지구 중에는 또한 지구보다 더 나쁜 지구들도 무수히 많을 것이다. 땅이 지구보다 더 황폐하고, 대기의 오염이 더 심하고, 질병도 더 많으므로 식물은 맛있는 과일을 맺지 못하고 아름다운 꽃을 피우지 못하며 싱싱한 잎이 아니고 사막의 가시나무 종류만 무성하고, 동물은 먹을 것이 없어 더 사나워지고 인간도 지구보다 더 뼈 빠지게 일을 해도 먹을 식량도 모자라 악에 가득 차 죽지 못해 억지로 살게 될 것이다.

창조와 진화의 비밀 195

수많은 여러 종류의 지구에 있는 여러 인간부류들이 하나님을 찬양하고 하나님과 교제할 때 하나님은 외롭지 않고 마음의 평형이 이루어져 하나님은 무한히 오래도록 존재하게 될 것이다. 하나님의 지성은 무한하므로 마음의 충족을 채우기에도 무한한 욕구불만의 갈등이 클 것이다.

그래서 인간이 사는 여러 지구가 필요하고 수많은 인간들이 필요할 것이다. 그리고 인간이 살아갈 수 있는 대자연을 만들어지게 하기 위해서 하나님의 로봇이며 대리자인 무한히 작은 미세한 소립자, 원자, 분자, 이온로봇기계들이 만들어지게 하여 이들의 상호작용으로 분자력(응집력)과 인력으로 별같이 큰 천체들이 만들어지게 하고 만유인력과 만유척력의 평형의 힘으로 이들을 우주 공간에 붙잡으시고 이어서 이온, 분자로봇기계로 미세한 생물세포기계가 만들어지게 하고, 이어서 미생물에서부터 고등동물인 인간까지 하나님의 대리인이고 로봇들인 생명의 3대 영적인 물질인 광자로봇, 단백질분자로봇, DNA분자로봇을 통해 진화로 창조되게 한 것이다.

그러므로 하나님의 특성(속성)은 성격 면으로는 우주와 같이 무한히 크게 하는 매우 큰 대담성과 소립자(에너지)와 같이 무한히 작게 하는 세심성과 하늘의 별들과 같이 무한히 많은 수와 양을 무한히 많게 만드는 풍부성과 우주의 나이가 무한히 길게 하는 인내심이 매우 강하시고, 정신적인 마음으로는 무한히 인자하고 무한히 냉정하고 무한히 자비롭고 무한히 잔인하고 무한히 감정이 많고 무한히 감정이 메마르고 무한히 엄하기도 하고 무한히 상냥하기도 하고 무한히 사랑이 많으시고 무한히 매정하고 무한히 시기하고 무한히 샘이 많고 무한히 복수심이 많고 무한히 공평하며 정의로우시다. 그러나 용서를 빌면 항상 너그러이 용서해 주는 마음이 바다보다 더 넓고, 물질 면으로는 너무 풍부하거나 너무 인색하고 능력 면으로는 무한히 전지전능한 과학자이시고, 창조자이시고, 철학자이시고, 심리학자이신 것이다.

사람이 물건을 발명하는 것은 물건으로부터 편리함을 얻기 위함이다. 신이 우주만물인 자연과 인간을 창조한 것은, 자연으로부터는 다양한 아름다움과 정서적인 감정을 받기 위해서이고, 인간으로부터는 영적인 교제로 자연에서 못 느끼는 다양한 사랑의 감정을 받기 위해서일 것이다. 그리고 인간은 하나님한테 의지해서 삶의 어려움을 극복하고 삶의 방향을 잡고 영생을 얻기 위해서일 것이다.

결국 신과 인간은 서로 감정을 주고받으며 서로 상호작용함으로써 서로 마음의 균형을 이루어 즉 마음의 평형상태를 이루어 마음의 만족과 마음의 평안함을 얻기 위함인 것이다. 사람은 어려운 역경에 처하게 되면 신을 더 찾게 되고 신의 도움을 간절히 요청하게 된다. 마음에서 우러나오는 진실된 기도는 신이 외면하지 않고 반드시 들어주신다.

그러나 자신의 이익을 위한 정도에 지나친 욕심적인 기도나, 자연의 법칙을 깨는 기적적인 기도는 잘 들어주시지 않는다. 왜냐하면 신이 만들어 놓은 자연의 법칙을 스스로 어겨, 자연의 질서를 무너뜨려 자연의 혼란을 가져오게 하지 않기 때문이다.

만일 신이 없다면 삶의 용기를 잃은 수많은 사람들은 재기의 용기를 얻지 못하고 자포자기해서 자살하는 사람들이 훨씬 더 많아질 것이고, 죄의 심판이 없기 때문에 더 많은 죄를 짓게 되어 죄의 세상으로 변할 것이다. 반대로 인간이 없다면 신은 동물들을 관찰하는 즐거움은 있겠지만 아기자기한 사랑의 교제는 하지 못할 것이다. 이러한 상황은 무인도에서 혼자 또는 몇몇 사람이 적막하고 따분하게 한평생을 마지못해 사는 삶으로, 아무 즐거움 없는 무의미한 삶인 것이다.

신이 인간 출현 이래 한 번도 인간한테 직접 나타나 모습을 보이지 않고, 천국이 어떤지 정확히 분명히 밝히지 않은 이유는 인간과 영적인 교제를 기계적인 교제보다 자유의지에 의한 감정 깊은 교제를 하기 위함일 것이다. 만일 인간이 천국이 어떤지 정확히 알거나, 신을 직접 본다면 그 순간부터 자유의지에 의한 영적인 교제는 끊어질 것이다.

신을 안 보고 신을 믿고 신과 교제를 나누는 것이 자유의지에 의한 진실한 감정을 나누는 교제인 것이다. 신은 인간에게 이미 신이 창조한 자연과 성서를 보여주었기에, 지혜가 있는 인간으로 하여금 신의 능력을 인정하고 신의 존재를 믿고 신과 마음을 주고받을 때, 죽어서 천국에 가더라도 천국은 가장 값지고 가장 귀중한 선물이 될 것이다.

그러나 인간이 신을 직접 보면 조심해서 죄는 덜 짓겠으나, 힘들게 땀 흘려 일하기를 게을리 할 것이고 자식들도 잘 낳지 않을 것이고, 하루 빨리 죽어 이 고된 지구의 삶을 벗어나려는 욕망 때문에 인간은 행복과 평안 없이 삶의 욕망을 잃어버리게 될 것이며, 신에게는 감정 없이 가식적으로 무조건 빌기만 할 것이다.

　신을 보고 신을 섬기는 사람은 천국에도 많이 있을 것이며, 부족한 것이 없고 행복만 있는 천국에서는 신과 특별히 감정을 나눌 아기자기한 대화도 없을 것이다. 신을 안 보고 믿는 사람은 간절하고 진실한 마음으로 신과 대화하는데, 바로 이 진실한 자유의지가 담긴 사랑의 교제를 신은 필요로 할 것이다.

　우리가 대화하는 것은 물질과 에너지의 작용이다. 빛에너지는 보이는 가시광선도 포함되어 전해지기 때문에 우리가 볼 수 있지만, 인력파(인력에너지)나 척력파는 보이지 않는 에너지에 의해 전해지기 때문에 우리가 볼 수 없는 것이다. 신과 인간과의 교제는 영과 영의 교제이므로 정신적인 전달이기 때문에 전달 매질이 필요 없는 것이다. 다만 마음과 마음 즉 정신과 정신이 연결되게, 정신적인 코드(CODE, 암호)가 일치되면 영적으로 암호가 맞추어지기 때문에 하나님과 영적 교제를 할 수 있는 것이다. 하나님과 영적인 암호를 맞추는 것이 바로 구원을 받는 길이다. 구원을 받으면 성령을 받기 때문에, 즉 나의 영과 하나님의 영이 통하기 때문에 비로소 의사소통인 교제를 할 수 있는 것이다. 우리가 대화를 하는 의사소통도 서로 언어의 암호가 맞아야 할 수 있는 것이다.

　원래 우리의 영은 하나님의 영으로 되어 있기 때문에 하나님의 영은 우리 몸속에 거하나 우리가 구원을 받지 않고 하나님의 영을 통하기를 원치 않으면 교제가 이루어질 수 없는 것이다. 인간사회에서도 한쪽은 교제를 하려고 하나 다른 한쪽이 교제에 응하지 않는 한, 즉 암호를 맞추지 않는 한 교제가 이루어지지 않아 교제를 할 수 없는 것이나 마찬가지이다.

　신은 정신감응능력을 가지고 있기 때문에 언제 어디서나 어느 누구에게나 자유자재로 보고 마음적으로 대화할 수 있는 것이다. 하나님과 영적 교제가 이루어지고 안 이루어지는 것은 하나님한테 달려 있는 것이 아니라, 우리 인간 개개인의 교제암호를 맞추려는 자세에 달려 있는 것이다.

　하나님은 공간, 시간, 크기, 수량 등에 제한을 받지 않기 때문에, 동시에 수십억의 인간과도 교제할 수 있는 것이다. 우리의 영이 들어 있는 광자의 수가 하늘의 별의 수보다 더 많듯이, 하나님의 영은 모든 우주만물 속에 무한히 많이 들어 있는 것이다. 왜냐하면 모든 물질은 빛 속의 광자(에너지+정보+영)에너지로 만들어지기 때문이다. 우리의 몸은 140조 이상의 체세포와 이를 이루는 원자, 분자, 이온의 수는 무한한데, 이러한 무한한 수의 물질을 우리가 의식하면서 일일이 조절하는 것이 아니라, 우리의 영이 들어 있는 식물성신경계인 자율신경계와 호르몬과 영적인 단백질이 스스로 알아서 신체작용과 건강상태와 정신상태를 돌보면서 생명의 활동을 돌보고 이끌어주는 거와 마찬가지로, 하나님이 수십억의 인간들과 교제를 할 때도, 하나님의 수많은 영이 우리의 자율신경계와 마찬가지로 대신해서 스스로 알아서 인간들이나 생물을 돌보고 생명의 활동을 이끌어 주게 되는 것이다. 자율신경도 가끔 우리가 의식적으로 느끼는 거와 같이, 하나님도 가끔 의식적으로 인간들과 영적 교제를 하는 경우가 있는 것이다.

그러나 자율신경계가 하는 일을 우리가 자주 의식적으로 느끼는 거와 같이, 하나님도 인간 육체 속에 들어 있는 하나님의 영을 통하여 자주 의식적으로 인간들과 영적 교제를 하게 되는 것이다. 하나님의 영이 모든 우주만물 속에, 광자에너지 속에 무한히 많이 들어 있기 때문에 의식적으로 인간들과 영적 교제를 하는 하나님의 영은 무수히 많은 것이다. 그 때문에 하나님은 동시에 여러 사람들과 영적으로 교제할 수 있는 것이다.

평상시에는 별로 의식적으로 느끼지 못하는 신체 부위도, 예를 들면 등이나 다리 등에 열이 나고 통증이 있으면 그 부위를 의식적으로 자주 더 잘 느끼는 거와 같이, 우리가 마음에서 우러나오는 진실한 기도로 자주 하나님과 영적 교제를 하면 우리 몸속에 거하는 하나님의 영은 자주 의식적으로 우리의 진실된 기도를 느끼게 되는 것이다.

06
화학결합

원자가 결합하여 분자를 만들고 분자가 모여 물질(물체)을 만드는데, 원자들 사이에 힘이 작용하여 분자를 만들고, 분자들 사이에 힘이 작용하여 물질을 만드는 이러한 힘들을 화학결합이라고 하며, 모든 화학결합은 전자(쌍)의 힘에 의해 이루어지는데 이는 결국 전자기적인 극성의 힘에 의한 것이다.

2개의 원자가 가까이 접근하면 각 원자 내의 핵(+)과 전자(-)가 다른 원자의 핵과 전자의 영향을 받게 되어 전하의 부호에 따라 같은 부호끼리는 반발력(척력)이 생기고 그리고 다른 부호끼리는 정전기적 인력이 입자들 사이에 작용하게 된다(쿨롱의 법칙). 이러한 힘들의 상호작용에서 인력이 반발력보다 커지면 원자들은 새로운 결합물인 분자를 형성하게 된다. 즉 분자는 한 원자의 전자(-)와 다른 원자의 원자핵(+) 사이의 전자기적인 상호작용으로 인력이 생겨 이들 원자들이 서로 붙잡고 있는 것이다.

예를 들어 수소기체분자(H_2)를 살펴보면, 두 개의 수소원자들은 한 수소원자의 음전하의 전자와 다른 수소원자의 양전하의 원자핵 사이에 인력으로 가까워지다가 특정한 간격(거리)에서 두 수소원자의 원자핵(+)들의 반발력(척력)으로 더 간격을 좁히지 못하고 머물러 한 쌍의 공유전자쌍으로 결합하여 수소분자를 형성한다.

이때 두 수소원자핵의 거리는 74pm=74×10^{-12}m로 극단적으로 가까우며 이 사이의 전자쌍에 수소분자의 에너지(광자)가 들어 있는 것이다. 즉 전자쌍 속에 광자(에너지+정보+영)에너지와 정보와 영이 들어 있어 그 물질의 특성도 들어 있는 것이다.

눈으로 보면 두 수소원자가 붙어있는 것 같지만 엄밀히 떨어져 있는 것이며, 만일 두 수소원자 사이에 이 극단적인 간격이 없다면, 두 수소원자핵은 붙어지면서 핵융합으로 막대한 에너지를 방출하게 되는데, 이 극단적인 간격이 그것을 막고 있는 것이다. 그러나 태양같이 고온에서는 원자핵과 전자가 떨어져 있어 고루 널리 퍼져 있는 플라스마(plasma) 상태이므로 4개의 수소원자핵이 핵융합하여 1개의 헬륨원자핵으로 되어 막대한 에너지를 방출할 수 있는 것이다.

이러한 자연물의 영적인 무시무시한 거대한 능력의 작용은 우연히 저절로 생기는 것이 아니고, 반드시 영적인 능력을 가진 자에 의해 특정한 물질에는 특정한 특성이 작용하게끔 프로그램화된 영적인 설계에 의해 만들어졌기 때문에 자연물도 영적인 능력으로 작용될 수 있는 것이다.

독립적인 낱개의 원자는 오직 원소의 가열된 수증기에서나 비활성 가스로만 나타난다. 우리 주변의 거의 모든 물질은 원자들이 화학결합으로 서로 결합된 집합체(응집체)인 분자로 나타난다. 원자, 분자, 이온들로 된 이러한 집합체들은 물질등급을 위한 물리적인 특성을 가지고 있다. 예를 들면 금속류, 염류, 묽은 것, 단단한 것 등이 있다.

이들 집합체들의 화학적, 물리적 특성들은 원자들 사이나 분자들 사이의 극성의 힘에 의한 상호작용으로 생겨난다. 상호작용의 종류에 따라 여러 종류의 화학결합이 이루어진다. 예를 들어 이온결합, 원자결합, 금속결합, 공유결합, 배위결합 등 실제 화학결합에서는 여러 결합들이 상호작용하는 혼합결합으로 되어 있다.

분자 사이의 약한 결합으로는 수소결합(수소다리결합)과 판데르발스 결합이 있다. 여러 화학결합들은 전자(쌍)들이 원자들을 분자로 결합시키는 극성의 힘에 의한 결합인 것이다.

07
화합물

자연계에는 90여 종의 원소들이 있으며 이러한 원소들 사이에 다양한 결합으로 무수히 많은 화합물들이 생성된다.

화합물은 2개 이상의 다른 원소들이 일정한 비율로 구성된 순물질을 말하고, 탄소와 수소의 포함 여부에 따라 유기화합물(탄소화합물)과 무기화합물로 나뉜다.

유기화합물은 탄소와 수소를 포함하는 공유결합에 의한 분자화합물로 메탄(CH_4), 포도당($C_6H_{12}O_6$) 등이다.

무기화합물은 유기화합물을 제외한 모든 화합물로 물(H_2O), 이산화탄소(CO_2), 탄산칼슘($CaCO_3$) 등과 같은 간단한(저분자) 탄소화합물을 무기화합물로 분류한다.

화합물은 원소의 결합방식에 따라 이온결합을 하는 이온화합물과 공유결합을 하는 분자화합물로 나뉜다.

이온화합물은 금속과 비금속의 양이온과 음이온의 이온결합인 극성에 의한 힘이고, 분자화합물은 비금속과 비금속 사이의 전자쌍을 공유하는 공유결합인 극성에 의한 힘이므로, 모든 화합물은 극성의 힘에 의해 결합되는(뭉쳐지는) 것이다.

대부분의 유기화합물(탄소화합물)을 비롯하여 상온에서 기체나 액체로 존재하는 메탄(CH_4), 산소(O_2), 염소(Cl_2), 이산화탄소(CO_2), 염화수소(HCl), 물(H_2O) 등의 물질들은 비금속과 비금속 분자상태로 존재하며, 분자 사이에 약한 결합력에 의해 형성된 분자화합물이다.

탄산나트륨(Na_2CO_3), 염화나트륨(NaCl), 황산구리($CuSO_4$)와 같은 물질들은 금속의 양이온과 음이온(음으로 하전된)의 비금속원자나 원자기(원자집단)의 이온들이 결합된 이온화합물(금속+비금속)들이다. 이온화합물들은 보통 상온에서 고체로 존재하고 분자화합물에 비해 결합이 단단하며 녹는점, 끓는점이 높다.

영혼

한 번 만들어진 혼과 영혼은 육체가 썩어도 분해되거나 없어지지 않는다. 한 번 만들어진 정신적인 사람의 이름이나 성격, 추억 등은 그 사람이 죽더라도 분해되거나 없어지지 않는다. 정신적인 기억이나 영혼은 보이지 않는 광자입자에 의해 저장되어지므로 분자결합인 화학결합이 아니기 때문에 육체가 썩더라도 광자에 저장된 기억이나 영혼은 그대로 남게 되는 것이다. 즉 소립자는 어떠한 변화를 거쳐도 전하, 운동량, 에너지(질량 포함) 등의 총합은 항상 일정하기 때문에 한 번 광자소립자 속에 저장되어진 기억이나 영혼은 제3자가 일부러 꺼내지 않는 한 불변으로 없어지지 않는 것이다. 광자, 전자, 중성미자 등의 소립자는 안정하므로 변하지 않고 영원히 간다. 그러므로 전자의 정신적인 특성도 영원히 가므로 우리는 전자를 이용해서 전자파에너지에 정보를 담거나 전기에너지를 사용하여 기계를 움직이게 할 수 있는 것이다.

천국의 지구 영혼국에 있는 영혼기계에 의해 자동으로 영혼의 일거일동의 행적이 기록 저장되고 죽음 후 때가 되면 즉 심판 날이 오면 영혼기에 의해 자동으로 영혼의 암호가 맞추어져(영혼이 불리어져) 죄의 심판을 받고 등급에 따라 직분과 머무를 곳, 예를 들어 천국별, 지구보다 살기 좋은 별, 지구보다 훨씬 살기 어려운 별 등 살 곳을 받고 부활기를 통해 DNA 구조에 의한 암호(비밀번호)에 따라 육체를 받아 부활하게 될 것이다. 우리의 이메일 주소가 맞으면 자동으로 이메일 내용이 전달되어 나타나는 것이나 마찬가지이다.

우리는 불교에서 말하는 윤회(생명체(중생)는 죽음과 탄생을 되풀이한다는 것)사상처럼 이전 지구에서 죄의 심판대로 이 세상에 등급별로 태어났는지도 모른다. 영혼이 없어지지 않고 영원하다면 영혼의 탄생이 꼭 이 지구라는 법은 없기 때문이다. 들림을 받아 천국에 가는 사람은 죽지 않고 영원히 천국에서만 살게 되는데, 이것은 평형의 원리에도 어긋난다. 아무리 천국이라 하지만 늘어나는 인구를 막지 못해 그것도 수백억 아니 수조, 아니 더 오래 살기만 하고 죽지 않고 불어나기만 하면 아름다운 살기 좋은 천국도 나빠지게 될 것이다. 똑같은 사람을 보는 것도 몇 십 년이면 충분한데, 수천만 년, 수십억 년 보면 싫증이 날 것이다.

불교에서 말하는 것처럼 우주만물은 순행(순환, 윤회)하는데 천국만이 순행을 하지 않으면 평형의 원리와 극성의 원리가 파괴되어 하나님의 3대 힘의 원리

(=자연의 3대 힘의 원리)인 상호작용을 하려는 힘, 상대적인 극성의 힘, 평형(화평, 화목, 균형, 조화)해지려는 힘에도 어긋나게 된다. 그러면 물질세계, 정신세계, 영의 세계의 조화(균형, 화평, 평형)가 이루어지지 못해 현 세상이 유지되기 어려울 것이다. 만일 천국과 지옥이 각각 한 개씩이라면 우주가 무한히 클 이유도 없는 것이다. 천국이 하나고 여러 개고는 그리 중요하지 않고 다만 천국과 지옥이 있는 게 중요한 것이다.

만일 영혼이 죽음과 함께 없어진다면 인간이 사는 보람이 없고, 한평생 여러 사람과 어울려 산 보람도 없고, 사랑하고 보고 싶은 사람들을 생각하고 인연을 갖고 동경하고 그리워하고 하나님을 찾고 의지하고 교제하는 모든 것이 한 주먹의 재와 같이 허망하고 허무한 일일 것이다. 만일 그것이 사실이라면, 신(하나님)은 아예 이러한 것을 생각하는 지능 높은 인간을 특이하게 예외적으로 만들지는 않았을 것이다. 왜냐하면 수많은 사람들이 모두 신을 원망하고 욕하기 때문이다. 그러므로 신이 존재하는 한 인간의 영혼도 영원히 존재할 것이다.

달리 생각해서 인간의 영혼은 죽음과 함께 없어지고 신은 원래 존재하지 않는다면 우리는 결코 영혼이라는 것을 알지도 못했을 것이고, 우리의 신체도 만들어지지 않았고, 설사 신체가 우연히 기적적으로 만들어졌다 하더라도 지금과 같이 육체와 정신이 일사불란하게 영적인 차원에서 상호작용을 하지도 못할 것이다.

우리의 물질적인 육체조직과 기관은 신의 영적인 차원으로 높은 고도의 기술을 필요로 하고, 우리가 생각하는 정신적인 이성, 감정, 기쁨, 환희 등도 우리가 신과 함께 교제를 나누는 데 조금도 손색이 없도록 신이 의도적으로 우리 육체를 설계 창조하고 하나님의 분신인 영(성령)을 우리 육체 속에 넣어 주신 것을 알 수 있는 것이다. 그래서 지구상의 생각하는 모든 동물은 서로 살아가기 위한 의사소통인 교제를 필요로 하기 때문에 감각기관이 모두 머리에 집중되어 있다. 만일 자연에 의한 진화에 의해 동물의 신체가 만들어졌다면, 중요한 4개의 감각기관들이 모든 동물(하등동물인 원시동물은 제외하고)에서 공통적으로 모두 머리에 있을 수는 없는 것이다.

그리고 자연의 우연한 진화로 생물의 3대 요소인 빛의 광자(에너지+정보+영), 영적인 단백질분자로봇, 생명의 말씀이 들어 있는 생명의 칩인 DNA분자로봇을 만들 수는 없는 것이다. 왜냐하면 생명의 말씀(설계)인 정보나 로봇기계들은 자연히 우연히 저절로 스스로 만들어져서 DNA분자 속에 자연히 저절로 기록되어지거나 저장되어지지 않기 때문이다.

DNA분자 속에 기록되어 있는 백과사전 200만 페이지 분량의 막대한 생명의 정보 내용과 프로그램이 누가 만들지 않는 한 우연히 저절로는 만들어져서 저장되어질 수는 없는 것이다. 이 생명의 정보(말씀) 속에는 그 해당 생물이 일생 동안 육체적, 정신적, 영적으로 행할 정보가 프로그램화되어 들어 있는 것이다. 이러한 영적인 차원으로 영적인 일이 일어나게 할 수 있는 자는 영적인 능력을 가진 신(하나님)밖에 없는 것이다. 왜냐하면 자연은 생물이 일평생 동안 살아가야 할 육체적, 정신적, 영적인 활동을 200만 페이지의 막대한 분량의 글을 쓰거나 기록할 수 없기 때문이다.

그리고 영적으로 생체물질을 만들고 생체물질의 활동을 영적으로 이끄는 단백질분자로봇이나 영적인 단백질분자로봇을 만들게 하고 유전시키게 하는 영적인 DNA분자로봇기계가 아무것도 없는 무에서 그저 우연히 자연히 저절로 스스로 만들어져서 계속해서 유전되고 발달되어 오늘날의 고차원의 영적인 생물기계로 진화될 수 없기 때문이다. 아무것도 없는 곳에서 오랜 시간이 지나 영적인 생물기계가 진화로 만들어지려면, 반드시 영적인 능력을 지닌 자나 영적인 능력을 가진 대리자에 의해 만들어져서 영적인 자의 보살핌과 이끌음으로 서서히 진화되어 비로소 고차원의 영적인 인간생물기계로 만들어질 수 있는 것이다. 바로 이 일을 하는 것이 하나님의 사신이고 일꾼이고 로봇이고 대리인인 생명의 3대 물질이고 3대 로봇기계가 행하는 것이다.

만일 하나님의 영(성령)이 인간 육체 속에 들어 있지 않으면, 아무리 고도의 인간생물기계를 만들어도, 기뻐서 날뛰거나 슬퍼서 엉엉 울면서 눈물을 흘리지도 못하고 영적으로 생각이나 설계나 발명을 할 수 없는 것이다. 이러한 영적인 능력을 가진 인간생물기계는 영적인 차원으로 행하기 때문에, 이러한 영적인 생물기계는 반드시 영적인 능력을 가진 자나 또는 영적인 자의 대리인에 의해서만 만들어질 수 있는 것이다. 왜냐하면 영적인 능력이 없는 자는 아무리 시간이 지나가도 영적인 기계를 만들어낼 수 없기 때문이다. 그러므로 우리 인간 같은 영적인 생물기계가 결과로 존재하는 것은 반드시 원인으로 영적인 능력을 가진 자가 현 세상에 존재해야만 하는 것을 증거하는 것이다. 그래야만 물질세계의 자연의 법칙인 인과법칙이 성립되기 때문이다.

08
에너지

에너지는 물리적, 화학적, 생리적인 일을 할 수 있는 능력을 말하고, 에너지의 크기는 물체가 할 수 있는 일의 양을 의미하며, 에너지의 단위는 일의 단위와 같은 줄(J, joule)을 사용한다.

에너지의 원천인 빛은 입자와 파동설(빛의 2중성)로 입자인 광자(양자, photon)도 에너지를 가지고 있고, 파동인 전자기파도 파장의 길이와 주파수에 에너지를 가지고 있다. 빛은 광자(=에너지+정보+영)와 전자기파 2중성으로 되어 있다. 모든 물질은 빛으로 만들어졌기 때문에 모든 물질도 빛과 같이 입자와 파동 2중성으로 되어 있는 것이다.

모든 물질의 에너지(소립자)는 직·간접으로 빛에서 온 에너지인 것이다. 물질은 원래 화학결합에 의한 에너지 외에 빛을 흡수함으로써, 또는 빛이 물질에 침투함으로써 에너지를 가진다. 물질 사이의 극성의 힘으로 에너지가 생겨나는데, 이 생겨나는 에너지는 소멸된 에너지 즉 열에너지를 잃어 분해되어 있던 극소립자가 극성의 힘에 의해 소립자로 변하는 과정일 수 있다. 어떻든 우리의 관찰에 극성의 힘에 의해 에너지가 생겨나는 것은 분명한 일이다.

운동과 관련된 에너지를 운동에너지라 하고 물질 자체 속에 들어 있는 에너지를 위치에너지(잠재에너지, 자체에너지)라고 하며 운동에너지와 위치에너지를 합쳐 역학적에너지라고 한다.

소립자는 전하와 스핀(자전력), 패리티(반전성) 등의 힘의 특성을 띠고 있으므로 소립자들 사이에는 상대적인 극성의 힘인 인력과 척력이 작용하여 힘이 생기고 이 힘들의 상호작용으로 에너지가 생긴다. 물질은 소립자로 되어 있는 원자로 이루어져 있기 때문에, 물질 내에는 자연히 역학적에너지(=내부에너지=위치에너지(퍼텐셜에너지)+운동에너지)가 생기는데, 소립자가 1개만 존재할 때도 자기 자신이나 주위의 장과의 상호작용에 의해 소립자 자신은 에너지를 갖는다. 즉 주위에 산재해 있던 광자에너지를 갖는 것이다.

모든 물질은 상대적인 극성의 힘에 의해 생기는 에너지로 형성되고 작용하고 변해가는 것이다. 그러므로 자연변화(자연현상)는 자유에너지(유용한 에너지)가 감소되는 즉 발열반응 방향으로, 엔트로피(무용한 에너지, 무질서도)는 증가되는 방향으로 진행되어 간다. 즉 자연변화는 유용한 에너지가 무용한 에너지로 변해가는 현상인데, 이는 유용한 에너지가 열에너지로 변해가는 것을 의미하는 것이다. 열에너지는 다른 물질에 흡수되어 역학적에너지로 되어 다시 유용한 에너지로 됨으로써 자연변화도 넓은 의미로는 끊임없이 순환하고 있는 것이다.

우리는 전자기파(전파, 전자파)에 우리의 말(음성)이나 생각이나 모습이나 정보를 실어 무·유선으로 라디오, 전화, TV, 이메일, 핸드폰, 컴퓨터 등에 사용하고 있다. 전자파나 전파나 전자기파는 에너지의 일종으로 우리는 에너지에 우리의 생각인 정보나 말(음성)이나 사진을 담아 먼 곳까지 전달하는 것이다.

우리가 듣고 싶은 TV방송을 보려면 주파수를 맞추어야 하는데, 이는 에너지의 암호를 맞추는 것이다. 즉 에너지를 이용하고 에너지를 사용하려면 에너지의 암호를 맞추어야 하는 것이다. 우리가 생각하고 말하고 신진대사하고 정보를 전달하고 하는 모든 삶의 활동이나 모든 물질의 작용은 모두 에너지에 의해서 행해지고 이루어지는 것이다. 그러므로 에너지는 모든 만물의 생성과 움직임에 근원이 된다.

에너지는 상대적인 극성의 힘에 의해 만들어진다. 우리는 유기물인 음식물을 소화시키면서 에너지를 얻어 쓰는데, 유기물은 전자쌍의 전자기력에 의해 결합되어 있는, 즉 상대적인 극성의 힘으로 결합되어 있는데 우리가 소화를 함으로써, 즉 이들 극성결합력을 분해하면서 나오는 에너지를 우리의 삶의 활동에 사용하는 것이다. 우리가 말하는 것은 음파를 이용하는 것인데, 음파도 일종의 에너지이며, 음의 높낮이며 음색 등으로 음의 암호를 맞추어서 우리는 의사소통을 하는 것이다.

성경에는 "하나님은 말씀으로 우주만물을 창조하셨다"라고 쓰여 있는데, 하나님의 말씀도 에너지로 되어 있고, 에너지 속에는 모든 정보와 말씀과 설계정보, 생명의 정보 등을 저장할 수 있고 전달할 수 있다.

만일 수많은 종류의 에너지의 암호를 자유자재로 맞출 수 있다면, 수많은 종류의 에너지를 자유자재로 사용할 수 있고, 수많은 생명의 말씀이나 생명의 설계를 저장할 수 있고, 수많은 종류의 에너지에 의해 수많은 일들과 영적인 일이 행해지고 이루어지게 할 수 있는 것이다.

우리 인간도 전기에너지를 자유자재로 쓰고 있다. 수력발전이나 원자력에너지를 이용하여 공장에서 물건을 만드는 데 이용하고, 석유에너지를 이용하여 자동차나 난방용 에너지로 이용하고 있다. 단지 인간은 이들 에너지를 사용하려면 손이나 스위치를 이용하고 있다. 그러나 전지전능한 하나님은 우리의 손이나 스위치 대신에 수많은 종류의 에너지의 사용하는 암호를 다 알고 있으므로 정신감응력이나 정신력동 능력을 이용해 이들 에너지를 사용하는 암호를 맞추어 자유자재로 에너지를 쓸 수 있는 것이다. 그러기 때문에 에너지를 사용하기 위해서 손이나 스위치가 필요하지 않은 것이다.

하나님의 말씀 속에는 모든 종류의 에너지가 다 들어 있는 것이고, 모든 우주만물의 설계가 다 들어 있는 것이고, 모든 하나님의 능력이 다 들어 있는 것이고, 모든 자연의 법칙이 다 들어 있는 것이고, 모든 자연의 진리가 다 들어 있는 것이고, 모든 하나님의 생기가 다 들어 있는 것이고, 모든 하나님의 계획과 목적(의도)이 다 들어 있는 것이고, 모든 하나님의 영(성령)이 다 들어 있는 것이기 때문에 하나님의 분신이고 하나님 자신이므로 모든 우주만물을 말씀으로 만들어지게 할 수 있고, 하나님의 의도나 설계대로 모든 우주만물이 행하게 프로그램화할 수 있는 것이다.

"태초에 말씀이 계시니라. 이 말씀이 하나님과 함께 계셨으니 이 말씀은 곧 하나님이시니라. 그가(말씀) 태초에 하나님과 함께 계셨고 만물이 그로(말씀) 말미암아 지은 바 되었으니 지은 것이 하나도 그가 없이는 된 것이 없느니라. 그(말씀) 안에 생명이 있었으니 이 생명은 사람들의 빛이라 빛이 어두움에 비취되 어두움이 깨닫지 못하더라."(요한복음 1:1~5)

하나님은 보이지 않는 소립자나 쿼크 또는 그 이하의 극소립자 속에 이미 에너지를 위해 전하나 스핀(자전력), 패리티 등의 힘의 특성을, 움직임을 위해 자전과 공전력, 생물의 맛을 위해 냄새와 향, 자연의 아름다움을 위해 색 등 영적인 특성들이 들어가게 하여 우주만물을 만드는 초석(구성성분, 기초돌)으로 하신 것이다. 만일 소립자 속에 맛과 냄새가 없다면 우리가 음식물을 먹는 것이 재미없고 너무 지루하며 따분하고 고역이기 때문에 식욕이 없어 잘 먹지도 않을 것이다. 동물이 살아가게끔 음식물 속에 향과 맛이 들어 있게 하고, 혀로 맛을 느끼고 코로 냄새를 느끼며 먹고 싶은 식욕을 즐기면서 먹게 된다. 만일 동물의 혀와 코가 자연의 진화로만 만들어졌다면, 여러 가지 맛을 느끼고 여러 가지 냄새를 느끼게끔 만들어서 왕성한 식욕을 가지고 먹는 것을 즐기게 하지는 못했을 것이다.

이들 소립자들의 힘의 특성의 상호작용으로 극성의 힘이 생겨나고 극성의 힘에 의해 에너지가 생겨나고, 생겨난 에너지에 의해 우주만물이 창조되고, 작동되고, 변화해 가는 자연변화가 이루어지도록 한 것이다. 즉 하나님은 에너지에 의해 모든 우주만물의 창조도 저절로 자연히 스스로 이루어지게 프로그램화하신 것이다. 그러므로 우주만물이 만들어지고 작용되는 하나님의 설계프로그램은 이미 소립자 속에 들어 있는 것이다.

장의 이론에 의하면 전자는 광자를 임시로 방출하여 곧 그것을 흡수하는 과정을 되풀이함으로써 자체에너지를 가지며 핵자(원자핵)는 π 중간자를 방출하고 재흡수함으로써 자체에너지를 가진다고 한다.

물질 속에 원래 들어 있는 위치에너지(잠재에너지, 자체에너지)도 전자나 광자와 같은 소립자와 힘의 장인 전기장, 자기장을 만들고 전자기파를 방출하는데, 이러한 에너지작용도 결국은 빛의 작용인 것이다.

원래 전기장은 정전하 주위에, 자기장은 자극의 주위에 생기는 각각 다른 것이지만 전하가 운동하여 전기장이 시간적으로 변동하는 곳에서는 반드시 자기장이 생기고, 반대로 자기장이 변동하는 곳에는 90도 각도로 반드시 전기장이 생긴다. 이와 같이 일반적으로 양쪽이 동시에 나타나므로 전자기장이라 한다.

특히 회로에 주기적인 진동 전류가 흐르면 주위의 공간에는 그것과 같은 주기로 변동하는 자기장이 90도 각도로 생기고 이 진동자기장은 다시 90도 각도로 전기장을 만들게 하여 결국은 전기장과 자기장이 서로 상호작용을 하면서 일종의 파동으로써 공간으로 전파하게 되는데 이것이 전자기파이다.

전자기파에는 라디오파, 광파 등이 있는데, 전자기파는 가속하는 전하들에 의해서만 만들어진다. 즉 전자기파는 가속전하로부터 퍼져 가면서 진동하는 전기장과 자기장으로 이루어져 있다. 이러한 전자기파가 전파하는 데는 매질이 필요 없다. 즉 전자기파는 진공을 통해서도 전파될 수 있다. 즉 진공 자신이 매질인 것이다.

도선에 전류가 흐르면 주위 공간에 전기장과 자기장이 생긴다. 이때, 도선에 흐르는 전류가 시간에 따라 변하는 진동전류이면 주위 공간의 전기장과 자기장도 주기적으로 변한다. 이와 같이 전기장과 자기장의 변화가 한 쌍이 되어 공간 내에 파동으로 퍼져 나가는 것을 전자기파(전자파)라 한다. 적외선보다 파장이 길어 무선 전기 통신에 사용하는 전자기파를 전파라고 한다.

대부분의 에너지는 한 에너지에서 다른 한 에너지로 변환되는 것이 아니라 동시에 여러 에너지로 변환된다.

모든 역학적에너지는 원리적으로 모두 열에너지로 변환될 수 있지만 열에너지를 모두 역학적에너지로 바꾸는 것은 불가능하다. 그 이유는 열에너지가 주위의 다른 물질에 흡수되었기 때문이다. 일반적으로 에너지들 사이와 에너지 입자 사이에는 원리적으로 변환될 수 있다.

09
열과 열에너지

열은 에너지의 한 종류로 물체의 온도를 높이거나 물체의 상태를 변화시킨다. 일반적으로 열을 가하면 고체는 액체로, 액체는 기체로 상태가 변하면서 열(에너지)을 흡수하고, 반대로 열을 내리면 (온도를 낮추면) 기체는 액체로, 액체는 고체로 상태가 변하면서 열을 방출한다. 이와 같이 상태변화를 일으킬 때 흡수되고 방출되는 열을 숨은열(내부에너지, 잠재에너지)이라고 한다.

숨은열은 물질의 상태변화에 따른 내부에너지 변화에 기인하는 것으로 이는 분자간 결합력에 변화를 일으켜 물질의 응집상태를 본질적으로 변화시킨다. 즉 기화는 분자의 운동에너지가 증가하여 액체분자가 가지고 있던 본래의 위치에너지보다 커지는 현상이고, 융해는 분자의 운동에너지 증가로 인해 고체의 결정구조가 흐트러지는 현상이며, 이때 소모되는 열에너지가 숨은열이다.

열에너지는 일로 변할 수 있으며 반대로 일은 열로 변할 수도 있다. 고체를 마찰시키거나 기체를 급격히 압축하면 열이 발생하고 온도가 올라간다. 반대로 열 출입이 없도록 하고 기체를 팽창시키면 온도가 내려간다. 이를 통해서 온도가 바뀌는 것은 반드시 열의 이동만으로 이루어지는 것이 아니라 역학적인 일에 의해서도 이루어지는 것을 알 수 있다.

물체의 열적 상태(온도와 분자의 응집상태)를 결정하는 것은 그 물체의 내부에너지(역학적에너지)인데 이는 분자의 역학적에너지(위치에너지+운동에너지)로서 물체 내에 저장되어 있다.

열이란 이 내부에너지(역학적에너지)의 변화인 것이다. 이러한 입장에서 물체의 현상을 보면 열과 역학적 일은 모두 내부에너지를 변화시키는 요인으로써 동등한 것이며, 따라서 열은 에너지의 한 형태인 것이다.

물체가 각각 열적 상태에 대응한 에너지를 가지고 있다는 것은 단순히 물체가 열을 다른 물체에 제공할 수 있을 뿐 아니라 역학적 일을 할 수 있는 능력을 가지고 있다는 것을 의미하며, 적당한 방법으로 내부에너지의 변화, 즉 열의 일부를 역학적 일로 바꿀 수 있다. 증기기관이나 내연기관 등 열기관이 바로 이것이다. 일반적으로 역학적 일은 전부 열로 바꿀 수 있는 데 반해 열을 전부 일로 바꾸는 것은 원리적으로 불가능하다.

따뜻한 물체와 차가운 물체를 접촉시키면 따뜻한 물체의 온도는 점점 내려가고 차가운 물체의 온도는 점점 올라간다. 이는 따뜻한 물체에서 차가운 물체로 열이 이동하기 때문이며(열전도), 시간이 지나 두 물체의 온도가 같아지면 더 이상 열은 이동하지 않는데 이러한 상태를 열평형상태라고 한다. 결국 열이란 온도차이로 전달되는 에너지이다.

두 물체의 열평형상태는 두 물체가 온도적으로 차이를 감소시켜 같아지려는 평형의 힘에 의해서 오는 현상이다.

물체의 한쪽 끝이 고온으로 되어 있고, 다른 쪽 끝이 저온으로 되어 있으면, 고온인 쪽의 분자는 저온인 쪽의 분자보다 더 활발하게 운동을 하고 있기 때문에 이 분자들이 옆의 다른 분자들과 충돌함으로써 운동에너지의 일부를 옮겨준다. 따라서 저온인 쪽의 분자의 운동도 활발해져 결국은 같은 평균에너지를 갖고 운동을 하게 되므로 양쪽의 온도가 같게 평형상태를 이루게 된다. 이러한 세부적인 에너지, 입자, 분자운동에 의해 온도차이가 생기고 온도평형이 이루어지지만 외부적으로 총괄적으로 관찰하면 두 집단 사이의 온도차를 줄이기 위한 자연의 평형(균형, 조화)을 이루려는 힘으로 자연변화가 행해지는 것이다.

열운동(thermal motion)은 물질을 구성하는 분자 또는 원자가 하는 운동으로, 분자나 원자가 온도에 비례하는 운동에너지를 갖고 운동하는 것을 말한다. 온도가 올라가면 기체의 경우 운동에너지가 커지면서 압력이 커지고, 액체의 경우는 분자 사이의 간격이 커지는 방향으로 열운동이 일어난다. 그러므로 열운동을 분자운동이라고도 한다.

물질을 구성하는 분자나 원자는 끊임없이 운동을 한다. 기체는 형태 없이 무한히 퍼지려는 성질이 있으므로 그 속의 원자나 분자는 자유롭게 운동을 한다. 만일 그릇 등 용기 안에 갇혔을 경우에는 용기 벽과 수없이 충돌하여 용기 벽에 힘을 미치는데 이 힘들의 합계를 기체의 압력이라고 한다. 일반적으로 열운동은 온도가 올라갈수록 커진다.

한편 액체의 경우는 분자들이 서로 끌어당기면서 한곳으로 모여 있다가 온도가 올라가면 서로 운동하기 쉽도록 풀어 놓는 열운동이 일어난다.

고체원자(또는 고체분자)의 열진동은, 일반적으로 고체원자는 평형의 위치를 중심으로 작은 범위 내에서 진동을 하고 있다.

만일 물체가 외부로부터 에너지를 받았으나 움직이지 않는다면 이 에너지는 없어지는 게 아니라 열에너지로 바뀌는 것이다.

물체의 온도는 바로 물체의 구성입자들이 무질서하게 움직이는 평균운동에너지를 대표하는 물리량이다. 물체의 모든 구성입자들이 움직이지 않고 정지해 있으면 이 입자들의 무질서한 운동에너지의 합은 0이고, 바로 이 경우가 가장 낮은 온도이다.
　분자는 원자들이 용수철 같은 탄성적인 결합으로 되어 있기 때문에 빛을 받으면 열에너지(전자기파)와 광자를 흡수하므로 진동, 자전, 전진의 3가지 운동을 하게 된다. 그러므로 빛에너지는 우주만물을 움직이게 하는 원천인 것이다.
　빛은 광자와 전자와 전자기파로 되어 있는데, 전자기파는 전자에 의해 생기므로 빛은 전자와 광자의 상호작용이므로 전자에는 자전력이 있고, 전자기파는 진동과 전진운동을 함으로써 빛을 흡수한 분자들은 진동, 자전, 전진의 3가지 운동을 하게 되는 것이다.

　모든 생물이 죽어 태워지면 육체는 열에너지로 되어 다른 물질에 흡수되어 역학적에너지로 되어 다른 물질의 열운동을 돕고, 일부는 이산화탄소와 수증기로 되어 대기로 가서 다음 식물의 광합성 작용과 온난화 작용으로 지구 대기의 온도를 높이는 역할을 하고, 다른 동물에게 먹히게 되면 육체 속에 있는 원소와 에너지는 그대로 먹힌 동물에게 전달되고, 육체가 미생물에 의해 썩어 분해되면 일부는 원소로 되어 흙 속이나 대기 속으로 가고, 일부 열에너지는 다른 물질에 흡수되어 원소나 에너지는 하나도 없어지지 않고 다시 자연으로 돌아가 다른 물질이나 다른 생물의 잠재에너지나 운동에너지로 쓰이는데, 이는 에너지가 순환하는 것을 의미하는 것이다. 육체는 자연에서 온 물질로 만들어졌기 때문에 당연히 자연에 돌아가 자연의 균형(조화, 평형)을 이루게 하는 것이다.

＊죄의 심판과 천국＊

    죄와 죄의 심판은 현세와 후세의 정신세계를 올바르게 영원히 보존시키기 위한 것이다. 죄와 죄의 심판은 행위에 대한 옳고 그름을 판단하는 것으로, 정신세계의 정의와 불의에 대한 균형(조화, 화목, 화평, 평형)을 이루기 위해 반드시 필요한 신의 조치인 것이다.

    만일 지구에서 아무리 많은 죄를 짓든 안 짓든 천국에서 차별 없이 똑같이 대우를 받는다면, 지구의 삶에서 죄에 대한 부담감이 없을 것이고 죄책감도 없어 더욱 더 죄짓는 것을 두려워하지 않을 것이다. 다른 사람이 전혀 모르게 죄를 짓는 순간 사람은 누구나 죄의 크기에 따라 떨리는 양심(마음) 상태를 다르게 가지는데 이것은 심장과 신경계와 호르몬계의 정신적인 감정의 작용이기 때문이다. 만일 인간의 육체가 그저 우연히 자연에 의해 저절로 진화되어 만들어졌다면, 아무도 보지 않는 곳에서 죄를 짓는다고 그렇게까지 떨고 무서워할 것까지는 없을 것이다.

    우리가 아무도 모르게 죄를 지어도 가슴이 두근거리고 온 몸이 떨리는 이유는, 우리의 육체는 하나님의 영이 들어 있는 광자로 만들어진 영적인 단백질로 만들어졌기 때문에 즉 우리 몸에 거하는 하나님의 영 때문에 떨리는 것이다.

    자연물 속에도 빛의 광자(에너지+정보+영)가 역학적에너지로 다 들어 있어 물질의 특성을 나타낸다. 광자(에너지+정보+영)가 가지고 있는 영(하나님의 의도=하나님의 말씀=하나님의 설계=성령=하나님의 에너지=하나님의 능력)은 생물 속에서 생명의 물질인 단백질과 생명의 칩인 DNA가 있을 때에만, 이들과 상호작용하여 생명활동을 하는 혼과 영적 활동을 하는 영혼을 만든다.

    생명이 없는 무생물 속에서는 광자(에너지+정보+영)가 생명물질인 단백질과 생명의 칩인 DNA와 상호작용을 할 수 없기 때문에 생명활동과 영적 활동을 할 수 없으므로 무생물에게는 혼과 영혼이 없고, 광자가 가지고 있는 영만 있기 때문에 주어진 수동적인 물질의 특성만 존재하는 것이다.

    사망 후 죄의 심판이 있기 때문에, 죄 앞에서는 인간이면 누구나 다 떨고 무서워하도록 신(하나님)이 인간의 육체와 혼을 만들었기 때문이다. 그럼으로써 죄를 알게 하여 죄를 덜 짓게 하기 위함인 것이다. 만일 죄를 무서워하지 않고 죄에 대하여 떨지도 않으면 지금보다 인간은 훨씬 더 많은 죄를 짓게 되므로 인간사회는 죄악의 세상으로 변해버렸을 것이다.

만일 죄의 심판이 없다면, 신이 인간과 영혼의 교제를 할 필요도 없고 인간의 영혼에도 관심이 없으며, 지구상의 인간들에게 죄라는 관념도 동물과 같이 모르게 했을 것이다. 동물세계는 아무리 죄를 지어도 죄의 심판이 없기 때문에 죽어서도 죄의 심판이 없다. 그러나 동물세계는 종마다 동물세계를 유지하기 위한 본능적인 삶의 행동의 규칙이 있어 본능적인 생활규칙을 어기고 큰 죄를 짓는 동물은 거의 없는데, 이것도 신의 설계인 것이기 때문이다.

모든 동물은 거의 다 번식하고 배부르면 만족해하기 때문이다. 동물은 살기 위해서 먹이사슬에 따라 다른 먹이동물을 잡아먹는데, 이것은 자연의 법칙에 해당되므로 죄에 들어가지 않으며, 동물은 배가 부르면 절대로 먹이동물을 죽이지 않는다. 동물은 과잉적인 시기 질투가 없고 야욕에 찬 욕망이 없으므로 시시때때로 변하는 변덕이 없기 때문에 법이 없어도 동물사회를 본능적으로 유지해 나갈 수 있는 것이다. 그리고 죄에 대한 자책감을 느끼지 못하므로 죄의 심판도 필요 없는 것이다.

그러나 인간은 번식하고 배만 부르다고 만족해하지 않는다. 인간은 결혼 상대자를 선택할 때도 여러 가지를 생각해서 자기의 욕구 욕망을 많이 채워주는 상대자를 고르게 된다. 인간의 욕구 욕망은 복잡하고 무한히 많고 크기 때문에 심한 시기와 질투가 생겨나고 심한 변덕이 많아짐으로써 이로 인해 죄를 짓게 된다.

인간사회를 오래 유지시키기 위해서는 규칙과 법으로 죄를 억제시켜야 한다. 그러나 발각되지 않은 죄는 법의 심판을 받지 않는데, 이 발각되지 않은 죄는 모두 사망 후 영혼기에 의해 자동으로 죄의 심판을 받게 되는 것이다. 그래야만 저 세상과 이 세상 사이에 정신적인 옳고 그름에 대한 가치관이 정립되어, 악과 죄에 대한 대응조치로 벌을 줌으로써 죄와 벌의 균형(조화)으로 정신적인 평형(화평, 조화)상태를 이루어 두 세상이 영원히 오래도록 유지될 수 있기 때문이다.

우리의 죽은 영혼에 대한 죄의 심판은 하나님이나 천사들이나 저승사자들이 일일이 심판하지 않는다. 우리가 이 세상에 자연히 와서 자유롭게 살다가 자유의지에 따라 죄를 짓고, 나이가 차면 세포 속에 생명의 칩인 DNA분자 속에 담겨있는 생명의 정보(말씀)에 따라 이 세상을 자연히 떠나게 된다. 이 세상에서 우리가 행동한 모든 삶의 행적은 모두 천국의 지구 영혼국에 있는 영혼기(영혼의 행적이 수시로 자동으로 녹음·녹화되어 자동으로 죄의 심판을 내리는 컴퓨터기계)에 의해 때가 되면 영혼이 불리어져, 즉 영혼의 암호가 맞추어지면 자동으로 영혼기에 의해 죄의 심판을 받고, 직분대로 살아갈 지구에서 부활기(천국의 지구 영혼국에 있는 육체부활기로서, DNA 비밀번호(암호)와 영혼비밀번호가 맞추어져서 자동으로 새 육체와 영혼이 결합되어 부활시키는 기계)에 의해 자연히 부활되어 탄생될 것이다. 즉 죽어서 죄의 심판을 받고 부활되는 것은 일일이 하나님이나 천사들에 의해서 행해지는 것이 아니라 자연히 저절로 자동으로 아주 미세한 영혼기와 부활기에 의해서 행해지는 것이다. 아주 미세한 생명의 3대 로봇기계들에 의해 우리 몸이 처음 엄마 뱃속에서 자연히 저절로 자동으로 조각되어 만들어지는 거와 같이 우리의 부활도 영혼로봇기계와 부활로봇기계에 의해 자연히 저절로 자동으로 행해지는 것이다.

인간과 같이 지능이 높고 감정이 풍부한 동물에게는 감정에 찬 욕망이 있게 되고 감정에 찬 욕망은 시기 질투를 하게 되고 시기 질투는 삶의 발전과 삶의 의욕을 갖게 하며 삶의 의욕을 채우기 위해선 풍부한 야망이나 야욕도 있어야 하는 것이다. 그 때문에 인간에게는 발전하는 삶이 있고, 동물에게는 발전하는 삶이 없이 항상 똑같은 삶이 되풀이되는 것이다.

인간의 생각과 욕망이 다 다른데 어떻게 천국에 온 수많은 영혼들을 다 똑같이 행복하게 살게 할 수 있겠는가? 아니면 천국에 간 영혼들은 착해서 욕망들이 없을까? 욕망이 없는 영혼의 세계는 발전도 없고 행복도 없는 죽음의 세계나 다름없을 것이다. 행복은 욕망을 충족시킬 때 느끼게 되기 때문이다.

우리의 5감각기관과 뇌는 모두 정신적으로 기억세포에 저장된 상대적인 대상물과 비교 분석 평가함으로써 감각하고 생각하게 된다.

천국사람들도 우리와 같이 5감각기관이 있을 텐데, 상대적 대상물과 비교함이 없이 어떻게 감각하고 생각할 수 있겠는가?

만일 천국에 있는 하나님과 천국사람들이 육체 없이 영으로만 거(존재)한다면 형상이 없기 때문에 여러 천국사람들을 알아볼 수 없어 감정을 나눌 수도 없고 사랑도 할 수 없을 것이다. 그리고 천국이라는 천체도 존재하지 않을 것이다. 영의 세계는 에너지(소립자)의 세계이고, 에너지의 세계는 소립자(물질)의 세계이고, 소립자의 세계는 물질세계이므로 영의 세계인 천국(낙원)은 물질세계이므로 하나님이나 천국사람들도 우리와 같은 물질세계와 정신세계의 혼합세계로 되어있는 것이다.

원자, 태양계, 은하계, 생물세포, 동물의 알 등이 서로 모양이 비슷하고 작용도 비슷하기 때문에 물질과 정신의 출발세계인 천국의 자연풍경이나 천국동물이나 식물들은 우리 지구와 생물과 형상이 비슷할 것이고, 천국사람들이나 하나님도 우리와 같은 형상을 하고 있어야 우리와 같은 수많은 감정을 가지고 기뻐할 수 있고 즐길 수 있는 것이다. 만일 다른 형상을 하고 있다면 영적 교제도 충분히 이루어질 수 없는 것이다.

예를 들어 형상이 다른 인간과 동물은 충분한 감정이 담긴 의사소통을 할 수 없는 것이다. 천국에서도 하나님이나 천사들이 육체 없이 영의 상태로만 존재하는 것은 존재하는 낙을 누릴 수 없기 때문에 존재하는 보람과 의의도 없을 것이다.

행복한 것을 느끼려면 상대적으로 불행한 것을 알아야 하고, 좋은 것을 알거나 느끼려면 상대적으로 나쁜 것을 알아야 하고, 선하게 살아가려면 먼저 주위에서 악하게 살아가는 사람과 선하게 살아가는 사람을 보거나 접촉해본 경험이 있어야만 가능할 것이다. 만일 불행을 느껴본 경험이 없다면, 어디까지가 불행이고 어디서부터 행복인지 알 수 없을 것이다. 그러므로 상대적인 극성관계가 없는 차별 없는 천국(직분이 다 똑같음), 행복만 존재하는 천국, 선량한 사람만 사는 천국 등은 결국 존재하기 어려운 것이다.

모든 것이 다 좋기만 하고 나쁜 것이 없으면, 상대적인 극성의 힘에 의한 작용이 없기 때문에 물질적으로는 서로 상호작용을 할 수 없고 반응하기 어려워 물질세계의 존재는 어렵고, 비물질적인 정신세계는 생각을 하는 상대적인 비교기준관이 없어 올바른 가치관이 생기기 어려운 것이다.

똑같은 한 컵의 물이라도 물이 흔한 지역에서와 물이 귀한 사막에서의 가치는 큰 차이가 있고, 물을 마시는 맛도 큰 차이가 있고, 물에 대한 고마움이나 물을 마시는 즐거움이나 행복감도 큰 차이가 있다. 물에 대해 느끼는 감정은 주위 환경에 있는 물의 양에 따라 또는 지역마다 다른 광물의 함유량에 따라 상대적으로 다르게 느껴진다. 이와 마찬가지로 좋은 것만 있고 행복만 많이 존재하는 천국에서는 상대적인, 극성적인 나쁜 것과 불행이 없기 때문에 행복을 느끼는 것이 매우 어렵거나 행복을 전혀 느끼지 못할 것이다. 평상시 우리는 산소의 고마움을 전혀 느끼지 못하나 높은 산에 오르면 그제야 느낄 수 있는 경우와 마찬가지이다. 그러므로 행복은 간절히 소망하던 것이 비로소 성취되거나 절실히 필요하던 것이 충족될 때 비로소 느껴지는 만족한 감정인 것이다.

더구나 정신세계는 항상 물질세계와 상호작용하는데, 물질세계가 없거나 잘 작동되지 않으면 역시 정신세계의 존재는 어렵고, 정신세계와 물질세계가 아닌 다른 세계는 역시 존재하기 어려운 것이다. 왜냐하면 신은 신의 3대 힘의 원리에 따라 모든 우주만물과 인간을 창조했기 때문에, 이 3대 힘의 원리(상호작용하려는 힘+상대적인 극성의 힘+평형(조화, 균형)해지려는 힘)가 적용이 안 되는 다른 세계는 존재하기 어렵기 때문이다.

그러나 설사 어떤 세계가 존재한다면, 결국 행복만 존재하고 좋은 것만 존재하는 세상은 아닐 것이다. 왜냐하면 물질세계이고 정신세계이고 모두 상대적인 물질적인 극성의 힘이나 상대적인 정신적인 극성의 힘에 의해 존재하고 작동되어 가기 때문이다.

맛있는 음식과 맛없는 음식을 구별하는 것은 여러 가지 맛을 아는 혀가 있기 때문이다. 만일 여러 가지 맛을 느끼지 못하고 한 가지 맛만 느끼는 혀로는 맛을 구별할 수 없고 모두 한 가지 맛만 느끼는 거와 같이, 여러 가지 나쁘고 여러 가지 슬픈 것을 느끼거나 알지 못하는 단순한 신체구조로는 여러 좋은 것과 여러 행복한 것을 느끼거나 알지 못하는 것이다. 그러므로 상대적인 정신적 물질적인 극성적인 작용 없이 행복만 느끼게 하는 천국은 존재하기 어려운 것이다.

성경에서와 같이 천국과 지옥은 사이에 큰 구렁이 있어 서로 왕래는 할 수 없으나 지옥에서 천국을 볼 수 있고, 천국에서 지옥을 볼 수는 있을 것이다. 또는 지구의 삶과 같이 천국 같은 아름다운 주위환경을 가진 지구에서 살아가는데, 가난하지만 평안한 마음으로 삶의 맛을 실컷 음미하면서 살아가는 행복한 사람들과 부유하지만 수많은 번뇌로 옥신각신하면서 삶의 맛을 제대로 음미하지 못하면서 근심 걱정으로 지옥생활을 하면서 살아가는 사람들이 무수히 많이 있는 것이다.

10
열역학(thermodynamics)

열역학은 에너지, 열(heat), 일(work), 엔트로피(entropy)와 과정(process) 의 자발성을 다루는 물리학이다.

▮열역학의 4가지 법칙

(1) 열역학 제1법칙(에너지보존 법칙)

찌그러진 공을 뜨거운 물에 담그면 공은 팽창되어 단단해진다. 물체에 일을 해 주면 그만큼 내부에너지는 증가하고, 물체가 외부에 일을 하면 내부에너지는 그만큼 감소한다. 기체에 열을 가하면 온도가 상승하므로 내부에너지가 증가할 뿐만 아니라 기체가 팽창을 하면서 외부에 일을 하게 된다.

이때 가한 열량(에너지)을 Q라고 하고, 외부에 한 일(에너지)을 W라고 하면 증가한 내부에너지의 양은 $\Delta U = Q - W$가 된다. $W = p\Delta V$이므로 $\Delta U = Q - p\Delta V$으로도 나타낼 수 있다. 즉 어떤 계의 내부에너지의 증가량은 계에 더해진 열에너지에서 계가 외부에 해준 일(에너지)을 뺀 양과 같다. 즉 에너지보존법칙을 나타내는 것이다.

열역학 제1법칙은 에너지가 다른 형태로 변할 수는 있지만 에너지가 새로 만들어지거나 소멸될 수 없으므로, 에너지가 보존되는 것을 나타냄으로써 처음부터 우주만물이 스스로 창조되거나 파멸될 수 없음을 나타내는 것이다.

(2) 열역학 제2법칙(엔트로피 법칙)

닫힌계의 엔트로피는 감소하지 않는다. 변화과정이 비가역적이면 엔트로피는 증가하고 가역적이면 엔트로피는 일정하게 유지된다.

$$\Delta S \geq 0$$

즉 열역학 제2법칙은 에너지의 감소 및 소멸을 다루는 것으로, 이용 가능한 에너지는 감소되고 무용한 에너지와 무질서도는 증가하는 것을 나타내는 것이다. 자연계의 우주만물은 감소, 쇠퇴, 붕괴, 소멸되어 쓸모없는 것으로 변하여 미래의 언젠가는 완전히 무용의 상태가 된다는 것이다(불교에서는 생로병사).

즉, 열역학 제1법칙은 우주 속에 모든 것을 포함하는 에너지가 양적인 측면에서 불변이라는 것이고, 제2법칙은 에너지가 질적인 측면에서 지속적으로 쇠퇴한다는 것이다.

열역학 제2법칙은 엔트로피(entropy, 무용한 에너지, 쇠퇴, 무질서도)법칙이다.

에너지를 사용하는 과정에서 엔트로피(무용한 에너지)는 항상 증가할 것이고, 유용한 에너지는 항상 감소할 것이다. 그러므로 모든 우주만물(자연현상)은 닳고, 감소하고, 붕괴하고, 녹슬고(산화하고), 파괴되고, 붕괴하고, 늙고, 병들거나 죽는 방향으로 가고, 질서는 감소하고 무질서는 증가하여 타락되고, 혼란스럽고, 복잡 다양해짐으로써 유용한 에너지는 감소하고 무용한 에너지는 증가하게 되는 것이다.

자동차에서 배출되는 열에너지나 뜨거운 국그릇에서 나오는 열에너지는 원래대로 다시 되돌아갈 수 없고 우주 공간으로 흩어질 뿐이다(그러나 엄밀히 생각하면 열에너지는 다른 물질의 역학적에너지로 되기 때문에 유용한 에너지와 무용한 에너지 사이를 순환하는 것이다).

과학자들은 우주가 열에너지의 소멸로 가고 있다고 한다. 태양도 앞으로 50억 년 정도면 연료를 다 태워버리고 식어버려 우리가 사는 태양계도 파멸된다고 한다(그러나 넓은 의미로 수백억 년 후에는 다시 죽은 태양의 원료가 다시 새로운 태양을 만드는 원료나 재료로 쓰이기 때문에 열에너지나 태양의 물질이나 원료가 0으로 소멸되는 것이 아니고 다른 물질의 생성에 쓰이는 유용한 에너지로 되는 것이다).

열역학 제2법칙에 의해 모든 물질들이 퇴보한다 하더라도 일시적으로 반대현상이 일어나는 경우들이 있다. 설계자(신)의 의도에 따라 설계된 태양과 물이 나무와 식물에 미치는 일시적인 현상이다. 땅 속에 심어진 씨앗이 태양으로부터 온기를 받으며 물을 흡수하여 싹이 나오고 성장하며 열매와 곡식과 채소 등 유기물을 생산한다.

또 다른 예는 동물의 탄생과 성장, 인간에 의해 새로 만들어진 집, 자동차, 옷 등은 일시적으로 퇴보의 반대 현상이지만, 이것들도 얼마 안 가 쇠퇴하고, 낡고, 녹슬고, 약해지고, 파괴되어 먼지나 재로 돌아가는 것이다.

물질세계에서뿐만 아니라 정신세계에서도, 예를 들어 정치, 경제, 사회, 문화, 윤리 분야에서 가치관과 도덕성이 몰락되어 가고 있다.

통화팽창, 실업문제, 식량문제, 식수문제, 새로운 질병, 환경오염, 성 문제, 자원의 고갈 등등은 엔트로피의 증가에 기인하는 것이다(열역학 제2법칙은 현재 우리 우주가 팽창기에 놓여있을 때 적용되는 법칙이지만, 먼 훗날 우리 우주가 수축기에 놓여 있을 때는 다른 법칙이 적용되어져야만 할 것이다).

(3) 열역학 제3법칙(절대 0도=0°K= -273°C)

열역학 제3법칙은 엔트로피의 원리에 대한 것이며 절대 영도에 도

달하는 것이 불가능하다는 것을 설명한다.

열역학적 온도가 0°K으로 접근함에 따라 모든 과정(자연변화)은 멈춘다. 절대온도가 0으로 접근함에 따라 계의 엔트로피는 상수로 수렴한다.

(4) 열역학 제0법칙(열역학적 평형)

열역학 제0법칙은 열적(열역학적) 평형상태를 설명하는 법칙이다.

"어떤 계의 물체 A와 B가 열적 평형상태에 있고, B와 C가 열적 평형상태에 있으면, A와 C도 열적 평형상태에 있다."

이 법칙은 온도의 존재를 주장하는 것과 같으며 모든 열역학 법칙의 기본이 된다.

✱ 창조와 발명 ✱

　창조는 무에서 유를 만드는 일이고, 창작이나 발명은 유에서 유를 만드는 일이다. 하나님은 천지를 창조하시고(창세기 1:1), 흙으로부터 식물을 나게 하시고 동물과 사람을 만드셔서(창작하시어) 그들에게 생명을 창조하여 부여하셨다. 따라서 우주와 만물은 하나님의 창조와 창작의 복합적 작품인 것이다.

　"하나님께서 창조하시던 일을 마치셨다."(창2:2)

　하나님은 6일 동안 우주만물을 창조하시고 7일째 안식일로 창조를 마치셨다(성경의 하루는 수천만 년, 수억 년도 될 수 있는 것이다. 왜냐하면 성경은 선지자가 하나님의 성령을 받아 쓴 것이기 때문에, 성령 속의 하루는 실제로는 수천 년이나 수억 년일 수도 있는 것이다).
　하나님은 창조 6일 그 후에는 창조는 안 하시고, 있는 에너지와 물질로 창작(발명)하신 것이다. 즉 자연이 스스로 진화되도록 한 것이다. 자궁 속에 있는 접합자(배)가 발달되어 아기로 태어나든가, 수십억 년 걸쳐서 지구 속에서 생물이 태어나는 것은 단지 시간이 무한히 짧은 것과 시간이 무한히 긴 것의 차이뿐이지 두 가지가 발달·진화되는 것은 다 같으며, 이러한 발달과정이나 진화과정은 이미 신에 의해 설계프로그램화되어 있기 때문에 설계프로그램대로 자동으로 자연히 저절로 진행·발전되어 가는 것이다.

　"오직 주는 여호와시라. 하늘과 하늘들의 하늘과 일월성신과 땅과 땅 위의 만물과 바다와 그 가운데 모든 것을 지으시고 다 보존하시오니 모든 천군이 주께 경배하나이다"(느9:6)라는 말씀과 같이 한 번 창조해 놓은 우주만물은 지금도 그대로 보존되므로 그 총량이 불변하다는 것이다. → 열역학 제1법칙

　"이미 있던 것이 후에 다시 있겠고, 이미 한 일을 후에 다시 할지라. 해 아래는 새것이 없나니 무엇을 가리켜 이르기를 이것이 새것이라 할 것이 있으랴. 우리 오래 전 세대에도 이미 있었느니라."(전1:9~10) → 열역학 제1법칙

위의 말씀과 같이 모든 만물이 순환(불교에서는 윤회)되고 있으나 최초의 것이 변화될 뿐 없어지지 않고 그대로 보존되고 있음을 증언하는 것이다. 그러므로 우주는 끊임없이 팽창기와 수축기를 순환하고 있으며 원래 우주의 나이는 하나님과 같이 무한한 나이일 것으로 짐작할 수 있는 것이다.

〈우리는 다음과 같이 가설적으로 열역학 제4법칙(에너지순환의 법칙)을 생각할 수 있다〉
모든 물질은 원자로 되어 있고 원자는 전자기파를 방출하므로 모든 물질은 전자기파(에너지)를 방출하고, 다시 전자기파(열에너지)를 흡수함으로써 모든 물질은 에너지대사를 하는 것이다.

열역학 제2법칙에 의해 쇠퇴된 무용한 열에너지는 주위환경으로 방출되어 대기를 덥히거나 다른 물질의 내부에너지(=역학적에너지=운동에너지+위치에너지)로 되어 유용한 에너지로 되어 자연변화를 일으키게 하거나 다른 새로운 물질의 탄생에 기여하게 되는 것이다. 일부는 우주 공간으로 흩어져서 우주 공간의 온도가 절대 영도에 가까워지는 것을 방지할 것이다. 그리고 일부의 열에너지는 태양과 같은 뜨거운 항체 속으로 들어가 빛 발생을 도울 것이다.

그러므로 가설적인 열역학 제4법칙은 에너지의 순환을 뜻하며, 에너지의 순환은 곧 물질의 순환을 뜻하므로, 이는 우주만물의 순환을 의미하는 것이다. 그럼으로써 자연의 동적평형상태를 유지해 신과 함께 우주만물이 영원히 순환되어 자연의 평형(조화, 균형, 화평)을 이루어 영원히 보존 유지될 수 있는 것이다. 에너지는 소립자이고 정신세계의 생각하고 기억하고 영혼이 머무르고 하는 것은 소립자에 의해 행해진다.

예를 들어 생각하는 것은 신경계의 신경세포에 의해서 이루어지는데, 신경세포는 광자소립자로 만들어진 단백질로 만들어지고, 자극전류는 전자소립자의 작용이고, 기억하는 것은 광자소립자 속에 기억이 저장되는 것이고, 기억정보를 넣고 꺼내고 하는 것도 광자(에너지+정보+영)소립자가 하고, 영혼도 광자소립자 속에 저장되므로 모든 정신적인 일도 소립자(=에너지)의 작용인 것이다. 그 때문에 소립자나 에너지가 없는 곳에서는 정신적인 일도 일어날 수 없는 것이다. 그러므로 에너지의 순환은 소립자의 순환이고 정신적인 활동이 이루어지는 것이고 이는 곧 물질의 순환인 것이다.

그러기에 우주 허공은 무한히 많은 소립자바다와 에너지바다를 이루는데 이는 무한히 큰 정신세계와 무한히 큰 물질세계를 의미하는 것이다.

즉 에너지=소립자=정보(정신)=물질의 동적평형으로 현 우주는 존재하고 작동되어 가기 때문에 영원히 오랜 역사를 지니며 흘러갈 수 있는 것이다.

오늘날 우리는 천체망원경을 통해 별의 죽음과 별의 탄생을 목격하고 있고, 가모의 우주진동설과 같이 우주는 팽창(지금 현 우주는 우주팽창기에 있음)과 수축을 되풀이함으로써 영원히 보존되는 것이다.

11
원소의 생성과 우주 대폭발(Big Bang)

지구상에서는 원자번호 92인 우라늄($_{92}U$)까지 자연에서 생산된다. 우주 대폭발 전에는 원소는 없었고 에너지만 있었다고 한다. 우주는 약 135~200억 년 전에 생겨났다고 한다(학자마다 다름).

우주가 생성되기 전에 우주는 에너지(소립자)로 꽉 차있었고 검은 구멍(black hole)의 작용으로 에너지가 한곳으로 몰려 초고온, 초고압, 초밀도로 압축되면서 중력(인력)에 못 이겨 우주 대폭발이 일어나면서 입자, 원자, 분자가 형성되고 우주 공간에는 거대한 가스와 먼지구름으로 뒤덮였고, 대폭발시 고온에 의해 생긴 무거운 원소들이 천체들의 핵을 이루면서 중력(인력)에 의해 주위의 가스와 먼지구름을 흡수하면서 별, 태양, 혹성, 위성들이 생겨나고 은하계, 태양계와 같은 거대한 시스템이 형성되었다고 한다.

우리의 태양계도 약 120억 년 전에 생겨났다. 우주 대폭발 이후 100만 년까지는 고온·고밀도의 우주로, 우주가 불투명한 플라스마(이온핵과 자유전자의 상태)로 채워져 있었고, 그때의 우주는 크기가 작았지만 우주가 빠르게 팽창되면서 온도가 하강했다.

온도가 3,000K(켈빈)에 이르자 우주의 플라스마는 수소원자를 만들었고, 이에 따라 불투명했던 우주는 맑게 개이고 오늘날의 물질이 생기게 되었다. 이렇게 우주가 뜨거웠던 증거로는 우주배경복사(흑체복사)를 관측함으로써 증명되었다. 지금도 태양의 대기는 플라스마로 가득 채워져 있다.

우리가 보는 우주는 끝이 없고 물질로 된 별들도 셀 수 없도록 너무나 많은데 이들 우주만물은 모두 원자로 되어 있으니 양적으로나 숫자적으로나 인간의 두뇌로는 상상하기 힘든 것이다.

전자현미경으로도 안 보이는 소립자나 원자들이 어떻게 스스로 상호작용하여 이 거대한 우주만물을 만들어 낼 수 있었을까? 그리고 부피와 질량이 0에 가까운 무존재나 다름없는 소립자들은 어떻게 그들 고유의 특성을 가질 수 있었고 어떻게 스스로 생겨날 수 있었을까?

지금의 우리는 소립자세계를 잘 모르고 소립자이론을 만들어 가고 있는 단계이다. 그러나 우리 후손들은 소립자세계를 관찰하고 이해하고 새로운 소립자법칙을 발견할 것이다.

소립자세계는 지금까지 우리가 아는 원자세계와 전혀 다른 세계로 소립자세계가 밝혀지면 지금의 원자이론을 재정립시켜야 할 것이다. 다시 말해 우리는 원자핵이 양성자와 중성자의 집합체로서 매우 안정하다고 배워왔는데 실제로는 중성자가 양성자와 π중간자로, 양성자는 중성자와 π중간자로 끊임없이 계속해서 서로 변화하고 있기 때문이다.

지금까지 우주 창생설로 가장 비중을 갖고 많은 학자들의 동감을 얻는 설은 우주 대폭발(big bang)설이다. 이 설을 살펴보면 다음과 같다. 우주 대폭발 후 10^{-43}s(초), 아주 극단적인 순간 후에 우주의 온도는 10^{32}k(켈빈)으로 상상하지 못할 만큼 뜨거웠고 밀도는 10^{94}g/cm³로 상상하지 못할 만큼 컸다.

$10^{-36} \sim 10^{-33}$s 후에는 우주의 직경은 10^{-28}cm로 한 개의 양성자보다도 더 작았고 온도는 10^{27}k이었고 quark, lepton, eichboson과 그들의 반입자들이 생겼다.

10^{-12}초 후에는 온도가 10^{16}켈빈으로 냉각되었고 전자기파가 생겨나고 이어서 다른 3가지 기본 힘도 생겨났다.

10^{-6}초 후에는 온도가 10^{13}켈빈으로 내렸고 중간자와 중입자로 된 하드론(hadron)소립자가 생겼고 두 종류의 3개의 쿼크(quark)는 한 조가 되어 원자핵을 만드는 양성자와 중성자를 만들었고, 이들 입자들은 끊임없이 소멸 붕괴되어 전자나 양전자 등을 만들었다.

$10^{-4} \sim 1$초 후에는 온도가 10^{10}k(100억 도)로 냉각되었고 전자와 양전자, 글루온, 광자(양자) 등의 소립자와 그들의 반입자들이 만들어져서 우주는 소립자로 충민하게 되었다.

3분 후에는 온도가 10억 도로 식었고 이 온도에서 1개의 양성자와 1개의 중성자의 핵융합으로, 처음으로 원소인 중수소(수소의 동위원소)가 생성되었다.

계속해서 온도가 약 천만 도(10^7k)로 식자, 4개의 수소가 핵융합하여 헬륨원소를 만들었다. 지금도 우주 공간에는 3/4이 수소원소, 1/4이 헬륨원소, 0.2%가 다른 원소로 존재한다.

수소($_1$H)로부터 산소($_8$O)까지는 태양에서 만들어지고, 플루오르($_9$F)부터 철($_{26}$Fe)까지는 오직 태양보다 질량이 더 크고 더 뜨거운 별에서만 만들어질 수 있다.

철보다 원자의 질량이 더 큰 원소는 초신성폭발(죽어가는 별이 폭발함) 때에만 핵융해(핵붕괴)에 의해서 만들어질 수 있다.

지구에서 나오는 철보다 무거운 원소는 별 폭발 때만 만들어져 우주에 퍼졌다가 이것들이 중력에 의해 뭉쳐져서 가벼운 원소를 잡아당겨 지구와 같은 혹성을 만든 것이다.

별에서 핵융합에 의해 만들어지는 가장 무거운 원소는 철이다. 철보다 더 무거운 원소를 핵융합에 의해 생성시키려면 막대한 에너지가 필요하므로 핵융합 연쇄반응은 철에서 멈춘다(핵융합 때는 막대한 에너지가 방출되는데, 이는 결국 별의 전체에너지가 소모되는 것을 의미한다).

모든 가벼운 원자핵이 철로 핵융합되어지면 태양의 질량보다 4배 이상 큰 별이라도 타버리기 때문이다. 그러므로 철보다 무거운 원소는 핵융해(핵붕괴)에 의해 만들어진다.

초신성폭발 때 불안정한 원자핵은 중성자를 잡아 베타(β)붕괴 즉 중성자붕괴로 중성자가 양성자로 변하면서 다음 무거운 원소로 변화되면서 전자와 반중성미자를 방출한다. 이 무거운 원소는 다시 중성자를 잡아 중성자붕괴로 점점 더 무거운 원소를 만든다. 연속적인 중성자 잡음과 베타붕괴 사이의 상호작용이 우라늄($_{92}U$)까지 만들게 한다.

핵융합, 핵붕괴 등에는 뜨거운 열에너지와 빛에너지가 동반되는데, 아인슈타인의 에너지 질량(물질)의 등가의 원리에 따라 질량결손은 막대한 에너지로 전환되기 때문에 에너지와 질량(물질)은 같은 것이다.

예를 들어 태양에서 4개의 수소원자핵은 핵융합하여 1개의 헬륨핵으로 되는데, 이때 질량결손이 1% 생기는데, 이것은 막대한 에너지로 변하는 것이다. 즉 1g의 헬륨원자핵의 질량결손은 $7 \times 10^8 kj$의 막대한 에너지를 방출하게 된다.

빛에너지는 빛 속의 전자기파 속에 있는 광자(양자, Poton)가 지니고 있다. 빛이 세면 광자의 양도 많아진다. 그러므로 에너지와 소립자(물질)는 같은 것이다. 소립자는 더 세부되어 있는 더 작은 소립자 즉 극소립자로 이루어졌을 가능성이 많으며, 이 극소립자가 에너지의 구성성분일 수도 있다.

원자를 이루는 구성성분인 양성자, 중성자, 전자는 모두 소립자이지만 이들의 수에 의하여 서로 작용하는 전자기적인 인력과 척력이 다르기 때문에 다른 원자의 특성이 만들어져서 다른 원자를 만들게 되는 것이다. 소립자의 특정한 수에 의해 특정한 원자가 만들어지는 것은 우연히 저절로 되는 우발적인 현상이 아니고 설계의 프로그램(program, 진행 순서, 차례, 계획(표), 과정(표))에 따라 소립자들의 수에 따라 원자의 종류가 정해지도록 한 프로그램이 들어 있는 설계인 것이다. 우리가 다른 사람에게 이메일을 보내려면 상대방의 이메일주소를 컴퓨터에 넣어야 하는데, 이 과정이 우연히 저절로 만들어진 것이 아니고 사람에 의해 컴퓨터프로그램이 설계되어 의도적으로 컴퓨터에 들어 있는 것이다.

만일 태초에 영적인 능력을 가진 자가 소립자의 수에 의해 원자가 만들어지는 메커니즘(기계술, 작동술, 기능술)을 설계프로그램화하지 않았다면, 이들 소립자들의 수에 의해 여러 종류의 원자는 만들어지지 않을 것이다.

수소가스와 산소가스가 만나면 폭발음을 내면서 물로 되는데, 이것도 원소의 프로그램에 따라 행해지는 일인 것이다. 만일 이들 가스의 특성이 프로그램화되어 설계되지 않고 우연히 자연히 만들어진 거라면, 이들 가스가 만날 적마다 물이 아닌 다른 물질로 되거나 또는 전혀 반응을 하지도 않을 것이다.

더욱이 만들어진 단순한 물이 수많은 영적인 능력을 가진 수많은 특성을 가진 것은 우연히 자연히 되어 만들어진 보편적인 특성이 아니고, 반드시 모든 생물을 살리기 위해 물이 의도적으로 프로그램화되어 프로그램에 의해 물의 특이한 특성들이 작동되어지는 것이다. 무기물인 이들에게는 결합에너지 속에 이들의 특성이 프로그램으로 설계되어 들어 있는 것이다. 결국 물질의 특성도 입자들의 극성의 힘에 의한 상호작용으로 만들어지는 것이다.

자연변화를 일으키는 화학반응은 왜 스스로 저절로 일어나고 무슨 힘이
작용하는지 알아본다.

제3장

자연변화를 일으키는
화학반응에 관련하는 것들

- 화학반응
- 화학반응의 속도
- 화학평형
- 화학반응의 유형

01
화학반응

자연계에서 물질의 생성, 분해, 변화 과정이나 생물의 생성, 탄생, 활동, 죽음 등 모든 자연변화의 화학반응(반응 후 물질의 성질이 변함)에는 에너지가 흡수되든지(흡열반응), 에너지가 방출(발열반응)되든지, 반드시 에너지의 흐름이 따른다. 화학반응뿐만 아니라 물리반응(반응 후 물질의 성질이 변하지 않음)에도 에너지의 흐름은 따른다.

생각하는 것, 물체가 이동하는 것, 정신적, 물질적인 활동은 모두 에너지와 관계가 있으므로 에너지에 의해 이루어지는 것이다. 정지해 있는 물체도 그 속에는 역학적에너지(=위치에너지+운동에너지)가 들어 있고, 우리가 먹고 활동하고 살아가는 데는 수시로 열에너지(전자기파)가 미량이나마 육체 속에서 나가고 육체 속으로 들어오기 때문에 모든 물질은 움직이든 안 움직이든 변하든 안 변하든 직·간접으로 여러 에너지와 상호작용(서로 영향을 미치는 작용, 서로 주고받는 작용)을 하는, 즉 에너지신진대사를 존재하는 날까지 하는 것이다. 생명 없는 무생물이 생겨서 다른 물질로 변하더라도 존재하는 날까지 에너지를 흡수하든지 방출하든지 에너지신진대사를 하는데, 이러한 무생물의 끊임없는 숨겨진 에너지신진대사 때문에 생물도 무생물과 끊임없는 상호작용을 할 수 있어 생물이 탄생하고 번성할 수 있는 것이다.

생물인 식물은 광합성작용으로 빛에너지를 양분(유기물) 속에 저장시켜 반가량은 자신의 삶의 활동으로 쓰고 나머지 반가량은 동물에게 양분으로 주어 동물이 삶의 활동을 하게 하고, 동물은 활동함으로써 에너지를 소비하며, 소비된 에너지는 아주 없어지는 것이 아니고 열에너지(일종의 전자기파)로 자연의 다른 물질에 흡수되어 역학적에너지로 되어 다른 물질의 분자들의 위치에너지와 운동에너지로 기여하여 자연변화가 이루어지도록 하는 것이다. 그리고 다른 일부는 주위환경 대기를 높여 생물이 살아가는 데 온도 면으로 기여하는 것이다.

물론 분자운동의 원천은 햇빛이지만 물질 사이의 열에너지의 흐름도 상당량을 차지하며, 열에너지도 원래는 햇빛에서 유래된 빛에너지인 것이다. 그러므로 모든 물질(무생물과 생물)은 에너지 면으로 서로 공동으로 상호작용을 하는 것이다.

우주만물 사이에는 미세한 중력(인력)이나마 서로 영향을 미치는 상호작용을 하는 거와 마찬가지로, 우주만물 사이는 열에너지로 서로의 내부에너지(역학적에너지)에 영향을 미치는 상호작용을 하는 것이다. 그러므로 에너지 면으로 상호작용을 하지 않는 낱개의 물질은 현 우주에서 존재하지 않는 것이다. 에너지 면으로 상호작용하는 것도 의사소통이고 교제이므로 즉 현 세상의 모든 물질은 서로 상호작용하고 서로 교제하며 서로 공존·공생하는 것이다. 그러므로 신은 에너지로 우주만물을 창조되게 하고, 창조된 우주만물이 에너지에 의해 작동(운행, 활동)되어지게 하고, 에너지에 의해 우주만물이 변화되게 한 것이다. 그래서 모든 생물도 에너지신진대사로 살아가고 활동하는 것이다. 이들 처음 에너지는 입자(물질)들의 상대적인 극성의 힘에 의한 상호작용으로 만들어지는 것이다.

인간은 겨우 200년 전부터 에너지를 이용하는 기계를 만들어 쓸 수 있었다.

열—일—에너지는 서로 약간의 의미의 차이는 있으나 항상 함께 공존하며 상호작용을 한다.

예를 들어 열심히 일을 하면 열이 나고 에너지가 소비되는 것 같이 3가지가 단독으로 행해지지 않고 항상 같이 행해지는 것이다.

에너지의 흐름을 관찰하기 위해서는 정확히 제한된 환경, 즉 자연계의 시스템(system, 계, 계통, 조직)을 관찰해야 된다.

하나의 자연계의 시스템은 하나의 냉장고일 수도 있고 한 가정일 수도 있다.

시스템(계)에는 크게 3가지가 있다.

① 열린계 : 주위환경과 물질과 에너지를 교환할 수 있는 계
② 닫힌계 : 주위환경과 에너지만 교환할 수 있는 계
③ 고립계 : 주위환경과 물질과 에너지를 교환할 수 없는 계

새로운 물질이 생성되기 위해서는 먼저 기존물질의 결합이 끊어져 쪼개져서 새로운 결합이 이루어져야 한다. 원칙적으로 결합을 쪼갤 때는 에너지가 소비되고, 새로운 결합이 형성될 때는 에너지를 방출한다. 이 두 과정의 에너지의 합이 - 즉 에너지를 버리면 발열반응이고, + 즉 에너지를 첨가하면(필요로 하면) 흡열반응이라고 한다.

만일 약한 결합을 쪼개서 새로운 단단한 결합을 형성하는 반응에서는 에너지가 조금 소비되고 에너지가 많이 방출되므로 전체적인 반응은 발열반응이 된다.

자연계의 모든 물질의 분자는 물질 사이에 흐르는 미량의 열에너지 외에 빛을 흡수함으로써 다량의 에너지를 얻는다. 그러므로 햇빛은

에너지를 공급하는 에너지의 원천인 것이다. 모든 물질의 생성, 분해, 존재는 모두 에너지와 관계가 있으며, 이 에너지는 원래 빛에서 얻어진다. 성경을 보면 하나님은 빛이고 생명이라고 하셨는데, 빛은 에너지이고 이는 하나님의 영으로 만들어지는 광자(에너지+정보+영)인 것이다. 빛 속의 광자는 에너지와 정보와 영을 가지고 있기 때문에, 생물이 살아가기 위해서는 빛에너지와 빛 정보를 끊임없이 받아야 한다. 그리고 빛은 생명이며, 빛은 하나님의 영으로 만들어지기 때문에 하나님을 대신하는 하나님의 대리자인 것이다.

적외선은 분자에게 진동, 회전, 전진 운동의 자극을 준다. 가시광선(색이 있어 우리가 볼 수 있는 광선)은 전자를 자극한다. 강한 자외선은 분자의 결합도 끊는다.

분자나 이온으로 된 생물세포나 생체물질은 빛 속의 전자기파와 광자(에너지)를 흡수하거나 간접적으로 양분을 통해 빛에너지와 삶의 정보를 얻으면서 활동하게 되어 전체의 하나의 생명체가 비로소 생명의 활동을 할 수 있는 것이다.

식물의 삶

추운 겨울이 지나고 따듯한 봄이 와서 산과 들은 온통 풀과 나뭇잎과 꽃들로 물들고, 화창한 봄날은 따사한 봄바람을 몰아오고 땅속에서 나온 새싹들은 새 세상을 만난 듯 희망을 품고 연한 초록색을 띠고 힘차게 자라 오른다. 봄바람을 타고 날아오는 흙냄새가 활기찬 생명의 역동을 알려준다. 혹독한 추운 겨울을 보낸 동물들과 사람들은 움츠렸던 육체와 마음을 펴고 청푸른 창공으로 날아가고 싶은 심정으로 행동이 빨라지고 마음은 들뜨게 된다.

가을이 가까워지면 바람은 거세지고 차가워지며, 식물은 그동안 힘들게 가꾼 열매와 과실을 먹음직스럽게 결실을 맺으려 마지막 안간힘을 쓰고, 동물은 월동준비로 열매와 과실을 물어다 쌓고, 사람은 월동준비 외에 떨어진 낙엽을 한 잎 두 잎 밟으며 떠나간 연인을 그리며 외롭고 고독하고 슬픈 마음을 달래지만 차가운 가을바람에 마음은 점점 쓰라리고 작아만 가는 것 같다. 이와 같이 모든 생물은 4계절을 느끼고 행동한다.

초봄의 온도나 초가을의 온도는 비슷하나 대부분의 씨앗들은 초봄에 약속이나 한 듯이 일제히 싹을 피우고, 초가을에는 대부분의 씨앗들은 싹을 피우려고 꿈들도 안 꾼다. 뇌도 없는 식물이 어떻게 철을 알아서 싹을 피우고, 꽃을 피우고, 열매를 맺어서, 결실을 맺겠는가? 물론 월동을 하면서 씨껍질이 쪼개지기 쉬우니까 봄에 싹이 나는 것이 유리해서 그런 것 같은데, 어떻게 그런 것을 식물이 알아서 가을에는 시도도 해보지 않고 따듯한 봄이 와야 시도를 하는가?

여기에는 두 가지 이유가 있을 것이다. 하나는 세포 속의 염색체 속에 있는 생명의 칩인 DNA에 의해 생명의 정보인 주위환경의 온도, 습도, 일조량이 맞아야 하고, 둘째는 빛 속에 있는 영적인 광자(에너지+정보+영)로 만들어진 영적인 단백질로 만들어진 영적인 식물호르몬이 DNA의 유전정보에 따라 주위환경의 온도나 습도, 햇빛 속의 광자(에너지+정보+영)가 가진 삶의 정보를 감지해서 싹을 만들어 트게 하고, 겨울을 나기 위해 겨울눈을 만들게 하는 것이다.

한 종류의 식물이 싹을 틔워 자라서 꽃이 피고 열매를 맺고 씨앗을 만드는 일생의 프로그램이 이미 그 식물의 DNA 속에 4가지 염기(A, T, C, G)문자로 결합에너지에 생명의 정보(=생명의 말씀)들이 기록되어 들어 있기 때문이다. 이 프로그램을 읽고(복사하고) 번역하고 생명물질을 만드는 것은 모두 생명의 물질이며 생명의 로봇인 단백질에 의해 만들어진 RNA들이 하는데, 그 이유는 단백질은 광자로 만들어졌고 빛 속의 광자(photon)는 에너지와 정보 그리고 영(하나님의 의도=하나님의 말씀=성령=자연의 진리=자연의 법칙=하나님의 능력=하나님의 설계=하나님의 생기)을 가지고 있기 때문이다.

똑같은 종류의 식물의 씨를 뿌리면 거의 똑같은 속도로 성장해서 거의 똑같은 시기에 꽃을 피우고 거의 똑같은 시기에 열매를 맺고 거의 똑같은 꽃과 거의 똑같은 열매를 맺는데, 이러한 현상은 우연히 자연히 저절로 되는 현상이 아니고 영이 들어 있는 영적인 단백질로봇으로 만들어진 식물호르몬이 DNA분자로봇 속에 들어 있는 프로그램화되어 있는 생명의 정보를 해독해서 생명의 정보프로그램대로 특정한 주어진 임무를 행하기 때문에 거의 똑같은 시기에 거의 똑같은 꽃과 열매를 맺을 수 있는 것이다.

생각지도 못하는 식물이 삶의 활동을 하는 것은 생명의 3대 요소(3대 물질=3대 로봇)인 광자(에너지+정보+영), 단백질, DNA가 서로 상호작용을 하기 때문인 것이다. 생명의 3대 물질은 모든 생물세포 속에 들어 있고 생물은 세포로 이루어지고 세포의 작용으로 생명의 활동을 하기 때문이다.

조그마한 씨앗 안에서 연한 새싹이 그 딱딱한 껍질을 쪼개고 나와서 그 단단한 땅을 뚫고 나와 무성한 잎을 내면서 큰 나무로 자라서 꽃의 수정을 위해서 향기롭고 아름답고 예쁜 꽃을 피우면서 수많은 벌, 곤충과 새를 불러들여 수정시키고, 이어서 먹음직스런 향기로운 과일이 수없이 열리면서, 다른 한편으로는 광합성작용을 하여 빛에너지를 과일 속에 담아서 동물에게 양분으로 먹을 것과 에너지를 공급하는 현상은, 단순한 물질만의 작용이 아니고 이 속에는 하나님의 영이 함께 하면서 하나님의 대리인인 영적인 단백질로봇과 함께 신비로운 생명을 조각하여 만들어내는 것이다. 그러므로 영적인 능력을 가진 단백질물질로 만들어진 생물은 모두 영이 들어 있고, 모두 영적으로 작동되고 활동하는 영적인 생물기계인 것이다.

파리, 잠자리, 벌, 나비 같은 곤충이나 작은 새 등 나는 동물은 부자연스러워 보이지 않고 자연스럽게 5감각을 사용하며 자유자재로 날고 앉고 행동하는데, 이것은 이들 육체가 영이 들어 있는 영적인 단백질로 만들어졌기 때문에 생체조직들과 기관들이 영과 영 사이이므로 서로 의사소통이 잘되어 공동상호작용이 잘 이루어지므로 영적으로 움직이고 활동할 수 있는 것이다.

  인간의 기술이 아무리 고도로 발달되어도 파리와 같이 작은 날아다니는 기계를 발명하지는 못할 것이다. 그 이유는 인간은 단백질로봇처럼 영적으로 물질을 만들고 조절하고 이끌고 하는 능력을 가진 미세한 영적인 로봇을 만들 수 없기 때문이다. 파리나 모기와 같은 작은 영적인 기계가 만들어질 수 있는 이유는 단백질분자같이 아주 미세한 수많은 종류의 단백질분자로봇들이 스스로 생체물질로 만들어져서 자기가 맡은 생명의 정보 내에서(유전정보대로) 자기의 임무를 충실히 해내기 때문이다.

02
화학반응의 속도

화학반응이 일어나려면, ① 두 물질 사이에 친화력이 있어야 하고, 즉 상대적인 극성의 힘이 어느 정도 커야 하고 ② 반응을 일으키는 최소한의 에너지, 즉 활성화에너지가 있어야 하고 ③ 경우에 따라서는 촉매나 효소(생물에서)가 있어야 하며 ④ 경우에 따라서는 온도, 압력, 밀도(농도), 에너지 등의 영향을 받는다.

수소분자와 플루오르원자 사이의 화학반응을 3개 국면으로 살펴보면,

$$H_2 + F \rightarrow HF + H$$

① 수소분자와 플루오르원자가 반응하기 위해서는 먼저 서로 충돌해야만 한다. 그러기 위해서는 두 물질 사이에 작용하는 전자구름 밀침력을 극복해야만 한다.

전자기파와 열에너지의 상호작용으로 생기는 잠재에너지(위치에너지)는 두 입자가 가까워짐에 따라 증가한다. 밀침력을 극복하고 충돌을 하기 위한 에너지는 역학적에너지에서 온다. 잠재에너지와 역학적에너지를 합한 총 에너지는 전 반응 동안에 변하

지 않고 상수로 머문다. 이들 두 입자가 서로 반응하기 위해서는 그들의 잠재에너지가 최소한 활성화에너지만큼 증가되어져야만 한다. 만일 그렇지 않으면 밀침력이 더 크기 때문에 가까워질 수 없어 반응은 일어나지 못한다.
② 이들 3개의 원자는 하나의 활동적인 복합물(H⋯H⋯F)을 형성하는데 그들의 수명은 약 10^{-13}s(초)로 극단적으로 짧다.
③ 이어서 순간적으로 활동적인 복합물은 붕괴된다. 이때 그들은 반응물질인 수소분자와 플루오르원자로 다시 되돌려 형성되거나 생성물인 플루오르화수소와 수소원자로 생성된다.

화학반응의 속도는, ① 온도 ② 농도나 물질의 표면 ③ 촉매나 효소의 작용으로 빨라지거나 느려지게 할 수 있다.
고기나 우유 등 생활필수품을 냉장고에 넣으면 밖에서보다 오래가는데 이것은 부패되는 화학반응이 온도가 낮을수록 더 천천히 일어나기 때문이다.
일반적으로 온도가 올라갈수록 반응속도가 빨라지는데, 온도가 오를수록 열에너지의 작용이 커져 분자들의 운동이 활발해져 서로 부딪치는 것이 빈번해지므로 화학반응이 더 자주 일어나기 때문에 반응속도가 빨라진다. 가루폭발약이 덩어리폭발약보다 더 폭발력이 큰 것은 가루가 덩어리보다 표면면적이 훨씬 더 크기 때문에 반응을 더 잘할 수 있기 때문이다.
촉매나 효소는 화학반응이 안 일어나는 반응이라도 적합한 촉매나 효소는 화학반응을 일어나게 한다. 일반적으로 촉매는 정촉매를 의미하며 반응속도를 빠르게 하고 부촉매는 반응속도를 느리게 한다. 촉매는 활성화에너지를 낮추는 일을 하기 때문에 촉매를 사용하면 반응이 더 빨라지는 것이다.

우리 몸속에는 수많은 종류의 효소들이 있는데, 이들은 생물적인 촉매이며 이들에 의해 속히 음식물을 소화시켜 에너지를 얻고, 필요한 영양소를 얻는 것이다. 대부분 한 가지 효소는 한 물질만을 소화시키거나 생성시킨다. 예를 들어 단백질의 종류도 수없이 많은데 각 단백질마다 생성하는 효소와 그 단백질을 분해하는 효소가 각기 다른 것이다. 만일 중요한 효소 한 가지라도 부족하면 그 사람은 정상적으로 생각하지 못하거나 정상적으로 움직이지 못하게 되는 것이다.

만일 우리 신체가 자연의 힘으로 우연히 저절로 진화되어 만들어졌다면 어떻게 이 수많은 효소들이 만들어져 열쇠·자물쇠의 원리에 따라 적재적소에서 서로 암호가 맞아 필요한 물질을 제때에 생성하고 분해 소화시키며 우리 몸의 상태를 보아가며 생성·분해의 비율을 조절해 가는 등 마치 영이 행하는 것처럼 영적으로 일을 하겠는가? 자연 속에는 이러한 열쇠—자물쇠 메커니즘이 없는데 자연이 어떻게 고안 발명하여 효소들이 인체에 필요한 줄 알고 무수히 많은 종류의 효소들을 진화로 만들어 놓을 수 있었겠는가?

사람이 만들어지려면 100만 가지 이상의 영적인 단백질 종류가 필요하고, 이 100만 가지 종류의 단백질들이 스스로 여러 가지 수많은 생체물질을 만들어 비로소 사람이 되는 것이다. 만일 이 중에 몇 가지 종류의 영적인 단백질이 부족하거나 없을 경우에는 완전한 사람을 만들 수 없으며, 설사 사람이 만들어졌다고 해도 온전한 삶의 활동을 할 수 없는 것이다. 그런데 자연의 무슨 메커니즘(기계술, 작동술)으로 자연의 진화로 복잡하고 영적인 인간생물기계를 만들어 낼 수 있겠는가?

단 한 개의 효소분자는 1분 안에 수백만 개의 물질분자를 분해시키거나 생성시킬 수 있다. 오직 효소에 이러한 놀라운 영적인 능력이 있을 때만 복잡한 생명체에 필요한 반응들이 순식간에 이루어져 삶의 활동을 할 수 있는 것이다. 효소단백질의 이러한 영적인 능력은 효소단백질 속에 영이 들어 있는 것을 증거하는 것이고, 그 때문에 효소단백질이 영적으로 작동되어질 수 있는 것이다.

만일 신체 내 반응속도가 충분히 빠르지 않으면 육체 각각, 신경 각각, 정신 각각으로 작용하여 하나의 생명체는 일치된 행동을 할 수 없어 살아남을 수 없을 것이다.

만일 인간이 자연의 진화로 만들어진 생물기계라면, 한 가지 생각을 하거나 한 동작을 하더라도 몇 시간 내지는 며칠이 걸릴 것이고, 한 생각을 하면 동시에 여러 생각이 동시에 하게 되고, 한 동작을 하려면 동시에 여러 동작이 한꺼번에 행해질 때가 더 많을 것이다.

자연의 진화로 무생물에서 생물인 단세포인 박테리아로, 그리고 다세포인 인간까지 발달시켰다면 자연의 무엇이 이렇게 발달시킬 수 있었겠는가?

발달시킬 수 있는 것이 자연물에는 존재하지 않는다. 발달은커녕 만들어진 기계를 사용하는 능력도 없다. 그리고 어떤 것을 새로 발명하여 제작하는 능력도 없고, 어느 곳에 어떤 부품을 써야 되고 어느 정도로 에너지를 사용해야 되는지 판단하고 조절하는 사고의 능력도 없고, 만들어진 것을 즐기고 기뻐하는 감정의 능력도 없고, 개발하고 발전시켜 진화되도록 해야 할 이유와 동기와 목적도 없는 것이다. 오직 자연물은 주어진 특성에 따라 비판 없이 이유 없이 자신의 임무만 행하는 수동능력밖에 없는 것이다.

어떤 것을 진화·발달시키려면 사고의 능력과 설계·구상하는 발명의 능력이 있는 기구나 기관이 있어야 되는데, 자연물 어디에도 이러한 능력을 행할 시스템은 갖추고 있지 않기 때문에 이러한 일을 할 수 없는 것이다. 그리고 설사 구상·설계했더라도 설계에 따라 일을 진척시켜 새로운 것을 만들어낼 수 있는 설계자, 기술자, 인솔자의 역할을 무엇이 하겠는가?

만일 자연에 이상을 그려내는 설계자도 없고, 일을 행하는 노동자도 없고, 일을 진척시키는 기술자도 없고, 전체적인 일을 통솔하는 인솔자도 없다면, 자연은 스스로 어떤 것을 발전·발달시켜 만들어낼 수 없기 때문에 어떤 것을 진화시킬 수도 없는 것이다.

스스로 자연물(무생물, 무기물)로 되는 하나님의 대리자인 원자로봇, 이온로봇, 분자로봇들은 무생물 속에서 전자기적인 극성의 힘인 전자쌍(분자력)에 속박되어 있으므로 스스로 자유자재로 움직일 수 없기 때문에 삶의 활동을 할 수 없어 설계하거나 일을 하거나 인솔하지 못하므로 어떤 것을 발전·발달시키는 진화를 이루게 할 수는 없는 것이다. 그러므로 자연물은 자연의 3대 힘(상호작용하려는 힘+상대적인 극성의 힘+평형(조화, 균형)해지려는 힘과 자유에너지(유용한 에너지)는 감소되고 엔트로피(무용한 에너지, 무질서도)는 증가되는 정해진 힘의 방향으로만 변화되어 갈 뿐이다.

＊ 왜 자연에는 스스로 저절로 행해지는 흡열반응이 있는가?＊

　자연변화는 가역반응이 아닌 한 가지 방향으로(일방통행 방향) 즉, 자유에너지(유용한 에너지)는 감소(소비)하고 엔트로피(무용한 에너지, 무질서도)는 증가하는 방향으로 일어난다. 에너지가 감소한다는 것은 에너지가 방출되기 때문이며 이것은 발열반응을 의미한다.

　수소는 염소와 폭발적으로 반응하여 염화수소로 되고, 마그네슘은 산소로 태우면(산화시키면) 산화마그네슘으로 되고, 동물은 식물이 만들어 놓은 탄수화물을 이산화탄소와 물로 분해하면서(산화시키면서) 에너지를 얻는데, 이들은 모두 발열반응이고 발열반응이기 때문에 이러한 화학반응들이 스스로 일어나는 것이다.

　그러나 발열반응이라도 처음에는 그 반응을 일으킬 수 있는 활성화에너지는 필요한 것이다. 만일 활성화에너지(화학반응을 일으키기 위한 최소한의 에너지)가 존재하지 않는다면 발열반응이 한꺼번에 다 일어나 그 후에는 자연변화가 이루어지지 않을 것이다. 이것을 보더라도 신이 일부러 의도적으로 활성화에너지를 만들어 놓은 것을 짐작할 수 있는 것이다. 대부분의 자연반응은 에너지를 방출해 에너지가 감소되는 방향으로, 즉 발열반응이 일어나는데 간혹 흡열반응이 일어나는 경우가 있다.

　예를 들어 겨울에 빨래가 밖에서 스스로 마르거나 많은 염은 냉각시켜도 물 속에서 스스로 잘 녹는 것 등이다.

　겨울 빨래가 마르는 것은 얼음인 고체나 액체인 물이 기체인 수증기로 되는 현상으로 분자운동을 많이 하는 수증기가 되려면 에너지를 흡수해야 하므로 흡열반응이고, 고체인 염이 물에 녹아 액체로 전리(이온화)되는 것도 분자의 운동이 커지므로 에너지를 흡수하는 흡열반응이다.

　물은 부분 극성이 있는 극성분자로 된 물질로 물분자끼리 부분 극성이 다른 쪽으로 결합되어 있는데 외부의 온도나 기압의 힘에 의해 물분자가 운동을 하면서 수증기로 되면서 물분자 사이의 결합력보다 세기 때문에 물분자들이 떨어져 나가는 현상이고, 차가운 물속에서도 염이 녹는 것은 염은 금속과 비금속의 화합물로 이온결합에 의해 염을 이루고 있는데, 많은 종류의 염은 물속에서 이온으로 분해되는데 이 힘이 이온결합력보다 물속에서는 크기 때문이다.

　이와 같이 질서에 의해 결합된 물질이 분해되면서 더 많은 과정이 일어나는

데, 적은 과정이 많은 과정으로 복잡해지는 것도 무질서도가 증가하는 것으로 보며, 또는 물질이 더 많이 무질서적으로 운동을 하는 것도 무질서가 증가한다고 한다.

위와 같은 경우는 무질서화 되려는 경향(힘)이 아주 강하기 때문에 흡열반응이라도 예외적으로 일어나는 자연현상이다.

그러나 빨래의 물이 수증기로 되는 현상은 일시적인 국부적인 현상이며, 전체적인 물의 순환계를 보면 수증기는 곧 구름으로 되고 비가 되어 다시 땅에 떨어지는데 이 과정은 운동을 많이 하는 기체가 운동을 적게 하는 액체로 변한 것이므로 에너지가 방출된 발열반응이다. 대기압력, 온도, 밀도 등의 외부 영향을 받은 물의 순환과정의 힘이 낱개의 반응에너지를 초월하는 현상인 것이다. 즉 대기압 등 우주의 힘이 반응물질 사이의 반응에너지를 초과하는 현상인 것으로 볼 수 있다.

지구상에서 생물이 살기 위해서는 물이 지구 곳곳에 먼저 존재해야 하는데, 그러기 위해서는 물이 순환되어야 하고, 물이 순환되도록 기압, 온도, 공기의 밀도, 공기를 이루는 원소의 비율, 바람 등이 서로 상호작용하여 물이 순환되도록 한 것이다. 이들의 상호작용이 없으면 물이 순환되지 않아 생물이 지구상에서 살아갈 수 없는 것이다.

지구상에서 생물이 살아갈 수 있도록 물의 순환이 자연히 우연히 저절로 만들어져서 변함없이 자연히 우연히 46억 년간 오래도록 똑같은 물의 순환메커니즘으로 행해오고 있는 것인가? 아니면 영적인 자에 의해 지구에서 생물이 살아갈 수 있도록 구상·설계되어 물의 순환메커니즘이 의도적으로 만들어져서 창조자의 의도대로 행해져 모든 생물과 인간이 살아갈 수 있게 되었는가?

물의 순환을 통해서 수많은 물질이 변화되면서 이동하게 되고, 많은 양분이나 광물도 이동해서 생물이 살아갈 수 있고, 물의 순환을 통해 열에너지도 이동하여 지구의 기후를 생물이 살아가기 좋게 온화하게 만들어 준다. 열에너지의 이동은 주위환경의 모든 물질의 역학적에너지를 변화시키기 때문에 물질의 자연변화에도 기여하는 것이다.

03
화학평형

화학평형은 반응물질과 생성물질의 속도가 같을 때 이루어진다.
$N_2 + 3H_2 \rightleftarrows 2NH_3$ (분자수는 4 : 2) $\Delta H= -92kj/mol$
500℃에서 질소가스와 수소가스는 촉매를 통해 반응하여 암모니아가스를 만들고(정반응), 동일한 조건 하에서 암모니아는 역반응에 의하여 질소가스와 수소가스로 분해된다.

반응 초기에는 정반응이 우세하여 암모니아 생성량이 많아지지만 시간이 지남에 따라 생성된 암모니아에서 수소와 질소로 분해되는 역반응이 빨라지게 되어 언젠가 정반응과 역반응의 속도가 같아져 외부에서 보면 아무 변화가 일어나지 않는 것 같은데 이 상황을 화학평형이라고 한다.

이때 외부에서 압력을 증가시키면 평형은 압력을 감소시키는 방향 즉 분자수가 적은 쪽으로 이동된다. 그래서 분자수가 적은 생성물(암모니아가스)이 종전보다 더 많이 나오고 분자수가 많은 반응물인 수소가스와 질소가스는 더 감소하게 된다.

만일 외부에서 온도를 증가시키면 평형은 온도가 감소되는(소모되는) 방향 즉 흡열반응인 역반응 쪽으로 이동된다.

외부에서 암모니아가스를 증가시키면 즉 암모니아가스 농도를 높이면 평형은 암모니아가스 농도가 감소되는 즉 소모되는 방향인 역반응 쪽으로 이동된다.

이와 같이 압력(기체인 경우), 온도, 농도를 증가시키면, 평형(조화, 균형)은 이들을 소모시키는(감소시키는) 방향으로 이동된다.

이와 같이 농도, 압력, 온도의 변화로 평형이 이동되는 것은 양쪽 물질(반응물과 생성물)이 서로 같아지려는 자연의 평형의 힘 때문이다. 증가시키면 소모되는 쪽으로 화학반응이 일어나 농도나 압력 그리고 온도를 같게 하여 양쪽의 균형을 잡으려는 자연의 평형(화평, 조화, 균형)의 힘이 작용하게 된다.

자연변화는 자유에너지(유용한 에너지)는 감소하고 엔트로피(무용한 에너지, 무질서도)는 증가하는 방향으로 일어나는데 에너지가 감소하는 것은 에너지를 소비시키는 것으로 에너지가 방출되는 것을 의미한다. 이 원리도 평형의 원리인 것이다.

물질 자신이 가지고 있는 높은(큰) 역학적에너지를 주위환경의 에너지 수준과 같게 하려는 자연의 평형(화평, 화목, 조화, 균형)의 특성 때문인 것이다.

무질서도가 증가하는 경향은 물질 자신이 가지고 있는 단순한 질서상태가 자연의 복잡 다양한 무질서한 상태와 같아보려는 평형의 특성 때문인 것이다.

자연의 평형(화평=균형=조화=화목)은 압력, 농도, 온도, 에너지 요인 등에 영향을 받는다. 자연의 평형에는 위치적인 평형, 물질적인 평형, 정신적인 평형, 에너지적인 평형, 기능적인 평형, 대소적인 평형 등이 있으며, 이들은 모두 상대적인 물질적, 정신적인 극성의 힘에 의해 이루어지는 것이다.

물질적, 기능적인 극성(상대적인 성질)으로 산과 염기가 있는데, 산과 염기는 상대적인 극성적인 물질로 물론 반응을 잘 하겠지만 이들이 반응하는 것은 다른 한편으로는 이들이 최대한으로 반응에 참여하여 서로의 특성인 산과 염기의 성질을 감소시키면서 중간물인 중성의 물과 염을 만들면서 양과 특성 면에서 평형해지려는 작용 때문이다.

온도가 높은 물체에서 열이 낮은 물체로 흘러 시간이 지나면 두 물체의 온도가 같아지는 것도 위치적인 상대적인 극성으로 뜨거운 것과 차가운 것이 같아지려는 평형의 특성이 있기 때문이다(물론 운동을 활발히 하는 분자운동이 이웃 분자들과 충돌로 전달되어 나중에 분자운동이 같아지지만).

좋은 마음과 나쁜 마음이 싸우는 것도 정신적인 상대적인 극성의 작용으로 두 마음의 세기상태가 어느 정도 감소되어 같아지려 하기 때문이고, 두 세력이 같아지는 곳에서 마음이 결정되는데 이것도 평형(조화, 균형)의 힘 때문이다. 즉 좋은 마음이 더 강하고 세면 마음의 결정인 마음의 평형은 좋은 마음 쪽으로 이동되는데, 이는 저울의 추처럼 양쪽의 세기(무게)가 균형을 이루는 즉 평형상태를 이루는 곳이다.

＊자연의 변화는 반드시 자연의 법칙에 따른다＊

　자연의 질서가 있는 곳에는 반드시 자연의 법인 자연의 법칙이 있다. 법칙은 따라야 할 규칙이고, 규칙은 질서를 잡기 위해 누군가 목적을 가지고 의도적으로 만들어 놓은 지켜야 할 사항(규약)이다.
　인간사회에서도 학교사회에는 교칙이 있고 회사사회에는 사칙이 있고 나라사회에는 국법이 있어 질서를 잡아 각 사회를 유지해 나가는 것이다.
　동물사회도 그들 나름대로 전해 내려오는 본능적인 삶의 규칙이 있다. 예를 들어 사자사회를 보더라도 암놈은 먹이사냥을 해야 하고 먹이를 잡아오면 맨 처음 서열이 수놈이므로 맨 먼저 수놈이 먹기 시작하고 다음에 암놈과 새끼들이 먹을 수 있다.
　외부에서 힘센 다른 수놈이 공격해 오면 수놈이 막아야 하고 막지 못하면 도망치게 되어 그 자리를 다른 수놈이 차지하게 되고 어린 새끼들이 있으면 모두 죽여 버리고, 암놈이 곧 발정을 하면 교미를 하여 자기 핏줄의 새끼들을 낳게 하는데, 이러한 전통은 어느 사자들의 무리에서나 공통적으로 다 같은데 이것이 사자사회에서 지켜야 할 본능적인 규칙들이며 이들 규칙들에 의해서 질서가 잡혀 사자사회가 유지되어 가는 것이다.
　동물사회는 먹이를 잡거나 열매를 모으거나 하는 것과 그룹별로 생활하는 등 생활방식이 옛날이나 지금이나 거의 같고 매우 단순하므로 살아가는 데 지켜야 할 것들도 거의 옛날이나 다름없고 똑같이 단순하다. 그러므로 동물사회를 유지하기 위해서는 사회적인 본능으로 충분한 것이다.
　그러나 인간의 생활방식은 시간에 따라 변해 가므로 질서를 잡기 위한 규칙과 법도 다양해지고 변하게 된다. 이들 규칙과 법들은 인간에 의해 의도적으로 만들어진 것이지 자연에 의해 저절로 자연히 만들어진 것이 아니다.
　수소가스와 산소가스가 만나면 반드시 물이 되고 다른 물질로는 절대로 안 된다. 만일 수소와 산소가 처음 만나서 자연히 우연히 저절로 물이 되었다면 다음에는 만날 적마다 우연히 자연히 저절로 다른 물질로 될 것이며, 질서가 없어 물질이 유지될 수도 없고 형성될 수도 없으므로 아름다운 자연도 만들어지지 않았을 것이다.
　수소와 산소는 모두 똑같은 양성자, 중성자, 전자로 만들어졌으나 다만 이들의 개수가 달라 다른 원소이고 특성도 다른 것이다. 이들 구조와 특성은 수백억 년 전이나 지금이나 그리고 태양에서나 지구에서나 언제 어디서나 입자의 구조와 특성은 조금도 다르지 않고 먼 미래에도 항상 같을 것이다.

양성자수와 중성자수가 각각 8개이고 전자수가 8개이면 왜, 반드시 틀림없이 산소인가?

만일 우연히 저절로 산소와 수소가 만들어졌다면 장소와 시간에 따라 언젠가는 우연히 저절로 다른 원소로 변할 것이다. 자동차의 특성은 먼 곳까지 힘 안 들이고 편안히 빨리 갈 수 있는 것이다. 사람은 편안히 빨리 가기를 필요로 하고 원했기 때문에 목적을 가지고 의도적으로 자동차를 만들기 위해 먼저 자동차 부속품과 부속기관을 의도대로 설계해 만들어서 이들을 조립하여 비로소 완성된 자동차를 만든 것이다.

이 과정이 자동차를 만드는 질서인 것이다. 이 질서를 지키지 않으면 자동차가 만들어질 수 없는 것이다. 자동차에 들어가는 수많은 부속품을 만드는 과정도 모두 질서이다. 만일 이 중에 몇 개의 부속품을 만들지 않거나 잘못 조립시키면 이는 자동차 만드는 질서를 지키지 않았기 때문에 자동차는 만들어질 수 없는 것이다.

마찬가지로 자연변화가 이루어지려면 보이지 않는 소립자부터 질서를 지켜주어야 물질이 만들어지고 물질이 작동하고 변해갈 수 있는 것이다. 자연의 질서는 역시 결합에너지 속에 물질의 특성과 함께 기록되어 있는 것이다. 정보나 특성이나 질서는 우연히 저절로 만들어지지 않고 반드시 누군가에 의해 의도적으로 설계되어 만들어지게 했어야만 만들어지는 것이다. 아무도 이들을 만들어지게 한 자가 없으면 근원 없이 우연히 저절로는 정보나 특성이나 질서가 만들어질 수 없는 것이다.

수많은 자동차 부품들의 작용으로 자동차는 빨리 달릴 수 있으므로 결국 사람은 자동차와 자동차의 빠른 특성도 만든 것이다. 사람이 자동차의 특성을 일부러 만든 것이 아니라 자동차 부속품들의 낱개의 특성들의 상호작용으로 전체의 자동차의 특성이 만들어진 것이다.

그러므로 입자와 물질들의 특성과 질서도 그들을 이루는 소립자나 원자, 분자들의 특성들의 상호작용에서 그들의 특성과 질서가 만들어지는 것이다.

문제는 자동차를 만들기 위해서는 부속품(부속물)이 필요하듯이 물을 만들기 위해선 부속물인 원자인 산소와 수소가 필요하다. 부속품을 사람이 만들었듯이 물의 부속물은 신(하나님)이 만들었다. 그러므로 소립자(에너지)와 화학원소들은 만물을 만드는 초석(구성성분, 기초돌)이고, 부속물(품)이고, 신의 로봇이고, 신의 대리자인 것이다.

만일 자동차의 부속품을 사람이 먼저 만들지 않는 한 아무리 시간이 흘러가도 자연히 우연히 저절로 스스로는 자동차가 안 만들어지듯이, 물의 부속물인 산소와 수소원소를 신이 먼저 안 만들어지게 했으면 아무리 세월이 흘러가도 우연히 자연히 저절로는 물이 안 만들어지는 것이다.

물론 물이 안 만들어졌다면 생물도 안 만들어졌을 것이다. 생물을 만들기 위해 물도 만들어지게 한 것이다. 이 과정이 설계이고 프로그램인 것이다.

신(하나님)이 원자를 만든 것을 믿을 수 없다고 생각할 수도 있다. 그것은 발명의 능력은 인간에게는 있는데 동물에게는 없으며, 신은 창조의 능력이 있는데 인간에게는 없는 거와 같은 것이다.

인간이 자동차를 만드는 것을 직접 보지 않은 동물은 인간에게 자동차 만드는 능력이 있다고 믿지 않고, 다만 모르는 곳에서 사람이 우연히 저절로 만들어진 자동차를 가져와 타고 다닌다고 생각할 것이며, 마찬가지로 신이 창조하는 것을 직접 보지 못한 인간은 그저 자연계가 저절로 우연히 자연히 스스로 생긴 것이라고 믿게 되는 것이다.

인간사회에서 법이나 규칙은 사회질서를 잡아 명랑하고 살기 좋은 사회를 건설하고자 하는 목적과 의도가 있었기 때문에 인간에 의해 이도저도 만들어져 사회의 질서가 잡혀 인간사회가 유지·보존되어 가는 것이다. 즉 법과 규칙 없이는 질서가 무너져 인간사회는 유지될 수 없는 것이다.

자동차를 운행하기 위해서는 교통규칙이나 교통법을 지켜야 하며, 만일 도시에서 교통규칙을 어기면 단 1분 후에는 교통사고가 수없이 일어나고 교통 혼란이 일어나 인간은 더 이상 자동차와 도로를 이용하지 못하게 된다.

이러한 대혼란을 피하기 위한 목적과 의도로 인간들은 미리 의도적으로 교통규칙과 교통법을 만들어 놓은 것이다.

마찬가지로 자연에는 무한히 수많은 우주만물이 있고 수많은 우주만물이 활동하고 움직이기 위해서는 자연의 규칙이나 자연법, 즉 자연의 법칙이 있어 우주만물이 이를 질서적으로 지킬 때 자연은 유지되는 것이다.

만일 자연의 법칙이 단 1분 동안이라도 존재하지 않는다면 우주만물은 대혼란을 맞게 될 것이다. 자연의 대혼란이나 자연의 대 파멸을 피하기 위한 목적과 의도로 신이 미리 자연의 법칙이 만들어지게 해서 우주만물이 자연의 질서를 철두철미하게 지키게 한 것이다.

인간은 풍부한 감정을 가지고 있으며 무한한 욕구 욕망을 가진 동물로 시기 질투를 하고 변덕이 많은 동물로 자신의 욕구 욕망을 채우기 위해서는 법도 서슴지 않고 어겨 다른 사람에게 피해를 주므로, 이를 방지해 인간사회를 유지하기 위해서는 법이 반드시 있어야 하는 것이다.

산소와 수소가 만나면 물이 되는데 이것은 일정하게 정해진, 꼭 지켜야 할 자연계의 규칙인 자연의 법칙인 것이다. 이 규칙이 안 지켜지면 태양계도 우주도 생물도 만들어질 수 없고 존재할 수도 없다.

우주만물과 특히 생물이 존재하기 위해서는 이 조그마한 자연의 규칙도 반드시 필요하기 때문에, 신이 의도적으로 만들어지게 했기 때문에 자연의 규칙인 자연의 법칙이 영원히 변하지 않고 지켜지므로 자연의 질서가 잡혀 대자연이 유지되는 것이다.

만일 자연이 누군가의 목적과 의도 없이 그저 우연히 자연히 저절로 만들어졌다면, 자연의 법칙이 없기 때문에 자연의 질서가 잡히지 않아 아름다운 자연은 우연히 저절로 파괴되어 우주 공간은 지옥으로 변할 것이다.

실제로는 자연의 법칙 없이는 자연도 만들어지지 않는다.

04
화학반응의 유형

모든 화학반응은 3가지 유형 중 하나에 속한다.
① 산—염기—염—반응
② 산화—환원—반응
③ 착화합물(배위결합)—반응

이들 3가지 화학반응의 유형은 ① 양성자(수소이온)를 주거나(산화수가 커지므로 산화) 받음으로써 ② 전자를 주고받음으로써 ③ 전자쌍을 주고받음으로써, 이와 같이 모두 전하(전기를 띤 입자)의 관계에 의한 반응이므로 모든 화학반응은 극성의 힘으로 이루어지는 것이다.

(1) 산—염기—반응
일반적으로 산은 식물의 파란 색소를 붉게 물들이고 신맛이 난다. 탄소, 인, 질소, 황 등의 비금속원소가 공기에서 산화물로 연소되어 (산화되어) 물과 반응하면 산으로 된다.

비금속원소 + 산소 → 비금속산화물 + 물 → 산

산은 산소(O)를 포함한 황산(H_2SO_4), 질산(HNO_3) 등과 산소를 포함하지 않는 염산(HCl), 황화수소(H_2S) 등이 있다.

일반적으로 산은 물속에서 이온화되어(전리되어) 수소이온($H^+=H_3O^+$=양성자)을 내놓는 화합물로, 즉 금속으로 교환할 수 있는 수소를 가진 화합물을 말한다.

염기는 산의 성질을 약하게 하는 물질을 말하며 알칼리(식물의 재)라고도 한다.

염기는 물에 녹아 전리되어 음이온인 수산화이온(OH)과 양이온의 나머지 염기물(염기 찌꺼기, 염기기, 비금속이온)로 이온화되고, 산은 양이온의 수소이온(H^+)과 음이온의 나머지 산물(산 찌꺼기, 산기, 금속이온)로 이온화되므로 수소이온과 수산화이온은 물(H_2O)로 중화된다.

산 + 염기 → 염 + 물

산(H^++비금속) + 염기(금속$^+$+OH^-)

→ 염(금속+비금속, 양의 비금속+음의 비금속) + 물

산과 염기는 상대적인 극성적인 물질로 당연히 반응이 잘 이루어지는데, 이것도 자연의 평형의 특성을 따르는 것이다.

즉 산과 염기는 반응하여 서로 자기의 산성, 염기성 성질을 감소시키면서 같아지려는 평형으로 중성의 물을 만드는 것이다. 이와 같이 평형의 원리는 곧 대자연의 법칙인 것이다.

염과 염의 반응

염은 산성물질의 음이온과 염기성 물질의 양이온이 정전기적인 힘으로 결합해서(이온결합) 생기는 물질이 염이다. 즉 염은 상대적인 특성인 극성물질로 결합된 극성결합물인 것이다.

염과 염, 산과 염기의 반응은 항상 약한 산이나 약한 염기 또는 휘발성 산이 생성되는 쪽으로 정반응이 진행된다.

예를 들어 $CaCO_3$ + $2HCl$ → $CaCl_2$ + H_2CO_3에서 약산인 탄산이

생성되고 남은 것들이 모여 다른 염으로 된다. 염은 염기의 양이온과 산의 음이온의 이온결합물이기 때문에 산과 염기, 금속과 산, 산과 산화물, 금속산화물과 비금속산화물이 서로 만나도 염이 된다.

$$CaO + CO_2 \rightarrow CaCO_3$$

그리고 염끼리도 반응(치환반응)을 하는 이유는 염 중에서도 산성염, 중성염, 염기성염으로 나뉘기 때문에 서로 상대적인 극성의 힘이 작용하기 때문이다.

(A) 상대적인 기능적인 극성관계인 산과 염기

산은 양성자, 즉 수소이온(H^+)을 줄 수 있는 물질을 말한다. 즉 수소이온을 주는 물질이 산이고, 반대로 수소이온을 받는 물질이 염기이다.

자유로운 전자쌍(비공유 전자쌍)을 가진 물질은 수소이온과 결합할 수 있기 때문에 염기가 될 수 있다.

$$HCl(g) + NH_3(g) \rightarrow NH_4Cl(s)$$

염화수소가스는 암모니아가스한테 수소이온을 주기 때문에 산이고, 암모니아가스(기체)는 질소의 비공유전자쌍이 수소이온을 받기 때문에 염기가 된다.

그러므로 모든 산—염기—반응은 수소이온의 이동과 전자쌍의 작용으로, 즉 전하의 작용으로 극성의 힘의 작용인 것이다.

$$HA(산) + B(염기) \rightleftarrows A^- + HB^+$$

염화수소를 물속에 녹이면 물분자는 염화수소의 수소이온(양성자)을 받아 염기로서 행동한다.

$$HCl + H_2O \rightarrow H_3O^+ + Cl^-$$
산1   염기2   산2   염기1

암모니아를 물속에 녹이면 물분자는 수소이온을 암모니아에게 줌으로써 산으로서 행동한다.

$$NH_3 + H_2O \rightleftharpoons NH_4^+ + OH^-$$
      염기2   산1   산2   염기1

물과 같이 산으로도 염기로도 작용하는 물질을 양쪽성 물질이라고 하는데, 물은 산과 염기 반응에서 중성으로도 작용하기 때문에 실은 3성 물질인 것이다. 그러므로 산성 물질인지 염기성 물질인지는 반응하는 상대 물질에 달려있는 것이다.

위에서 NH_4^+ / NH_3와 H_2O / OH^-를 짝산 짝염기라고 하는데, 이들은 수소이온을 주고받기 때문이다.

위에서 짝산 염산(HCl)은 쉽게 수소이온(양성자)을 주기 때문에 강산이고, 짝염기인 염소이온(Cl⁻)은 수소이온을 오직 약하게 받으려 하기 때문에 약염기이다. 마찬가지로 짝산인 히드로늄이온(H_3O^+)은 쉽게 양성자를 주기 때문에 강산이고, 짝염기인 물은 어렵게(약하게) 양성자를 받으려 하기 때문에 약염기이다.

암모늄이온은 어렵게 수소이온을 주려하기 때문에 약산이고, 짝염기인 암모니아는 수소이온을 강하게(쉽게) 받으려 하기 때문에 강염기인 것이다. 그러므로 어떤 물질이 강산이고 약산인지는 상대적인 짝염기에 달려 있다. 즉 산이 강산이면 상대적인 짝염기는 약염기이고, 약산이면 상대적인 짝염기는 강염기가 된다.

염산에 같은 양의 염기인 수산화나트륨을 반응시키면, 중성의 소금 용액이 생긴다.

$$HCl+NaOH \rightarrow H_3O^+ + Cl^- + Na^+ + OH^- \rightarrow Na^+ + Cl^- + 2H_2O$$

실제로는 수소이온(H^+)은 존재하지 않고 히드로늄이온(H_3O^+)이 존재하나 화학에서는 두 이온을 같은 것으로 규정하고 있다.

히드로늄이온과 수산화이온은 물을 형성하고, 나머지 나트륨이온과 염소이온은 산으로도 염기로도 반응하지 않고, 중성의 용액인 물이 생기므로 중성화 반응, 간단히 중화반응이라고 한다.

(B) 동일 물질에서의 산과 염기

아주 깨끗한 물이라도 적은 양의 전류가 흐른다. pH값이 7인 중성의 물이라도 이온들이 있다.

그 이유는 물분자들이 스스로 산과 염기로 작용하기 때문이다.

$$H_2O(염기) + H_2O(산) \rightleftarrows H_3O^+ + OH^- \quad \Delta H = 56kj/mol$$

만일 햇빛 등의 에너지를 받으면 물분자들은 스스로 산과 염기로 되어 수소이온을 주고받으며 전류를 통한다.

물 이외에 암모니아, 황화수소, 초산, 물 없는 질산, 물 없는 황산 등도 스스로 수소이온을 주고받아 산과 염기로 작용하고 이온이 만들어져 전류도 통한다. 우리 몸속에서 암모니아 황산의 작용은 우리의 신경계의 자극전류를 만드는 역할을 하는 것이다.

황산은 물보다 더 좋은 전도체이다.

$$H_2SO_4(염기) + H_2SO_4(산) \rightleftarrows H_3SO_4^+ + HSO_4^-$$

(2) 산화환원반응—전자를 주고받음 → 전류가 생김(에너지가 생김)

(A) 옛날에는 산소와 결합하면 산화이고, 산소를 내보내면 환원이라 하고, 수소와 결합하면 환원이라 하고, 수소를 잃으면 산화라고 하고, 오늘날에는 전자를 주면(잃으면) 산화이고, 전자를 받으면(얻으면) 환원이라고 한다. 요약하면, 산화는 산소와 결합하거나 수소를 잃거나($2NH_3 \rightarrow N_2 + 3H_2$) 전자를 잃는 것이고, 환원은 산소를 잃거나($2H_2O \rightarrow 2H_2 + O_2$) 수소와 결합하거나 전자를 얻는 것을 말한다. 그리고 남을 환원시키고 자신은 산화되는 물질을 환원제라고 한다.

산화수는 물질 속에서 원자가 가진 전하의 수를 말하는데, 산화수가 증가하면 산화라 하고(이 경우 실제로 원자는 전자를 줌), 산화수가 감소하면 환원이라고 하는데, 환원인 경우 실제로 원자는 전자를 받는다.

$$\overset{+2-2}{\text{CuO}} + \overset{+0}{\text{Mg}} \rightarrow \overset{+0}{\text{Cu}} + \overset{+2-2}{\text{MgO}}$$

산화구리에서 구리는 전자 2개를 받고 환원되어(산화수가 감소되어) 구리원자로 되고, 마그네슘은 전자 2개를 주고 산화되어(산화수가 증가되어) 산화마그네슘으로 되었다.

산화환원반응은 물질 간에 전자를 주고받는 반응으로 동시에 일어나며, 전자의 흐름이 있고 전자가 이동하면 전류가 흐르고, 전류가 흐르면 전기장이 형성되고, 전기장이 있는 곳에는 자기장도 있으며, 힘의 장인 전자기장이 생기며, 이로 인해 전자기파도 방출된다.

우리가 호흡하는 것과 소화하는 것도 산화환원반응이므로 에너지가 생겨 신경으로 전류가 흐르고 이로 인해 우리 몸은 전자기장을 형성해 빛의 전자기파와 광자와 상호작용을 하여 물질적, 정신적인 삶의 활동을 할 수 있는 것이다. 그러므로 산화환원반응은 전자를 주고받음으로 전류가 흐르기 때문에 산화환원반응을 이용하면 에너지를 얻을 수 있는 반응이다. 모든 생물은 식물이나 미생물이나 동물이나 호흡을 하는데, 호흡은 산화환원반응으로 에너지를 얻어 활동을 하기 위함이다.

그러므로 호흡은 에너지를 얻기 위함이다.

$$C_6H_{12}O_6(\text{포도당}) + 6O_2(\text{산소}) \rightarrow 6CO_2(\text{이산화탄소}) + 6H_2O(\text{물})$$

생물은 호흡을 통해 산소를 환원시키고 유기물이고 탄수화물인 포도당을 산화시키므로(즉 산화환원반응을 통해) 에너지를 얻는다.

식물은 이산화탄소와 물을 다시 광합성작용으로 빛에너지를 이용해 포도당과 산소로 역반응시키므로 이들 물질들이 순환되므로 생명체의 삶이 유지되는 것이다.

그러나 생명은 산소 없이도 극단적인 조건하에서도 가능하다. 완전히 산소가 없는 화산 샘에서 근래에 원시박테리아를 발견했다.

100℃이상의 고온의 열과 숏아오르는 가스의 압력으로 산소가 들어오는 것을 막기 때문에 이곳에는 산소가 없는데, 원시지구시대에 대기권에 산소가 없었을 때 산소 대신 황으로 호흡하던 원시박테리아 종류가 이곳에서 산다.

$$C_6H_{12}O_6 + 12S + 6H_2O \rightarrow 6CO_2 + 12H_2S$$

원시박테리아가 하는 황 호흡도 산화환원반응으로 에너지를 얻는 것이다. 모든 생물이 우연히 저절로 호흡기관이 생겨서 호흡을 하여 에너지를 얻어 살아갈 수 있는 것이 아니고, 신에 의해 의도적으로 생물이 살아가게끔 호흡기관이 설계되어 만들어져 생물이 살아갈 수 있는 것이다.

| 화학반응식의 계수를 맞추는 방법—자연의 법칙

① 양변을 보아 가장 적게 사용된 원소로 산화수가 가장 많이 변화된 원소를 중심으로 계수를 맞추어 가는 것이다. 위의 식에서 탄소(C)와 황(S)이 양쪽으로 가장 적게 사용되었고, S는 산화수가 0에서 -2로 변화되고, C는 0에서 +4로 가장 많이 변화되어 있으므로 C를 기준으로 계수를 맞추어 간다.

② 왼변에 C가 6개이므로 오른변에 C 앞에 6을 쓰면 산소는 오른변이 모두 12개이므로 왼변의 물 앞에 6을 써야 되고, 그러면 왼변의 H는 모두 24개이므로 오른변의 황화수소 앞에 12를 쓰게 되어 완전한 화학반응식이 만들어지는 것이다.

이와 같이 화학반응을 나타내는 화학반응식도 일정한 자연의 법칙에 의해 이루어지는 것이다.

(B) 산화환원반응의 이용

생물이 호흡에 의한 산화환원반응으로 에너지를 얻는 거와 같이, 인간도 산화환원반응의 전류의 힘(전기력)을 이용해, 예를 들어 전지, 배터리, 축전지, 전기분해, 도금, 화합물 속에서 필요한 금속을 생산하는 것 등에 무수히 많은 산화환원반응을 이용하고 있다.

그런가 하면 철이 녹슬든가 육체가 썩어 원소로 돌아가든가 하는 것도 산화환원반응에 의해 일어난다.

상대적인 물질적, 기능적인 극성의 힘으로 에너지가 생기는 이유

① 위에서와 같이 산화환원반응으로 전자의 이동에 의해 전류가 흐르므로 에너지가 생긴다.

② 농도의 차에 의해서 에너지가 생긴다.

두 개의 같은 반전지로 만든 갈바니전지는 전압을 하나도 나타내지 않는다. 두 개의 전극은 같은 전극위치에너지를 가지고 있기 때문에 평형해지려는 힘이 없기 때문이다. 만일 반전지의 한 개 속에 있는 전해물질의 농도를 변화시키면, 전압을 잴 수 있는 소위 농축전지(농도전지)가 생긴다. 두 전극 사이에는 위치에너지의 차가 존재하기 때문에 위치에너지의 차를 감소시키려는 자연의 평형(조화, 균형)의 힘 때문인 것이다. 그러므로 산화환원계의 전극위치에너지는 전해물질 액체의 농도에 달려 있는 것이다. 농도 차뿐만 아니라, 온도, 압력, 에너지 등의 차는 두 곳이 같아지려는 성질 때문에, 즉 평형의 힘 때문에 높고 큰 쪽에서 낮고 적은 쪽으로 흐르는 힘 때문에 에너지가 생겨난다.

③ 물질의 이동에는 전하가 이동하기 때문에 전류가 생긴다.

지구의 뜨거운 핵 액체는 매우 빠르게 이동하고 있으므로 액체의 충돌에 의해 전하의 심한 이동으로 지구 전기장과 지구 자기장이 생겨나 지구의 생물을 보호하고 있다. 그러므로 지구 자기장의 95%는 지구핵에서 만들어진다.

하늘의 구름은 서로 이동하면서 부딪히거나 함으로써 전하의 심한 마찰과 이동으로 구름이 양전기를 띤 구름과 동시에 음전기를 띤 구름이 생겨 서로 충돌하면서 천둥 번개를 친다. 이와 같이 상대적인 전자기적인 극성은 한쪽이 양성이면 다른 쪽이 음성으로 거의 동시에 생겨난다. 한 가지 물질인 물(H_2O)에서도 빛에너지를 받으면, 물분자들은 스스로 거의 동시에 산과 염기로 되어 수소이온(양성자, H^+)을 주고받고 전류를 통한다.

우주 대폭발 전에 우주 공간은 에너지(소립자)로 꽉 차 있었는데, 온도차로 기압의 차가 생기고, 기압의 차에 의해 농도의 차가 생기고, 농도의 차에 의해 에너지가 끊임없이 이동하면서 에너지 사이에 전하의 차로 전압이 생겨 전류가 흐르거나 에너지의 마찰에 의해 상대적인 전하의 극성이 생겨 다른 전하의 에너지끼리는 인력이 생기면서 거대한 회오리바람과 같은 검은 구멍(black hole)이 생겨 에너지구름을 빨아들여 압축시켜 고온도로 회전시키다가 중력(인력)에 못 이겨 우주 대폭발(big bang)이 일어났을 것이다.

(3) 착화합물(배위결합) — 반응

착화합물은 중심원자(금속이온)의 주위에 특정한 수의 배위자(Ligand, 원자, 분자, 이온)가 둘러싸여 있어 착이온을 포함하고 있는 화합물을 말한다. 이때 배위자에서만 전자쌍을 내놓아 중심원자와 공유결합을 하는데, 이와 같이 한쪽 원자에서만 전자쌍을 내놓아 두 원자가 공유결합하는 것을 배위결합이라고 한다.

▎자연에서의 착화합물

식물, 동물, 인간은 생명기능을 유지하기 위해서 많은 흔적원소(생물에 있어서 소량은 필요하나 다량은 해가 되는 원소)를 필요로 한다. 척추동물의 핏속에서는 지금까지 78개 흔적원소가 발견되었으며, 18개 흔적원소들의 생물적인 효력(효험)이 확인되었다.

사람을 위한 삶의 중요한 것은 매일 약 15mg의 철과 아연, 몇 mg의 구리, 망간, 바나디움, 아연, 그리고 1g보다 더 적은 양의 크롬, 코발트, 요오드, 몰리브댄, 니켈, 셀렌 등이다. 이들 금속들은 효소단백질, 호르몬, 엽록소, 헤모글로빈 등의 구성성분인 착화합물 속에서 중심이온(금속이온)으로서 필요하게 되는 것이다.

모든 생명체의 에너지 신진대사에서 전자쌍을 주는 단백질로서 페레독신(Ferredoxin)과 같은 철—황—단백질은 큰 역할을 하는 것이다. 이와 같이 착화합물의 반응도 전자쌍에 의한 극성의 힘에 의한 작용인 것이다.

자연변화는 에너지변화인데, 자연변화는 왜, 어떻게, 무슨 힘으로 스스로 저절로 일어나는지 알아본다.

제4장
자연변화=에너지변화

- 자연의 평형
- 암흑물질(black matter)
- 암흑에너지(검은 에너지)
- 블랙홀(black hole)
- 태양계와 우주는 어떻게 유지되는가?
- 별의 일생
- 삼위일체(Trinity) 원리

01
자연의 평형(화평, 화목, 균형, 조화)

자연의 변화는 자유에너지(유용한 에너지)는 감소하고(발열반응) 물질은 다양해지고 엔트로피(무질서도, 무용한 에너지)는 증가하는 방향으로 일어난다.

자연계에서 온도(열), 밀도(농도), 압력(기압), 에너지, 전류, 물 등은 높은 곳에서 낮은 곳으로, 많은(큰) 곳에서 적은(작은) 곳으로, 강한(센) 곳에서 약한 곳으로 흐른다.

이것은 위치 상태적인 상대적 극성으로 두 물질은 반응하게 되고 반응과정은 두 물질의 특성이 같아지려는 평형의 원리에 따라 높고 많은 곳에서 낮고 적은 곳으로 물질이 이동하는 반응이 일어난다.

만일 반대방향(역방향)으로 자발적으로 반응이 일어난다면 높고 많은 곳은 더 높고 더 많아지고, 낮고 적은 곳은 더 낮아지고 더 적어져 나중에는 존재하지도 않을 것이며, 이것은 자연의 법칙인 자연의 평형에 정 반대되는 현상으로 하나님의 힘의 원리에도 어긋나므로 일어날 수 없는 것이다.

그러므로 자연의 평형의 법칙은 아름다운 자연을 오래도록 유지·보존하기 위해 영적인 능력을 가진 자에 의해 일부러 의도적으로 설계되어 만들어진 것임을 알 수 있는 것이다.

역반응인 흡열반응으로 반응이 진행하게 하려면 에너지를 공급하여야 한다. 즉 자연의 변화는 거의 대부분 에너지를 방출하는 발열반응으로 스스로 자연히 일어나나 에너지를 필요로 하는 흡열반응인 역반응은 거의 대부분 스스로 저절로 일어나지 않는다.

자연변화도 자연의 평형의 법칙을 따르기 때문이다.

반응물질의 역학적에너지가 주위 자연보다 높으므로 에너지를 방출함으로써 에너지 면에서 같아지려는 자연의 평형의 특성 때문에 발열반응이 일어난다.

그러나 자연변화의 역반응인 흡열반응은 반응을 일으키기 위한 최소한의 에너지, 즉 활성화에너지보다 반응물질의 역학적에너지가 작기 때문에 반응이 안 일어나는 것이다. 역반응이 일어나려면 외부에서 에너지를 공급하여야 한다. 그러므로 자연변화는 한 가지 방향(발열반응 쪽으로)으로만 일방통행으로만 일어나는 비가역반응이 된다.

수소원자 2개와 산소원자 1개가 만나면 스스로 저절로 자연히 물분자가 되나 물분자는 스스로 저절로 수소원자 2개와 산소원자 1개로 분해되지 않는다.

만일 흡열반응인 역반응이 스스로 일어날 수 있다면 에너지문제는 해결되지만 자연의 법칙은 무너지고 자연의 질서는 깨져 결국 자연은 지옥으로 변하는데, 태초에 우주만물을 창조한 창조자도 우주만물이 지옥으로 변하는 것을 원하지 않았을 것이다.

미시적으로 보면 생명체 내에서 체온의 유지, 혈당의 유지, 세포 내의 이온과 물질의 흐름 등과 정신적으로 선과 악 사이에서 선 쪽으로 머물기를 원하든가 하는 것 등은 모두 물질적, 기능적으로나 정신적으로나 평형(화평, 균형, 조화)을 유지하려는 힘과 상대적인 극성의 힘이 서로 상호작용함으로써 행해지는 것이다.

거시적으로 보면 대우주도 평형의 원리에 따르는 것이다.

우주는 현재 팽창시기에 있어 계속 팽창하고 있지만 오랜 시간이 지나면 다시 수축시기에 접어들고 점점 수축되어 아주 작아져서 중력(인력)에 못 이겨 다시 우주 대폭발을 일으켜 새 우주가 탄생될 것이다. 그러므로 우주는 계속해서 순환하므로 우주는 영원한 것이며 하나님과 같이 나이도 없는 것이다.

물질의 순환도 자연의 평형의 법칙에 따르는 것이다. 정반응과 역반응의 속도가 같아 화학평형을 이루는 것은 바로 정반응과 역반응의 순환과정이며, 어떤 계의 순환과정은 균형을 이루어 동적평형을 이루는 것이며, 순환에 의해 평형을 이루는 동적평형은 오래 지속하게 되는 것이다.

생물의 몸을 구성하고 있는 물질은 세포로 이루어져 있고, 세포는 한계수명을 가지므로 한계수명 이후에는 항상 분해되어 신체 밖으로 배출되든가 대식세포가 처리하고 그 자리는 세포분열에 의해 새로 분열되어 생긴 새로운 세포가 메워지고 있기 때문에 동적평형을 이루는데, 이는 세포의 탄생과 죽음이 순환하는 순환적인 평형을 이루는 것이다.

동적평형을 이룸으로써 연약한 세포로 하나의 생명체는 한계수명까지 그래도 오랫동안 살 수 있는 것이다.

지구의 생물이 죽고 탄생하는 것도 그들이 속한 지구의 생태계의 순환, 즉 지구의 생태계의 동적평형을 위해서 필수적인 것이다. 만일 생물이 죽지 않고 살기만 하면 물질과 에너지가 전달되지 않아 생태계의 균형이 깨져 생태계의 평형을 이루지 못해 생태계는 파괴되는 것이다.

별이 죽고 탄생하는 것도 우주의 순환, 즉 우주의 동적평형을 위해서 반드시 필요한 것이다.

만일 생물이 탄생만 하고 죽지 않는다면 식물은 땅의 황폐화로 언젠가는 전멸되고, 동물들은 고등동물의 숫자가 더 많아지므로 먹이사슬이 무너져 전멸될 것이고, 인간은 너무 많은 지구인구로 인해 아비규환의 지옥에 빠질 것이다.

생물은 살아서 남의 도움을 많이 받았으므로 죽음으로 인해 다른 새 생명이 탄생할 수 있도록 에너지와 원소, 양분을 줌으로써 서로 주고받고, 서로 영향을 미치는 상호작용을 죽어서도 하는 것이다.

서로 사랑하고 아끼는 마음이나 서로 영향을 미치거나 서로 주고받거나 서로 오고가고 하는 작용은 상호작용으로 자연의 평형(조화, 균형)을 이루는 가장 기본적인 힘의 작용인 것이다.

계속해서 주고받는 상호작용이나 계속된 가역반응은 순환과정이고, 순환과정은 결국 동적평형을 이루어 이러한 순환시스템이나 순환메커니즘은 오래도록 작동(기능)되는 것이다.

화학반응계에서 내부는 미시적으로 움직이고 있는데도 외부는 즉 외관상으로는 정지해 있는 것처럼 보이는 것은 정반응과 역반응의 속도가 같기 때문에, 생성물과 반응물이 일정한 비율로 존재하기 때문에 외부에서 보면 반응이 정지된 것처럼 보이는데 이것을 동적평형 또는 간단히 평형이라고 말한다.

열평형, 농도평형, 불균일평형 등에서도 계 안의 소립자, 원자, 분자와 같은 입자들은 항상 열운동을 하고 있고, 이들은 자연의 법칙에 따라 항상 동적평형을 이루려 하기 때문에 모든 자연변화는 평형을 이루는 방향으로 흐르는 것이다.

물질의 상태변화에는 반드시 열의 이동이 있고, 동물의 활동에는 항상 열(열에너지)을 소모시키고, 기계의 움직임에도 항상 열을 소모시키는데, 소모된 열은 열에너지 상태로 소립자인 광자, 전자, 중성미자 등으로 되어 다른 물질에 흡수되어 역학적에너지(숨은열=내부에너지)가 되거나 우주 공간에 남게 되어 새로운 물질형성에 기여하게 되는 것이다.

이와 같은 열에너지의 이동과정은 순환과정이며, 순환과정은 자연의 동적평형인 것이다. 에너지가 순환되어 동적평형을 이룸으로써 대우주가 신과 함께 영원히 오래도록 유지되어 가는 것이다.

평형상태는 어떤 계를 균형·조화시키기 위해 필요하며, 순환과정을 통한 동적평형상태는 어떤 계를 오래 유지하기 위함이다. 그러므로 순환과정 없는 평형상태는 오래가지 못한다.

질량보존의 법칙이나 에너지보존법칙 등은 평형상태를 이루기 위해 꼭 필요한 법칙들이다. 순환이 되어 평형상태를 이루기 위해서는 질량과 에너지는 보존되어야 한다. 생물의 호흡순환, 혈액순환, 물질순환 등과 무생물인 산소, 질소, 물, 지질 등의 순환은 전체 외부적인 동적평형상태를 이루어 모두 오래도록 유지·보존·지속하기 위함인 것이다. 우리는 이러한 평형메커니즘 속에서 신의 높은 지성을 살펴볼 수 있는 것이다.

＊영적 교제와 천국—우주가 큰 이유＊

현대 인류의 역사는 길어야 6만 년이다. 그렇다면 신은 길어야 6만 년 동안만 인간과 영적인 교제를 해왔다는 셈이다. 그렇다면 신은 6만 년 전에는 누구와 영적인 교제를 했는가? 신의 나이는 적어도 수천억 수조 살이 넘을 텐데 그 오랜 시간 동안 아무 영적인 교제 없이 다만 늘 보는 천국사람과 교제하다가 인간을 창조하여 인간과 교제를 한다는 것은 시간적으로도 장소적으로도 정신적으로도 모순인 것이다.

무엇 때문에 우리가 사는 은하계에만 2,000억 개 이상의 엄청나게 많은 태양계들이 존재하고 우주 전체로는 2,000억 개 이상의 은하계가 있고 다시 대우주에는 수천억 개 이상의 은하단(은하계들의 모임, 소우주)이 존재하는가?

이들 중에는 지구와 같이 대기권이 있어 온화하고 바다와 육지가 있어 생물이 살기에 적당한 곳들이 수없이 많이 있을 것이고, 전 우주 속에는 지구와 같은 곳이 무수히 많을 것이고, 지능의 차별이 많은 여러 층의 인간 부류가 살아가며 그들 나름대로 신과 아기자기한 다양한 사랑의 감정이 담긴 영적인 교제를 할 것이다.

우리의 지구가 만들어져 우리 인간이 태어나기 전에는 신은 다른 지구에 사는 인간부류들과 영적 교제를 했을 것이다. 만일 다른 지구에는 다른 동물과 다른 생물과 다른 인간부류가 없다면, 신은 우리 인간이 출현되기 전에는 영적 교제를 나누지 못했을 것이고 아름다운 지구 정원도 없이 그 오랜 세월을 보냈을 것이다.

그렇다면 수천억 년 이상 어떻게 아름다운 정원과 교제 없이 고독하고 외롭게 지내올 수 있었으며, 구태여 이제야 지구 생태계와 인간을 창조한 이유와 목적은 어디에 있는가?

인간이 신과 영적 교제를 하는 것은 아름다운 대자연을 함께 즐기며 사랑의 감정을 주고받는 것으로 서로 상호작용을 하는 것이며 주고받고, 오고가고 하는 상호작용은 결국 순환과정이고, 이는 곧 마음의 평형을 이루어 평안한 마음과 기쁜 마음으로 신과 인간과의 관계가 오래도록 유지 지속되어 가는 것이다.

신이라고 창조만 하고 대화를 못한다면 정신적인 면에서 감정은 억누르게 되고, 그렇게 되면 정신적인 갈등은 쌓이고 쌓여 정신적인 균형, 즉 마음의 평형을 이루지 못할 것이며, 그러면 신이라도 불안정한 마음상태와 즐거움 없이는 영원히 살 수가 없을 것이다.

우리가 앞서서 성경 속에서 또는 자연의 창조물에서 하나님의 품성과 성격을 살펴보았지만 하나님의 감정은 우리의 감정보다 훨씬 강한 것을 볼 수 있는데, 만일 영적 교제로 이 강한 감정들을 소화시키지 못하면 마음의 평안함이 없을 것이다. 그러므로 하나님은 정신적인 평형이 절실히 필요했기 때문에 영적 교제를 위한 인간들을 수많은 지구에 수많은 부류로 살게 하고 영적 교제를 함으로써 수많은 정신적인 충족을 가지게 될 것이다.

한 나라 안에서도 고장마다 언어도 조금씩 다르고 사는 풍습도 다르고 자연풍경도 다르고 생물도 다르고, 세계 안에서는 더더욱 언어도 다르고 사람 생김새도 더더욱 다르고 민속문화도 더더욱 다르고 생물도 더더욱 다르고 자연풍경도 더더욱 다르다. 한 우주 안에서는 언어는 더더욱 다를 것이고 문화도 더더욱 다르고 사람 생김새도 더더욱 다르고 자연풍경도 더더욱 다를 것이다. 하나님을 위해서도 우주 안에는 수많은 살기 좋은 지구와 살기 나쁜 지구가 무수히 많을 것이고 무수히 생김새가 다른 인간들이 다른 문화를 가지고 다른 생물과 함께 다른 자연풍경 속에서 다른 감정을 가지고 하나님과 영적 교제를 할 것이다. 그러한 우주 환경이어야만 하나님의 감정을 어느 정도는 충족시키게 될 것이다. 우리가 늘 보고 사는 고장을 떠나 다른 고장으로 여행을 하고, 여러 나라로 세계여행을 하려는 것이나 마찬가지로 우리의 형상을 한 하나님도 다른 동물과 다른 풍습과 다른 문화, 다른 풍경에서 다른 사람들을 보고 관찰하고 교제하기를 원할 것이다.

사람이 죽으면 죄의 심판에 따라 여러 등급으로 갈리게 되는데, 예를 들어 죄가 적은 사람들이라도 죄의 경중에 따라 지구보다 좋은 여러 곳으로 등급에 따라 갈 것이고, 죄가 많은 사람들은 역시 죄의 등급에 따라 지구보다 나쁜 여러 곳으로 여러 가지 등급에 따라 가게 되기 때문에 우주가 무한히 큰 것 같다.

죽음 후에 죄의 심판도 죄와 형벌에 대한 평형(화평, 조화, 균형)을 이루기 위한 조치인 것이다. 죄는 죄의 심판으로 균형을 이루게 되어 선과 악의 평형상태를 유지해 현세와 후세의 정신세계를 오래 유지·지속시킬 수 있는 것이다.

살아서 죄를 무서워하지 않고 너나 나나 죄를 지어도 죽음 후에 죄의 심판이 없으면 현 세상과 후 세상의 선(옳고)과 악(그름)의 균형이 무너져 선과 악의 평형상태를 이루지 못하기 때문에 역시 정신세계는 오래 유지되지 못할 것이다.

만일 죽은 영혼이 없어지거나 또는 천국과 지옥에만 간다면 우주가 무한히 클 이유가 없으며, 천국과 지옥만은 평형의 원리에도 어긋나는 것이다.

지상에서 죄를 졌다고 해서 영원히 불타는 불못에서 살게 할 정도로 신은 잔인하지 않을 것이며, 불못에서 들려오는 고통과 신음소리를 신은 영원히 듣기를 원하지도 않을 것이다.

현세에서 가장 큰 죄는 사람을 죽이거나, 신을 믿지 않는 것일 것이다. 만일 죽은 사람이 부활되지 않으면 사람을 죽이는 것이 큰 죄이지만 부활된다면 죽인 사람이 평생도 아닌 영원히 불못에서 살아야 하는 것은 아무리 신의 심판이라도 부당한 심판인 것이다. 그리고 자기 하나님을 안 믿었다고 영원히 불못에서 살게 하는 것은 심판이 아니고 지나친 보복이며, 오히려 하나님 스스로 더 큰 죄를 짓는 것일 것이다.

지구보다 다소 나쁜 곳으로 보내는 것이 가장 타당한 심판이고 가장 타당한 처사인 것이다. 자기 하나님을 안 믿었으면 내세에서도 믿을 수 있는 기회를 주는 것이 오히려 전지전능한 하나님의 처사일 것이다.

우주에서 가장 흔하고 많은 것이 땅덩어리인데, 인간이기에 욕망에 못 이겨 죄를 졌다고 해서 그것도 평생도 아닌 영원히 그토록 뜨겁고 좁은 불못에서 신음하도록 하게 할 만큼 잔인하고 속이 좁고 인색한 하나님이라면 아예 처음부터 인간을 창조하지도 않았을 것이고 무한히 큰 우주도 만들지 않았을 것이다.

성경은 여러 선지자들이 2~3천년 전에 천여 년 동안 여러 대에 걸쳐 성령을 받아 썼기 때문에 부분적으로 사소하게 내용이 안 맞는 곳이 여러 군데 있으나, 전체적인 줄거리의 흐름은 일치된다. 그리고 내용도 직설적인 면보다 비유적이고 은유적인 면이 대부분이다.

예수님의 말씀도 대부분 비유적, 은유적이기 때문에 사람마다 해석도 간혹 다르게 하게 되므로 성경내용을 국부적으로 놓고 해석하는 것보다 전체적인 내용의 흐름의 맥을 살피며 해석하는 것이 좋을 것이다.

2천여 년 전에 쓰여진 성경이지만 창세기 내용이나, 인간이 이마나 손등에 표를 받는 내용이나, 이스라엘의 역사가 성경에 쓰여진 예언대로 흘러가는 사실 등은 성경의 하나님이 참 하나님이고 실제로 존재하는 하나님임을 증명하는 것이다.

예수는 자기가 하나님의 아들이고 하나님이 보내서 왔다고 했는데, 예수가 미친 사람이 아닌 한 자기가 하나님의 아들이라고 주장하고 설교하러 돌아다니지는 않았을 것이며, 더욱이 12제자가 항상 따라다니지도 않았을 것이다. 특별히 교육도 받지 않은 예수가 말한 설교 내용들은 은혜와 진리로 가득 차 있을 수 없는 것이다. 그리고 천여 년 전에 여러 선지자들에 의해 쓰여진 구약성경에 예수가 처녀생식으로 태어나서 인간의 죄를 대신해서 죽어갈 예언들을 모두 영적으로 충족시킬 수는 없는 것이다.

지금까지 미친 사람이 자기가 하나님의 아들이라고 주장하는 자는 없었으며, 미친 사람치고 예수님과 같이 조리 있게 설득력 있게 은혜와 진리로 가득 차게 말하는 자는 더욱 없었다.

예수가 성모 마리아에서 아버지 없이 태어난 것, 즉 처녀생식으로 태어난 것은 결국 불가능한 일만은 아니다. 많은 생물 중에는 개미, 벌, 진딧물, 물벼룩 등은 무성생식인 처녀생식으로 태어나는 것들이 많이 있다.

무성생식과 유성생식과 처녀생식의 차이는 다만 염색체 속의 DNA 속에 있는 유전자와 이것에 의해 만들어지는 단백질의 종류에 의해서이다.

유전자의 내용은 4가지 염기의 배열순서에 의해 만들어지는데, 광자나 보이지 않는 에너지나 물질 등에 의해 이 배열순서를 바꿀 수도 있기 때문에, 예를 들어 신의 정신감응능력이나 정신력동(정신격동)으로 신의 사신인 광자가 들어 있는 영적인 단백질이나 보이지 않는 물질이나 에너지를 이용할 수 있기 때문에 신의 입장으로는 유성생식유전자를 처녀생식유전자로 바꾸게 하는 일은 아주 쉬운 일인 것이다.

02

암흑물질
(black matter, 검은 물질, 보이지 않는 물질)

물질에도 보이는 물질(지각할 수 있는 물질)과 보이지 않는 물질(지각할 수 없는 물질)이 있는데 이것도 상대적인 극성의 원리와 평형의 원리에 따르는 것이다. 천문학에서 암흑물질은 빛을 내지 않아 시각적으로 지각할 수 없는 물질을 말하며 검은 물질 또는 보이지 않는 물질이라고도 한다.

암흑물질은 전파, 자외선, 가시광선, 적외선, X선, 감마선 등과 같은 전자기파로 된 검파기(detektor)로도 검출이 되지 않고, 오직 중력계산에 의해서만 그 존재를 알 수 있는 영적인 물질이다.

우주는 빛을 비치는 별들과 빛을 내는 가스구름으로 되어 있는 것같이 보이나 실제로 우주는 약 25% 인력적인 암흑물질과 약 70% 척력(미는 힘)적인 암흑에너지로 되어 있어, 우리가 보는 물질세계는 겨우 우주의 5% 정도이고, 나머지 95%는 보이지도 않고 알 수 없는 미지의 세계로 되어 있다. 암흑물질은 보이지 않아 감지할 수는 없으나 계산해 낼 수는 있다. 어떤 천체의 떨어진 거리와 이동속도를 알면, 뉴턴의 만유인력법칙에 의해 만유인력을 구해낼 수 있다.

붉은 빛을 내며 죽어가는 타원형의 은하계는 회전하지 않으나 우리가 사는 젊은 은하계는 푸르스름한 빛을 내는 나선형 은하계이기 때문에, 은하계 중심에 있는 Quasar(은하계의 핵)를 중심으로 회전(공전)하고 있다.

네덜란드의 천문학자인 오르트(Oort)는 1932년 다른 물리학자와 함께 은하수 원반의 회전을 연구하다가 이상한 현상을 발견하였다. 지구의 중력(인력)이 지구의 대기권을 붙잡고 태양을 공전하는 방식으로, 은하수의 공전을 만유인력의 법칙에 의해 계산해 보니, 현존하는 은하수의 원반의 두께가 계산상으로 너무 얇아서 질량과 중력의 작용이 은하수가 공전하기에는 너무 작다는 것을 알아냈다.

은하수 원반이 공전하기 위해서는 중력(인력)작용을 더 크게 하는 질량이 훨씬 더 많은 물질들이 있어야 하는데, 보이지 않으므로 보이지 않는 물질(암흑물질)이라고 이름을 붙였다.

그 후 1970년대에 새로운 전파망원경으로 아주 정확하게 다른 나사형 은하계를 관찰할 수 있었다. 태양을 중심으로 지구 안쪽에 있는 혹성들은 지구보다 빨리 공전하고, 지구보다 먼 혹성들은 지구보다 느리게 공전한다. 일반적으로 물질이 몰려있는 중심 쪽의 공전속도가 바깥쪽보다 더 빠르기 때문이다.

그러나 이상하게도 관찰된 은하계는 은하계 중심에서 멀리 떨어질수록 더 빠르게 공전을 한다. 이것은 멀리 떨어질수록 보이지 않는 물질이 보이는 물질보다 더 많아지는 것을 의미한다. 그러므로 오늘날 대부분의 과학자들은 보이지 않는 물질의 존재를 확신한다.

검은 물질은 우리에게 알려진 원자핵에서 만들어진 중입자의 물질들이 아닐 거라고 추측들을 한다. 중성미자도 우주 창성시 많은 양이 생산되어졌고 지금도 우주 전 지역으로 떠다닌다. 그러나 중성미자(Neutrinos)는 유감히도 검은 물질이 아니라는 것이다.

검은 물질의 입자는 우주 창성시와 별의 일생, 우주의 진화 등에 결정적인 역할을 하고, 중요한 정보를 가지고 있는 것을 우리는 오늘날 우주에서 관찰하고 있다.

은하계의 구조형성을 관찰함에 따라, 검은 물질의 입자는 오직 천천히 이동했을 것으로 추정하고 있다. 그러나 중성미자는 상대적으로 너무 빨리 이동한 극단적으로 가벼운 입자들이다. 그러므로 검은 물질의 입자는 중성미자와 반대로 큰 질량을 가지고 있을 것으로 추정들을 하고 있다. 즉 검은 물질은 매우 약하게 상호작용하는 무거운 입자일 것이다.

검은 물질의 입자를 오늘날 Neutralinos(중립미자)라 칭한다. 중립미자(검은 물질의 입자)는 전기적으로 중성이고 다른 물질과 아주 약하게 상호작용하는 입자이다. 중립미자의 질량은 광자(photon)의 10~100배의 질량인 것으로 추정된다.

빨리 진동하는 입자일수록 더 무겁다. 중립미자는 붕괴되지 않고 영원히 남는다. 암흑물질은 단지 매우 약한 힘의 작용으로 다른 입자와 교환하며, 그들은 전기를 띠고 있지 않고 색과 냄새도 가지고 있지 않은 보이지 않는 영적인 물질인 것이다. 실제로 검은 물질은 지구 곳곳 어디에나 도처에 있음에도 불구하고 우리는 그들의 존재와 작용을 감지할 수 없는 것이다.

검은 물질의 입자는 우리 컴퓨터의 규소칩(silizium chip)을 통하여, 우리의 두뇌를 통하여, 우리의 체세포를 통하여, 지구 속을 통하여, 태양 속을 통하여, 어느 곳이든지, 어느 물체이든지 거리낌 없이 자유로이 모든 것을 통과하여 자국(흔적)을 남기는 것 없이 영적으로 쉽고 빠르게 훨훨 날아다닌다.

현 우주와 자연계가 작용·유지되는 것은 보이는 물질만의 작용이 아니고, 보이는 물질과 보이지 않는 물질 사이에 상호작용으로 이루어지는 것이다.

03

암흑에너지
(검은 에너지, 보이지 않는 에너지)

우주는 물질로 되어 있어 만유인력의 법칙에 따라 수축하는 것이 정상이나 실제로 우주는 척력(미는 힘)으로 팽창되고 있다. 그런데 인간은 지금까지 이 미는 힘이 무엇에 의해서인지 발견하지 못하고 다만 보이지 않는 에너지의 작용으로 보고 보이지 않는 에너지 또는 검은 에너지라고 이름을 붙였다.

보이는 물질이나 에너지는 인력으로 작용하는 데 반해 보이지 않는 에너지, 즉 검은 에너지는 우주를 팽창시키는 에너지이며, 즉 척력에너지로 작용하는 것이다.

암흑물질은 인력으로 작용하고 암흑에너지는 척력으로 작용한다. 우주는 약 25%가 인력적인 암흑물질과 약 70%가 척력적인 암흑에너지로 되어 있고 약 5%정도가 인력적인 보이는 물질과 보이는 에너지로 되어 있다. 검은 에너지는 전자기파를 발생하지 않아 볼 수 없어 지금까지 관찰되지는 않았다.

오늘날 우주발전(달)설로는 알버트 아인슈타인의 일반상대성이론이 가장 유력하게 학계에 받아들여지고 있다.

질량이 있는 물질은 서로 끌어당기는 인력(중력)을 갖고 있기 때문에, 암흑에너지는 물질이 없는 진공에너지로 불린다. 우주 대폭발(big bang) 이후 우주가 물질로 가득 차 있었다면 중력(인력)이 서로 작용해 우주는 다시 수축되어 한점으로 모여들어 붕괴했을 것이다. 그러나 우주는 지금까지도 계속 팽창하고 있다. 그래서 아인슈타인은 우주에는 밀어내는 힘인 척력을 가진 에너지가 있어 서로 끌어당기는 에너지(인력)와 힘의 균형(조화, 평형)을 이룬다는 가설을 내세웠다.

그는 그의 장방정식에서 중력(인력)의 세기를 좌우하는 중력상수처럼 척력의 세기를 좌우하는 우주상수 개념을 도입했다. 아인슈타인의 우주상수는 빈 공간에서 즉 진공에서 작용하는 진공에너지로 우주의 팽창을 나타내는 상수이다. 이 방법으로 그는 어쨌든 불완전한 형식적인 우주등식을 만들어 냈다.

얼마 후에 허블(Hubble)의 우주관측 결과, 우주는 스스로 팽창되고 있음이 밝혀지자, 아인슈타인은 성급하게 우주상수는 내 생애의 최대의 실수라면서 그의 우주상수를 철회했다. 그 이후로는 우주상수를 우주등식에서 완전히 빼거나, 0으로 대입하였다. 그러나 수십 년 전부터 우주상수가 있는 우주등식이 더 의미 있게 맞아 들어가는 것을 알게 되었다.

1998년 애덤리스 박사 등은 엄청난 질량을 가진 별이 폭발하는 현상인 수퍼노바(초신성 폭발)를 관측한 결과, 우주의 팽창속도가 계속 빨라지고(가속적으로) 있다는 사실을 처음으로 확인하였다. 애덤리스 박사팀은 다시 허블우주망원경을 통해 24개의 초신성을 관측해 최소한 90억 년 전에도 암흑에너지에 의해 우주팽창이 일어나고 있었음을 확인했다. 이로써 아인슈타인의 예측과 우주팽창 가속이론이 다시 한번 입증된 것이다. 물론 아인슈타인은 우주상수와 중력상수의 균형을 예측했지만, 실제로는 암흑에너지가 보이는 물질보다 훨씬 많아 우주가 가속적으로 팽창되는 것은 몰랐다.

04
블랙홀(black hole, 검은 구멍, 암흑 구멍, 보이지 않는 구멍)

블랙홀은 중력장(중력이 미치는 범위)이 너무 커서, 그 속에 빨려 들어가면 빛, 물질, 입자 등 어떤 것도 중력(인력)에 의해 빠져나오지 못한다. 빛(광자와 전자기파)도 빠져나오지 못하기 때문에 볼 수 없으므로 암흑구멍, 검은 구멍, 보이지 않는 구멍 등으로 부른다.

검은 구멍은, 중력(인력)장의 막강한 에너지로 주위에 있는 모든 물질 즉, 별이나 태양계, 은하계 등을 삼켜버려서, 초고온, 초밀도, 초압력으로 회전시켜서 소립자나 극소립자로 분해한 다음 에너지상태로 멀리 내뿜어 버리는 우주청소기인 것이다.

자연에는 곳곳에 말끔히 청소하는 청소기들이 존재한다. 예를 들어 동물들이 죽으면 죽은 고기를 먹는 새나 동물들과 곤충들과 미생물이 있고, 고기가 죽으면 바다 속에는 뱀장어 무리나 게 무리 등이 있고, 자연물이 썩어 가면 미생물이나 곤충이나 물에 의해 청소된다. 우리 몸속에서도 미생물인 박테리아가 식물성 셀룰로오스 등을 분해해 소화를 도우며 장을 깨끗하게 한다. 그리고 사람이 죽으면 박테리아가 용하게 알고 육체를 분해시킨다.

마찬가지로 우주 공간에서 청소하는 것은 블랙홀로 주위의 먼지나

가스구름이나 작은 별이나 큰 별이나 태양계나 은하계나 가리지 않고 먹어치워서 새로운 물질이 탄생되도록 소립자인 에너지를 우주 공간에 다시 뿜어내는 검은 구멍이 있는 것이다.

큰 검은 구멍의 힘은 별에서부터 은하계, 소우주까지 삼켜버린다. 일반적으로 항성(빛을 내는 천체)은 중심부에서 일어나는 핵융합반응으로 생기는 압력과 항성의 질량으로 생기는 중력(인력)이 균형을 이루고 있다.

젊은 항성별에서는 수소를 녹여 헬륨으로 되는 핵융합반응이 일어나고, 별이 늙어갈수록 헬륨에서 원자번호 26번인 철까지 핵융합단계를 거쳐 가며 무거운 물질로 변해간다. 이 과정에서 핵융합의 압력과 중력 사이에는 균형이 깨지게 되고, 별은 압력과 증가한 인력(중력)에 의해 수축하게 된다.

┃블랙홀의 생성에는 2가지 설이 있다

첫째는 우주가 대폭발(big bang)로 만들어질 때 물질이 크고 작은 덩어리로 뭉쳐져서 수많은 블랙홀이 생성되었고 대부분의 원시블랙홀은 지금은 없어졌다는 것이다.

둘째는 태양보다 훨씬 무거운 별이 진화의 마지막 단계(별이 죽어감)에서 그것의 연료를 모두 태워버려 붕괴(와해)되면서 강력한 수축으로 생긴다는 것이다.

① 태양과 비슷한 질량을 가지거나 그 이하의 질량을 가진 별은 진화의 마지막 단계에 이르면, 바깥층의 가벼운 물질을 뿜어내어, 즉 가스나 먼지구름을 뿜어내어 백색왜성이라는 작고 밝은 흰색 천체가 되어 서서히 빛을 잃어가면서 죽어간다. 그러나 태양보다 질량이 큰 별들은 폭발을 일으키며 죽어 가

는데, 즉 슈퍼노바 폭발(초신성 폭발, 별이 죽어가며 폭발함)을 한다.
② 태양보다 질량이 1.5~3배 큰 별은 폭발할 때 바깥층의 가벼운 물질은 날려 보내고 철과 같은 무거운 물질은 중심부로 이동되어 수축(와해)되어 중성자별이 된다. 이러한 중성자별은 그것에서 나오는 규칙적으로 맥동하는 전파인 펄서(pulsar)가 발견되어 그 존재가 확인되었다.
③ 태양보다 질량이 3배 이상 큰 별은 수축(와해, 붕괴)한 후에도 그 내부의 중력(인력)을 이기지 못해 더욱 수축하여 천체의 크기가 슈바르츠의 반지름(임계 반지름)에 이르게 되어, 부피는 0이 되고 밀도와 온도는 무한대인 특이현상이 일어나서, 초고온으로 생긴 초압력과 녹은 입자들 사이의 초중력(초인력)으로 생긴 구멍과 구멍 주위 부근과의 압력과 온도차이로 이 구멍은 초고속으로 회전하여 빛도 빠져나오지 못하는 검은 구멍 즉 블랙홀로 된다.

오랫동안 이론적으로만 블랙홀을 다루어 왔으나 근래에는 인공위성의 X선 망원경으로 관측이 가능하며, 백조자리 X-1은 청색 초거성과 미지의 천체가 쌍성을 이루고 있는데 초거성으로부터 물질이 흘러나와 미지의 천체 쪽으로 끌려들어가는 것이 확인되었다. 그 후 이러한 현상은 자주 관측되어지고 있다.

미국항공우주국 NASA의 니콜라이 샤포쉬니코프(Nikolai Shaposhnikov) 천문학자는 남쪽 하늘에 있는 별자리 Ara(제단자리)에서 지금까지 가장 작은 블랙홀을 발견했다. 그것의 이름은 XTE J1650-500이고 지구로부터 10,000광년(빛이 1년 동안 가는 거리) 떨어져 있다. 이 작은 검은 구멍은 단지 24km의 직경을 가지고, 태양보다 질량이 3.8배 더 크다. 그러므로 이것의 밀도가 얼마나 크고 인력(중력)이 얼마나 큰지 짐작

할 수 있다.

  우주 대폭발과 별의 죽음으로 생긴 고온, 고밀도, 고압에서 만들어진 검은 구멍 안은 초고온이기 때문에, 모든 물질은 양성자, 중성자, 전자, 이온 등으로 또는 그보다 더 작은 소립자인 Quark(쿼크) 등이 플라스마(plasma, 원자핵 이온과 자유전자가 고루 퍼져 있는 상태) 상태로 되든지 대부분 전하를 띤 입자로 된다. 같은 전하를 띤 입자끼리는 척력(미는 힘, 압력에 영향을 미침)이 작용하고, 다른 전하를 띤 입자끼리는 중력(인력, 압력에 영향을 미침)이 작용하며, 전하를 띤 입자들의 자유로운 이동에는 전류가 발생해 전기력이 생기고, 전기력이 있는 곳에는 자기력이 생겨, 이 힘은 또 다시 인근 입자들에게 연쇄적으로 작용하여 막강한 중력장(인력장)이 형성되게 된다.

＊우리의 은하계＊

우리가 사는 은하계는 볼록렌즈처럼 중심부가 볼록하고, 그 볼록한 중심부에는 아주 밝고 강한 빛을 방출하는 거대한 은하계의 핵인 Quasar가 있고, 그 속에는 검은 구멍이 있는데, 이것들이 은하계 중심에서 하나의 거대한 회전타원면을 이룬다(계란을 프라이팬에 깨서 놓았을 때 중심이 볼록한 노른자가 은하계의 핵 모양을 하고 있다). 이것의 힘은 전체 은하계가 회전하는 데 영향을 미친다. 즉 은하계 중심에 은하계 핵인 Quasar가 있고 그 속에는 하나의 블랙홀(검은 구멍)이 있는데, 그것의 질량은 태양보다 약 3백만 배 더 크다.

은하계 중심 주위를 가까이 도는 낱개의 별들의 이동에서 관측되어지고 증명되어진다. 은하계 핵(Quasar) 속에 있는 검은 구멍의 질량이 크면 클수록, 그것을 포함하는 은하계중심부의 회전타원 면의 질량도 커지고, 은하계 중심부의 볼록한 핵 부근도 더 밝게 빛을 낸다. 이 회전타원 면은 검은 구멍의 질량보다 수천 배 더 크다. 그와 반대로 회전타원 면이 없는 은하계에서는 검은 구멍도 없다. 그러므로 검은 구멍과 은하계의 회전타원 면은 공동으로 생긴다.

Quasar는 매우 강하게 빛을 내는 은하계의 핵이다. 그 속에는 매우 질량이 큰 검은 구멍이 있고, 이것은 주위의 많은 물질을 삼킨다. 검은 구멍에 의해 삼켜진 물질(가스구름, 먼지구름, 별들)들은 초고온, 초고압에 의해 작은 입자로 분해되어 나사형 모양으로 회전하면서, 일부는 검은 구멍 주위를 에워싸는 물질타원 면의 수직으로 위쪽 방향이나 아래쪽 방향 밖으로 쿼크 상태인 에너지로 내뿜어진다.

Quasar는 현재 알려진 우주에서 가장 강하고 밝은 빛(태양의 조 배 이상)을 내는 물체이다. 바로 이러한 Quasar의 능력과 작용이 영적인 능력이고 영적인 작용인 것이다.

태양보다 조 배 이상 더 밝은 빛을 내는 가스는 Quasar(은하계의 핵)를 뜨거운 빛의 원천으로 만들고, 이곳에서 특히 극단적으로 많은 별들이 생기게 된다. 태양계는 중심에 태양계의 핵인 태양이 있고 이곳에서 빛을 방출하므로 태양계를 움직이게 하고, 태양이 회전(자전)함으로써 전체 태양계도 회전(공전)하는 것이다.

우리가 사는 은하계 속에만 2,000억 개 이상의 태양계가 있고 이들이 은하계의 핵인 Quasar를 회전(공전)하고, Quasar 자신은 스스로 회전(자전)하고, 초고온 초고압으로 무한대에 가까운 밝은 빛을 발산하여 은하계를 움직이게 하고 2천억 개가 넘는 태양계를 돌보고 이끄는 것이다. 그러므로 빛은 생물계뿐만 아니라 태양계, 은하계에서도 빛에 의하여 이들 계가 만들어지고 빛의 에너지에 의해서 이들 계가 움직이고 작동되어 가는 것을 알 수 있는 것이다. 왜냐하면 빛은 광자, 전자, 전자기파 이외에 여러 종류의 소립자(에너지), 이온들로 되어 있기 때문이다.

그리고 물질을 만드는 원자도 태양 같은 뜨거운 항체에서 만들어지기 때문에 은하계의 Quasar는 항체를 만드는, 즉 물질세계를 만드는 원산지인 것이다. 어떻게 Quasar는 태양보다 조 배 이상 강한 빛을 낼 수 있는가? 이러한 영적인 천체가 존재하고 영적으로 작동되는 것은, 하나님의 능력과 지혜가 얼마나 높고 큰지를 보여주는 것이다.

무생물인 무기물도 빛이 충분히 강하면 원자, 분자들의 운동이 활발해지므로 움직이거나 변하거나 한다. 그러므로 빛은 무생물이든 생물이든 에너지 공급원으로 움직임과 변화를 시키는 생명과 운동의 원동력인 것이다. 그리고 동물계의 감각기관과 신경계의 감응(유도, 유발)작용 등 직·간접적으로 삶과 영의 활동을 이끈다.

신(하나님)은 빛으로 하여금 우주만물이 만들어지게 하였고 빛으로 하여금 우주만물이 활동하고 변화하고 보존되도록 한 것이다. 빛은 광자와 전자기파로 되어 있고 광자 속에는 에너지와 정보와 영(하나님의 말씀=하나님의 의도=하나님의 설계=하나님의 성령=하나님의 생기=하나님의 능력)이 들어 있어 생물이 빛을 받으면, 에너지와 삶의 정보와 신의 영을 받기 때문에 영적으로 육체적·정신적인 활동을 하게 되어 영적으로 살아갈 수 있기 때문에, 빛은 하나님의 대리인이고, 하나님의 말씀이고, 하나님의 성령이고, 하나님의 능력이고, 하나님의 자연의 법칙이고, 하나님의 생기인 에너지이며, 이는 하나님의 분신으로 하나님 자신이나 마찬가지인 것이다.

그리고 하나님의 말씀 속에는 생명의 말씀도 들어 있고 우주만물을 위한 설계도 들어 있고 하나님의 계획(프로그램)과 감정도 들어 있고 하나님의 힘도 들어 있는 것이다.

우리는 우리가 직접 어떤 일을 하거나 직접 어떤 물건을 만들거나 또는 간접적으로 다른 사람이나 기계(로봇)를 통해 간접적으로 그 일을 하게 하거나 그 물건을 만들게 한다. 마찬가지로 하나님은 손수 직접 어떤 일을 하시거나 어떤 물건을 만드시는 것이 아니라, 간접적으로 하나님의 일을 대신하는 대리자나 대리역(로봇)을 통해 우주만물이 창조되게 하시는 것이다. 바로 하나님의 일을 대신해서 행하는 대리자는 광자(에너지+정보+영)로봇, 원자로봇, 분자(이온)로봇들이고, 특히 생물에서는 이들 외에 단백질분자로봇, DNA분자로봇들이 있어 하나님의 대리자로서 생물의 삶을 영적으로 돌보고 이끌어가는 것이다.

하나님은 광자소립자 속에 하나님의 영과 이 세상의 정보와 에너지를 넣었기 때문에 광자에너지로 만들어진 미세한 로봇들은 스스로 물질(만물)로 되어 하나님의 의도대로 행하게 되는 것이다. 그러므로 소립자, 원자, 이온, 분자로봇들은 하나님의 영(설계, 말씀, 정보)이 들어 있는, 즉 설계프로그램이 들어 있는 로봇들이기 때문에 하나님의 의도(영, 말씀)대로 행하게 되는 것이다.

만일 원자기계나 분자기계나 단백질분자기계 속에 영이 안 들어 있다면, 이들 기계는 영적으로 결코 작동되지 않아 영적인 특성을 가진 물질이나 영적인 생명체를 스스로 만들 수 없고, 생명체기계를 영적으로 작동시킬 수도 없는 것이다.

기계가 영적으로 작용되기 위해서는 반드시 기계 속에 영적인 능력을 가진 영이나 영적인 프로그램이 들어 있도록 영적인 능력을 가진 자가 설계해서 만든 기계이어야만 영적으로 작용되어질 수 있는 것이다. 왜냐하면 영적인 능력으로 작동되는 기계는 영적인 능력을 가진 자나 영적인 능력을 가진 대리인이 관련하지 않는 한 아무리 시간이 지나가도 자연히 저절로 스스로는 만들어지지 않고 스스로 진화되지도 않기 때문이다. 생물이 하등생물에서 고등생물로 진화·발달되는 것은, 생물세포 속에 영적인 능력을 지닌 영적인 단백질이 하나님의 생명의 설계도 안에서 진화되도록 돌보고 이끌기 때문인 것이다.

영적인 단백질은 하나님의 영을 지닌 광자로 만들어졌기 때문에 DNA분자 속에 기록되어 있는 하나님의 생명의 말씀 안에서 하나님의 의도대로 생물을 진화시켜 나가는 것이다.

05
태양계와 우주는 어떻게 유지되는가?

지구와 태양이 46억 년 동안 충돌하지 않고 자기의 궤도를 지키는 것은 만유인력과 만유척력 때문인네, 우리는 아식까지도 정확한 원인을 모르고 있다.

우리는 만유인력을 감지하지는 못하나 사과가 떨어지는 현상으로 간접적으로 만유인력이 있음을 알고, 그의 강도도 상대적인 물체의 질량과 떨어진 거리로 계산적으로 구해낼 수는 있으나 정확한 정체에 대해서는 정확히 모르는 것이다.

우리는 신의 정체에 대해서는 모르고 신이 존재하는지도 확실히 모르나, 다만 성서와 자연현상을 관찰함으로써 간접적으로 신의 존재를 확신하게 되고, 신의 계획, 신의 설계, 신의 목적과 의도, 신의 지혜, 신의 능력, 신의 사랑, 신의 생각 등을 간접적으로 헤아릴 수 있으며, 다만 분명한 것은 신 없이는 우주만물과 아름다운 자연과 따듯한 감정사회인 인간사회가 생겨날 수 없으며, 정신세계도 만들어질 수 없고, 조그마한 파리나 모기비행기가 자유자재로 자연스레 날수도 없으며, 더욱이 살기 위해 이들 비행생물기계가 파리채를 피해서 번개같이 날아가지도 못할 것이다.

물질세계만 존재한다면 자연의 진화는 어느 정도 타당성을 얻을지 모르지만, 정신세계는 뇌가 있는 동물이나 인간이나 신을 위한 세계이기 때문에 신 없이는 뇌가 없는 자연만의 진화에 의해 뇌의 메커니즘이 있는 정신세계를 만들어낼 수는 없는 일이다. 그 이유는 생각은 신경계와 호르몬계 같은 기능시스템이 있어야만 되는데 자연에는 이 생각하는 기능시스템, 즉 생각메커니즘 시설이 되어 있는 곳이 없기 때문에 자연 스스로는 어떤 시스템이나 어떤 메커니즘을 새로이 구상해 낼 수 없기 때문이다.

만약에 자연물에 이러한 새로운 시스템과 메커니즘을 만들어 낼 수 있는 능력이 있다면, 생물의 수많은 신체시스템과 활동메커니즘이 자주 변화 · 진보되어져야만 하나, 예를 들어 식물의 광합성작용은 태초부터 지금까지 한번도 변하지 않고 똑같이 작용되어지고 있다. 그러나 신의 영(성령, 말씀)은 생각하는 시스템과 메커니즘을 겸비한 영적인 능력이 들어 있는 영적인 것으로 하나님의 분신인 것이다. 그러므로 모든 생물은 영이 들어 있는 단백질로 만들어진 신체물, 조직, 기관 등이 영과 영 사이므로 의사소통이 잘되어 영적으로 상호작용이 잘 이루어져 영적으로 활동할 수 있는 것이다.

변화시키고 안 변화시키는 것은 자유의지이며, 이러한 자유의지는 생각하는 자에게만 들어 있는 것이고, 생각할 수 없는 자연 속에는 자유의지가 들어 있지 않기 때문에 자유의지에 의한 선택적인 진화는 이루어질 수 없는 것이다.

만유인력만이라면 지구와 태양은 이미 수십억 년 전에 충돌해버렸을 것이다. 반드시 인력(중력) 크기만 한 척력(미는 힘)이 작용하고 있어 힘의 평형(화평, 균형, 조화)을 이룸으로써 우주 허공에서 우주만물이 지탱되고 유지되는 것이다.

이러한 자연현상이나 자연의 변화도 자연의 3대 힘이며 자연의 3대 특성인 상대적인 극성의 힘과 평형해지려는 힘과 상호작용하려는 힘에 의한 것이다.

만일 인력과 척력의 힘의 균형이 깨져 한쪽의 힘이 다른 쪽의 힘을 완전히 흡수해 버리면(먹어 버리면) 인력만 작용하여 충돌하거나 척력만 작용하여 영원히 멀어지거나 할 것이다.

인력과 척력이 하나도 소멸되지 않고 그들의 힘들이 균형을 이루는 즉 평형상태를 이루어, 외부에서 보면 인력과 척력이 없는 것처럼 보이나 내부적으로는 인력과 척력의 힘의 강도가 균형을 이루는 곳에서 대자연의 보이지 않는 거대한 평형이 이루어지고 있는 것이다.

신(하나님)은 별과 같은 큰 천체에서만 인력과 척력의 평형의 원리를 적용한 것이 아니고 물질의 구성성분인 쿼크소립자나, 원자와 같은 미세한 입자에서 이미 이 원리를 적용한 것이고, 우주에 존재하는 보이거나 보이지 않는 물질이나 에너지 사이에 이들 힘의 균형이 이루어지게 한 것이다.

✱ 우리는 다음과 같이 생각해 볼 수 있다 ✱

우리는 아직까지도 정확한 원자모델을 모르고 있으며 다만 추측만 할 뿐이다.
원자의 직경은 10^{-10}m(100억분의 1m)로 아주 작아 전자현미경으로도 보이지 않는다. 원자핵은 쿼크(quark)로 만들어진 양성자와 중성자로 이루어져 있고 그 주위를 전자가 돌고 있으며, 원자핵과 전자의 거리는 멀어졌다가 가까워졌다 하며, 전자가 가장 바깥쪽 전자궤도를 떠나고 다시 오고 하는 과정에서 광자와 빛을 방출한다고 추정하고 있을 뿐이다.

양전하를 띤 원자핵과 음전하를 띤 전자 사이에는 상대적인 극성의 힘으로 전기장과 자기장이 형성되어 전자기파도 형성된다. 물론 전자 자신도 움직이기 때문에 전하의 이동이므로 전기장과 자기장이 만들어진다.

2개의 up-quark(전하 +2/3)와 1개의 down-quark(전하 -1/3)로 이루어진 양성자는 총 전하량 +1을 가지지만, 이때 두 종류의 양·음쿼크는 구(공) 모양의 양극으로 분리되어 있어 양성자 내부에서는 이미 부분 극성을 띠고 있는 것이다.

1개의 up-quark(전하 +2/3)와 2개의 down-quark(전하 -1/3)로 이루어진 중성자는 총 전하량 0을 가지나, 두 종류의 쿼크가 뭉쳐있지 않고 구 모양의 양극으로 분리되어 있어 중성자 내부에서는 이미 부분 극성을 띠고 있다.

원자핵을 이루는 중성자와 양성자는 부분 극성끼리 반응하여, 같은 극끼리는 밀치고 다른 극끼리는 당기는 힘에 의해 원자핵 내부 자체는 고정되어 있지 않고 끊임없이 움직이게 될 것이다. 이 힘에 의해 원자핵 주위를 돌고 있는 전자도 당겨지고 밀쳐지므로, 전자가 자신의 스핀(spin, 자전력)과 자기모멘트(자극의 세기와 N·S 양극 간 길이의 곱)에 의해 자전과 원자핵 주위로 공전을 하게 되며, 원자핵 자신도 쿼크의 극성운동에 의해 스스로 회전(자전)하게 될 것이다.

두 물질, 원자핵(+전하)과 전자(-전하) 사이의 인력에 의해 충돌되지 않는 이유는, 가까운 거리에서는 quark에 의한 같은 극끼리의 내부적인 부분 극성의 반발력이고, 어느 정도 떨어진 거리에서는 quark의 부분 극성의 반발력은 약해지고, 두 물질 사이에 가까운 부분은 서로 반대 전하가 위치하고 서로 먼 쪽에는 같은 종류의 전하가 생기는 정전유도현상이 일어나 질량에 비례하는 인력이 작용하는 만유인력이 생기기 때문일 것이다.

이와 같이 원자핵(+)과 전자(-) 사이에 인력과 쿼크 사이에 척력의 균형(조화)으로 원자가 형성되고 이어서 물질이 형성되고, 물질과 물질 사이에도 인력과 척력의 힘이 생겨나게 되는 것으로 볼 수 있다. 그러므로 물질 사이의 인력과 척력은 물질의 형성, 분해, 변화나 우주만물을 붙잡고 있는 힘이며 자연변화를 이끄는 힘이고, 이 힘은 자연의 법칙과 자연의 3대 힘의 원리인 상호작용의 힘+상대적인 극성의 힘+평형의 힘을 따르는 것이다.

지구와 태양 사이가 가까워지면 정전유도현상이 일어나 서로 가까운 쪽으로 반대 극성이 나타나 인력에 의해 바닷물이나 지각, 지구 표면의 열에너지 증가, 태양의 가스구름의 이동 등과 같은 표면현상의 변화가 심하게 일어나는데, 물질이 이동하거나 열에 의한 변화에는 전자의 이동이 따르므로 전류가 발생되어 전자기장이 생성되어, 지구의 부분적인 물질의 극성과 태양의 부분적인 물질의 극성작용이 커지다가 어느 정도 가까워지면 가까워질수록 전자의 이동량이 많아지므로 척력이 커지고, 상대적으로 인력이 작아지므로 어느 거리 이내로는 가까워질 수 없는 곳이 두 천체 사이에 생기게 된다.

반대로 지구와 태양이 멀어지면 표면적인 부분적인 현상이 다시 가라앉기 때문에 부분적인 극성적인 힘이 약해지고 질량에 의한 인력(중력)이 커져서 어느 한도 이상의 거리로는 멀어지지 않게 되는 것이다. 즉 인력과 척력의 평형(균형, 조화)상태 범위 안에서 지구와 태양은 거리를 유지하는 것이다. 대우주 속에는 해변가의 모래알보다 더 많은 별들이 있으나 충돌은 거의 하지 않고 유지해 가는 것은 이러한 인력과 척력 사이의 평형의 힘의 작용이 있기 때문이다.

다만 별이 죽어가면서 인력과 척력의 균형을 잃거나, 블랙홀(검은 구멍)에 의해 별이나 태양계, 은하계들이 충돌·흡수되는 경우는 예외이다. 왜냐하면 검은 구멍의 힘은 별들 사이의 인력과 척력의 평형의 힘을 절대적으로 능가하기 때문이다.

태양계는 태양계의 핵인 태양을 중심으로(원자 모형과 같이) 태양계의 인력과 척력의 힘의 균형이 이루어지고, 은하계는 은하계의 핵인 Quasar를 중심으로 은하계의 인력과 척력의 균형이 이루어지기 때문에 태양계와 태양계 사이, 은하계와 은하계 사이는 상대적인 극성의 힘인 인력과 척력 사이에 균형이 이루어져 평형상태를 유지하기 때문에 우주가 수축되든지 팽창되든지 일정한 비율로 태양계나 은하계는 수축과 팽창운동을 하기 때문에 수백억 년이 지난 오늘날에도 우주는 유지되고, 수천억 년이 지난 미래에도 우주는 유지될 것이며, 우주순환만 되풀이할 것이다.

06
별의 일생

별의 짧고 긴 생명은 오직 별의 질량과 밝기에 달려 있다. 별은 약 3/4이 수소, 1/4이 헬륨, 그리고 매우 희귀한 원소인 탄소, 산소, 철, 금 등으로 되어 있다. 태양별을 예로 들어보면, 태양 속 1천5백만 도(섭씨)에서 수소는 헬륨으로 핵융합된다.

4개의 수소원자핵은 녹아 융합하여 1개의 헬륨원자핵을 만든다. 생성물인 1개의 헬륨원자핵은 반응물인 4개의 수소원자핵보다 아주 미세한 차이로 가볍다. 이 미세한 질량 차는 직접적으로 열과 빛으로 변화된다.

아인슈타인의 에너지 질량 등가의 공식에 따르면, $E=mc^2$, 즉 에너지는 질량 곱하기 빛의 속도의 제곱과 같다. 이 공식에 의하면 에너지와 질량은 등가이므로, 에너지와 질량은 없어지지 않고 다만 변화할 뿐인 것을 알 수 있다.

1초에 태양 속에서는 6억 톤의 수소가 5억9천4백만 톤의 헬륨으로 핵융합한다. 즉 태양은 1초 동안에 6백만 톤의 수소물질을 에너지로 변화시켜 방출하는 것이다. 얼마나 오랫동안 수소를 태워버리는가는 태양의 질량에 달려 있으므로, 앞으로 약 50억 년 더 빛을 낼 것으로 추정하고 있다. 수소를 다 태워버린(소비한) 별은 처음의 질량에 따라 다르게 경과된다.

태양보다 질량이 같거나 작은 별은 죽어가면서 바깥층의 가벼운 원소를 날려 보내어 우주 공간에 가스구름이나 먼지구름을 형성하게 되고, 중심부에는 철 등 무거운 원소가 몰려 매우 작은 백색 왜성으로 되고, 태양보다 질량이 1.5~3배 큰 별은 핵이 수축되어 중성자별이 되고, 태양보다 질량이 3배 이상 큰 별은 중심부의 핵이 계속 수축되어 부피가 0이 되고, 온도와 밀도, 압력이 무한대가 되어 블랙홀(검은 구멍)을 형성하게 된다.

태양보다 질량이 작고 희미한 빛을 내는 별은 1,000억 년 이상 살 수 있고, 태양보다 질량이 크고 강한 빛을 내는 별은 수명이 수백만 년밖에 되지 않는다. 약 50억 년 후에는 우리의 태양은 조용한 삶을 끝마칠 것이다. 그 후 태양은 부풀어 거의 지구궤도에 도달한다. 그러면서 우주 공간에 가스와 먼지구름을 내뿜어 간다. 그와 동시에 표면이 식어가고 더 이상 노랗고 하얀 빛을 내지 못하고 발그스름한 빛을 내는 거대한 벌건 별이 된다. 태양 속은 아직 가지고 있는 나머지 연료를 점점 더 빨리 태워버려 마침내는 불안정한 상태로 되어, 한동안 가물거리며 맥동한다. 속에서 나오는 광선은 바깥층에 있는 가벼운 물질을 점점 더 많이 우주 속으로 내뿜게 한다. 태양바람에 의해 태양은 거의 질량의 반을 잃어버린다.

태양에 남아있는 물질 아궁이에서 언젠가 불이 꺼진다. 속에서 내뿜는 광선의 압력 없이 나머지 물질은 수축되어 매우 뜨겁고 매우 작은 하얀 물체 백색왜성(weisser zwerg)으로 된다. 백색왜성은 대략 지구와 같은 크기이나 태양 질량의 반 정도이다.

수십억 년 지나 백색왜성은 완전히 식어버린다. 죽은 후 수백만 년 후에 인력에 의해 전에 내뿜었던 가스와 먼지구름과 우주 공간에 있는 가스, 먼지구름을 다시 빨아들여 새로운 별로 탄생되어 간다. 그러므로 별의 죽음은 곧 새로운 별의 탄생을 의미하는 것이다.

07
삼위일체(Trinity) 원리

삼위일체(Trinity)는 성경적으로는 성부, 성자, 성령 3가지 하나님이 다 똑같은 하나의 하나님이라는 것이고, 문학적으로는 3가지의 것(3부분, 3영역, 3요소, 3자리, 3위격, 3분)이 하나의 목적을 위하여 통합되는 일이라는 의미이고, 글자 그대로는 3자리(3부분, 3영역)가 하나의 몸(신체)을 이룬다는 뜻인데, 몸은 다시 수많은 세포, 조직, 기관들의 시스템들이 서로 상호작용하여 몸이라는 거대한 시스템을 만들기 때문에 과학적으로는 3부분이 서로 상호작용하여 하나의 큰 시스템(계, 조직, 계통, 무리, 사회)을 형성하는 것을 의미하는 것이다.

자연은 시간, 공간, 물질 즉 3가지 부분(요소)으로 되어 있고, 3가지 부분으로 존재한다. 즉 자연은 이 3부분이 서로 상호작용함으로써 3가지에 영향을 받으면서 존재하는 것이다.

시간은 다시 과거, 현재, 미래의 3부분(때)으로 직선적인 1차원적인 것으로 되어 있으며 공간은 다시 가로, 세로, 높이의 3차원적인 3부분(길이)으로 되어 있으며, 1차원적인 시간이나 길이는 다시 시작(처음상태, 탄생)과 끝(종말상태, 죽음)과 그 사이에 중간(활동상태)의 3부분(3영역)으로 되어 있다.

물질의 구성은 원자로 되어 있고, 원자는 양성자와 중성자(원자핵), 그리고 전자 3가지 입자로 되어 있기 때문에 모든 물질은 3부분, 즉 삼위일체로 되어 있는 것이다. 그리고 물질의 상태도 고체, 액체, 기체 3부분(삼태)으로 되어 있다. 물질의 작용도 두 물질 사이에 매개물이나 매개자인 에너지나 중개자가 매개하여 반응이 일어나게 하므로 자연변화도 3위일체적으로 행해지는 것이다.

모든 물질은 빛에 의하여 만들어지고 빛에 의하여 활동하는데, 빛은 전자기파와 광자와 전자의 3부분의 상호작용으로 만들어지고, 광자(양자, photon)는 다시 에너지와 정보와 영(하나님의 의도=하나님의 말씀=하나님의 설계=하나님의 성령)의 3부분을 가지고 있다. 빛의 삼원색인 빨강, 녹색(초록), 파랑(남색, 청색)의 상호작용으로 수많은 색을 만들어내고, 물감의 삼원색인 빨강, 파랑, 노랑의 상호작용으로 수많은 물감의 색을 만들어낸다.

원자는 양성의 원자핵(양성자+중성자)과 음성의 전자의 3부분의 인력으로 형성되고, 물질을 만드는 분자는 상대적인 두 원자와 원자 사이를 연결(매개, 중개)하는 전자쌍 3부분의 상호작용으로 형성된다. 물질의 특성은 산성, 염기성, 중성으로 나누거나 양성(+), 음성(-), 중성(0)의 각각 3부분으로 나눈다.

물질의 상태 등급은 상, 중, 하 그리고 대, 중, 소 그리고 고, 중, 저 그리고 다, 중, 소 그리고 강, 중, 약 그리고 +, -, 0 등의 3부분으로 나타낸다. 원자는 중심에 원자핵, 주위에 전자껍질, 그리고 그 사이에 전자 3부분으로 되어 있고, 지구도 지구핵, 맨틀, 지각 3부분으로 되어 있고, 우주는 태양계, 은하계, 은하단(소우주)으로 되어 있고, 은하계는 다시 은하핵(Quasar), 태양계들로 이루어진 은하의 띠, 그 사이에 우주먼지나 소립자 등으로 되어 있다.

태양계는 다시 중심에 태양이 있고 그 주위에 태양계의 띠인 혹성과 위성, 그 사이에 먼지나 소립자, 에너지로 되어 있다. 생물세포도 중심에 세포핵, 주위에 세포막, 그 사이에 여러 종류의 세포질로 3부분으로 되어 있다. 동물의 알도 노른자, 주위에 알껍질, 그 사이에 흰자질의 3부분으로 되어 있다.

우주는 다시 천(하늘), 지(땅), 사이에 대기(궁창)의 3부분으로 되어 있다. 동물의 형상도 머리, 몸, 다리의 3부분으로 되어 있고, 식물의 형상도 뿌리, 줄기, 잎의 3부분으로 되어 있다. 생물의 생태계도 식물, 동물, 미생물 3부분(3군)으로 되어 있다. 지구는 외관상으로 바다, 육지, 대기권으로 되어 있다. 지구의 동물은 다시 물고기, 동물, 새의 3종류로 나눈다. 동물의 신체도 외배엽, 내배엽, 사이에 중배엽 3부분으로 되어 있다.

생명의 3대 요소는 광자(에너지+정보+영), 단백질(생명물질, 생명로봇), DNA의 3부분으로 되어 있다. 자연의 3대 힘은 상호작용하려는 힘+상대적인 극성의 힘+평형해지려는 힘의 3부분의 힘으로 되어 있다. 생물의 번식(가족)은 암, 수, 사이에 새끼의 3부분으로 이루어진다. 현세상은 신의 세계(영의 세계), 물질세계, 정신세계로 3부분으로 나누고, 천국, 지옥, 지구의 3부분으로 나눈다. 자연변화를 일으키는 화학반응도 두 반응물과 그 사이를 매개(중개)하는 에너지 3부분의 상호작용으로 이루어지고, 높은 곳의 물이 낮은 곳으로 흐르는 물리반응도 높고 낮은 두 곳과 두 곳의 차로 생기는 위치에너지 즉 3부분이 화평(평형, 조화, 균형)해지려는 상호작용의 힘 때문에 일어나는 것이다.

삼위일체론은 물질적인 것뿐만 아니라 정신적인 것에도 적용된다. 우리가 정신적인 생각을 하려면 주위환경에 있는 자극정보와 뇌세포에 기록되어 있는 기억정보를 비교·분석을 함으로써 즉 3영역(3부분)이 서로 상호작용을 함으로써 행해지는 것이다.

정신적인 상태도 크게 3부분으로 나누어 생각하게 된다. 좋고, 나쁜 것, 그 사이에 보통인 것 그리고 찬·반 양론과 그 사이에 중도론이나 중용론 3부분으로 되어 있다.

무역이라는 메커니즘은 수출과 수입 사이에서(중간에서) 매개물인 상품의 3영역이 서로 상호작용함으로써 이루어진다. 가정의 가계메커니즘은 수입과 지출 사이에 돈이 매개하므로 즉 3부분의 상호작용으로 이루어진다. 상업의 매매활동도 사는 자와 파는 자 사이에 매개물인 돈과 상품이 오고가는 3영역의 상호작용으로 이루어진다. 두 사람을 결합시키는 결혼도 남자와 여자 사이에 중개인이 거들어 3부분의 사람이 상호작용하는 경우가 많은 것이다. 그런가 하면 남녀 사이에 눈이 맞아 사랑이 통하여 이루어지는 직접결혼(연애결혼)도 남, 여와 그 사이의 매개(물)인 사랑 3부분이 상호작용하여 이루어지는 것이다.

이와 같이 물질세계에서나 정신세계에서나 그리고 이 두 세계의 혼합세계에서나 물질적·정신적 작용은 대부분 3부분(3영역)이 상호작용하여 이루어지는데, 이것은 두 양쪽의 상대적인 극성적인 차를 줄이고 화평(평형, 조화, 균형)해지려는 자연의 힘 때문이다.

만일 두 물질(양쪽) 사이가 상대적인 극성(상대적인 성질)의 힘에 의해 스스로 상호작용의 반응이 이루어지지 않을 경우에는 제3의 매개물이나 중개물이 나타나 평형(화평, 조화, 균형)작용을 돕기 때문이므로, 3부분(3영역)으로 이루어지는 작용(메커니즘)인 삼위일체적인 작용도 결국은 자연의 상대적인 기능적(상태적)인 극성의 힘에 의해서 이루어지는 것이다. 즉 자연변화나 현상은 자연의 3대 힘인 상호작용하려는 힘, 상대적인 극성의 힘, 평형해지려는 힘으로 일어나는데, 만일 상대적인 극성의 힘인 경우, 양쪽 두 물질 사이에서 극성의 힘이 약해 두 물질만으로 반응이나 상호작용이 일어나지 않을 경우, 양쪽을 매개해서 반응이 일어나게 되는데, 이 경우 두 물질과 그 사이에 매개물

3부분(3영역)이 서로 상호작용하게 되는데, 이 경우 3위일체적인 상호작용으로 볼 수 있는 것이다. 그러나 엄밀히 생각해 보면, 두 물질이 상대적인 극성의 힘에 의해 상호작용을 하려면, 두 물질 사이에서 두 물질이 상호작용하게끔 중개하거나 매개하는 힘(에너지)이나 물질(입자)이나 대상(정신적일 경우)이 있어야 하므로 상대적인 극성의 힘에 의해 일어나는 일(반응)도 결국은 삼위일체적으로 3부분(3영역, 3가지)이 서로 공동상호작용하는 것이다.

입자 사이의 상호작용으로 자연의 4대 기본 힘이 생기는데, 이들 상호작용은 게이지입자라는 스핀(spin)이 1인 입자가 모두 매개하는 것으로 알려져 있으며, 각각 글루온, 광자(양자), 위크보존, 그라비톤의 생성·소멸을 통해 일어난다고 한다. 상대적인 극성의 힘을 가진 물질 사이에서는 상호작용(반응)을 하려는 힘이 생기고 이 힘의 장에 의해서 에너지가 생기는데, 이 에너지는 결국 두 물질이 상호작용하도록(반응이 일어나도록) 매개하고 중개하는 물질로 매개물(매개입자, 접착제, 매개자)이고 중개물(중개인)인 것이다.

그러므로 자연변화(자연현상, 화학물리반응)가 일어나려면, 상대적인 극성적인 두 물질(두 대상) 사이에서 매개하고 중개하는 매개물(중개물)로 에너지가 작용하여야만 되고, 이는 결국 3부분(3영역)의 상호작용으로 이루어지는 것이기 때문에, 모든 자연변화나 자연현상은 3위일체의 상호작용으로 이루어지는 것이다. 즉 자연변화는 3가지(3부분, 3영역=두 물질과 에너지)가 하나의 공동목표를 향해 공동상호작용하므로 실현되는 것이다. 한쪽에서 다른 쪽으로 힘이나 물질이 전달되기 위해서도 매개물(중개물, 접착제)인 에너지가 필요하고, 분자가 형성되기 위해서도 원자들 사이의 매개물로 전자쌍에너지가 필요하고, 물질이 형성되기 위해서도 분자들 사이의 매개물(중개물, 접착제)로 분자력(응집력)이 필요한 것이다. 두 물질 사이의 만유인력도 보이지 않는(감지하지 못하는) 에너지가 매개하기 때문에 인력이 작용되는 것이다.

삼위일체 상호작용은 물질 사이의 자연변화에서뿐만 아니라 생물 사이에서도 적용된다. 생물 사이에서는 의소소통(정보전달, 에너지전달=물질전달)에 의해서 서로의 상호작용이 이루어진다. 두 사람 사이에는 말이나 글을 통해 의사소통되어 서로 상호작용하게 된다. 의사소통 수단인 말을 하거나 글을 쓰는 것도 정보와 에너지가 전달되는 것으로 결국 에너지가 두 사람 사이를 매개물로써 매개시키는 것이다.

부동산을 팔고 살 때는 두 사람의 의사의 격차를 좁혀주는 매개인(중개인)이 있게 된다. 그리고 하나님과 인간 사이에 교제가 이루어지고 원죄로 서로 멀어진 사이를 화평(화목, 평형, 조화, 균형)시키려고 매개인(중개인)으로서 예수님이 필요로 했던 것이다. 창조주인 하나님과 피조물인 인간을 즉 다른 차원의 두 대상물을 의사소통시키기 위해서 신이면서 사람인 예수님이 중간에서 매개물로서 매개인으로서 오셔야만 했던 것이다. 예수님이 가신 후로는 성경과 성령이 하나님과 인간 사이에서 매개물로서 행하고 있는 것이다.

말을 하거나 정보가 전달되거나 에너지가 전달되거나 물질이 전달되거나 자극 전류가 흘러 생각하거나 상상하거나 하는 모든 자연변화(자연현상)는 곧 에너지변화이므로 자연현상도 반응하는 두 물질과 그 사이에 반응하게 하는 상대적인 극성의 힘의 에너지가 상호작용하므로 결국 3가지(3위, 3부분, 3영역=두 대상물과 에너지)가 서로 공동의 목표로 서로 공동으로 상호작용함으로써 일어나는 것이기 때문에 자연변화(자연현상)는 삼위일체(두 대상물과 에너지)적인 공동상호작용인 것이다.

삼위일체는 3부분(3영역)이 한 몸을 이룬다는 의미이고, 한 몸은 하나의 전체 시스템(조직, 계, 사회, 모임)을 나타내고, 전체 시스템은 부분물들이 공동상호작용을 하는 부분 시스템들의 공동상호작용을 의미하므로, 삼위일체는 3부분이 서로 상호작용함으로써 하나의 커다란 시스템을 형성하고 하나의 커다란 메커니즘을 작동시키는 것을 의미한다. 그러므로 삼위일체 원리도 상대적인 기능적인 극성의 힘에 의해 작용되는 것인데, 즉 두 극성(양쪽 성질) 사이에 매개물이나 중개물이 작용하여 양쪽(두 극성)을 화해(화평, 평형, 조화, 균형)시키는 작용으로 3영역(3부분)의 공동상호작용으로 이루어지는 것이다. 그러므로 삼위일체 원리도 결국은 자연의 3대 힘의 원리인 상호작용하려는 힘+상대적인 극성의 힘+평형(화평, 조화, 균형)해지려는 힘의 상호작용으로 이루어지는 것이다.

✱기독교의 삼위일체✱

삼위일체는 그리스도교의 기본적인 교의이다.

예수 그리스도가 계시한 하나님은 성부, 성자 및 성령의 세 위격을 가지며, 이 세 위격은 동일한 본질을 공유하고, 유일한 실체로서 존재한다는 교리이다.

하나님 아버지(성부)인 유일신은 그의 독생자(성자)를 이 세상에 보내어 성령(보혜사)으로서 인류를 구원한다는 것이다. 이 교의는 325년 니케아공의회에서 교회의 정통신조로 공인되었으며, 451년 칼케돈공의회에서 추인됨으로써 그리스도교의 정식 교의로 확립되었다.

로마가 태양신을 믿다가 3세기경 콘스탄티노프 황제가 유대인들의 유대교를 받아들이면서 유대교를 태양신과 결합시켜 만든 게 기독교이고, 그 당시 기독교를 국교로 삼으면서 로마 공의회에서는 태양신의 삼위일체와 연관시켜서 기독교의 삼위일체 논리를 발표했다. 그러나 성경 어디에서나 삼위일체라는 단어는 없으나, 성부(하나님), 성자(예수님), 성령(하나님의 영)이 다 똑같은 한 하나님이라는 의미에서 기독교에서는 삼위일체론을 주장한다.

지금도 유대교에서는 예수를 하나님으로 보지 않고 사람으로 보기 때문에 3가지 신을 믿는 기독교를 이단이라고 한다. 그래서 예수님이 성육신하여 세상에 와서 자신이 하나님의 아들이고 신이라고 말했을 때, 유대인들은 신성모독으로 정죄하고 예수님을 결국 십자가에 처형시켰다. 아버지가 음악가이고 아들이 음악가인 집을 우리는 음악가네 집 또는 음악가 가문이라고 한다. 음악에 대한 능력이 아버지와 아들이 다른 사람들보다 월등히 뛰어날 경우 다 음악가인 것이다.

마찬가지로 예수님은 인간으로 태어나서 33년간 살다 죽어서 부활되셨는데, 하나님 옆에서 하나님이 하시는 일을 돕고, 능력이 점차 하나님과 같아질 경우에 피조물인 인간은 예수님도 전지전능한 하나님으로 부를 수 있는 것이다. 진짜 하나님이 휴식하실 때 예수님이 대신 우주만물을 하나님처럼 다스리기 때문이다. 그러므로 하나님의 능력 면으로 성부, 성자, 성령을 다 같은 한 하나님처럼 보는 것이지, 3분이 하나인 한 하나님은 아닌 것이다. 삼위일체 사상은 힌두교, 불교, 민속종교 등에서도 볼 수 있는데, 이들 종교도 삼신을 불러 세속적인 세상 복을 빌고 있다.

창세기에 기록된 인간의 창조에서 "우리의 형상을 따라 우리의 모양대로 우리가 사람을 만들자"에서와 같이 기독교에서는 신을 복수로 보기 때문에 3신을 믿게 된다.

그러나 여기에서 '우리'는 하나님과 하나님의 시중을 드는 천사나 제자들일 수가 있기 때문에 참 하나님을 여러분으로 보는 것은 잘못인 것 같다. 그러므로 현재 기독교인들 중 반수 가량은 하나님을 한 분으로 보고 예수님은 하나님의 아들로 보고, 반수 가량은 하나님과 예수님이 똑같은 한 분으로 보고 있다. 이 부분이 현 기독교가 안고 있는 가장 큰 딜레마인 것으로 적어도 신이 한 분인지 다 다른 분인지를 기독교는 명백히 밝혀야만 할 것이다.

전지전능하신 진짜 하나님을 하나님으로 부르면 독생자인 하나님의 아들이 하나님으로부터 능력을 이어받은 전지전능한 예수님도 하나님으로 부를 수 있는 것이다. 집에서 기르는 개나 고양이나 소나 돼지 등은 집 식구들을 다 신과 비슷한 주인으로 떠받치는 거나 마찬가지인 것이다. 하나님 입장에서 인간들을 인간으로 보듯이 인간들 입장에서 창조의 능력을 가진 영적인 신들을 하나님으로 볼 수 있기 때문이다. 그러기에 능력 면에서 하나님과 예수님은 같은 신이고 같은 하나님이지만, 본래 하나님과 예수님은 다르다는 것이 성경 어디에서나 분명히 나타나 있다.

먼저 두 분이 같지 않다는 성경내용을 살펴보고, 그 다음에 두 분이 같다는 내용을 살펴보기로 하자.

〈삼위일체사상이 아니라고 하는 내용〉

(마태복음 7:21) 나더러 주여 주여 하는 자마다 천국에 다 들어갈 것이 아니요 다만 하늘에 계신 내(예수) 아버지(하나님)의 뜻대로 행하는 자라야 들어가리라.

(계시록 22:9) 나는 너와 네 형제 선지자들과 함께 된 종이니 오직 하나님께 경배하라.

(마가복음 10:18) 예수께서 이르시되 네가 어찌하여 나를 선하다 일컫느냐 하나님 한분 외에는 선한이가 없느니라.

(요한복음 12:49) 심판은 내가 자의로 말한 것이 아니요 나를 보내신 아버지께서 나의 말할 것과 이를 것을 친히 명령하여 주셨으니.

(요한복음 12:44) 예수께서 외쳐 가라사대 나를 믿는 자는 나를 믿는 것이

아니요 나를 보내신 이를 믿는 것이며

(요한복음 13:16) 내가 진실로 진실로 너희에게 이르노니 종이 상전보다 크지 못하고 보냄을 받은 자가 보낸 자보다 크지 못하니

(요한복음 14:6) 예수께서 가라사대 내가 곧 길이요 진리요 생명이니 나로 말미암지 않고는 아버지께로 올 자가 없느니라.

(요한복음 14:28) 아버지는 나보다 크심이니라.

(마태복음 24:36) 그날과 그때는 아무도 모르나니 하늘에 있는 천사들도, 아들(예수)도 모르고 오직 아버지만 아시느니라.

(마태복음 23:9) 땅에 있는 자를 아비라 하지 말라 너희 아버지는 하나이시니 곧 하늘에 계신 자시니라.

(누가복음 22:42-43) 가라사대 아버지여 만일 아버지의 뜻이어든 이 잔을 내게서 옮기시옵소서. 그러나 내 원대로 마옵시고 아버지의 원대로 되기를 원하나이다.

(누가복음 10:22) 아버지 외에는 아들이 누군지 아는 자가 없고 아들 외에는 아버지가 누군지 아는 자가 없나이다.

(마태복음 28:19) 그러므로 너희는 가서 모든 족속으로 제자를 삼아 아버지와 아들과 성령의 이름으로 세례를 주고

(요한복음 8:19) 이에 저희가(바리새인) 묻되 네(예수) 아버지가 어디 있느냐 예수께서 내납하시되 너희(바리새인)는 나를 알지 못하고 내 아버지(하나님)도 알지 못하는도다 나를 알았더라면 내 아버지도 알았으리라.

(마태복음 10:32) 누구든지 사람 앞에서 나(예수)를 시인하면 나도 하늘에 계신 내 아버지(하나님) 앞에서 저(나를 시인하는 자)를 시인할 것이요.

성경이 정말로 선지자의 성령의 감동으로 쓰여져서 일점일획도 틀린 곳이 없는 무오류 성서라면, 위와 같이 예수님은 하나님의 아들이 분명하고, 결코 하나님 자신은 아닌 것이다.

〈삼위일체사상이라고 하는 내용〉

(요한복음 10:38) 내가 행하거든 나를 믿지 아니할지라도 그 일을 믿으라 그러면 너희가 아버지께서 내 안에 계시고 내가 아버지 안에 있음을 깨달아 알리라 하신대

(요한복음 14:10) 나는 아버지 안에 있고 아버지는 내 안에 계신 것을 네가 믿지 아니하느냐 내가 너희에게 이르는 말이 스스로 하는 것이 아니라 아버지께서 내 안에 계셔 그의 일을 하시는 것이라.

(요한복음 16:15) 무릇 아버지께 있는 것은 다 내 것이라 그러므로 내가 말하기를 그가 내 것을 가지고 너희에게 알리리라 하였노라.

(요한복음 20:28) 도마가 대답하여 가로되 나의 주시며(예수) 나의 하나님이시니이다.

성경 속에 하나님과 예수님의 말씀은 대부분 간접적인 비유와 은유적으로 말씀하시고 가끔 직설적으로 말씀하시는데, 위와 같이 은유적인 내용을 직설적으로 해석하면 잘못 해석하게 되는 것이다. 위의 내용들은 하나님의 성령이 예수님 안에 머물고 예수님의 성령은 하나님 속에 머물므로 하나님과 예수님이 생각하고 행하시는 일은 두 분이 상통하는 것을 의미하는 것이지, 두 분이 한 몸이라는 의미는 아닌 것이 확실한 것이다. 그러므로 성경 속의 삼위일체의 의미는 성부(하나님), 성자(예수님), 성령(하나님의 말씀=하나님)이 한 몸이라는 한 하나님이라는 뜻이 아니고, 3분이 같은 지위(위격, 자리)로 행하시는 능력이 한 하나님처럼 똑같음을 말하는 것이 분명한 것이다.

생태계는 어떻게 설계되어 어떻게 스스로 작동되는지 알아본다..

제5장
아름다운 생태계의 설계 비밀

- 만물―인간―신의 관계
- 신이 머무르는 곳은?
- 하나님은 어떻게 만물을 창조하는가?
- 천적―먹이사슬―평형
- 먹이사슬―죽음과 탄생―생물의 동적평형
- 생물―인간―신과의 상호작용
- 동물을 위한 식물
- 식물을 위한 동물
- 식물과 동물을 위한 미생물
- 신의 지성과 감정이 담긴 생태계
- 생태계의 순환을 위한 물질과 에너지의 순환
- 지구의 생태계
- 생물의 모체인 땅

01
만물―인간―신의 관계

원자의 특성은 원자핵(양성자+중성자)과 원자핵 주위를 도는 전자의 수에 따라 결정되는데, 즉 간단히 말하면 양성자, 중성자, 전자수에 의해 결정되어진다.

원자들이 전자쌍의 작용으로 결합하여 분자를 형성하고 분자들이 전자쌍들의 밀치는 힘, 즉 척력과 전자와 다른 분자의 원자핵 사이의 인력(중력)에 의해 결합하여 분자들 사이의 응집력(분자력)으로 물질을 형성한다.

지금까지 알려진 109가지 원자들은 근본적으로 성질이 똑같은 양성자, 중성자, 전자로 즉 같은 입자로 만들어졌으나, 이들의 수에 따라 원자의 종류가 다르고 성질(특성)도 다른 것이다.

이 여러 가지 원자들은 처음에 수소원자에서 초고온도(열에너지)에 의해 즉 뜨거운 별에서 핵융합, 핵융해(핵붕괴)를 통해 양성자, 중성자, 전자수가 변하여 만들어진 원자들이다. 무기물(무생물)인 물(H_2O)은 수소원자 2개와 산소원자 1개가 물분자 1개를 만든다.

낱개의 수소원자와 산소원자의 성질은 단순하나, 이들이 만나 만든 화합물인 물은 수많은 영적인 특성(성질)을 가진다.

그것은 수소와 산소가 가지고 있는 부분물인 양성자, 중성자, 전자 수 사이에 여러 가지 복합적인 상호작용과 이들과 공유전자쌍, 비공유전자쌍 사이의 복합적인 상호작용으로 여러 가지 특성이 생겨나기 때문이다. 그러나 수소와 산소의 전자기력의 상호작용만으로는 물이 생물에 대한 생명의 샘처럼 다양하고 고마운 무수히 많은 특성들이 유난히 다른 화합물보다 많이 물속에 들어 있는 것은 불가능하며, 이는 반드시 영적인 누군가에 의해 유난히 더 많이 물의 영적인 특성이 만들어져서 물속에 들어 있게 한 것이 틀림없는 것이다. 신비적이고 영적인 물의 특성은 과학이 발달될수록 하나씩 발견되는 것이다.

양성자, 중성자는 훨씬 더 작은 쿼크(Quark)로 되어 있고 쿼크는 무게와 부피가 0에 가까워 보이지 않는 작은 물질로 된 소립자이나 전하, 스핀(자전력), 색, 냄새 등의 특성을 가진 극성물질이며, 이 쿼크들은 다시 더 작은 극소립자(보이지 않는 에너지) 등으로 이루어져 있을 가능성도 있는 것이다.

이와 같이 소립자나 극소립자와 같이 무한대로 0에 가깝게 작게 하거나(그럼에도 여러 가지 특성이 들어 있음), 대우주와 같이 무한대로 크게 하거나, 하늘의 별처럼 무한대로 수가 많게 하거나, 한 개의 눈에 보이지 않는 미세한 생물세포 속에 무한히 많은 물질과 원자기계, 분자기계, 이온기계가 무한히 수없이 들어 있어 작동하게 하는 것은 생각도 못하고 자연히 우연히 저절로 되는 자연에 의한 진화로 된 것도 아니고, 헤아리고 이해조차 못하는 인간의 능력도 아니고, 오직 전지전능한 영적인 신의 능력을 통해서만 가능한 일인 것이다.

동물에게는 발명, 발견의 능력은 없으나 인간보다 더 잘 발달된 시각, 청각, 후각과 어느 정도 정신감응능력 등을 가진 동물들이 많이 있다.

사람에게는 발명, 발견, 사고, 영적 교제, 전신술(Telegraphie) 등의 여러 가지 능력을 가지고 있으나, 정신감응능력(Telepathy, 정신력으로 의사소통하거나 상황을 보는 능력)과 정신동력(Telekinesis, 정신력으로 물체를 움직이게 하거나 작용하게 하는 능력) 등의 능력은 거의 없으나, 극히 드물게 순간적으로 어떤 사람에게 정신감응능력이 생겨, 예를 들어 살인사건 장소나 범인을 순간적으로 정신감응에 의해 봄으로써 범인을 잡는 경우가 간혹 있다.

만일 인간에게 정신감응능력과 정신동력능력이 있다면, 인간같이 이기주의적인 동물은 이것을 나쁘게 악이용하기 때문에 인간사회가 파멸되므로 신이 아예 이러한 능력을 인간에게 부여하지 않은 것이다.

사람을 포함한 모든 동물은 종류에 따라 뚜렷하게 능력의 한계를 가지고 있다.

만일 사람이 자연환경에 맞는 것과 강한 것만 골라 자연선택적으로 선택된 특성을 가진 동물들에 의해 자연히 우연히 저절로 진화되었다면, 동물처럼 잘 듣고, 잘 냄새 맡고, 잘 보고 하는 우수한 능력과 어느 정도 전자기파 감응능력이나 정신감응능력을 왜, 진화로 이어받지 못하였겠는가? 그리고 거꾸로 동물들은 언어의 능력, 사고의 능력, 이상의 능력, 발명의 능력, 도구를 사용하는 능력 등을 왜 조금도 전혀 가지고 있지 않은가? 그리고 진화로 동물들한테서 이러한 능력들을 이어받지 못한 인간들은 갑자기 어떻게 해서 이러한 수많은 특이한 능력들을 가지게 될 수 있었는가? 10차원의 하등생물에서 갑자기 100차원의 고등생물로 진화의 다리를 거치지 않고 날아서 큰 거리를 뛰어넘어 진화될 수 있겠는가?

만일 실제로 이러한 현상이 일어난다면 그것은 진화의 현상이 아니고 영적인 능력이 개입된 현상으로 영적인 능력을 가진 신이나 영적인 능력을 가진 신의 대리자에 의해서만 가능한 일인 것이다.

만일 인간이 동물이 가진 우수한 능력을 가진다면 인간사회는 비밀이 유지되지 못하므로 파멸되어 갈 것이고, 동물이 인간이 가진 언어의 능력이나 발명의 능력을 갖는다면 동물도 문명이 발달되어 인간이 동물을 다스리기에 어려울 것이며, 자주 동물의 침략도 받아야 하기 때문에 평온한 인간사회 유지가 어려워질 것이다.

이러한 것을 다 계산하고 감안한 신에 의해 동물이나 인간의 능력이 엄격히 제한되어 창조되었기 때문에 서로의 능력 경계선을 넘어서 진화될 수 없는 것이다.

자연적인 자연선택적으로 진화되어 온 인간이라면 오늘날 인간은 모든 능력 면에서 다른 동물보다 가장 앞서가야 할 것이며 5감각기관도 가장 잘 발달되어 있어야 할 것이다.

＊신은 왜 인간에게 직접 모습을 보여주지 않으며 창조하는 것도 직접 보여주지 않는가?＊

그 이유는 신이 나타나면 이 고된 지구의 삶 후에 영원한 행복한 내세가 있음을 알기 때문에 이 속세의 삶이 태만해지고, 내세만 생각하고 신에게만 의지하려 들 것이고, 그러면 인간사회의 종말이 오기 때문에 신은 나타날 수도 없고 창조의 능력도 직접적으로 보여줄 수도 없는 것이다.

지구가 살아있고 생태계가 순환하는 한 신은 절대로 나타나지도 않고 창조의 능력도 직접적으로 보이지 않을 것이다. 다만 믿음으로써만 신을 믿고 신과 영적인 교제를 함으로써 신은 인간에게서 정신적인 평형을 이루고, 인간도 신을 통해 정신적인 평형을 얻어 신과 인간은 서로 정신적으로 평안해짐으로써 아름다운 대자연과 함께 즐기며 오래 유지되는 것이다. 즉 신이 안 나타나는 지구의 인간사회가 신이 나타나는 지구의 인간사회보다 더 행복하고 감정이 깊은 아름다운 사회일 것이다.

만일 신이 나타난다면 지구의 종말을 의미하는 것이 될 것이다. 그러나 영혼의 작용이 있는 현명하고 지혜로운 인간들은 하나님의 성령으로 쓰여진 성서와 하나님이 창조의 진화로 창조해 놓은 자연을 보고 하나님의 능력을 느끼고 믿어 자유의지대로 하나님을 섬기게 되는 것이다.

자기 자신이 가장 현명하고 가장 지혜로운 것같이 하나님을 완강히 거부하고, 생각조차 못하는 물질이나 재료에 지나지 않는 자연에게 자연의 창조의 능력을 돌리는 것같이 가장 어리석고 가장 바보 같은 행위는 없을 것이다.

자기 자신은 결국 세포들에 의해 만들어져서 세포들에 의해 삶의 활동을 하고, 세포들에 의해 생각하고 판단하는 것인데, 미세한 세포는 매우 한정된 능력밖에 없는데, 이들 세포들의 상호작용으로 이루어진 자신의 생각도 너무 보잘것없는 한정된 능력의 작용인데, 이 한정된 능력으로 모든 만물을 창조하고 운행하게 하는 전지전능한 능력을 가진 신이 없다고 부정하는 것은 매우 어리석고 슬픈 일인 것이다.

앞발이 없는 물고기는 입으로 물건을 나르거나 쪼개거나 한다. 앞발이 있는 동물은 앞발과 입을 사용하여 물건을 나르거나 쪼개거나 한다. 유일하게 두 손이 있는 인간은 손으로 물건을 나르거나 부수거나 만들거나 분해하거나 연장을 사용하거나 거의 모든 것이 이 두 손에 의해 이루어진다.

그러므로 인간의 능력에는 공간, 시간, 크기, 수량에 한계가 있게 된다. 그러나 능력의 한계가 없는 신(하나님)은 손으로 사물을 창조하는 것이 아니라, 정신력과 보이지 않는 에너지 즉 신의 기운으로, 예를 들어 정신감응능력이나 정신동력 능력 등으로 신의 3대 힘(=자연의 3대 힘)인 상호작용하려는 힘, 상대적인 극성의 힘, 평형(화평, 화목, 균형, 조화)해지려는 힘을 이용해 신의 대리자인 소립자기계, 원자기계, 분자기계, 이온기계(로봇)들이 만들어지게 하고, 이들 로봇기계들을 이용해 만물이 창조되게 하기 때문에 손의 능력의 차원을 넘어서, 거의 공간의 제약을 받지 않는 이 미세한 보이지 않는 로봇기계들을 이용하기 때문에 무한히 작게, 무한히 크게, 무한히 많게 즉 치수(크기)와 양과 수를 무한대로 할 수 있는 것이다.

인간은 손으로 전기에너지나 열에너지, 빛에너지, 전파에너지 등을 이용하고 있으며, 전신술이나 전기술이나 전자술은 상당히 발달되어 있다. 그러나 전지전능한 하나님은 손을 사용하지 않고 정신감응력(Telepathy)이나 정신력동력(Telekinesis) 같은 능력으로 보이거나 보이지 않는(암흑) 에너지의 암호를 맞추어 에너지를 자유자재로 이용하는 것이다.

왜냐하면 모든 물질(입자)이나 모든 종류의 에너지는 하나님의 영(말씀, 설계, 생각, 의도, 정보, 에너지)으로 만들어지기 때문에 하나님은 말씀으로나 정신감응력으로나 정신동력으로나 에너지 속에 들어 있는 하나님의 영과 암호를 맞추어 부릴 수 있기 때문이다. 그래서 하나님은 물질을 무한히 크게, 무한히 작게, 무한히 많게, 그리고 무한히 작은 곳(부피가 거의 0)에 무한히 작은 물질을 무한히 많이 넣어 그 작은 물질기계가 작동되게 할 수도 있는 것이다.

예를 들어 공간이 없는 부피가 0인 소립자들 속에 수많은 특성을 넣거나, 보이지 않는 생물 세포 속에 여러 세포소기관이나 보이지 않는 무한히 작은 원자기계나 분자기계나 이온기계를 무한히 무수히 집어넣어 그 좁은 세포 속에 여러 공장들을 만들어 가동되도록 할 수도 있는 것이다.

이들 에너지를 부르고 일을 시키는 것을 하나님은 말씀으로 에너지의 암호를 맞추어 하시는데, 하나님의 말씀 속에는 하나님의 생기인 에너지와 하나님의 생각(설계)인 정보가 들어 있는 것이다.

그래서 하나님의 말씀 속에는 하나님의 의도와 설계가 들어 있고 하나님의 에너지와 생기와 능력이 들어 있고 하나님의 진리와 자연의 법칙이 들어 있고 하나님의 감정과 성령도 들어 있기 때문에, 하나님의 영도 들어 있는 것이다. 그러므로 하나님은 영과 생기(에너지)가 들어 있는 말씀으로, 즉 성령으로 모든 우주만물이 창조되게 하시는 것이다.

동물이 자기네 동물차원에서 인간을 보고 비교하면 인간의 능력을 파악하지 못하듯이 인간이 인간차원에서 신을 보려고 하고 신의 능력을 파악하려 하면 신의 능력을 조금도 헤아릴 수 없는 것이다.

인간이 보는 시각능력은 400~760nm의 주파수의 가시광선만 볼 수 있고, 이보다 주파수가 작거나 큰 광선은 색이 안 들어 있어 볼 수 없다. 즉 인간이 보는 시력의 능력은 매우 단순하고 한정적인 한계를 가지고 있고, 그 이외의 청각, 후각, 미각, 촉각 등도 매우 단순하고 매우 한정적인 능력으로 되어 있다. 이들 5감각과 역시 매우 제한된 뇌신경의 능력으로 만들어지는 매우 단순하고 제한적으로 국한되어 있는 생각으로 전지전능한 신을 볼 수 있고 생각할 수 있다면 이것이 오히려 모순이고 기이한 일일 것이다.

인간과 하나님의 능력의 차는 너무 크므로 하나님과 영적인 교제를 하기 위해서는 이유 없이 무조건 하나님의 능력을 인정하고 그렇게 믿는 길만이 인간과 하나님 사이에 교제의 균형(조화)이 이루어질 수 있는 빠른 길인 것이다. 의문이 있는 것은 교제를 하면서 서서히 풀어나가는 자세가 바람직하지, 의문이 있는 것을 모두 해결한 다음에 구원을 받고 교제를 하려면 짧은 생애 동안은 불가능하므로 죽을 때까지 구원을 못 받게 되는 것이다.

만일 하나님의 능력의 믿음 없이 인간수준의 사고능력으로 하나님과 교제를 하려고 하면, 하늘과 땅 차이보다 더 큰 능력의 차가 있어 이해하지 못하는 부분이 훨씬 더 많기 때문에 상대적인 균형을 이룰 수 없어 교제가 이루어질 수 없는 것이다. 다만 인간이 성서와 대자연의 만물을 보고 신의 능력을 확실히 믿고 신에게 감사하는 마음으로 신과 영적인 교제를 나누는 길만이 인간다운 순진하고 자연스런 교제를 할 수 있는 길이며, 동시에 인간과 신이 함께 즐기고 기뻐할 수 있는 길이며, 이를 통해 인간과 신이 공존하는 보람과 의의도 있는 것이다.

02
신(하나님)이 머무르는 곳은?

신이 있다면, 신이 먼저 있었는가? 아니면 공간이 먼저 있었는가? 이것을 생각하고 논하려면 먼저 신의 존재가 물질적인가 아니면 비물질적인가를 생각해 보는 것이 좋을 것이다.

먼저 신이 비물질로 되어 있다면 어떻게 생각하고 힘을 발휘할 수 있겠는가?

물질세계에서도 물질과 정신이 상호작용해야만 생각할 수 있고 활동할 수 있다. 생각하고 활동하는 것도 에너지가 소비되기 때문이다.

물질세계도 원자세계를 지나 소립자세계로 가면 존재하는 시간보다 존재하지 않는 시간이 훨씬 더 길고 끊임없이 생성·소멸, 다른 원소로 변화된다. 즉 물질세계와 보이지 않는 세계를 끊임없이 오고 간다.

우리가 사는 물질세계인 지금의 현 우주도 약 5% 정도가 보이는 물질과 에너지로 되어 있고 나머지 약 95%가 보이지 않는 물질과 에너지로 되어 있어, 사실상은 보이지 않는 우주세계에 속한 것이나 다름없다. 우주를 붙잡고 있는 인력(중력)이나 척력(미는 힘)도 우리에게 보이지 않는 에너지로 되어 있고, 입자를 이루는 쿼크 등 소립자도 우리에게 보이지 않는 물질로 되어 있다.

피조물인 우리에게 안 보이는 물질과 에너지는 신의 세계에서는 선명하게 잘 보일 수 있는 것이다.

우리가 보이지는 않으나 간접적으로 측정해낸 소립자의 종류만 300가지가 넘는다고 하며, 이들 중 대다수는 질량과 부피가 0이라고 한다. 즉 이들 소립자들은 특성만 가지고 있고 무게와 공간을 갖지 않는 무존재들인 것이다. 더욱이 이 무존재들은 다시 더 작은 극소립자로 되어 있을 것이라고 하는데, 이것들은 부피가 0이어서 공간이 없는데, 그 속에 정신적인 특성이 들어 있기 때문에 이는 영적인 존재가 있음을 뜻하는 것이고, 즉 하나님의 영인 말씀(성령)이 들어 있는 것이다.

우리가 기억세포에 기억을 집어넣는 것은 비교적 이들보다는 큰 광자(양자)소립자인데, 광자 역시 우리는 어떤 존재인지 볼 수도 감지할 수도 없으나 간접적으로 그의 작용으로 그의 존재를 확신하고, 그의 작용과 그의 특성까지도 알고 있으나 형체는 전혀 모른다.

기억세포에 광자에 의해 저장되어지는 기억정보의 양도 공간의 제약을 받지 않을 만큼 무한히 집어넣을 수 있는 것이다.

이와 같이 소립자세계만 해도 공간의 개념은 별로 없고, 공간의 제약도 거의 받지 않는 것이다. 하물며 신은 극소립자를 다시 무한히 쪼갤 수 있는 능력을 가지고 있고 더구나 이들을 만드는 창조의 능력이 있으므로, 신 자신은 천국에서는 우리와 같은 물질로 된 육체를 가지고 있을 것이고, 천국 이외의 우주에서는 보이지 않는 입자나 에너지로 된 영의 상태로 머물거나 빛 속의 광자입자 속에 에너지(생기)와 정보(말씀)와 영(성령)으로 거하시어, 광자에너지로 된 모든 물질 속에 거하시고 있는 것이다.

우리 몸을 이루는 광자의 수는 하늘의 별의 수만큼 많기 때문에 우리 몸에 거하는 하나님의 영도 무수히 많고, 이것으로 만들어지는 영적인 단백질의 종류도 100만 가지 이상이고, 체세포 수는 140조 이상이고, 영이 들어 있는 영적인 단백질분자의 수는 셀 수 없도록 무한히 많은 것이다.

하나님의 말씀이 DNA 염기사슬에 생명의 말씀으로 기록되어 있어 DNA에 의해 만들어지는 영이 들어 있는 영적인 단백질은 생명의 말씀을 다 알기 때문에(영과 영 사이이므로), 뇌는 없어도 영적으로 하나님의 생명의 말씀에 따라 삶의 활동을 돌보고 이끄는 것이다. 그래서 하나님의 영으로 만들어진 우리의 몸이 물질적, 정신적으로 영적으로 작용하여 영적으로 기뻐하고 슬퍼하고 눈물도 흘리면서 감정을 표현하면서 영적으로 교제도 할 수 있는 것이다.

빛 속에는 전자기파와 광자가 있고, 광자(양자, photon) 속에는 에너지+정보+영이 들어 있다.

모든 물질과 모든 생물 속에는 역학적에너지(위치에너지+운동에너지)가 들어 있기 때문에 모두 광자(에너지+정보+영)가 들어 있는 것이다. 그러므로 모든 물질은 광자로 되어 있고, 광자에 의해 만들어져서 광자에 의해 활동을 하고 광자에 의해 생각을 하므로, 즉 광자(빛)는 물질세계와 정신세계를 만드는 중요한 구성성분이고 이들 세계를 돌보고 이끌어가는 신의 사신(일꾼)이며 신의 대리인이며 신의 로봇이고, 신의 분신이기도 한 것이다.

03
하나님은 어떻게 만물을 창조하는가?

하나님은 다음 것들을 이용해서 만물이 만들어지게 하였다.

① 하나님은 특정한 특성을 가진 하나님의 대리자인 입자, 원자, 이온, 분자 기계가 만들어지게 하고, 이들 기계에 의해 상대적인 극성의 힘에 의해 생긴 에너지로 이들 미세한 로봇기계들이 자연히 저절로 스스로 물질과 거대한 천체로 만들어지도록 설계프로그램화 하셨다.

하나님은 태초에 입자 속에 전하, 자전, 공전, 색, 냄새 등 수많은 특성이 들어가게 하고, 이들 입자들의 상호작용으로 극성의 힘이 생기고 동시에 에너지가 생기고 이어서 물질을 만드는 수많은 소립자가 생기도록 하였다. 이어서 천국의 물질들의 상대적인 극성의 힘의 상호작용으로 만유인력과 만유척력이 생겨나 공간이 생기게 되고, 이어서 계속된 상대적인 극성의 힘의 상호작용으로 생긴 에너지가 우주 허공에 충만하게 되어 에너지와 소립자의 바다를 이루게 하였다. 이어서 에너지의 흐름으로 에너지의 충돌로 압력, 밀도, 온도가 생겨나고, 동시에 전하의 흐름으로 전자기장의 힘의 장이 형성되어, 전기장과 자기장의 90도 각도로 형성되는 전자기장에 의해 공간이 형성되고, 자연의 4대 기본 힘이 생기고, 이들의 상호작용으로 수많은 종류의 에너지가 생기게 되었다.

에너지의 흐름에 온도, 압력, 밀도가 작용하여 블랙홀 같은 거대한 에너지 회오리바람이 생겨 고온도·고압력·고밀도로 회전하다 인력(중력)에 못 이겨 우주 대폭발(big bang)이 터져 입자와 수소원자가 생기고, 이어서 핵융합, 핵융해(핵붕괴)로 다른 여러 원자를 만들게 되고, 원자 사이의 전자쌍의 에너지의 힘으로 이온과 분자가 만들어지고, 이온기계와 분자기계에 의한 분자력에 의해 작은 물질이 형성되고, 끊임없는 분자력과 만유인력에 의해 마침내 별 같은 거대한 천체를 만들게 되었다.

즉 하나님은 보이지 않는 아주 미세한 원자기계, 이온기계, 분자기계들을 상대적인 극성의 힘에 의해 생긴 에너지를 이용해 이들 미세한 로봇기계들이 스스로 저절로 자연히 물질이나 거대한 천체로 만들어지도록 한 것이다.

물론 이 미세한 기계 속에는 역학적에너지가 들어 있고 이 에너지는 빛의 광자(에너지+정보+영)로 만들어지기 때문에 하나님의 영이 들어 있어서 이 미세한 로봇기계들은 하나님의 설계에 따라 영적으로 작용하게 되는 것이다.

② 신은 신의 3대 힘의 원리(=자연의 3대 힘의 원리)인 물질 사이의 상대적인 극성의 힘과 상호작용하려는 힘과 평형해지려는 힘(에너지)을 이용하여 만물을 창조하시고 자연반응이 일어나 자연변화가 일어나게 하셨다.

입자(물질)들의 상대적인 극성의 힘의 상호작용으로 자연의 4대 기본 힘(강력, 전자기력, 약력, 중력)이 생기고 이들의 혼합상호작용으로 수많은 힘들과 수많은 종류의 에너지가 생기는데, 모두 전하를 띤 입자(물질)들의 상대적인 극성 사이에서 힘의 장(영역)이 형성되어 에너지가 만들어지고, 역으로 생성된 에너지는 이동함으로써 힘의 장이 새로이 형성되고 새로운 극성의 힘이 생기므로 극성의 힘과 에너지는 항상 서로 상호작용을 한다.

③ 저단계 시스템과 메커니즘에서 고단계 시스템과 메커니즘으로 발전·발달·진화되게 하셨다.

입자들의 상호작용으로 생긴 극성의 힘으로 부분물들(입자, 원자, 이온, 분자, 물질 등)이 System(시스템, 계, 계통, 조직, 사회)과 메커니즘을 이루고, 시스템이 늘어날수록 여러 단계의 더 커진 시스템들과 메커니즘들이 생겨나고 부분들(부분물) 사이와, 부분물과 시스템 사이와, 그리고 메커니즘 사이에 복합 다양한 상호작용으로, 매우 큰 힘을 발휘하는 하나의 전체시스템과 전체메커니즘이 만들어진다.

즉 부분물들이 모여 시스템을 만들고 시스템에 의해 메커니즘(기계술, 작동술)이 만들어지고, 시스템들이 모여 여러 단계의 여러 크기의 시스템들과 여러 메커니즘이 만들어지고, 여러 단계의 시스템들은 모여서 큰 힘을 발휘하는 하나의 전체 시스템과 전체 메커니즘을 만들고, 전체 시스템은 전체적인 영향력을 발휘하게 된다. 이 영향력의 크기는 결국 부분물들과 이들이 속해 있는 시스템들의 능률에 의해서 생기는 것이므로 부분물들과 각 시스템들 사이에는 하나의 공동의 목표 아래 단결된 강한 상호작용이 이루어지는 것이다. 즉 하나의 공동의 큰 메커니즘이 만들어지는 것이다.

생각을 못하는 무생물계의 시스템·메커니즘 원리나 생각을 하는 인간사회에서 작용하는 시스템·메커니즘 원리나 똑같이 적용되는 것이다. 한 나라의 국력의 세기는 그 나라를 이루는 개인, 가정사회, 마을사회, 면(동)사회, 군(구)사회, 도사회 등 여러 사회 즉 여러 시스템의 세기에 달려 있고, 이들 사이의 상호작용 능력에 달려 있는 것이다.

④ 자연변화는 자유에너지(유용한 에너지)는 감소하고(발열반응), 엔트로피(무용한 에너지, 무질서도)는 증가하는 방향으로 일어난다.

즉 유용한 에너지는 감소되고, 쓸모없는 에너지는 늘어나 물질은 소멸의 길을 가고 무질서도는 늘어나고 생물은 다양해진다는 것이다.

물질은 발열반응으로 에너지를 잃어 가면 죽음이 가까워져 분해되어 다른 물질을 생성하는 미세한 원자로봇이나 분자로봇으로 변하게 되고, 무질서도가 증가하는 것도 더 복잡해지고 분해되어 세분되는 현상으로 물질과 생물의 다양성을 이루게 한다.

아마도 신(하나님)은 단순하고 변하지 않는 지루한 자연보다는 가능한 한 많이 다양해지고 새로워지고 아름다워지는 자연을 보기를 원할 것이며, 특히 동물이나 인간을 위해서도 정신전환을 위해서도 다양한 감정이 우러나오게 하기 위해서도 자연을 변화하게 만들었을 것이다.

그리고 모든 자연물이 언젠가는 망가지고 죽고(생물) 소멸되어 원소나 에너지로 분해되는데, 이는 새로운 물질이 형성되든가, 새로운 생물이 탄생되기 위해서는 원자기계나 분자기계나 이온기계들이 필요하기 때문에, 새로운 물질의 형성을 위한 부속물(부속기계)을 만드는 준비과정인 것이다. 그러므로 생물의 죽음과 탄생이 계속적으로 반복되어 물질과 에너지의 전달 순환으로 생태계의 순환을 이루어 생태계의 동적평형으로 아름다운 대자연이 오래도록 유지 번창되어 가는 것이다.

생물의 다양성으로 자연의 아름다움을 창조하고, 천적과 병균으로부터 종을 보호하고 다양한 먹이사슬로 종의 전멸을 막고 동물과 인간과 신의 감정을 풍부히 하고자 하는 신의 목적과 의도가 들어 있는 것이다. 일반적으로 근친결혼은 원친결혼보다 질병이 많고 수명이 짧다.

⑤ 물질 사이에서나 정신 사이에서는 상호작용(서로 영향을 미침, 서로 주고받고 함, 서로 오고가고 함, 서로 도와줌)을 한다.

물질과 물질 사이, 물질과 비물질(정신적) 사이, 생물과 무생물 사이, 생물과 생물 사이 즉 모든 물질 사이는 물질이나 에너지나 정신적으로 서로 상호작용을 함으로써 서로 다른 물질이나 다른 시스템에게 영향을 미치는 것이다. 그리고 모든 물질의 움직임에는 열에너지가 나오는데, 나온 열에너지는 다른 물질의 역학적에너지가 되므로 모든 물질은 서로 의사소통(정보전달, 에너지전달=물질전달)을 하며 공생·공존하는 상호작용을 하는 것이다.

예를 들어 만유인력이나 만유척력은 미세한 힘이든 거대한 힘이든 우주에 존재하는 질량을 가진 모든 물체 사이에는 힘으로 서로 영향을 미친다. 이 힘으로 공간이 형성되고 다른 물질과 자신의 물질이 형성되고 작용하고 변화되는 것이다.

물질 면으로는 한 생명체의 생태계 가지에는 언제나 항상 다른 생명체와 다른 물질이 속해 있다. 잡아먹히고, 잡아먹는 먹이, 곤충을 위한 꽃, 꽃의 수정을 위한 곤충, 새를 위한 벌레와 곤충, 호흡을 위한 공기, 식물의 거름을 위한 광물과 흙, 동물을 위한 양분 등등 한 생명체는 다른 생명체와 여러 물질에 의존하며 살아간다.

한 생명체는 수많은 물질에 의해 만들어져서 수많은 물질과의 상호작용으로 살아가는 것이다.

우리 몸속에는 수많은 박테리아가 있는데 이들 미생물들만이 식물의 셀룰로오스 등을 분해시킬 수 있어 초식동물들이 살아갈 수 있으며, 동물의 분비물인 똥오줌이나 시체는 미생물에게 주어지고, 미생물에 의해 유기물은 다시 무기물로 분해되어 식물에게 주어지면 식물은 무기물을 다시 유기물로 합성해 동물에게 줌으로써, 미생물, 식물, 동물 3군은 서로 도우며 서로 공동상호작용을 하는 것이다.

지구의 생태계는 자연계(무생물계와 생물계)의 수많은 물질들이 끊임없이 서로 상호작용함으로써 유지되며 이중 한 가지라도 파괴되면 전체 생태계도 파괴되는 것이다.

⑥ 신은 무한한 능력을 가진 창조자이다.

정신감응능력(Telepathy, 정신력으로 의사소통을 하거나 환경을 보는 능력)이나 정신동력(Telekinesis, 정신력으로 물체를 움직이게 하거나 작용하게 하는 능력) 등 여러 능력으로 보이는 물질과 에너지 그리고 안 보이는 물질과 에너지를 창조하고 작용하게 하여 정신세계나 물질세계를 창조되게 하고 이들이 작동(기능)되도록 하는 것이다.

인간은 동물에게는 없는 많은 능력을 가진다. 발명·발견의 능력, 언어의 능력, 도구의 사용능력, 농사를 짓는 능력, 옷을 만들어 입는 능력, 맛있게 요리하는 능력, 사고의 능력 등 단순한 동물의 능력보다 무수히 많은 능력을 소지하고 있다. 마찬가지로 신(하나님)은 인간과 비교할 수 없을 만큼 무한한 능력을 가지고 있다. 정신감응 능력, 정신동력, 극성 창조의 능력, 에너지 창조의 능력, 에너지 원격사용 능력, 생물세포 창조의 능력, 감각기관과 신경계와 호르몬계 그리고 신체구조 창조의 능력 등 우리가 헤아리지 못하고 상상하지 못할 정도로 많고 심도 깊은 능력을 신은 가지고 있는 것이다. 그래야만 현 우주가 존재할 수 있기 때문이다.

하나의 지구의 생태계는 수많은 소립자가 뭉쳐진 수많은 원자, 분자로 된 물질들이 다시 수많은 세포로 된 수많은 생물체 분자기계들과 무생물 분자기계들이 복잡 다양하게 서로 상호작용함으로써 만들어낸 하나의 거대한 아름다운 생태계기계나 다름없는 것이다.

이 하나의 거대한 지구생태계도 무한히 많은 부속물로 된 무한히 많은 시스템들로 이루어져 있고, 이들의 공동적인 상호작용으로 수많은 메커니즘이 작동되고 생태계가 순환되어 생태계의 균형이 이루어져 생태계의 조화(균형, 평형)로 수십억 년간 생물이 유지되어 오는 것이다.

그저 우연히 자연히 저절로 수없이 많은 시스템들과 메커니즘들이 생겨나고 이들이 공동의 목표 아래 공동상호작용을 하여 이 거대한 생태계기계를 공동으로 작동시킬 수는 없는 일이다.

더구나 이 수많은 시스템들은 생태계의 순환을 위해서 모두 매우 중요한데, 한 시스템이라도 없거나 부속물이 없어 작동이 안 되면 역시 거대한 생태계기계는 작동되지 않을 텐데, 자연이 우연히 저절로 자연히 진화시켜 어떻게 이 수많은 부속물을 수많은 시스템에 일일이 적재적소에 정확히 조립시켜 거대한 생태계기계를 만들어 내어 작동시킬 수 있었겠는가?

우연히 저절로는 몇 개도 조립하기 힘들 것이고 조립된 것도 저절로 분해될 것이다. 오직 치밀하고 세밀한 설계를 할 수 있는 전지전능한 하나님의 영적인 능력에 의해서만 복잡 다양한 생태계가 조립되어 귀신이 놀랄 정도로 영적으로 작동되어 오랫동안 유지될 수 있는 것이다.

인간 하나의 신체를 보더라도 단순한 신체기계들의 작용이 아니고 그 속에는 사랑과 그리움 등 수많은 감정과 양심이 생겨나오는 영이 들어 있는 영적인 기계인데, 이들 부속물기계들이 적재적소에 조립되어 작동하는 것도 그렇고, 신체 항상성으로 호르몬들의 길항작용(상대 선수적 작용, 상대적인 기능적인 극성작용, 상보적 작용, 상호작용)도 그렇고, 모든 것이 귀신이 놀라울 정도로 신의 영적인 능력차원으로 설계해 놓은 것을 알 수 있는 것이다.

스스로 움직이고 스스로 신진대사하고 스스로 생각하고 스스로 계획하고 스스로 일을 추진하고 스스로 감정을 억제하고 스스로 감정에 못 이겨 눈물까지 흘리는 인간생물기계는 영의 차원으로 설계되었고 영의 능력으로 만들어져서 영적으로 작동되는 영적인 기계로, 하나님의 영이 들어 있는 기계이기 때문에 스스로 영적으로 행동하는 것이다.

⑦ 상대적인 극성의 힘과 평형(화평, 화목, 균형, 조화)의 힘

모든 물질을 이루는 원자는 원자핵(+)과 전자(-)의 상대적인 전자기적 극성을 나타내고 이 사이에는 전자기장의 힘의 장이 형성되어 전자기파의 에너지가 생성된다. 즉 모든 물질은 본래 내부적으로 극성으로 이루어진 극성물질인 것이다.

상대적인 전자기적 극성도 양극의 극성의 차를 감소시켜 같아지려는 평형의 힘에 따른 것이다. 높은 곳의 물은 낮은 곳으로 흐르는데, 이것은 중력(인력)에 의한 상내적인 위치적 극성으로 같아지려는, 즉 양극성의 차를 감소시켜 같아지려는 평형의 힘에 따른 것이다.

밀도(농도), 온도(열), 압력(기압), 전압, 에너지 등은 큰(높은) 곳에서 작은(낮은) 곳으로 흐르는데, 이것도 상대적인 양적 대소적 극성으로 역시 양쪽 양극의 차를 감소시켜 같아지려는 평형의 힘에 따른 것이다.

평형(화평, 조화, 균형)의 힘은 결국 길항작용(두 개의 요인이 동시에 작용하면서 서로의 효과(효력)를 줄이는 작용)이나 마찬가지인 것이다.

pH값이 7로 외부적으로 중성을 나타내는 순수한 물속에도 수소이온($H^+=H_3O^+$)과 수산화이온(OH^-)이 녹아있어 동시에 산성과 염기성을 나타내고 약한 전류를 통하게 한다.

이는 같은 물질이라도 상대적인 물질적 극성이 동시에 나타나서 에너지를 흐르게 하는 것을 보여주는 것이다.

짝산·짝염기와 같이 한쪽이 강산으로 작용하면 상대적인 염기는 약염기로 작용한다. 즉 극성은 상대적으로 작용한다. 비물질적인 정

신적인 마음의 결정이나 생각에도 상대적인 극성적인 평형의 힘이 작용된다.

생각이나 마음의 결정은 주위환경으로부터 받은 자극정보와 기억세포에 저장되어 있는 경험에 의한 기억정보를 상대적 극성적으로 비교함으로써 행해진다.

좋은 일과 나쁜 일 사이에서 마음의 결정은 경험과 교감신경과 부교감신경 사이에 촉진과 억제의 상대적인 기능적인 극성작용으로 결정하게 되는데, 천성이 착한 사람은 늘 좋고 선한 쪽으로 기울어져 균형이 이루어지고 평형이 이루어져 외부에서 보면 그 사람은 늘 선하고 착한 사람으로 보이나, 내부적으로는 끊임없이 양극성 작용이 일어나는 것이다.

구름은 같은 물질인 수증기로 되어 있는데 구름의 이동으로 전하의 이동이 생기고 이로 인해 전자기적인 극성적인 양전기(+)를 띤 구름과 음전기(-)를 띤 구름이 동시에 생겨서 서로 만나면서 막대한 에너지인 10억 볼트(v)의 방전이 일어나고, 그 경로에 따라 공기는 급격히 1만 도 이상으로 가열되어 폭발음인 천둥을 치게 된다. 이와 같이 물질이나 에너지(소립자)의 이동으로 전하의 이동이 생겨 막대한 에너지를 생산하게 된다.

그러나 이때 생긴 에너지는 대부분 구름과 대기의 온도를 높이고 많은 입자를 이온화시켜 화학반응이 일어나게 하고 일부분은 벼락을 치면서 땅속으로 흐르게 된다.

이와 같이 상대적인 극성작용은 같은 물질에서도 물질의 이동과 밀도, 온도, 압력, 에너지 등의 차로 동시에 생기며, 극성의 힘이 작용하는 곳에는 힘의 장(영역, 범위)이 형성되고, 힘의 장이 있는 곳에서는 에너지가 작용되므로 에너지가 생겨나는 것이다.

반대로 생겨난 에너지는 흐르게(이동하게)되고 에너지가 흐르는 곳에는 전하의 흐름이 생겨 전자기장인 힘의 장이 생성되고 힘의 장이 있는 곳에는 극성의 힘이 작용하게 되므로 극성과 에너지는 항상 서로 상호작용을 한다.

이와 같이 극성의 힘은 에너지를 크게 하고 반대로 에너지는 극성의 힘을 크게 하므로 이들이 계속해서 끊임없이 상호작용을 하면 우주 허공에는 에너지의 양이 기하급수적으로 늘어날 것이고, 에너지가 무한히 늘어나면 에너지 질량 등가의 원리에 따라 에너지는 물질(입자)로 변화될 수 있으므로 자연히 저절로 만물과 천체는 무한히 많아지고 우주는 무한히 커지게 되는 것이다. 다만 필요한 것은 시간이며 그러기에 우주의 나이도 수백억 년이나 되는 것이다.

한번 만들어진 물질이나 에너지는 질량 에너지 보존법칙에 따라 없어지지 않고 변화될 뿐 유지되므로 우주의 물질과 에너지 그리고 우주는 시간에 비례하여 많아지고 커지는 것이다.

우주 대폭발(big bang) 전에는 우주 공간, 즉 허공에 에너지가 충만했을 것이라고 한다. 우주 허공에 있는 에너지는 허공의 온도, 압력 등에 의해 밀도(농도)의 차가 생기게 되고 밀도의 차가 있으면 극성도 생기고 극성이 있으면 힘의 장이 생겨 에너지가 생기게 되고, 힘과 에너지가 성하게 되면 반대로 극성의 힘도 더 커지게 되므로 온도, 압력, 밀도에 더 큰 영향을 미치게 되어 거센 에너지의 흐름으로 압력과 밀도, 농도는 더욱 더 커져 초고온, 초고압, 초밀도에서 거대한 회오리바람 같은 블랙홀(검은 구멍, 암흑구멍, 보이지 않는 구멍)이 생겨 우주 허공에 있는 에너지를 빨아들여 극초고온, 극초고압, 극초밀도로 압축시켜 회전시키다가, 이들 에너지가 한 점에 가깝도록 부피가 0에 이르고 질량은 무한대로 커지므로 인력(중력)에 못 이겨 우주 대폭발을 일으키게 되었고, 온도가 내려가면서 소립자—원자—이온, 분자—

물질-천체-우주가 만들어지게 된 것이다.

⑧ 에너지인 소립자는 태초에 천국에서 만들어질 수밖에 없었다.
　만물을 만드는 시초 물질인 에너지와 소립자는 천국에서밖에 만들어질 수 없는 것이다. 만일 천국도 없이 우주 허공에 에너지나 물질이 원래 존재하지 않았으면, 우연히 자연히 저절로 스스로는 물질인 에너지나 소립자는 만들어질 수 없는 것이다. 아무것도 없는 곳에는 아무리 시간이 지나가도 우연히 저절로는 빛이나 에너지가 만들어질 수 없는 것이 현 세상의 자연의 법칙이고 인과법칙인 것이다. 그러므로 천국과 하나님은 현 세상보다 그 전에 존재하였고, 시작이 없이 영원히 존재하므로 천국은 영적인 영원한 나라이고 하나님은 영적인 영원한 존재인 것이다. 그러므로 천국은 물질세계인 우주세계가 만들어지기 전에도 존재하는 천체인 것이다.
　천국에 있는 사람들이나 하나님은 우리 인간과 같은 형상을 가지고 있기 때문에 육체를 가지고 있는데, 육체를 가지려면 물질로 되어 있기 때문이다. 그리고 천국사람들이 살아가려면 의사소통을 하기 위해서도 자연히 에너지가 필요하고 소립자와 빛도 필요하고 물도 필요할 것이다. 즉 인간의 형상과 비슷한 형상을 하나님과 천국사람들이 가지려면 천국도 우리 지구와 비슷한 물질과 에너지나 소립자로 이루어졌을 것이다.
　에너지나 물질의 이동에는 전하가 이동되고 전하의 이동에는 전자기장의 힘의 장이 생기고 이들 힘의 장에 의해 우주 허공이 생겨나고 (전기장과 자기장은 90도 각도로 생기기 때문에) 전자기력을 가진 전자기파가 우주 허공으로 방출되게 되고, 오랜 세월의 에너지파가 우주 허공을 빛의 속도로 이동함으로써 다시 힘의 장이 생겨 에너지가 생겨난다. 생겨난 에너지가 빠른 속도로 이동하면 다시 힘의 장이 생기기 때문에 극성의 힘(힘의 장)과 에너지가 끊임없이 상호작용을 하여 점점 더 많은 양의 에너지와 중력(인력)장 같은 힘의 장이 우주 허공에 형성되고 더 많은 전자기파가 방출되고 이동되고, 에너지인 소립자와 반소립자가 한 쌍이 되어 충돌될 때마다 광자(에너지+정보+영)로 되면서 빛을 발생시키고, 또는 전자와 광자가 상호작용하면서 빛을 발생시켜 오랜 시간이 지나가면 많은 양의 빛과 많은 양의 에너지와 소립자가 우주 허공에서 바다를 이루고, 온도나 압력, 농도에 의해 강한 중력(인력)장이 형성된다.

이 중력장이 만유인력과 만유척력의 불균형과 온도나 압력 농도에 의해 강한 에너지의 이동이 생겨서 강한 전기장과 자기장의 영향으로 거대한 우주 허공이 생기고, 거대한 양의 에너지가 회전하다가 점점 커져서 블랙홀(검은 구멍)을 형성해 우주 허공에 있는 에너지바다를 빨아들여서 초고온, 초고압, 초밀도로 회전시키다가 중력장(인력장)을 이겨내지 못해 우주 대폭발(big bang)이 일어나게 되었을 가능성이 많은 것이다.

✱창조의 진화✱

　인간이 자동차를 만들려면 수많은 부속품과 여러 기관들을 먼저 만들어야 한다. 이들 부속품들을 만들려면 원료와 재료를 가공처리하기 위해 에너지가 소비되고 부속품을 만드는 기계가 있어야 한다. 부속품은 원료에 전기에너지나 열에너지를 가하여 원하는 형으로 기계에 의하여 만들어진다. 부속품을 만들기 위해서는 원료나 재료, 만들어지게 하는 기계, 에너지, 사람의 손이나 로봇이 필요하며, 이들이 상호작용이 되어 비로소 부속품이 만들어진다. 이들 부속품들은 사람의 손으로 직접 만들 수 없고 반드시 이들을 만들게 하는 기계에 의해서 만들어진다. 만들어진 부속품은 사람의 손이나 로봇에 의해 조립되어 비로소 완전한 자동차가 만들어진다.

　마찬가지로 하나님이 어떤 물질을 만들려면 하나님이 그 물질을 직접 손수 만들지 않고 그 물질이 만들어지게 하는 부속물(부속품, 로봇, 대리자)을 먼저 만들어지게 하고, 이들 부속물을 만들게 하는 기계나 로봇을 먼저 만들어지게 한 것이다. 부속물이 만들어지면 이들이 조립되게 하는 에너지나 로봇에 의해 만물이 만들어진다. 부속품을 만들게 하는 기계를 사람이 처음에 직접 만들듯이 하나님도 물질을 만들게 하는 로봇기계인 소립자와 에너지, 원자, 이온, 분자 로봇기계는 특성과 함께 처음에 직접 설계해서 만들어지게 한 것이다.

　단지 차이는 사람은 물질 속에 들어 있는 특정한 특성을 이용해 특정한 부속품을 만들지만, 하나님은 소립자와 에너지가 특정한 특성을 지니도록 소립자와 에너지의 부속품로봇기계가 만들어지게 한 것이다. 만들어진 부속품을 인간은 인간의 손의 에너지나 전기에너지, 기계에너지를 이용하여 조립하지만, 하나님은 하나님의 3대 힘인 상대적인 극성의 힘(전자기적인 빛에너지, 열에너지), 평형의 힘, 상호작용의 힘을 이용해 자유에너지는 감소되고 엔트로피는 증가되는 방향으로 자연변화가 이루어지게 하여 하나님의 대리자이고 하나님의 로봇인 원자, 이온, 분자로봇기계들이 하나님의 의도대로 자연히 저절로 스스로 만들어져서 이들이 스스로 물질로 만들어지고 작용되고 분해되도록 한 것이다. 그래서 무생물에서 생물로 그리고 인간까지 물질세계에서 정신세계까지 만들어지고 작동되어 영적 교제까지 이루어지게 한 것이다.

　인간은 인간의 손의 힘으로 기계를 만들고 기계의 힘으로 수력발전, 화력발전, 핵발전, 지하자원을 이용해 거대한 양의 에너지를 만들어 쓰고 이용하고 있지만 하나님은 상대적인 극성의 힘을 이용해 에너지를 만들어지게 하고, 만들어진 에너지의 힘의 장에 의해 다시 새로운 극성의 힘이 생기고, 이어서 이 힘의 장에 의해 새로운 에너지가 생기게 하여, 즉 극성의 힘의 장과 에너지의 장의 끊임없는 상호작용에 의해 우주 허공에는 점점 에너지가 늘어나고 늘어난 에너지에 의해 소립자가 생겨나 새로운 별을 만드는 가스나 먼지구름을 만들어 시간이 지나감에 따라 우주는 에너지와 소립자의 바다를 이루고 이들의 농도의 밀도가 늘어나 우주는 팽창되고 별들의 숫자는 자연히 스스로 저절로 무한히 많아지게 한 것이다.

그러므로 무한히 많은 별들이나 무한히 많은 소립자나 에너지, 원자, 이온, 분자기계들, 무한히 뜨거운 태양, 무한히 많은 식물, 동물, 미생물 등은 하나님이 일일이 직접 창조한 것이 아니라 하나님의 3대 힘인 자연의 3대 힘과 하나님의 대리자이고 로봇인 광자(에너지), 원자, 이온, 분자로봇기계들로 하여금 우주만물이 자연히 저절로 스스로 창조되게 한 것이다. 우주만물이 미세하고 무한히 많은 광자, 이온, 분자로봇기계들에 의해 스스로 저절로 자연히 창조되었기 때문에 생물세포, 미생물, 소립자, 원자, 분자 등과 같이 무한히 작게 될 수 있었고, 지구, 태양, 우주와 같이 무한히 크게 될 수 있었으며, 하늘의 별들과 같이 무한히 많게 될 수 있었던 것이다.

인간은 기계나 로봇의 힘을 빌려 인간 대신 거대한 물건이나 거대한 에너지를 만들게 하듯이 하나님은 하나님 대신 광자기계나 원자기계나 분자기계나 이온기계나 특히 생물에서는 미생물기계나 세포기계나 단백질로봇이나 DNA로봇 등을 이용해 생물이 만들어지게 하고 삶의 활동을 하게 한 것이다.

사람이 부속품 만드는 기계를 만들기 위해서는 처음에 한 번은 직접 주물로 모형을 떠서 기계를 만들어야 하듯이, 하나님도 무생물인 무기물을 만들기 위해 태초 처음에 하나님의 영으로 소립자나 에너지를 특성과 함께 직접 만들어지게 해야 했고, 생물을 만들기 위해서는 생물 태초에 세포기계와 세포의 부속물인 세포핵, 세포질, 세포막, 세포소기관 등을 한 번은 직접 설계해서 만들어지게 해야 했고, 이 과정이 하루 이틀이 아니고, 세밀히 설계되고 조립되고 작동되어 하나의 생명체인 단세포 생물인 미생물이 만들어지기까지는 수천 년 내지 수십억 년이 걸린 것이다. 그 이유는 하나님이 손으로 창조하는 것이 아니라 하나님의 미세한 로봇기계인 이온, 분자기계들이 자연의 3대 힘(=신의 3대 힘)을 이용해 자연변화가 이루어지게 함으로써 오랜 시간이 걸리게 되는 것이다. 하나님에게는 시간의 제약이 없기 때문에 수억 년도 하나님에게는 하루와 같은 현재에 속하고 수억 년 전도 현재에 속하고, 수억 년 후도 현재에 속하기 때문이다.

인간은 한평생의 시간의 제약이 있어서 과거·현재·미래로 구분하지만 하나님은 영원한 분이므로 시간의 제약 없이 다 현재에 속하는 것이다. 하나님은 처음 생물 태초에 한 번은 생명의 3대 요소인 광자, 단백질, DNA를 만들어지게 하고 세포 속에 넣어지게 하여 수정(교미)메커니즘과 세포분열메커니즘을 통해 생명의 칩인 DNA가 자동으로 자연히 저절로 스스로 유전되게 했어야 한다(만일 이 유전메커니즘이 자연에 의해 자연히 우연히 만들어진 것이라면, 수십억 년간 똑같은 메커니즘으로 작동되어 똑같이 오늘날까지 유전시켜 오지 못했을 것이다). 그리고 생명의 칩 속의 유전자의 억제가 주위환경의 질서에 따라 자동으로 풀리거나 또는 주위환경의 질서에 따라 자연히 저절로 DNA 구조변화가 일어나 자연히 저절로 스스로 생물이 진화되도록 프로그램화 했어야만 한다.

사람은 이성을 가지고 생각으로 보다 나은 진보된 물건이나 기계를 만들어간다. 그러나 사람 스스로는 더 진보된 사람을 만들어 진화시키지는 못한다. 왜냐하면 생물진화의 영역은 영적인 생명의 3대 물질로봇인 광자, 단백질, DNA에 의해서 이루어지기 때문이다. 하등생물에서 고등동물로 진화되는 것은 생각이나 의지 자연환경에 의해서 선택되어져서 진화되는 것이 아니라 진화를 시키는 장본인인 단백질을 만드는 DNA 구조에 달려 있는 것이다.

DNA 분자구조가 변하면 유전자가 지닌 유전내용도 달라져 다른 종류의 단백질을 만들게 하고, 다른 종류의 단백질로부터 다른 종류의 형질이 나타나 다른 종류의 생물을 만들게 되고 다른 종류의 모습의 생물을 만들게 되는 것이다. 즉 식물과 동물이 다르고 인간과 동물이 다른 것은 단백질의 종류가 다르기 때문이다. 생물이 진화되어 가는 것은 DNA 구조가 진화되어 가는 것인데, DNA 분자구조를 변화시키는 것은 우주선, 방사선, 자외선과 같은 해로운 광선과 광자나 보이지 않는 에너지나 물질, 단백질분자 등의 작용에 의해 DNA 분자구조가 변하게 된다.

생명의 칩인 DNA 분자구조는 4개의 염기(A, T, C, G)의 배열순서인데, 이 속에는 그 생물이 한평생 동안 태어나서 활동하는 생명의 활동정보가 기록·저장된 것이다. 즉 그 생물이 만들어지게 한 창조자의 생명의 말씀이 프로그램화되어 기록되어 있는 것이다.

예를 들어 대기의 기압이나 습도, 온도나 공기의 분포율에 따라 자동으로 DNA의 염기배열순서가 그 시대의 주위환경의 자료값에 따라 자동으로 변화되게 미리 프로그램화되어 있을 수 있는 것이다. 또는 하나님이 하나님의 영이 들어 있는 보이지 않는 에너지나 하나님의 사신이며 로봇인 단백질이나 광자를 이용하여 DNA의 염기배열순서를 변화시키게 할 수도 있는 것이다. 아무튼 DNA 분자구조에 변화가 와서 생물이 진화되는 것은 직접적으로나 간접적으로나 하나님의 의도에 따라 하나님의 대리자이며 하나님의 로봇들인 입자(에너지), 원자, 이온, 분자로봇들에 의해 DNA 분자구조가 바뀌어 모든 생물이 진화를 하는 것만은 분명한 것이다.

그 이유는 인간과 동물의 능력의 한계는 분명히 그어져 있기 때문이다. 즉 모든 생물은 종에 따라 엄격히 제한된 특성과 능력을 가지고 있기 때문이다. 하나님은 무기물인 자연의 창조와 자연의 변화에 직접적으로 참여하지 않고 간접적으로 대신 광자(에너지+정보=영), 원자, 이온, 분자로봇기계들이 하나님을 대신해 자연의 3대 힘에 의한 에너지로 자연히 저절로 스스로 창조되고 변화되도록 한 것과 마찬가지로, 생물의 창조와 진화에도 직접적으로 일일이 참여하지 않고 간접적으로 하나님의 영이 들어 있는 광자, 원자, 이온, 분자로봇기계들이 하나님을 대신해 자연의 3대 힘에 의해 생명의 3대 로봇(광자로봇, DNA분자로봇, 단백질분자로봇)들로 자연히 저절로 스스로 만들어져서 스스로 생명의 칩인 DNA구조를 하나님의 설계 안에서 하나님의 의도에 따라 발전·발달·진화되게 돌보고 이끄는 것이다.

04

천적(natural enemy)—먹이사슬—평형

천적은 특정한 생물을 병들게 하거나 죽이거나 그것을 잡아먹는 생물을 말한다. 즉 상대 생물에게 해를 끼치는 생물이 천적이다. 자연계의 모든 생물은 대체로 천적으로 둘러싸여 있다(즉 무생물에는 상대적인 기능적인 극성관계로 입자와 반입자가 존재하는 거와 같이 생물에는 생물과 상대적인 기능적인 생물인 천적이 존재한다). 천적은 상대 생물의 무제한 번식을 막는 중요한 역할을 하므로, 천적과 상대 생물 사이에는 수량 면에서 대략 어느 정도의 비율로 균형을 이룸으로써 자연의 평형(화평, 화목, 균형, 조화)이 이루어지고 있다.

먹이사슬(연쇄)도 천적관계에 의해 이루어진다.

천적에는 4가지 종류가 있는데, ① 다른 동물을 잡아먹는 포식자, ② 다른 동물 속에서 공생하는 기생자, ③ 다른 동물에서 살면서 서서히 그 동물을 먹어가 죽게 하는 포식기생자, ④ 다른 생물에 질병을 일으키는 병원체가 있다.

천적은 그가 공격하는 상대 생물(기주)을 전멸시킬 수 있는 능력은 없으며, 다만 상대 생물의 무제한 번식을 막는 역할만 할 뿐이다. 대부분의 곤충이나 날으는 작은 무리는 알, 유충, 번데기, 성충의 여러 시기를 거치는데, 그 시기마다 각각 몇 종의 천적들이 있어, 결국 이 여러 단계의 탈바꿈은 상대 천적들을 먹여 살려 다양한 먹이사슬을 만들기 위함이다.

만일 개구리가 신의 영향력 없이 자연 홀로, 자연의 진화에 의해 자연선택적으로 만들어졌다면 구태여 개구리 알―올챙이―개구리로 복잡한 세 번의 변태과정을 거치면서 다른 천적들을 그때마다 먹여 살리도록 진화하지는 않았을 것이다. 오늘날쯤에는 개구리가 잡아먹히지 않게 모두 진화를 하여 하나도 없을 것이다. 모든 연약한 벌레나 곤충이나 동물들이 자연선택적으로 또는 마음적으로 자연의 진화에 의해 자연히 저절로 진화가 이루어진다면 오늘날쯤에는 이들 연약한 동물들은 모두 힘센 동물로 진화되어 먹이사슬이 끊어져 지구상에는 동물이 거의 존재하지 않았을 것이다. 이는 신에 의해 천적들을 먹여 살리는 다양한 먹이사슬 때문에 신이 의도적으로 태초 개구리의 DNA 분자 속에 개구리의 변태프로그램이 입력되게 하여 유전을 통해 오늘날까지 전해지도록 한 것이 분명하고 확실한 것이다.

자연에 존재하는 모든 물질과 모든 생물은 다 필요하고 질병을 일으키는 병균박테리아, 곰팡이, 바이러스 등의 병원균과 징그러운 뱀, 곤충, 파리, 모기, 벌레 등과 그리고 사나운 상어나 사자 등은 필요 없어 보이나 이들은 다양한 먹이사슬로 종의 전멸을 막고, 천적 역할로 종의 무제한 번식을 막기 때문에 생물의 종 사이에 어느 정도 일정한 비율을 유지시켜 균형을 이루게 하기 때문에 자연과 생태계의 평형을 위해서 매우 중요한 역할을 하는 생물들인 것이다.

이와 같이 자연의 평형(균형, 조화, 화평)을 위해 천적 생물이 있는 것은, 자연히 우연히 그저 저절로 생겨난 것이 아니라, 여기에는 신의 치밀한 고도의 설계에 의해 생물의 종들도 만들어졌음을 알 수 있는 것이다. 왜냐하면 알, 유충, 번데기, 성충의 여러 시기를 거치는 곤충은 진화를 하지 않고 여러 시기마다 천적들을 먹여 살리고 있기 때문이다.

해충의 물리적 방제는 그것의 천적을 가능한 한 죽지 않도록 생활환경을 만들어 주는 것으로, 성충의 생활에 필요한 화분, 꿀을 생산하는 식물을 심거나, 안전한 월동장소를 제공하는 나무울타리, 자연지대 등을 설치하는 것이 좋다. 천적은 자연에서 생물의 수를 조절하는 역할을 하기 때문에 천적을 없애면 대발생이 일어난다.

미국의 카이바브 고원에서 사슴을 잡아먹는 퓨마와 늑대를 모두 잡은 결과, 사슴의 수가 급증하여 먹이가 되는 식물을 거의 먹어치워서 먹을 것이 없어 많은 사슴이 굶어죽는 일이 발생하였다고 한다. 또 농약을 남용한 결과 논의 거미류가 감소해서 벼의 해충인 매미충이나 벼멸구류의 대발생이 일어났다고 한다.

천적은 농약보다 해충을 제거하는 효과가 훨씬 더 크다. 농약을 뿌린 논보다는 천적을 이용한 논에서 벼의 즙을 빨아먹는 벼멸구의 수가 적다고 하는데, 이는 천적인 거미가 벼멸구를 잡아먹기 때문이다. 그러나 천적 이용에는 세밀한 검토가 뒤따라야 할 것이다.

뱀의 천적인 몽구스는 뱀을 잡아 먹지만 새의 알도 먹기 때문에 자칫하면 생태계의 평형(균형, 조화)을 깰 위험이 있다. 천적을 보호하여 해충이나 유해동물의 해를 억제하기 위해서는 다양한 생물로 된 자연환경을 유도하는 것이 중요하다.

식물의 종류가 적은 북방의 삼림에서는 해충의 대발생이 일어나지만, 다양한 종의 식물이 혼합되어 생육하고 있는 열대삼림에서는 대발생이 일어나지 않는다. 또 인공조림을 한 단순림은 몇 종류의 나무가 섞인 혼합림보다도 해충의 대발생이 더 잘 일어난다. 인공조림을 하더라도 구역 구역에 혼합림지대를 설치해 천적을 보호하는 것이

중요하다.

　사람들은 논에 다들 한 종의 벼를 심고, 약제를 살포해서 천적을 감소시키는데, 이것은 결국 해충을 증가시키는 것이다. 그러므로 해마다 살균제의 양이 늘어가게 되는 것이다.

　과수원이나 야산, 밭 근처에 많은 종류의 식물과 곤충이 사는 자연지대를 설치해서 천적의 종류나 수를 늘리는 것이 살균작용보다 훨씬 유리한 최선의 방법이며, 이는 농약에 의한 피해를 줄이고 그 고장의 환경미화에도 좋으며, 신선한 공기와 깨끗한 지하수로 인해 건강증진에도 도움이 되는 것이다.

　지구상에는 다양한 식물류와 다양한 동물류가 사는데, 이것은 한편으로는 아름다운 자연을 만들고, 아름다운 자연에 의해 생겨나는 다양한 감정으로 살아가고 의사소통(교제)을 하기 위함이고, 다른 한편으로는 식물과 동물을 수많은 천적으로부터 보호하고, 다양한 먹이사슬로 종의 멸종을 막으려는 것이고, 수많은 천적과 수많은 질병과 수많은 병균이 있는 것은 종의 번식률을 조절하기 위한 신의 고차원의 지성과 의도가 들어 있는 설계인 것이다.

　인간은 암이나 에이즈 등으로 죽는 사람도 많고, 아프리카 대륙에서는 굶어죽는 사람도 많고, 교통사고 등 사고로 죽는 사람도 많고, 전쟁으로 오늘날까지 애통하게 죽어간 젊은이들도 수없이 많다.

　만일 사람이 병이나 사고나 전쟁으로 죽지 않고 한계수명까지 산다면, 오늘날 지구의 인구는 현재의 인구보다 적어도 30~50배 이상은 더 많았을 것이다. 그러면 식량난이며 생존경쟁은 지금보다 극도로 더 심해져서 행복한 인간사회 유지는 힘들었을 것이다. 물론 일찍 죽어간 영혼들에게는 애통스러운 일이지만, 그러나 상대적으로 이들의 영혼들은 전 인류의 번영에 이바지한 것이다. 만일 신이 없다면 무한히 애통스럽고 너무 억울한 일이지만, 신이 있으니 그렇게 슬픈 일이 아니고 오히려 행운을 빌 일인 것이다. 왜냐하면 죽은 영혼들은 저 세상에서 우주만물의 평형의 원리에 따라 다시 탄생(부활)되기 때문이다.

　병원체에 의해 병으로 죽는 사람들이나 전쟁터에서 총알에 맞아 죽는 사람들이나 자동차 사고로 죽는 사람들을 창조자인 신(하나님)이 일일이 안 죽게 할 수는 없는 일이다. 물론 신이 하려면 할 수 있지만, 신 자신이 만들어 놓은 자연의 규칙인 자연의 법칙을 위배해 가면서, 감염된 세포를 건강한 세포로 역반응시키고, 날아오는 총알을 다시 뒤돌아가게 하거나, 달려오는 자동차를 급정거시키거나 되돌려 보낼 수는 없는 일이기 때문이다. 만일 이러한 세상에서 인간이 산다면, 힘들게 땀 흘려 일하는 보람도 없고 아기자기한 교제도 별 기쁨도 없을 것이다.

　신은 만물에 대해 공평하기 때문에, 만일 신이 일시적으로 기적을 행사하면 그것은 우주만물에 대하여 정의롭고 공평한 하나님이 아니고 사리사욕적인 이기적인 하나님이 되기 때문이며, 또는 그것은 인간에게 신이 100% 존재한다는 것을 직접 보여주는 것이 되기 때문에 인간사회에 해가 되기 때문이다.

05

먹이사슬(food chain)―죽음과 탄생
―생물의 동적평형

생물이 사는 것은 에너지를 얻어 소비하는 것인데, 에너지는 먹이(양분)를 섭취해서 소화(분해)하면서 에너지를 얻게 된다.

이 과정에서 생물 사이에는 잡아먹고(포식자), 잡아먹히고(피식자) 하는 관계가 사슬(연쇄)모양으로 이어지는데 이 관계를 먹이사슬(먹이연쇄)이라고 한다.

먹이사슬은 먹이(유기물)의 형태로 태양의 에너지가 생물들의 체내로 차례차례 전달되어 가는 과정이므로, 즉 물질과 에너지(유기물 속에 든 에너지)가 여러 생물을 통해 사슬모양으로 전달되어지는 것이다.

광합성작용으로 무기물을 유기물로 합성하는 식물을 생산자라 하고, 스스로 유기물을 만들지 못해 식물이 만들어 놓은 유기물(양분)을 소비하는 동물을 소비자라 하고, 유기물인 식물이나 동물의 분비물이나 시체를 분해하여 다시 무기물로 만드는 미생물(박테리아, 곰팡이)을 분해자라고 한다.

미생물에 의해 분해된 무기물은 다시 식물이 흡수하게 된다.

소비자 중에서 생산자(식물)를 먹는 것을 1차 소비자(초식동물), 1차 소비자를 잡아먹는 것을 2차 소비자(육식동물), 2차 소비자를 잡아먹는 것을 3차 소비자라고 한다.

동식물의 죽은 시체나 분비물인 똥, 오줌은 분해자인 미생물이나 지렁이, 땅속 곤충에 의해 먹혀지거나 분해되어 다시 식물의 양분이 되므로, 결국 먹이사슬은 물질과 에너지의 순환으로 자연의 평형을 이루는 것이다.

태양에너지는 생물 사이로 전달되면서 화학에너지나 열에너지로 생물체 내에 있거나 일부는 열로 주위환경에 방출되어 다른 물질이나 생물에 흡수되어 역학적에너지(내부에너지=숨은열)로 되든가 일부는 대기열에 합쳐지든가 일부는 지구표면에 반사되는 햇빛과 합쳐져 지구 밖을 벗어나 우주 공간으로 가다가 항체나 블랙홀(검은 구멍)을 만나면 흡수되어 다시 다른 입자나 에너지로 되기 때문에, 전체 우주로 보았을 때 에너지는 없어지지 않고 순환·변화되는 것이다.

대부분의 생물들이 생물의 다양성으로 다양한 먹이를 먹기 때문에 다양한 먹이사슬을 만들게 되고 이로 인해 다양하고 복잡한 먹이그물망을 형성하게 된다.

만일 생물이 단순한 몇 종류로만 되어 있다면, 먹이사슬도 몇 가지 안 되므로 한 종류의 생물이 질병으로나 천적에 의해 피해를 받아 숫자가 많이 감소되면 이 생물을 먹이로 하는 생물은 먹이를 구하기 어려워 멸종위기에 처하게 되고 이어서 다음 단계의 먹이사슬 생물은 더더욱 멸종위기에 빠지게 되므로 결국은 전 생물의 멸종위기를 가져오게 되는 것이다.

이와 같은 현상을 신은 계산에 넣었기 때문에 생물의 다양성을 가져오게 하는 수정(교미)과 세포분열 그리고 DNA의 메커니즘을 창조되게 한 것이다.

바다에서는 먹이사슬이 식물성 플랑크톤(생산자) → 동물성 플랑크톤(1차 소비자) → 작은 물고기(2차 소비자) → 큰 물고기(3차 소비자) →

사람(4차 소비자)으로 된다.

　숲에서는 나무의 수액을 빨아먹는 진딧물이 거미의 먹이가 되고 거미는 박새와 같은 작은 새의 먹이가 되고 박새는 참매와 같은 큰 새의 먹이가 된다.

　나뭇잎이 떨어지면 미생물과 지렁이 등의 곤충의 먹이가 되고 지렁이와 곤충은 큰 곤충의 먹이가 되고 큰 곤충은 작은 새의 먹이가 되고 작은 새는 큰 새(매)에게 먹이가 되고 큰 새가 죽으면 다시 미생물이나 지렁이, 곤충의 먹이가 되므로 먹이, 즉 물질과 에너지가 순환하는 것이며, 계속된 순환은 동적평형을 이루므로 이는 결국 자연의 평형을 이루어 자연을 오래 유지시키는 것이다.

　징그럽고 냄새나는 보잘것없는 벌레나 곤충, 뱀 등이라도 이들에 의해 다양한 먹이사슬이 이루어져 다양한 생물의 종들이 번창할 수 있고 번창을 조절할 수 있으므로, 이들은 결국 생태계의 한 구성원으로 생태계를 유지하기 위해서는 반드시 필요한 생물들인 것이다.

　한 작은 숲에서 1쌍의 참매가 있다면, 수십 수백 마리의 작은 새가 살아가고, 수만 수십만 마리의 거미, 수천만 마리 이상의 진딧물이 살아갈 것이다.

　이와 같이 먹이사슬(연쇄)에서 위로 올라갈수록 수와 양이 적어지는데, 이는 자연의 법칙에 따라 물질과 에너지량이 감소하는 것이며, 이는 먹이피라미드(생태피라미드)를 형성하게 되는 것이다.

　먹이사슬과 먹이그물망을 해치는 장본인들도 역시 인간들이다. 사람은 식물재배에 살충제인 디디티(DDT) 등을 사용하는데, 이 DDT는 물속에서도 잘 분해되지 않는 독성물질로, 식물이 합성해 놓은 유기물 속에 들어가서 사람이 양분으로 유기물을 섭취할 때 인체에 들어가 암 등 각종 병을 유발시키게 된다. 일부는 빗물에 의해 개천이나 바다로 가는데, 도중에 해초나 미생물이 섭취하고, 먹이사슬에 의해 동물이나 사람에게 이르게 된다. 농도의 양이 많을 때는 해초 등이 죽어 물바닥에 놓이게 되면 이를 분해해서 살아가는 미생물들도 죽어 그 지역의 생태계는 파괴되는 것이다.

그밖에 농작물에 준 똥거름도 미생물에 의해 분해된 무기염류 중 인체에 해로운 무기물질이 물에 의해 바다까지 가는 도중 많은 생태계를 파괴시키게 된다.

만일 생물에게 탄생만 있고 죽음이 없다면, 지구의 물질과 태양의 에너지가 먹이사슬 끝에서 머물게 되어 물질과 에너지가 순환이 안되어 지구와 생물계의 물질과 에너지의 균형이 깨져서 자연의 평형이 이루어지지 않기 때문에 생태계가 순환되지 않고 파괴되어 생물은 전멸될 것이다. 즉 생물이 죽지는 않고 태어만 나면 양분 즉 에너지의 부족으로 생물의 전멸이 오게 된다.

죽음으로써 양분과 에너지를 탄생되는 다음 세대에게 넘겨주게 되어 물질과 에너지가 순환되어 생물과 에너지 사이에 균형이 이루어져 동적평형상태가 형성되어 영원히 오래도록 생태계가 유지되어 생물도 유지되는 것이다.

무생물 세계의 별들도 죽음으로 흙먼지를 우주 공간에 뿌려가며 죽어 가면, 다음 세대의 새 별들의 먹이로 큰 별을 탄생시키는 것이다.

별들이 탄생만 하고 죽음이 없으면 우주 허공의 수많은 소립자와 에너지는 거의 모두 없어지기 때문에 더 이상 별이 탄생되기도 어렵지만, 인력과 척력(암흑에너지)의 균형이 깨져 우주 허공에 있는 별들은 충돌되어 부서져 우주 공간은 암석조각과 얼음조각으로 변해버려 살벌하고 고독하고 폐허의 지옥으로 변할 것이다.

창조자인 신은 신의 3대 힘이고 자연의 3대 힘인 물질 사이의 상호 작용하려는 힘, 상대적인 극성의 힘, 평형해지려는 힘으로 우주만물이 생성되게 하고 우주만물이 작용되게 하고 변화되게 하고 우주만물을 우주 공간에 붙들게 하고, 우주만물의 죽음과 탄생의 균형(평형)으로 물질과 에너지의 균형을 이루어 자연의 평형을 이루게 한 것이다.

단순한 자연에 의해 그저 우연히 자연히 저절로 이루어진 자연의 평형이라면 역시 우연히 자연히 저절로 자연의 평형(조화)이 깨지는 것이 훨씬 더 쉬운 자연현상일 것이다.

06
생물—인간—신과의 상호작용

생물은 크게 식물, 동물, 미생물(세균)의 3군류로 나눈다. 무생물계에서는 입자(물질)들의 상호작용에 의해 극성의 힘이 생기고 극성의 힘으로 생긴 에너지에 의해 입자들은 원자, 이온, 분자기계들로 만들어지고, 이어서 이들이 스스로 물질로 형성되고, 이어서 물질은 변화되는 것이다.

생물은 무생물과 상호작용을 함으로써 에너지를 얻어 원자, 이온, 분자기계로 만들어진 생물기계인 세포기계와 생물분자기계 등이 에너지를 소비함으로써 살아가는 것이다. 식물은 햇빛을 받아 물과 이산화탄소로 포도당(유기물, 탄소화합물)과 산소를 만든다 → 광합성작용 동물은 식물이 만들어 놓은 포도당과 산소를 다시 물과 이산화탄소로 역반응시키면서 에너지를 얻는다 → 세포호흡

즉 식물은 무기물을 유기물(생명체를 만드는 물질)로 빛에너지의 도움을 받아 합성하고, 동물은 정확히 역반응인 이 유기물을 분해·소화시키면서 에너지를 얻어 살아간다. 그러므로 식물과 동물의 상호작용은 상대적인 기능적인 극성의 힘에 의해 이루어지고, 상호작용에 의해 동물과 식물이 영원히 살아가게 되는 것이다.

미생물(곰팡이, 박테리아)은 동물이나 식물에서 나오는 유기물(동식물의 분비물이나 시체)을 무기물로 분해시키면서 에너지를 얻어 쓰고, 무기물은 미생물에 의해 다시 식물에게 양분으로 공급되어진다. 그러므로 식물은 생산자이고 동물은 소비자이고 미생물은 분해자이며 공급자인 것이다.

이렇게 3군 사이에 상호작용으로 물질과 에너지가 전달 순환되어 에너지와 생물 사이에 균형이 이루어져 동적평형이 이루어짐으로써 생태계는 계속해서 순환되게 되어 생태계시스템이 오랫동안 유지·지속할 수 있는 것이다.

식물은 양분(무기염류)을 공급해 주는 미생물 없이 그리고 이산화탄소와 물을 공급해 주는 동물 없이는 살아갈 수 없다. 만일 동물이 없으면 지구상에는 약 200년 후에는 이산화탄소가 대기 속에 거의 없을 것이다.

동물은 양분(유기물)과 산소를 공급해 주는 식물 없이 그리고 소화를 돕거나 산소를 공급해 주는 미생물(미생물이 대기의 산소의 약 50%를 생산한다) 없이 살아갈 수 없다. 미생물은 유기물을 공급하거나 공생하게 하는 식물이나 동물 없이는, 언젠가는 지구의 물도 없어지고 대기권도 사라지기 때문에 살기 어려울 것이다. 생태계를 유지하기 위하여, 동식물의 번식률을 조절하는 천적역할로도 미생물은 동식물에 필요한 것이다.

동물, 식물, 미생물 사이에는 공동으로 생태계를 유지하기 위한 메커니즘이 들어 있는데, 생각도 못하는 자연이 우연히 이 거대한 생태계를 설계해서 만들어 거대한 메커니즘으로 수십억 년간 탈 없이 작동시키기는 불가능한 일이다.

3군류의 수많은 생물들이 생태계의 영적인 순환 메커니즘 안에서 서로 영적으로 상호작용을 하는 것은 우연히 될 수 없고, 반드시 고차원의 지성을 가진 영적인 자에 의해 영적으로 설계되어 만들어져서 작동되도록 영적으로 프로그램화되어야만 가능한 일인 것이다.

예를 들어 식물의 광합성작용과 동물의 세포호흡은 정확한 가역반응(정반응과 역반응)이고, 이들의 가역반응으로 서로 상호작용하여 공동으로 살아가는 것은 고도의 지혜와 능력을 가진 신이라야만 이러한 공생·공존하는 고차원의 시스템과 상호작용 메커니즘을 설계할 수 있는 것이지, 생각도 못하는 자연이 우연히 저절로는 아무리 시간이 흘러가도 고차원의 설계를 해서 고차원의 시스템을 만들어 고차원의 메커니즘으로 작동시킬 수는 없는 것이다. 그리고 우연히 자연히 저절로 자연의 진화로 인간도 만들지 못하는 광합성작용을 위한 시설 즉 엽록체와 엽록소 등을 만들지 못하고, 인간은 아직도 복잡한 인간의 신체구조를 만들거나 메커니즘을 이해하지도 못하는데, 생각도 못하는 자연이 우연히 저절로 이러한 고차원의 영적인 시스템을 만들어 영적으로 메커니즘이 작동되게 할 수는 더더욱 없는 것이다.

생물의 신체는 이미 만들어진 낱개의 부속물을 하나하나 조립하는 것이 아니라, 정확한 시간과 공간의 순서에 의해 여러 신체부분이 특정한 시간의 흐름에 따라 동시에 만들어지는 즉 시간과 공간의 제약을 철저하게 받는 영적인 기계술과 조각술을 필요로 한다.

동물의 신체는 암컷의 자궁에서 만들어지는데, 접합자(배, 배아)가 따뜻한 자궁 속에서 엄마의 핏줄을 통해 양분을 받아가면서 하나하나 서서히 신체가 만들어지며 조각되어 가는 것은, 물론 생물의 3대 물질이고 로봇인 광자(에너지+정보+영), 단백질, DNA의 상호작용에 의해서이지만 이들의 상호작용으로 아기가 만들어지고 조각되어지는 것은 영적으로 신비한 작용인 것이다. 이들은 광자로 만들어지기 때문에 이들 속에는 이미 하나님의 영이 들어 있어 영과 영끼리이므로 영적으로 서로 의사소통이 잘 되어 공동으로 상호작용을 잘 하기 때문에 영적인 일을 할 수 있는 것이다.

자연의 진화로 단세포생물에서 다세포 생물로, 하등생물에서 고등생물로 진화되었다면 수십억 년 지난 지금의 지구상에는 단세포생물인 미생물과 하등생물이 진화되어 하나도 없거나 거의 없어야 하지만 이들이 여전히 생물의 절대 다수를 차지하고 있다.

살아남기 위해 자연환경에 적응하여 스스로 자연히 진화된다면 어떤 생물이 미생물이나 하등생물로 머물러 있을 생물은 하나도 없을 것이고 생각이나 움직이지도 못하는 식물로 진화되지도 않았을 것이다. 그리고 고양이에게 잡아먹히는 쥐가 진화를 하지 않고 여전히 고양이의 먹잇감으로 머물러 있지는 않았을 것이다.

자연과 인간의 능력에는 한계가 있다. 왜냐하면 물질에는 주어진 상대적인 극성의 힘이 제한되어 있어, 이러한 극성의 힘인 분자력(응집력)과 주위환경의 온도, 압력, 밀도, 에너지, 습도 등과의 상호작용으로 만들어진 자연물(무생물, 무기물)의 주어진 특성인 자연의 능력은 매우 한정된 수동능력밖에 없는 것이다. 수동능력밖에 없는 자연은 자연변화에 따라 수동적으로 변화되지만, 설계를 하거나 발명을 하거나 어떤 것을 발전·발달시키거나 하는 능동능력은 없으며, 더구나 생물의 3군이 서로 상호작용을 하여 생태계를 이루게끔 생물세포와 생명의 3대 요소를 설계하고 만들어 3군의 영적인 생명체기계를 만들어 내어 영적으로 작동시킬 수는 없는 것이다.

이 제한된 자연의 수동능력으로 만들어진 인간의 생물세포의 능력도 매우 국한적인 한계가 있기 때문에 인간의 능력도 매우 제한되어 있는 것이다.

동물은 조금 생각은 하나 발명·발견의 능력은 없다. 사람은 생각하고 언어능력, 통신력, 발명, 발견 등의 능력은 있으나, 정신감응 능력, 정신동력 능력, 창조 능력 등은 없다.

자연에게는 생각을 하는 사고의 능력도 없고, 다만 주어진 자기 특성대로 행하는 신이 준 수동능력밖에 없어 자연의 법칙에 따르기만 할 뿐이다. 그러나 신에게는 거리, 공간, 크기, 수량, 시간, 물질세계, 정신세계 등 제약이 없고 정신감응능력, 정신동력, 창조 능력 등 수많은 능력을 다 가진 전지전능한 영적인 존재인 것이다.

생각하는 능력을 가진 동물은 같은 일이라도 조금씩이라도 다르게 행한다. 그러나 자연이 주어진 수동능력을 조금이라도 벗어나 조금이라도 능동적으로 다르게 행동하면, 자연의 질서는 무너져 우주만물은 존재할 수 없는 것이다. 그러므로 자연이 새로운 설계를 하고 새로운 것을 발명하고 안하는 것은 자연의 법칙에도 어긋나고 자연의 질서를 무너뜨리는 것으로 불가능한 일인 것이다. 이와 같이 자연이 조금도 다르게 행하지 못하게 정해놓은 것이 바로 자연의 법이고 자연의 규칙인 자연의 법칙인 것이다.

자연의 법칙은 입자와 물질들 사이의 특성들 사이의 상호작용에 의하여 만들어지게끔 신이 만들어 놓았다. 그러므로 신의 능력이 개입되어 있지 않은 상태에서 자연에 의해서만 생물이 진화되는 것은 불가능한 일인 것이다.

이미 보이지 않는 소립자 속에 많은 특성들이 넣어져 창조되었고, 이들 소립자들에 의해 만들어지는 원자, 분자, 이온들은 이들 소립자들 사이의 특성들의 상호작용으로 특정한 특성들이 만들어지고 이들 원자, 분자, 이온들로 이루어진 물질들은 이들 사이의 특성 간에 복합 상호작용이 이루어져 새로운 물질에는 새로운 특성이 생겨나게 되는 것이다.

자연물은 수동능력만 있으므로 항상 정해진 방향으로만 행하기 때문에 일방통행식으로 자연변화가 일어나기 때문에 일정한 질서가 잡히고 일정한 자연의 법칙이 만들어지는 것이다. 소립자에 집어넣은 특성들에 의해 물질의 특성이 만들어지므로 결국은 자연의 법칙도 신이 만들어지게 한 거나 다름없는 것이다.

여러 사람이 살아가는 모임이 사회이고, 사회를 유지하기 위해선 질서가 있어야 하고, 질서를 유지하기 위해서는 법이 있어야 하는데, 법은 우연히 자연히 만들어진 것이 아니라 사람에 의해서 의도적으로 만들어진 것이다.

예를 들어 도시에 교통법이 없다면 자동차를 자유로이 타고 다닐 수 없을 것이다. 형법이 없다면 가난한 자는 부유한 자나 다른 사람의 물건을 약탈하므로 사람들은 자유롭게 살아갈 수 없을 것이다.

대자연을 유지시키기 위해서는 자연의 질서가 있어야 하고 자연의 질서를 유지시키기 위해서는 자연의 법인 자연의 법칙이 있어야 하는데, 이 자연의 법(칙)은 자연물들 사이에 상호작용으로 자연히 만들어 지게끔 신이 만들어 놓은 것이다.

인간이 만든 법은 인간의 시대와 성향에 따라 수시로 바뀌지만 신이 만든 자연의 법(칙)은 영원히 변하지 않는다. 그러므로 우주만물이 영원히 유지·보존되어지는 것이다. 만일 자연의 법칙이 수시로 변한다면 만들어진 물질은 부서질 것이고, 물질끼리 충돌하고 폭발하여 정신이 없을 것이고 자연의 질서는 어지러워 신도 어지러울 것이다.

그러므로 자연의 법칙은 신과 같이 영원히 변함없이 머무는 것이고, 바로 영원히 변하지 않는 자연의 법칙과 자연의 질서는 항상 변함이 없이 영원히 존재하는 신을 나타내는 것이기도 한 것이다.

입자 plasma 상태에서 양성자 8개와 중성자 8개 그리고 전자 8개가 결합하면 산소원자 1개가 만들어지는데, 만들어지는 동시에 산소의 특성도 만들어지는 것이다.

빛 속의 안정한 소립자인 광자가 에너지와 정보와 영을 가지고 영처럼 행동하는 거와 같이 안정한 전자와 다른 입자들도 에너지와 정보를 가지고 영처럼 행동하는 것이다.

왜냐하면 보이지 않는 아주 미세한 무존재나 다름없는 이들 입자들의 영원히 변함없는 행동이나 무생물이나 생물을 위해 하는 행동은 반드시 하나님의 영이 들어 있어 영적인 행동을 하기 때문이다.

예를 들어 햇빛이 생물을 위해 얼마나 유익하고 좋은 일을 하고, 일일이 생물분자까지 돌보고 살아가도록 에너지와 광명을 공급해 주고 하는 일련의 행동은 반드시 하나님의 말씀이 들어 있는 영의 행동이 아니라고 볼 수 없기 때문이다.

그 이외에도 물, 흙, 나무… 등 무수히 많은 물질(입자)들이 꼭 반드시 하나님의 성령이 들어 있는 거와 같이 변함없이 영원히 행동하고 생물을 돌보기 때문이다. 그리고 생물이 자라나고 활동하고, 특히 동물들이 생각하고 감정을 나누고 하는 것은 인간과 자연의 차원을 넘은 하나님의 영이 들어 있는 신의 차원인 것이기 때문인 것이다. 그러므로 모든 소립자나 모든 물질 속에는 하나님의 영이 들어 있어 모두 영적으로 영원히 상호작용을 하는 것이다.

✱ 죄와 심판 ✱

　신과 생물의 정신적인 아름다움의 충족을 이루기 위해서도 생물의 다양성이 필요하다. 물론 수많은 종류의 생물을 살아가게 하기 위한 천적과 먹이사슬과 자연의 아름다움을 위해서도 생물의 다양성은 반드시 필요한 것이다.
　만일 신(하나님)이 수정(교미)으로 생물의 DNA와 영혼을 자동으로 만들어지게 하지 않았다면 식물은 발아할 때마다 동물은 태어날 때마다 신이 일일이 힘들고 번거롭게 새로이 창조하여야 될 것이다.
　수정(교미) 메커니즘은 생물의 다양성과 생물의 번창을 만드는 자동기계 시설이나 다름없다. 수정 메커니즘은 생물이 만들어지면서 동시에 만들어졌고, 생물 이전에는 전 우주만물에 존재하지 않았는데, 뇌가 없어 생각도 못하고 주어진 능력에 따라 주어진 방법으로 따르기만 하는 수동능력만 있는 자연이, 더구나 자연에는 수정의 쾌감과 황홀감이 없는데, 어떻게 이런 것을 발명해서 신비적인 수정 과정을 고안해 냈다고는 생각할 수 없는 일이다. 수정의 쾌감과 황홀감을 알지 못하고는 수정을 하게 하는 성기의 발명과 창조를 할 수 없는 일이다.

　식물과 동물이 없는 즉 생물이 없는 천국은 상상하기 어렵다. 오히려 천국에는 더 아름답고 더 풍성한 과일나무들과 더 유순하고 아름다운 동물들이 많을 것이고, 먹을 것이 풍성하기 때문에 먹이사슬이 구태여 필요 없어 살생이 없고, 자신을 보호하려고 징그러운 모습이나 고약한 냄새를 풍기는 곤충이나 벌레도 없을 것이다.
　인간은 죽으면 천국의 영혼기(영혼의 활동이 자동으로 녹음·녹화되는 기계)에 의해 자동으로 죄의 심판을 받고 부활기(DNA에 따라 원소를 주어 영혼과 육체를 부활시키는 기계)에 의해 육체를 받아 부활하게 되며, 죄의 대소에 따라 여러 등급의 천국(지구보다 더 좋은 지구)이나 여러 등급의 지옥(지구보다 더 나쁜 지구)으로 가게 될 것이다.
　이 세상에서 죄를 지고 발각되면 죄의 값을 치러야 하고, 만일 발각되지 않으면 벌을 안 받아도 된다. 그러나 죽어 저승에 가면 숨겨진 죄는 영혼기에 의해 낱낱이 들추어지므로 죄의 양에 따라 죄의 심판대로 벌을 받아야 한다.
　만일 죽어 죄의 심판이 없다면 이 세상과 저 세상의 정신적인 질서가 무너져 정신세계의 균형이 깨지므로 더 이상 선과 악, 옳고 그름, 정의와 불의, 좋은 것과 나쁜 것 등을 평가하는 상대적인 기준선이 없어져 사랑이나 행복한 감정 등을 가질 수 없고 정당하고 올바르고 진실한 생각도 할 수 없을 것이다.

아울러 정신세계의 가치관의 기준이 없어지므로 정신세계의 균형을 이루지 못해 정신세계의 평형이 이루어지지 않아 정신세계가 파멸되기 때문에 하나님은 인간의 사망 후 죄의 심판을 가장 엄하게 다루는 것이다. 부모가 자식을 사랑으로 보살피지만, 죄의 교육에서는 매우 엄한 것이나 마찬가지이다.

그렇게 함으로써 정신세계의 질서를 바로 잡게 되고, 공평하고 정당한 하나님의 천국이 되기 때문이다. 그러나 죄에 대한 형의 집행에도 예외가 있는 법이다. 인간사회에서도 사면이라는 것이 있어 사형수라도 석방되는 예가 있고, 집행유예로 형을 안 받고 석방되는 예가 많다.

신 앞에서 인간은 누구나 다 죄인이므로 원칙적으로 천국에는 하나도 못 가고 모두 다 지옥으로만 가야 한다. 그러나 신은 이미 사면 받는 구원의 길을 열어놓고, 만일 영적인 사면을 받게 되면 천국에 누구나 갈 수 있게 길을 열어 놓았다. 신의 사면의 길을 가고 안 가고는 인간 스스로의 자유의지에 달려 있기 때문에 죽은 후에 저 세상의 선택을 누구에게도 원망할 수는 없는 것이다.

07

동물을 위한 식물
(유기물을 만드는 생물기계)

식물은 동물이 살아가는 데 꼭 필요한 에너지 저장물인 유기물(탄소화합물)과 산소를 만든다. 즉 식물은 유기물과 산소를 만드는 생산자이며 에너지 공급자인 것이다.

만일 우리가 하루도 유기물을 먹지 않고 3분 동안만 산소를 마시지 않아도 우리는 살아 있기 힘들 정도로 식물이 만들어 놓은 유기물과 산소는 우리의 생명과 직접적으로 순간적으로 연결되어 있는 것이다. 그러므로 동물의 삶은 식물과 미생물, 더 나아가 빛과 물, 흙, 태양, 우주와 직접적으로 연결되어 있는 것이다. 즉 우리의 생명은 우주만물과 직접적으로 순간적으로 연결되어 있으며, 이 상호작용하는 연결선이 잠시만 중단되어도 우리는 살 수 없는 매우 연약한 존재인 것이다.

오직 식물만이 무기물인 이산화탄소를 유기물인 탄소화합물로 합성할 수 있는 것이다. 생물이 살아가는 데는 에너지가 필요하며, 삶의 활동은 에너지의 소비인 것이다.

인간이 만들어 놓은 물건, 자동차나 컴퓨터가 움직이는 데도 에너지가 필요하고, 식물이 싹이 트고 박테리아가 번식하고 사람이 생각하는 등 모든 생물의 활동(움직임)에도 에너지가 필요한 것이다.

에너지의 생성, 전환, 저장은 생물의 최소 단위인 세포에서 행해지며, 에너지는 탄소화합물(유기물, 유기화합물) 형태로 저장되어진다.

모든 생물은 식물이 광합성작용으로 합성해 놓은 유기물을 양분으로 섭취해서 생체 내에서 산소를 연료로 연소시켜, 즉 세포 호흡하여 유기물을 분해시킴으로써 에너지를 얻어 소비한다.

광합성작용은 엽록체(엽록소가 있는 곳)에서 일어나며, 식물은 물론 남조류(원시식물)와 상당수의 박테리아도 광합성 작용을 한다.

식물이 만들어 놓은 유기물은 먹이사슬을 통해 동물이나 사람에게 이동하는데 결과적으로 에너지가 이동하는 것이다. 식물이 만들어 놓은 산소는 동물의 세포호흡에 쓰인다. 세포호흡은 광합성반응의 역반응으로 포도당과 다른 화합물을 산소로 산화시켜(연소시켜) 이산화탄소, 물, 에너지로 만든다. 동물이 살아가기 위해서는 산소와 양분(에너지)을 공급해 주는 식물이 먼저 생겨났어야 하고, 곧이어 이산화탄소를 식물에게 공급해 주는 동물이 생겨났어야 할 것이다. 그리고 식물이 살아가기 위해서는 무기물과 광물을 공급해 주는 미생물이 먼저 생겨나서 번창되어 땅을 옥토로 만들었어야 할 것이다.

오직 식물만이 빛에너지를 흡수해서 엽록체에서 물과 이산화탄소로 에너지가 풍부히 들어 있는 유기물인 포도당과 산소를 만들 수 있다. 식물은 자신이 만든 포도당의 일부를 다시 분해함으로써 나오는 분자들과 광물원소로 자신의 체내에 필요한 모든 유기물질을 생성한다.

예를 들면, 세포질을 위한 단백질, 세포막을 위한 단백질과 지방, 세포벽을 위한 셀룰로오스, 엽록체를 위한 색소 엽록소, 세포핵 속에 있는 염색체를 위한 유전물질, 세포를 위한 저장원소로서 지방과 전분 등을 만들어 싹, 나무껍질, 잎, 씨 등을 만들고, 산소는 내뿜고 나머지 물은 잎에서 증발시킨다.

생명체를 만드는 물질을 유기물 또는 탄소화합물이라고 한다. 탄소원소는 비금속원소로서 탄소원자끼리 공유결합에 의해 긴 사슬결합을 할 수 있고, 그밖에 고리모양결합 그리고 단일, 이중, 삼중결합으로 수많은 탄소원소가 주축이 되어 연결되어 고분자(거대분자)물질을 만들 수 있다. 그러므로 유기물의 분자량(분자의 질량)은 무기물보다 훨씬 크다.

복잡하고 큰 기계를 만들수록 에너지가 많이 소모되듯이 고분자(유기물)를 만들수록 에너지가 더 필요한데, 식물은 이 에너지를 햇빛에서 얻어 쓴다.

초식동물은 에너지가 많이 저장된 유기물을 섭취해 분해·소화할 때 에너지를 얻게 되는 것이다. 식물의 광합성작용도 이산화탄소와 물을 빛에너지에 의해 분해해서 산소와 포도당을 합성하는 것으로, 전자 그리고 양성자 등의 이온반응이므로 화학적인 전류의 작용이고 이는 곧 극성의 힘에 의한 작용인 것이다.

식물도 살아가기 위해 에너지가 필요한데, 자기가 만든 포도당의 반가량은 동물과 같이 세포호흡하여 포도당을 분해하여 에너지를 얻어 살아간다. 식물은 동물과 같이 소화기관이 필요 없다. 왜냐하면, 세포호흡에서 나온 이산화탄소와 물은 다시 광합성으로 쓰기 때문이다. 남은 포도당은 전분으로 나무 자신이 저장하고 있다. 즉 식물에서는 흡열반응인 광합성반응과 역반응으로 발열반응인 세포호흡이 동시에 일어나는 것이다.

식물의 뿌리는 식물의 무게중심을 잡으며 균형을 이루면서 뻗어나가고, 주위에 양분이 많은 곳에는 유난히 많은 잔뿌리를 뻗는다. 아침에만 햇빛이 드는 창가에 화분을 놓으면 햇빛을 조금이라도 더 받으려고 햇빛 쪽으로 가지가 뻗어나간다.

사막에 사는 어떤 식물은 씨를 퍼뜨리기 위해 일생에 단 한번 꽃을 왕창 피우고는 바람에 씨를 날려버리고는 죽어 버린다. 뇌도 없는 식물이 살아가고, 대를 잇기 위해서 이토록 지능적으로 머리를 쓸 수 있겠는가?

사람의 소화기관이나 호흡기관이나 핏속의 당량의 조절 등은 일일이 뇌가 조절하는 것이 아니고 자율신경계와 호르몬계 즉 자율신경세포들과 호르몬들이 알아서 조절하는 것이다. 식물에는 신경계가 없기 때문에 대신 식물호르몬이 하는데, 식물호르몬도 생명의 물질인 영적인 단백질로 만들어지고 단백질 속에는 영이 들어 있는 광자가 들어 있기 때문에 영적인 단백질로 만들어진 식물호르몬은 식물 신체 속에서 영적으로 식물의 삶을 돌보고 이끄는 것이다.

08
식물을 위한 동물
(유기물을 분해하는 생물기계)

사람과 동물은 식물이 만들어 놓은 에너지가 많이 들어 있는 유기물을 섭취해, 분해(소화)시킴으로써 에너지를 얻어 에너지를 소비하면서 살아가고, 분해해서 나오는 분해물은 신체조직의 생성에 쓰인다.

동물은 광합성을 할 수 없기 때문에 식물이 만들어 놓은 유기물을 세포호흡에 의해 산소로 산화(연소)시켜 물과 이산화탄소로 만든다. 즉 식물의 광합성반응의 역반응을 해서 에너지를 얻는 대신에, 식물의 광합성을 위한 이산화탄소와 물을 만들므로, 식물과 동물은 서로 상대적인 기능적인 극성(상대적인 성질)의 힘으로 서로 상부상조하는 상호작용을 하는 것이다.

그러나 인간은 해마다 열대우림지역을 개간과 벌채로 줄여가고 많은 산지와 들이 국토개발 명목으로 도시화와 공장지대로 변해 가기 때문에 기후에도 영향을 미치게 되고, 동물과 식물의 균형을 깸으로 생물들 사이의 상호작용에서도 반작용을 하는 장본인인 것이다.

■ 식물의 광합성작용

　물 + 이산화탄소 → 포도당(유기물) + 산소

■ 동물의 세포호흡

　물 + 이산화탄소 ← 포도당(유기물) + 산소

　식물의 광합성작용과 동물의 세포호흡은 가역반응(정반응과 역반응)으로 물질의 흐름, 물질의 순환으로 동적평형을 이루어 오래 유지하게 되는 것이다.

　식물의 광합성작용과 동물의 세포호흡은 가역반응이므로 작용 면에서 동물과 식물은 상대적인 기능적인 극성관계가 있으며, 이 기능적인 극성의 힘으로 균형(조화, 평형, 화평)을 이루어 식물계와 동물계가 유지되고 번창되는 것이다.

　이상하게도 모든 생명체는 다 똑같이 식물이 만들어 놓은 포도당을 똑같이 에너지원으로 분해하고, 신진대사를 하는 과정 역시 다 똑같이 포도당과 산소로 세포호흡하면서 물과 이산화탄소를 만들어낸다. 지구상의 모든 생명체는 다 똑같은 에너지메커니즘을 가지고 있는데 이것은 지구의 생물(생명체)을 만든 자는 하나이거나 한 연구소에서 진화에 의해 창조되게 했음을 뜻하는 것이다. 만일 자연의 힘만으로 우연히 저절로 진화에 의해 만들어졌다면 신진대사에 포도당 이외에 여러 다른 물질을 사용했을 것이다.

　그리고 생물은 수억, 수십억 년 동안 똑같은 신진대사 메커니즘(기계술, 작동술)으로 살아오고 있는데, 자연적인 진화라면 이들 메커니즘도 진화되어 변화되어져야만 할 것이다. 그리고 움직이고 생각하는 동물·식물이 혼합된 동식물기계도 진화로 만들어 놓았을 것이다.

　생물이 살아가는 것은 에너지를 얻어 에너지를 소비하는 것인데,

생물의 에너지는 거의 태양 빛에너지이고, 빛에너지는 식물만이 화학 에너지로 유기물 속에 저장시킬 수 있다. 만일 이 광합성메커니즘도 자연적인 진화라면, 식물과 미생물 이외에 다른 동물에서도 있을 수 있는 것이나 유독 동물에게만 없다. 미생물 중 광합성작용을 하는 박테리아도 많다.

유기물인 포도당은 에너지 공급원으로 식물에서는 전분으로 저장되어지고, 동물에서는 글리코겐으로 간이나 근육에 저장되어진다.

만일 육체가 많은 에너지를 필요시할 때는 글리코겐은 다시 포도당으로 변해 핏속으로 보내져 필요한 신체세포에 보내져, 세포 내에서 분해되어 나오는 에너지는, ATP(아데노신삼인산)의 형태로 세포 내에 저장되었다가 필요시 아데노신이인산, 아데노신일인산으로 되며 에너지를 쓰게 된다.

생물이 살아가는 삶의 활동이나 기계가 움직이는 것이나 모두 에너지를 필요로 하며, 비로소 에너지가 있을 때 에너지를 소비하며 활동, 작용, 기능, 움직일 수 있는 것이다.

보이지 않는 소립자는 이미 전하와 스핀(자전력), 공전력 등의 특성을 가지고 있으므로, 소립자의 상호작용으로 극성이 생기고 극성의 힘으로(극성의 상호작용으로) 힘의 장이 형성되어 에너지가 생겨나고, 반대로 생긴 에너지는 흐르는데(이동하는데), 물질의 이동에는 전하의 이동이 따르므로 전류가 생겨 전자기장이 형성되어 극성이 생겨난다.

에너지나 극성의 힘이 클 때는 이들이 서로 상호작용하여 에너지가 많아지는데 에너지 질량 등가의 원리에 따라 에너지는 고온에서 다시 소립자로 변화될 수 있으므로, 우주 공간에는 물질과 에너지가 증가되기 때문에, 즉 에너지의 증가는 다시 우주 공간에 있는 소립자나 에너지에 더 큰 압력, 밀도의 영향을 줌으로써 우주의 물질이 많아지고 우주가 가속적으로 더 빨리 팽창되어지고 있는 것이다. 보이는 에너지의 종류가 수없이 많듯이 보이지 않는 에너지도 수없이 훨씬 더 많은 것이다. 그 때문에 우주만물이 에너지를 소비하며 움직이고 변해가는 것이다.

만일 소립자 속에 전하, 스핀(자전력), 공전력 등의 힘의 특성이 들어 있지 않다면 상대적인 극성의 힘이 없으므로, 에너지가 만들어지지 않으므로 물질이 생성되지도 않고 자연변화도 이루어지지 않아 물질 세계는 존재하지 않을 것이다.

만일 소립자 속에 향(냄새)과 색과 맛의 특성이 들어 있지 않다면 모든 물질은 무색으로 동물들은 눈으로 사물을 볼 수 없을 것이고, 아름다운 꽃 한 송이도 지구상에는 없을 것이다. 그러면 동물이나 인간은 아름다움을 모를 것이다.

냄새가 소립자 속에 안 들어 있다면 냄새언어를 사용하는 동물들은 살아가기 힘들 것이다. 인간은 언어로 의사소통하지만 거의 모든 동물들은 냄새언어로 냄새를 맡음으로써 먹이가 어디 있는지, 먹을 수 있는지, 적이 어디 있는지, 동료가 어디 있는지, 교미할 준비가 되어 있는지 등을 감지해서 거의 모든 삶의 활동을 하게 된다. 냄새, 색, 맛 등이 없는 세상에서는 동물이 아름다움도 모르고, 먹이를 찾기도 힘들고, 독이 있는 먹이를 먹게 되어 쉽게 죽게 될 것이고, 맛이 없어 식욕도 없어 동물이 살아갈 수도 없을 것이다.

동물이 살아가게끔 자연에 의해서 우연히 저절로 소립자 속에 냄새(향), 맛, 색 등의 수많은 특성들이 들어 있는 것이 아니고 신에 의해서 의도적으로 설계되어 수많은 특성들이 들어 있는 것이다. 왜냐하면 수많은 특성들 중 한 가지만 없어도 생물은 존재할 수 없기 때문이다. 소립자의 수많은 특성들은 이 세상이 존재하기 위해 모두 꼭 필요한 것들이다.

이는 신(하나님)이 우주만물을 창조하기 위해 의도적으로 꼭 필요한 소립자들의 특성들을 설계해서 만들어지게 했기 때문에 소립자가 존재하는 한 소립자의 특성도 변함없이 존재하는 것이다. 그러므로 우주만물을 창조하기 위한 신의 설계프로그램은 이미 소립자(에너지) 속에 들어 있는 것이다.

생물의 진화

수놈의 새는 아름다운 깃털로 암놈을 유혹시키고 새나 곤충에 의해 수정되는 꽃은 아름답고 화려한 꽃을 피우지만, 덩굴이나 뿌리로 번식되는 식물은 대부분 아름답고 화려한 꽃을 피우지 않는다. 뇌가 있든 없든 생각을 하든 못하든 모든 생물은 수정을 하기 위해 최선을 다하고, 아울러 대도 이으려 온갖 노력을 다한다.

생각 못하는 생물세포 속에는 광자가 이미 들어 있기 때문에 신의 의도인 신의 영을 따라 행하게 되는 것이다. 광자(에너지+정보+영)는 단백질 속에 들어 있고 수많은 종류의 단백질로 모든 생물의 신체물질이 만들어지는 것이다.

식물이 아름다운 꽃을 가지고 싶어 하고, 먹음직스런 과일열매를 맺고 싶어 하고, 동물이 마음으로 힘센 육체를 가지고 싶어 하고, 인간이 마음으로 높은 지능을 가지고 싶어 한다고 생물의 신체가 저절로 변하는 것은 아니다.

사람은 옛날부터 기억력이 더 좋아지고 간혹 동물에게 있는 정신감응 능력을 가지고 싶어 하고 정신적으로 물체를 움직이게 하는 정신동력도 가지고 싶어 했으나, 6만 년 전 처음 우리 조상 때와 마찬가지로 인간능력의 한계를 더 이상 진보시키지 못했고 사람의 신체 모양도 거의 변형시키지 못했다.

고양이에게 잡아먹히는 쥐들은 식은땀을 흘리면서 옛날이나 지금이나 고양이보다 더 크고 더 힘 세지길 바라지만 힘과 크기 면에서 조금도 변하지 않고 여전히 고양이의 먹이로 지금도 존재하고 있다.

개구리는 옛날부터 지금까지 진화는 하지 않고, 알에서 올챙이로 올챙이에서 개구리로 변태해 가며 그때마다 천적들을 먹여 살리며 죽어간다.

주인과 식구처럼 지내는 수많은 개들은 적어도 앞발이 주인의 손처럼 변하고 뒷발은 발로 변해서 식사 때만큼은 같이 앉아서 맛있게 식사를 하고, 평상시에는 주인을 손으로 더 많이 도와주어 주인을 기쁘게 하고 싶지만 조금도 옛날보다 변한 것이 없고 변한 흔적도 없다.

만일 사람이 신의 영의 작용 없이 자연히 저절로 동물로부터 진화되었다면 동물이 가진 장점인 정신감응 능력, 냄새를 잘 맡고 잘 듣고 잘 보고 전자기파를 감지하고 하는 많은 좋은 능력을 진화로 왜 이어받지 못했는가? 그 이유는 생물의 진화에 의한 창조도 신의 의도가 들어 있는 하나님의 영에 의해 신의 의도대로 새로운 생물의 창조가 이루어지기 때문이며, 이는 신에 의한 창조의 진화를 뜻하는 증거인 것이다.

　식물과 동물, 사람과 원숭이가 다른 이유는 단백질의 종류가 다르기 때문이며, 신체모양이 같아지려면 신체를 이루는 수많은 종류의 단백질이 일일이 다 같아져야만 한다.

　수많은 단백질의 종류를 신체 내에서 만들게 하는 것이 바로 생명의 DNA 칩이다. DNA 칩 속에 있는 유전자에 의해 생명의 기본물질인 단백질들이 만들어져 그 생물의 육체가 필요한 모든 신체물질 속에 단백질이 종류별로 들어가 만들어져 신체가 만들어지는 것이다.

　피, 효소, 호르몬, 머리털, 손톱 등 모든 신체의 물질은 특정한 종류의 단백질이 들어가 있고 이 생명의 물질인 단백질의 특정한 종류에 의하여 신체의 특정한 모양이 형성되고 단백질의 종류에 따라 신체기능도 달라져서 모습이나 형질이 특정하게 달라지는 것이다.

　머리털을 만드는 머리털-단백질은 머리털에 대한 우편번호와 정보만 가지고 있지, 다른 신체부분인 다리나 손에 대한 우편번호나 정보를 가지고 있지 않기 때문에 사람이 만들어지려면 단백질의 종류 수만 100만 가지 이상을 필요로 하는 것이다. 이는 하나님의 영들이 하나같이 모두 똑같지 않음을 나타내는 것이다. 하나님의 영은 하나님의 말씀(생각, 정보, 설계)으로, 말씀이 항상 모두 똑같지 않기 때문이다. 또는 영 속에 들어 있는 정보가 특정한 물질 속에서는 특정한 정보만 작용되고 다른 정보는 억제되어 있을 수도 있는 것이다.

　단백질 자신 속에 이미 빛의 광자가 들어가 있는 것이다. 생물이 진화되어 새로운 종이 생기는 것은 생명의 칩인 DNA분자 속에 4개의 염기배열순서가 바뀌고 DNA의 구조가 변하여 새로운 아미노산배열을 이루게 하여 새로운 종류의 단백질을 만들기 때문이다. 그러므로 DNA 분자구조가 변하지 않는 한 새로운 종이 생길 수는 없는 것이다.

　DNA의 염기배열순서를 바뀌게 할 수 있는 것은 마음이나 주위환경에 의해서 이루어지는 것이 아니고, 광자가 들어 있는 염기조절 단백질분자나 염기조절, 보이지 않는 영적인 에너지에 의해 염기배열순서가 바꾸어져 DNA 분자구조를 변화시킬 수 있는 것이다. 이때 염기배열순서가 바꾸어지는 과정이 아무렇게나 우연히 저절로 두서없이 변화되는 것이 아니고 치밀한 신체설계 하에 이루어진다는 것이다. 새로운 동물이 만들어지려면 5감각기관의 위치나 다리의 위치나 다른 동물과 비교했을 때, 기본 신체구조와 기본적인 기능 등이, 또는 태어나는 기본과정 등이 다른 기존 동물들과 거의 유사한 점이다. 만일 단순한 자연에 의해 우연히 저절로 염기배열순서가 변화된다면, 기본 신체가 엉망이어야 할 것이다.

예를 들면 눈이 가슴에 가서 붙고, 코는 팔에 가서 붙는 등, 또는 한 다리는 매우 길고, 한 다리는 매우 짧든가, 그러나 새로 태어나는 새로운 종의 동물들도 기본 골격과 기본 신체구조는 기본적으로 형성되어 만들어지는데 이는 염기배열순서가 일정한 질서를 따라서 행해지고 이렇게 질서정연하게 변화되도록 돌보는 작용이 바로 영적인 영의 활동이며, 이 영이 빛의 광자 속에 들어 있고, 광자는 단백질 속에 들어 있어 생명의 발전을 돌보기 때문인 것이다.

생명의 칩인 DNA가 있는 염색체 속에는 생명의 물질인 단백질이 들어 있고 단백질 속에는 생명의 사신(행동자, 일꾼)인 광자(에너지+정보+영)가 들어 있는 것이다. 그러므로 생명의 3대 요소는 DNA, 단백질, 광자(빛)이며 이들에 의한 상호작용으로 생명체가 만들어지고 혼과 영이 만들어져 삶의 활동과 영적 교제도 행해지는 것이다.

진화론자들이 말하는 자연선택(주위환경에 적응한 종이 살아남아 자손을 남김)에 의해 새로운 종으로 생물이 진화된다는 것은 모순이 있는 것이다. 왜냐하면 환경의 적응변화와 DNA구조(염기 배열 순서)의 변화와는 상관이 없기 때문이다.

DNA의 염기배열순서를 변화시키려면 이들 염기에 힘을 미치는 에너지의 작용이 직접 필요한 것이지, 외부적으로 환경이나 마음으로 변화시키고 싶어 변화되는 것은 아니기 때문이다. 강한 에너지가 들어 있는 방사선이나 자외선은 신체를 지나 DNA까지 들어가서 염기배열순서를 변화시키거나 이상을 가져오게 하여 대부분 기형생물이 태어나게 하는 파괴행위를 한다.

햇빛은 신체에 흡수될 때 광선의 종류와 신체 분자물 사이에 다소 제약을 받지만, 보이지 않는 에너지, 중성미자 같은 소립자 등은 생물의 신체를 아무 제약 없이 자유로이 통과한다.

이들 중 신의 의도를 햇빛의 광자처럼 잘 행하는 영의 에너지가 있을 것이고, 신의 정신감응력으로 영의 에너지는 DNA의 염기배열순서를 조금씩 바꿔서 DNA의 구조를 조금씩 바꿀 수 있으며, 이로 인해 조금씩 다른 유사한 새로운 종이 탄생되어 진화되어 갈 수 있는 것이다.

09

식물과 동물을 위한 미생물
(유기물을 무기물로 분해하는 생물기계)

곰팡이와 박테리아는 식물이나 동물에서 나오는 유기물인 분비물과 시체와, 자연계의 유기물을 분해함으로써 땅을 비옥한 옥토로 만들어 식물이 살아갈 수 있도록 해준다. 그리고 이들 미생물은 동물의 몸속에서 소화기능을 도우며 불필요한 유기물을 분해하여 무기물로 만든다. 먼지보다 더 작고 더 가벼운 박테리아나 곰팡이는 바람에 의해 지구 곳곳으로 날아가, 수십 미터 땅속에 있는 돌 속에도 존재한다.

미생물은 지구 곳곳에 퍼져서 유기물이든 무기물이든, 금속이든 비금속이든, 광물염이든 비금속염이든, 생물의 분비물이든 생물의 시체이든 분해함으로써, 더러운 것을 깨끗이 청소하고 모든 물질을 분해해 무기물로 만들어 식물의 양분으로 쓰이게 하거나 자연변화의 원소로 쓰이게 한다.

흐르는 물이나 식수를 깨끗이 하는 것도 박테리아이고, 생물에게 비금속원소나 금속원소를 공급하는 것도 미생물이므로, 미생물은 단지 유기물을 무기물로 분해시키는 분해자인 동시에, 원소와 광물염을 공급하는 공급자이기도 한 것이다. 동물도 수십 가지의 금속원소를 아주 극히 적은 양이지만 반드시 필요로 하며, 만일 극소량의 이들 금속원소가 결핍인 경우에는 육체를 만들 수 없는 것이다.

그러므로 신(하나님)은 식물과 동물을 만들기 전에 물질의 공급자인 미생물을 먼저 만들어서 약 20억여 년 동안 오래도록 지구상에 미생물이 번식하면서 동물·식물을 위한 원소와 광물염을 옥토에 충분히 저장토록 해서 삶의 터전을 닦게 한 것이다.

그런가 하면 오늘날에는 미생물의 DNA를 이용해 여러 종류의 항생제나 약품을 다량으로 생산해 저렴한 가격으로 생물의 건강증진에도 이바지하고 있는 것이다.

박테리아는 살아가기 위해 산소를 필요로 하는 것과 산소를 필요로 하지 않는 것 2가지가 있으며, 대부분의 박테리아는 식물과 같이 광합성작용을 하여 산소를 만들어 대기로 보내므로, 대기 중의 산소의 양의 약 반 가량은 박테리아에 의해서 만들어지므로 미생물은 식물 못지않게 생태계를 위해서 매우 중요한 생물인 것이다. 미생물은 안쪽에서부터 핵물질, 세포질, 세포막, 세포벽, 점액층 또는 캡슐의 순으로 되어 있다.

미생물은 미세한 단세포 생물로 세포 자체는 고등생물에 비하여 미분화 상태이며 핵막도 뚜렷하지 않아 원시생물인 원핵생물이라고도 한다. 생활력이 아주 강하므로 공기, 물, 땅속, 돌 속, 얼음 속, 화산지역, 바다 속 등 지구 곳곳에 살고, 불리한 주위환경 조건 하에서는 아포를 형성해 휴지상태로 머물기도 한다. 크기는 대개 0.2~2μm(μ=마이크로=10^{-6}) 사이이고, 큰 것은 80μm에 이른다.

박테리아는 특정한 핵막을 가지고 있지 않고, 유전물질 DNA가 세포질 속에 있어 DNA를 보호하고 있지 않으며, 증식 때는 DNA 복제에 이어 단백질 양이 증가해서 세포가 2등분된다. 거기에 비해 식물, 동물, 사람의 세포는 핵막이 있어 유전물질 DNA를 둘러싸고 있어

DNA를 보호하고 있다.

박테리아는 대부분 무성생식으로 증식하나, 유성생식으로 증식하는 박테리아도 있다. 대부분의 박테리아는 편모를 가지고 있어 헤엄치거나 기어간다. 박테리아는 세포벽 등 구조와 세포분열, 광합성작용을 보면 식물계에 가깝고, 움직이는 것을 보면 동물계에 가깝다. 번식, 산소의 생산과 소비를 보면 식물과 동물의 양쪽 성질을 다 가지고 있다. 그러므로 식물과 동물은 미생물에서 서서히 진화되었을 가능성이 많은 것이다. 박테리아는 핵막이 없이 유전물질 DNA가 세포질 속에 다른 물질과 같이 있으므로 다른 물질과 작용하여 DNA 구조를 쉽게 변화시킬 수 있으므로 원시식물세포와 원시동물세포를 만들기에도 수월했을 것이다.

이상한 것은 수십억 년이 지난 지금에도 박테리아는 식물과 동물의 몸속에서 소화를 도우며 공생하며, 더욱이 병균박테리아가 몸속에 들어오면 대항해서 물리치므로 식물과 동물의 육체는 사실상 세포와 박테리아로 형성된 것이나 다름없다.

우리 입속에만 약 100억(10^{10})개의 박테리아가 살고, 성인은 약 140조 이상의 체세포로 되어 있는데, 우리 몸속의 박테리아는 10배 더 많은 1,400조 이상이 몸속 구석구석 장, 피부 등에 다량으로 살며 그 종류수도 1,000가지 이상이나 된다고 한다. 여기에다 곰팡이의 수를 합치면 상상하지 못할 무수한 미생물들이 우리 몸속에서 공생하고 있으므로, 결국 생물의 육체는 세포와 미생물로 만들어져서 세포와 미생물의 작용으로 살아가는 것이나 다름없는 것이다.

1g의 흙 속에는 수십억 이상의 박테리아가 있는데 4,000~7,000개의 서로 다른 종류가 산다고 한다. 박테리아의 종류는 무궁무진하며 지금까지 발견된 종류는 불과 5% 미만이고 나머지 95%는 모르는 종류의 박테리아들이라고 한다.

★하나님에 의한 창조의 진화★

우리의 시력에는 한계가 있는 것이 매우 다행스러운 일이다. 만일 인간이 미생물을 볼 수 있도록 시력이 좋다면, 이 세상은 너무 더러운 박테리아, 곰팡이 등의 세상이기에, 먹기에도 메스꺼워 죽을 지경이고, 움직이기도 거북스럽고, 상대방 얼굴도 박테리아가 뒤범벅으로 덮여 있으므로 보기가 고역일 것이며 사는 것이 오히려 고역일 것이다.

누가 동물이나 인간을 위해 더러운 박테리아나 곰팡이를 못 보게 눈의 시력을 조절해 놓았는가?

자연도 이토록 징그럽고 더러운 박테리아, 곰팡이, 바이러스 등을 진화로 만들어 자연 스스로를 더럽게 할 이유와 목적은 없었을 것이며, 자연을 손상시키거나 파괴시키는 이기적인 인간생물도 만들지는 않았을 것이다.

살인사건이 일어나면 먼저 수사관들은 주위에서 죽은 자와 접촉 있는 자로서 살인동기를 가장 많이 가진 사람들부터 조사하는 동시에 살인능력이 있나 없나, 살인사건의 물적 증거물을 조사하고, 알리바이는 있는가 없는가로 경력과 전과 등을 조사하는데, 그 이유는 살인 동기가 없는 사람은 역시 살인할 이유와 목적이 없으며, 살인능력이 없는 사람은 역시 살인할 수 없기 때문이다.

마찬가지로 자연에게는 생물을 창조할 목적과 이유가 없는데도, 즉 생물창조의 동기가 없고 발명의 능력도 없는 자연을 보고 자연의 능력으로 생물을 우연히 그저 저절로 창조했다는 것은 역시 모순 중에 대모순이고 미신 중에 대미신인 것이다.

결과인 인간과 자연물이 있으면 이들 결과물이 있게 한 이유(원인)가 반드시 존재해야 한다. 왜냐하면 물질세계에서는 반드시 원인과 결과, 즉 인과법칙이 성립되기 때문이다. 그러나 자연에게는 우주만물을 만든 원인(동기)과 의도가 전혀 없기 때문에 우주만물을 만든 당사자(범인)로 볼 수 없는 것이다. 더구나 고도의 지적설계를 할 수 있는 시스템이나 메커니즘을 가지고 있지도 않기 때문에 창조의 능력도 없는 것이다.

그러나 신(하나님)은 생물과 우주만물의 창조의 뚜렷한 이유와 목적이 있고, 창조의 동기가 강하게 있는 것이며 아울러 창조 동기뿐만 아니라 창조를 할 능력도 있고 창조한 창조물을 즐기거나 기뻐하는 감정도 있으므로 우주만물을 창조한 장본인은 하나님으로 주목하는 것이 가장 현명하고 지혜로운 수사방법인 것이다.

식물이나 동물은 각각 섬세한 세포들로 만들어진 즉 수많은 섬세한 작은 세포기계들로 만들어진 세포기계나 다름없다. 음식물은 분해되어 눈에 안 보이는 세포막 구멍을 통해 세포 안으로 들어가는데, 거친 음식물은 효소만으로 분해하는 데는 많은 에너지와 시간이 필요할 것이다. 이것을 1,400조 이상의 박테리아가 소화를 돕고, 이 사이, 땀구멍 등에 낀 물질들을 분해해 유통시키기도 한다.

식물은 공기 중의 질소(N_2), 땅속의 광물염, 유기물 등을 직접 섭취하지 못하므로, 박테리아가 이것들을 분해해서 대부분 화합물과 이온 형태로 식물에게 공급한다. 식물은 이들 원소를 유기물 속에 저장시켜 동물에게 양분으로 주면, 동물은 유기물을 분해함으로써 에너지와 필요한 원소를 얻어 생체물질을 만드는 데 이용한다.

이와 같이 동물이 살아가기 위해서는 미생물, 식물이 절대적으로 필요한데, 이들이 동물을 위해 자연의 힘으로 우연히 자연히 저절로 스스로 만들어진 것이 아니고, 동물을 위해 식물과 미생물이 반드시 만들어지도록 영적인 능력을 가진 자에 의해 의도적으로 설계되어 만들어지게 된 것이다. 이러한 과정이나 현상은 계획된 설계 프로그램에 의해 행해지는 것이다. 그러므로 이러한 메커니즘은 변함없이 수십억 년간 작동되어 유지되어 오는 것이다.

황산화균, 철산화균 등 여러 종류의 박테리아는 무기물인 황, 철, 구리, 우라늄, 망간, 아연, 니켈 등의 금속을 산화와 산화의 촉매로써 산화시켜 분해시킨다. 그런가 하면 식물의 뿌리에 살며 공기 중의 질소를 분해해 질소화합물(산화질소)로 식물에 공급하는 뿌리혹박테리아 등 수많은 종류의 박테리아들은 각각 자기의 임무에 충실할 따름이다. 예를 들어 만일 뿌리혹박테리아가 자연에 의해서만 진화로 만들어졌다면, 고등생물로 진화하지 않고 뿌리혹박테리아로 머물면서 다른 동물, 식물을 위해서 옛날부터 지금까지 헌신하고 있지만은 않았을 것이다.

결국 미생물 없이는 식물과 동물은 존재할 수 없는 것이다. 대부분 몸속에 있는 박테리아는 해롭지 않으며, 물질을 분해해 거기서 나오는 양분으로 살아가며 그 대가로 소화를 도우며 공생하는 것이다. 생물이 살아 있으면 그 생물(숙

주생물)을 해치지 않고 돕다가, 그 생물이 죽으면 용하게 알고 그 시체를 분해하기 시작한다. 병균이 그 생물 몸속에 들어오면 그 생물 대신 병균과 싸워 물리치기도 한다.

어떻게 단세포, 즉 한 개의 세포로만 되어 있어 뇌와 감각기관도 없는 박테리아가, 식물을 위해서는 무기물 양분을 공급해 주고 동물의 몸속에서는 소화와 병균을 죽이는 역할을 할 수 있겠는가?

비록 하나의 세포 속이라도 물질분자만 있는 것이 아니고 단백질 물질분자 속에 이미 빛 속의 광자(Photon, 양자)가 들어 있기 때문에 신의 영이 들어 있어 신의 의도대로 따르게 되는 것이다. 단지 눈에 보이지 않는 미세한 한 개의 세포로 된 보이지 않는 박테리아가 제각각 주어진 임무를 성실히 해내는 능력은 바로 영적인 능력이고 영적인 작용이므로 영적인 단백질로 만들어진 박테리아의 단세포 속에 영이 존재하고 영이 작용하는 증거인 것이다.

이로운 박테리아 대신에 병을 유발하는 병균박테리아, 곰팡이, 바이러스 즉 병균인 미생물도 있는데, 이들은 생물의 번식을 조절하는 천적으로 활동하므로 생태계의 유지와 순환에 반드시 필요한 생물들인 것이다.

박테리아는 보통 2,000~6,000개의 유전자를 가지며, 가장 적은 수의 유전자를 가지는 박테리아라도 16만 개의 염기쌍과 182개의 유전자를 가지고 있다. 0.2µm(마이크로미터=10^{-6}m)의 크기의 눈에 안 보이는 박테리아가 훨씬 더 작은 크기의 DNA 속에 16만 개의 염기쌍과 6,000개의 유전자를 들어가게 할 수 있는 자는 자연과 인간이 아닌 신밖에 없는 것이다.

더구나 현미경으로도 선명히 보이지 않는 세포소기관들과 세포질이 2등분 세포분열로 양쪽이 똑같은 수와 량으로 분열되는 것은 신기한 것이 아니고 영적인 신비스러운 것이다. 자연의 핵분열을 보더라도 원자핵이 다른 원자핵과 입자로는 변하더라도 핵이 정확히 수량 면에서 똑같이 2개로 분열되지도 않으며, 더구나 상상하지 못할 에너지만 방출되므로 생물이 근처에 갈 수도 없는 것이다. 그러므로 세포의 메커니즘은 물질의 차원을 넘어선 영적인 구조이고, 영적인 작용인 것이다.

눈에 안 보이는 한 개의 세포 속에는 수없는 원자와 하늘의 별의 수만큼 많은 소립자가 적재적소에 정확히 들어가 조립되어 있는 것이며, 이들 중 몇 개라도 제자리에 안 들어가 제 기능을 발휘하지 못하면 전체적인 한 개의 세포는 제대로 제 기능을 발휘할 수 없거나 전혀 다르게 기능을 해 생명체는 존재할 수 없는 것이다.

역시 이렇게 복잡하고 극도로 섬세한 세포의 조립에는 신의 사신인 광자와 DNA 그리고 단백질 즉 생명의 3대 요소의 상호작용이 있어야 할 것이다. 자연과 인간은 이러한 복잡 다양한 생물세포기계를 설계할 능력은커녕 부품품을 조립하는 제작능력도 없으며, 더구나 신의 설계를 이해하는 능력도 없는 것이다. 설사 부분물(부분품)이 다 있다 하더라도 단순한 자연에 의해서는, 물 밖에서는 말라비틀어질 것이며, 물 속에서는 생명체로 조립되기 전에 전리화(이온화), 산염기 반응으로 분해되거나 산화되어 망가져버릴 것이다.

인간이 생물제작을 할 수 없는 이유는 신이 인간에게 생물체를 이루는 기본단위인 생물세포와 조직, 기관들의 상호작용하는 비밀을 알 수 없도록 인간의 능력을 제한시켜 놓았기 때문이다. 만일 인간이 세포의 비밀을 알고 세포를 만들 능력이 있다면, 인간은 자기가 좋아하는 형의 남자나 여자 그리고 우수한 두뇌를 가진 자식을 직접 만들 것이다. 그리고 자기가 할 일을 대신해 주는 유능한 종들을 여러 명 만들어 자신은 육체적으로나 정신적인 일은 거의 안하게 되므로 게으르기 이를 데 없을 것이고, 건강으로는 소화시키기도 거북스러울 것이다.

그런가 하면 넓은 정원에는 여러 그루의 과일나무를 만들어 먹음직스럽고 탐스러운 과일이 열리게 하고 아름답고 화려한 꽃이 피는 꽃나무들도 만들 것이다.

만일 이와 같이 되어 어느 정도 시간이 지나면, 땅은 점점 빨리 황폐화 되고, 자연의 물질은 점점 고갈되어 지구 자연과 인간이 만들어 놓은 생물 사이에 물질적인 균형이 이루어지지 않을 것이고, 인간에게 필요한 것이 없기 때문에 신을 찾지도 않고 생각하지도 않으므로 인간과 신과의 영적 교제는 끊어져, 신은 신 혼자 존재하므로 마음의 평형을 이루지 못할 것이다.

그러므로 물질적인 자연의 평형과 인간과 신 사이의 정신적인 평형이 안 이루어지기 때문에 자연과 인간사회가 유지될 수 없게 될 것이다. 신은 계속해서 아름다운 자연과 인간과의 다양한 감정 깊은 영적 교제를 원하기 때문에 인간에게 생물세포의 비밀과 세포제작 능력, 정신감응 능력, 정신동력 능력 등을 의도적으로 거의 주지 않은 것이다.

10
신의 지성과 감정이 담긴 생태계

생태계는 한 지역 안에서 생물과 주위환경(무생물)이 물질과 에너지를 서로 주고받는(교환하는), 즉 서로 상호작용하는 복합시스템을 말한다. 생물이 살아가기 위해서는 빛(에너지), 온도(기후), 흙(양분), 물, 공기 등의 비생물적인 요소가 적당하게 유지·공급되어져야만 한다.

인간의 세포의 질량의 97%가 비금속인 SCHNOP(쉬놉) 즉 탄소(C), 수소(H), 산소(O), 질소(N), 유황(S), 인(P) 그리고 극소량의 여러 흔적원소인 금속원소를 착화합물로 함유하고 있다.

척추동물의 핏속에서 지금까지 78가지 원소를 발견했다. 그 중 18가지 흔적원소는 척추동물에 반드시 필요한 원소인 것으로 알려졌다.

생태계 내에서 무기물은 식물(생산자)에 의해 빛에너지와 함께 유기물(생명체를 만드는 물질=탄소화합물)로 합성되고 양분으로 동물(소비자)에게 전달되어 분해·소화되면서 에너지를 공급하고, 나머지 유기물인 동물의 분비물이나 시체는 미생물에게 전달되어 미생물(분해자)에 의해 다시 무기물로 분해되어 식물에게 전달되어지므로 생태계 내의 물질은 순환을 하게 되고 계속적인 순환은 생태계의 동적평형을 이루게 되어 생태계는 오랫동안 유지·지속하게 되는 것이다.

이와 같이 생물이 사는 것은 결국 에너지를 소비하는 것이고, 소비된 에너지는 열에너지로 일부는 주위환경에 있는 물질이나 대기의 소립자들에게 역학적에너지(위치에너지+운동에너지)로 쓰이거나 일부는 햇빛의 반사 빛과 합쳐져 지구 밖 우주 공간으로 날아가 우주 공간에 머물거나 뜨거운 항체 속으로 또는 검은 구멍 속으로 들어가 새로운 입자나 에너지로 되므로, 전 우주로 보았을 때는 결국 에너지도 순환되는 것이다.

거대한 지구생태계는 수천 조 이상의 수많은 여러 단계의 부분시스템으로 조립되어 있고 동시에 수많은 메커니즘으로 작동되고, 이들을 이루는 부분물(부분품)들은 다시 수없이 많은 시스템으로 이루어져 있고, 다시 이 시스템을 이루는 원자, 분자, 이온 등의 수는 무한수이며, 이들 사이, 즉 입자와 입자 사이, 입자와 부분물 사이, 부분물과 부분물 사이, 부분물과 시스템 사이, 시스템과 시스템 사이, 시스템과 입자 사이 등에 기능과 에너지와 물질을 서로 주고받고 하는 공동상호작용이 일사불란하게 일어남으로써 거대하고 방대한 지구생태계가 작동되어 가는 것이다.

만일 이 거대한 시스템기계에 몇 개의 작은 시스템이 없어지거나 잘못 조립되어 잘못 작동되면, 먹이사슬 단절이나 종의 다량 멸종이나 지구온난화 등과 같은 현상이 일어나서 나중에는 회복할 수 없는 생태계의 파손으로 생물의 전멸도 따르게 되는 것이다.

그러나 쉽게 지구의 생태계가 파손되지 않게 생물의 다양성으로 수많은 먹이사슬을 구축하고, 수많은 천적으로 여러 종류의 생물의 번식률을 조정하는 동시에 상대적으로 약한 생물이 번창할 수 있으며, 수많은 질병으로부터 보호되게 고도의 지성을 가진 누군가가 영적으로 생태계시스템이 만들어지도록 설계해서 프로그램해 놓은 것이다.

아울러 생물의 다양성으로 자연의 아름다움을 이루어 정신적으로 풍요한 정서적, 감정적인 감동도 우러나오게 한 것이다.

생물의 다양성을 자동적으로 가져오게 하는 것은 성욕에 의한 수정(교미)으로 반수의 암·수 성염색체수가 완전한 염색체수로 되면서 어버이가 가진 특성을 골고루 이어받으며 특성이 다양해지고, 다른 한편으로는 DNA의 염기배열순서가 영적 에너지에 의해 바뀌어짐으로써 새로운 종이 태어나 다양한 종이 생겨나는 것이다.

만일 수정(교미)과 생명의 칩인 DNA 칩이 없다면, 태어나는 과정 없이(임신기간 없이) 생명체를 누군가가 일일이 만들어야 할 것이며, 제3자에 의해 만들어진 생물은 DNA가 없기 때문에 성장도 할 수 없는 것이다. 성장을 시키려면 일일이 140조 이상의 DNA를 새로 만들어 신체 속에 140조 이상의 세포 속에 일일이 집어넣어야 하기 때문에 신도 어려운 일인 것이다.

이 어려운 과정을 극복하기 위해 신은 자동적인 세포분열로 세포수가 자동으로 늘어나게 함으로써 생물이 자동으로 성장하도록 하고, 교미(수정)에 의해 자동으로 수정되어 자동으로 생명체가 생성되어 임신기간이 끝나면, 자동으로 정신적, 육체적, 영적으로 완전한 생명체가 탄생하도록 한 것이다. 이와 같은 자동생명메커니즘은 우리 인간이 상상하지 못할 정도로 고도의 영적인 수준이고, 이 고도의 생명메커니즘이 그저 우연히 저절로 자동으로 자연에 의해 부분품이 만들어져서 적재적소에 조립되어 그 속에서 사랑의 감정이 생겨나고 생각할 수 있는 이성이 생겨 정신적인 삶을 하는 기능이 행해진다는 것은 절대 불가능한 일이다.

설사 일일이 만들어진 생물은 특성이 거의 같은 로봇생물이기 때문에 이들과 신은 다양한 사랑의 감정이 담긴 영적 교제를 할 수 없는 것이다.

　인간의 감정은 신경계와 호르몬계 5감각기관과 주위환경과의 공동 상호작용으로 생기며, 다양한 감정은 인간의 삶을 풍요롭게 만들어 주기 때문에 삶의 의욕이 생기는 것이다.

　예술과 창작품은 만든 사람의 생각과 감정을 나타내므로 예술가나 저자는 자기의 작품에 자기의 생각이나 감정을 자신도 모르게 담는다. 마찬가지로 우주만물을 만든 신은 그의 작품인 우주만물인 자연에 신의 생각이나 의도, 감정, 지성 등을 담았기 때문에 우주만물을 잘 관찰하고 분석, 음미하면 어느 정도는 신의 의도와 생각, 감정을 헤아릴 수 있는 것이다.

　대부분의 유명한 음악가나 미술가들은 산업혁명 이전에는 많이 나왔으나 현대에는 거의 나오지 않는다. 산업혁명 전 중세기의 자연은 어디를 가나 생물과 산천이 잘 조화된 한 폭의 그림과 같이 아름답고 정서적이었다.

　이러한 곳에서 자라나는 아이는 자연의 아름다운 감정과 정서를 가지고 성장하기 때문에 인격 형성에도 매우 큰 영향을 받는 것이다.

　검은 연기를 내뿜는 웅장한 공장굴뚝, 사람들이 아웅다웅 시끄러운 시장터, 하늘을 찌르는 듯 높이 솟은 건물이나 아파트, 나무는 별로 없고 먼지와 차와 건물과 사람만 많은 도시들이 일단 한번 뇌세포에 기억으로 저장되면, 아름다운 풍경을 보아도 마음을 크게 감동시키는 아름다운 깊은 감정을 갖기가 매우 힘든 것이다.

　자연 속에서 크는 아이와 컴퓨터나 TV와 함께 크는 아이와는 삶의 가치관이나 사랑의 가치관에서 많은 차이가 있는 것이다.

　아름다운 감정을 가진 사람은 아름다운 사랑을 할 수 있지만, 메마른 감정을 가진 사람은 아름다운 사랑을 계속해서 하기가 어려운 것이다.

신은 신과 인간과 동물의 감정을 풍부히 하기 위해서, 그리고 인간과의 아름다운 다양한 감정이 담긴 영적 교제를 하고 싶어서, 아름다운 대자연을 구상 설계하여 창조했을 것이다.
　천국에서는 신과 천국사람들 사이에 너무나 큰 능력의 차이로, 자유롭고 아름다운 감정이 담긴 사랑의 교제를 나누기 힘들 것이다. 천국에는 더 아름다운 자연이 있을 것이고 모든 것이 풍요하므로 생존경쟁으로 시기와 질투, 먹이사슬도 필요 없어 살생이 필요 없을 것이다.
　천국에도 아름다운 꽃과 새와 곤충들이 있을 것이고 식물과 동물이 있을 것이다. 맑게 흐르는 시냇물과 폭포수와 여러 종류의 동물들이 뛰노는 아름다운 초원도 있을 것이고, 야자수 나무가 우거진 청푸른 해변가도 있을 것이고, 길 양옆에 아름다운 꽃나무들과 먹음직스러운 과일이 열리는 여러 가지 과일나무들로 늘어진 시골길도 있을 것이다.
　사람이 살지 않는 화성이나 금성에 만일 기후가 맞아서 생태계가 순환하는 조건 하에, 인간이 하나님처럼 생물과 자연을 창조한다면, 지금의 지구보다는 더 아름답게 화성과 금성의 자연을 창조하지는 못할 것이다. 그리고 인간처럼 상냥하고 멋있고 감정이 있고, 지혜롭고 특히 인간의 여인처럼 상냥하고 아름다운 여인을 결코 만들어 내지는 못할 것이다.
　이들 작품 속에는 신(하나님)의 영이 들어 있고 신의 호흡이 들어 있고 신의 생각과 정서, 신의 사랑의 감정 등이 흠뻑 들어 있는 것이다.
　신이 지구의 자연 즉 지구의 생태계를 만든 의도(동기)와 목적은 물질과 에너지가 순환되어 인간과 생물이 살아갈 수 있고, 다양한 생물로 아름다운 자연을 만들어 그 속에서 우러나오는 다양한 감정과 정서로 인간과 감정 깊은 영적 교제를 하고 신과 동물들과 인간들과 함께 대자연의 아름다움을 즐김으로써 마음의 만족과 마음의 평안을 얻기 위함일 것이다.

　동물은 배부르면 만사가 좋으나 인간은 배부름만 가지고 행복할 수는 없으며 신과의 영적 교제를 통해서 쌓인 갈등을 풀고 희망을 가짐으로써 삶의 의욕이 생기며, 신에게 계속해서 의지함으로써 정신적인 압박감에서 벗어나 마음의 평안을 얻게 되는 것이다.

　신은 인간의 욕구 욕망과 갈등을 풀어주고 삶의 희망을 줌으로써 즉 정신적인 수많은 인간의 병을 고쳐줌으로써 큰 보람을 느끼기도 할 것이다.

　선진국에 사는 많은 사람들은 스스로 개발도상국이나 후진국의 자원봉사자로 자원하여 월급도 적게 받고 먹을 것과 생활환경도 나쁜 이국에서 젊은 청춘을 헌신으로 봉사하며 보내는데, 이들에게는 남을 돕는 희생정신으로 남의 어려움을 동감하고 도와주고 이들에게 삶의 희망을 주는 큰 보람과 사랑의 기쁨과 강한 의도가 있기 때문이다.

　농부는 봄이 되면 밭에 씨를 뿌리고, 싹이 트면 거름을 주어 정성들여 곡식을 가꾼다. 거름기를 흠뻑 빨아들인 곡식은 진초록색의 잎을 무성히 내며 성장한다.

　농부는 말 못하고 감지하지도 못하는 식물에게 힘든 일을 해가며 정성어린 손길을 뻗쳐, 싱싱하게 자라나는 식물한테서 마음의 만족함과 보람을 느낀다.

　신(하나님)도 지구상의 모든 생물에게 보이지 않는 손길(보이지 않는 에너지=신의 영)을 뻗쳐 살도록 돌보고 이끌게 한다. 그로 말미암아 생물이 육체적으로나 정신적으로 건전하고 강한 삶의 의욕을 갖고 살아가게 되는데, 여기에서 신도 마음의 풍성한 만족감과 신으로서의 보람과 의의를 강하게 느끼게 될 것이다.

　우리 인간들이 꽃이 많은 정원을 가꾸고 집 동물을 기르듯이, 하나님도 아름다운 지구 정원을 가꾸고 수많은 정원동물을 기르는 것이다.

11
생태계의 순환을 위한 물질과 에너지의 순환

초록색의 식물들은 생산자로서 거의 모든 먹이사슬(양분사슬, 에너지사슬)의 에너지 덩어리인 포도당(유기물=생명체를 만드는 물질)을 만든다. 식물 이외의 소비자인 동물이나 분해자인 미생물들은 그 때문에 식물에게 의존하게 된다. 그리고 식물은 이산화탄소와 산소를 공급해 주는 동물과, 유기물을 무기물로 분해시켜 공급해 주는 미생물에게 의존하게 되므로 모든 생물 사이는 서로 상호작용을 하는 것이다.

만일 식물, 동물, 미생물 3군 중 하나라도 없으면 생태계는 작동되지 않기 때문에 신이 생태계 기계를 구상·설계하면서 이들의 상호작용메커니즘을 만든 것이 틀림없는 일이다. 자연에 의한 진화로는 3군이 서로 돕는 상호작용메커니즘을 구상·설계할 수 없으며 식물의 광합성작용의 메커니즘이나 세포나 세포소기관들의 시스템이나 메커니즘들을 구상·설계해서 만들어낼 수 없기 때문이다.

동물들은 식물이 만들어 놓은 유기물을 체온 유지, 움직임, 성장, 번식, 생각 등 신진대사와 삶의 활동을 하기 위해 호흡으로 분해하는데, 이때 부산물로 이산화탄소와 물이 생긴다. 이산화탄소와 물은 다시 식물의 광합성작용에 쓰여 유기물을 만들게 함으로써 이산화탄소, 물, 산소, 질소 등은 순환하면서 모든 생물에게 공급·환원되어지는 것이다. 즉 물질순환에 의해 생물이 살아가는 것이다.

(1) 탄소(C)의 순환

탄소는 유기화합물(탄소화합물=생명체를 만드는 화합물)을 만드는 근본 원소이다. 탄소는 이산화탄소로서 공기 중에서 오직 식물에 의해서만 잡혀져서 광합성작용을 통해 포도당(유기물) 속과 다른 유기물 속에 합성되어진다. 먹이사슬(양분사슬)을 통해서 탄소는 동물이나 미생물에게 도달되어진다. 이들은 탄소화물(유기물)을 분해함으로써 에너지를 얻어 쓴다.

세포호흡 때 이산화탄소는 생성물로 나온다. 탄소의 일부분은 호흡을 내쉴 때 이산화탄소로 나온다. 탄소의 대부분은 동물이나 식물이나 미생물이 신체물질을 생성하기 위해 사용된다. 그들은 성장하거나 번식한다. 그러므로 탄소는 생물량의 형태로 생물에 의해 잠시 저장되어진다. 일반적으로 탄소는 생물이 죽은 후에 또는 분비물이 미생물에 의해 분해되어 다시 탄소순환에 도달된다.

만일 탄소가 유기물 분해과정에서 이탄(泥炭)을 형성하면, 좁은 의미로는 탄소순환과정에서 이탈하는 것이나, 넓은 의미로는 오랜 세월이 지나 지각변동에 의해 다시 지구표면으로 나오게 되므로 결국은 탄소의 순환과정인 것이다. 화석연료인 석유, 지하천연가스, 석탄 등도 탄소저장물인 것이다. 이들은 침식작용에 의해 백만 년 이상 오랜 세월 동안 땅속에 묻혀있던 것들이다. 인간은 이들 탄소저장물을 에너지원으로 심하게 소비함으로써 막대한 이산화탄소가 대기로 방출되므로 탄소순환을 심하게 침투하는 것이다.

이산화탄소의 많은 양은 바닷물에 녹아서 석회로 퇴적(침전)되어진다. 그 때문에 대양은 탄소를 받아들이고 다시 줄 수 있는 아주 중요한 저장소이며, 이로 인하여 탄소량의 변동을 같게 한다.

(2) 산소(O_2)의 순환

탄소순환과 산소순환은 서로 밀접하게 맞물려 있다. 그것은 이미 이산화탄소분자(CO_2)에서 분명한데, 탄소 외에 산소도 포함하고 있다.

광합성 작용시에 물의 분리로 인해 산소가 자유로워진다. 산소는 생물에 의해 호흡되어져서, 생물이 세포호흡으로 유기물을 분해할 때 더 많은 에너지를 얻게 한다. 광합성작용은 유기물을 생성하는 것으로 산소를 만들고, 세포호흡은 유기물을 분해할 때 산소가 필요하므로 산소를 소비하는 것인데, 즉 식물에 의한 산소생성과 동물에 의한 산소소비는 서로 균형을 이루므로 평형을 이루는 것이다. 그것은 고정된 상태에 있는 것이 아니고, 산소의 양이 끊임없이 변동하나, 대체로 오랜 시간 간격으로는 중간 값이 안정하게 머무는데, 이를 동적평형(흐름평형)이라고 한다.

그밖에 산소순환은 물의 순환과도 중첩되어 있다.

(3) 질소(N_2)의 순환

지구상의 질소의 99%가 대기 속에 있다. 지구 대기는 질소가 78%, 산소가 21%, 그밖에 희귀원소 아르곤이 0.9%, 이산화탄소 0.035% 등으로 되어 있다.

질소(N_2)는 무생물계 자연환경으로부터 생산자(식물)에 의해 유기물 속에 합성되어 양분으로 소비자(동물)를 거쳐 분해자(미생물)에 의해 유기물 속에서 무기물질소로 분해되어 자연환경으로 보내지거나 다시 식물에 공급되어지므로 끊임없이 순환하는 것이다. 이는 생물체가 행하는 물질대사인 질소대사에 의해서 생물계와 비생물계와의 사이를 순환하는 것이다.

생물체에 있는 질소함유 유기물로서 양적으로 많은 것은 아미노산, 단백질, 핵산, 인지질, 효소, 호르몬, DNA 등이며, 이것들은 모두 생명체의 생명물질들인 것이다. 그러기에 공기 중에 질소가 가장 많이 차지하는 이유는 생물체를 만드는 물질이기 때문이다. 그밖에 질소는 질식시키고 불을 끄는 작용을 한다. 만일 공기 중의 질소가 50% 이내라면, 산불이 한번 나면 산의 나무는 모두 타버릴 것이다. 불을 지금과 같이 함부로 자유자재로 사용할 수가 없는데, 이러한 것을 모두 고려하여 대기의 질소의 양이 78%를 차지하는 것은 그저 우연한 자연의 진화일 수는 없는 것이다. 질소가 소유하고 있는 비공유 전자쌍 때문에 생체 내에서 염기로 작용하는 것도 신에 의한 설계인 것이다.

공기 중의 질소기체는 3중 결합으로 아주 안정한 기체이므로 식물이나 동물은 직접 분해하지 못하므로 섭취할 수 없다. 일부 세균이나 질소박테리아, 일부 조류, 뿌리혹박테리아는 질소가스를 환원시켜 암모니아(NH_3), 암모늄이온(NH_4^+), 질산기(NO_3^-)로 만들어 토양 속에 무기 질소화합물로 보내면, 식물은 이들을 뿌리로 흡수하여 각종 아미노산과 같은 유기화합물을 합성한다. 생물의 분비물이나 생물의 시체는 박테리아에 의해 분해되어 암모니아가 생성되는데, 일부는 물에 녹아 땅속으로 스며들어 암모늄염이나 질산염으로 되어 다시 식물이 양분으로 섭취할 수 있게 된다.

만일 미생물인 질소박테리아가 없었다면 공기 중의 질소기체를 잡아서 식물에 주지 못하므로 생명물질인 질소가 유기물 속에 들어가지 못하므로 생물은 살아갈 수 없는데, 생물이 살아가게끔 우연히 저절로 자연히 질소박테리아가 생겨나서 진화는 전혀 안 하고 수십억 년간 똑같은 메커니즘으로 자신의 임무만을 해올 수는 없는 것이다.

대장균이나 고초균 등은 호흡의 전자받개(electron acceptor)로서 산소

대신에 질산을 이용하여 암모니아까지 환원한다(질산호흡). 탈질소균도 질산호흡을 하며, 아질산을 유리질소까지 환원하여 대기 중에 방출한다.

바람을 타고 박테리아는 지구 어느 곳이든 갈 수 있고, 어느 곳에든지 번성할 수 있다. 식물은 뿌리로 토양 속에 녹아 있는 암모늄이온, 질산이온을 흡수하는데, 식물의 광합성작용이나 뿌리로 광물염의 흡수작용도 양이온과 음이온의 작용인 극성작용인 것이다. 동물에게 양분으로 들어온 유기화합물은 분해되어 단백질이나 핵산, 효소, 호르몬 등을 만든다. 만일 채소나 고기를 섭취해서 단백질이나 핵산 등을 소화 분해해서 새로 이들을 만들지 않으면, 이들은 단백질로 만들어져 있기 때문에, 사람한테 식물이나 동물의 형질이 나타나 순수한 사람으로 머무를 수 없기 때문에, 동물은 종류에 따라 자신의 특성을 지니기 위해서는 자신에게 맞는 단백질을 만들어야 하기 때문에 모든 동물은 소화기관이 필요한 것이다.

동물이 섭취한 질소함유 유기물의 분해에서 생긴 탄소, 수소, 산소 등은 이산화탄소와 물로 산화되고, 질소는 암모니아로 환원되는데, 암모니아는 독성이 매우 강하므로 동물의 체내에 장시간 저장될 수 없기 때문에 독성이 약한 요소 $CO(NH_2)$로 전환시켜 어느 정도 저장하였다가 오줌으로 배출한다. 식물은 체내에서 생성된 암모니아를 다시 질소 유기화합물 합성에 이용하므로 배출할 필요가 없으며, 이 때문에 식물은 동물과 같이 유기물을 분해하는 소화기관이 필요 없는 것이다.

질소순환도 물, 산소, 이산화탄소 등의 순환과 유기물 속에서 동시에 이루어지는 것이다.

번개나 우주선을 통한 높은 에너지의 작용으로 대기의 질소와 산소는 질산이온(NO_3^-)으로 만들어져 지상에 내려짐으로써 많은 식물에게 양분을 공급한다.

질소순환에도 인간은 다량으로 침해한다. 경작지에 광물비료를 사용함으로써 생태계의 질소가계를 변화시킨다. 그리고 가축의 똥거름도 질소가계의 과잉을 초래하게 한다. 과잉의 질소화합물은 비로 인해 일부는 지하수로 되어 식수에까지 이르고, 일부는 냇물, 강물을 거쳐 대양에 이르는데 이 과정에서 많은 미생물이 분해하느라 산소를 소비시키기 때문에 물속의 산소량이 적어 작은 물고기 등이 죽어가 생태계를 파괴시키게 된다.

그런가 하면 산업과 교통에 의해 방출된 산화질소도 똑같이 자연환경을 현저하게 침해하는 것이다. 공기는 질소 이외에 산소, 희귀원소, 0.035%의 이산화탄소를 함유(포함)하고 있다. 이들은 구름의 물방울 속에서 녹는다. 그 때문에 깨끗한 빗물이라도 산성으로 반응한다. 깨끗한 빗물은 pH값이 5.6 정도이다.

개발도상국이나 선진국 등 산업국가들의 에너지 수요는 막대한 화석연료인 석탄, 난방 기름, 천연 가스, 석유 등을 소비한다. 이들을 태우면(산화시키면) 막대한 양의 이산화탄소가 대기로 방출되어진다. 그리고 이들 연료들은 태워질 때 많은 양의 이산화황이 생길 만큼 많은 양의 황도 포함하고 있다.

난방장치에서는 해마다 세계적으로 1억 톤 이상의 이산화황이 대기권으로 방출되어진다. 방출된 이산화황은 습기 있는 공기와 함께 산화되어 황산으로 된다. 난방장치나 자동차 모터의 높은 연소온도(태우는 온도)일 때는 공기 중의 질소도 산화되어 산화질소로 된다.

공기 중의 산화질소(NO, NO_2)는 빗속에서나 습기 찬 공기에서는 질산으로 되어 산성비가 되어 지상에 내림으로써 식물의 잎이나 뿌리에 직접적으로 접촉함으로써 세포에 도달하게 된다. 세포의 pH값을 낮춤으로써 효소의 기능을 감소시켜, 식물의 신진대사가 잘 안 되므로 병으로 서서히 죽게 되는 것이다. 옥토층은 여러 겹의 완충 토양층을 가지고 있음에도 불구하고 산성비는 pH값을 2정도 낮추는데, 이것으로 인해 식물의 양분으로 중요한 K^+, Ca^{2+}은 씻겨져 사라져 버리고, 독성 있는 알루미늄이온(Al^{3+})이 식물의 털뿌리를 공격하게 된다.

(4) 에너지의 흐름—에너지의 순환

생태계 안의 모든 물질은 자연적인 순환을 하는 데 비해, 에너지는 일방통행식으로 한쪽 방향으로만 흐른다. 초록색의 식물은 태양에너지를 흡수해 광합성작용으로 유기물 속에 화학에너지로 저장해, 즉 태양에너지가 든 유기물을 합성한다. 이 유기물은 먹이사슬을 통해 동물에게 전달되는데, 동물은 에너지가 들어 있는 유기물을 분해·소화함으로써 에너지를 얻어 삶의 활동을 하고, 일부는 체온유지나 움직임에 사용한다.

생물의 삶의 활동은 에너지를 소비하는 것인데, 소비된 에너지는 열에너지로 주위환경으로 방출되는데, 일부는 다른 물질의 역학적에너지(잠재에너지(위치에너지)+운동에너지)로 쓰이고, 일부는 햇빛의 반사빛에 합쳐져 지구 밖으로 나가 우주 공간으로 날아가 우주 공간에 머물거나 태양과 같은 뜨거운 항체를 만나거나 검은 구멍(black hole) 속으로 들어가 다른 입자나 에너지로 되므로 에너지 역시 전 우주로 보면 순환하는 것이라 할 수 있는 것이다. 동물의 분비물이나 시체에 든 에너지는 미생물이 분해하면서 에너지를 얻어 쓰고, 소비된 에너지는 열에너지로 위와 같은 경로를 거치게 된다.

12

지구의 생태계

바다 바닥에서 높은 산꼭대기까지 약 20km의 얇은 공간 사이에서 지구의 생명체들은 살아간다. 지구의 생태계는 지권(땅, 흙), 수권(물, 바다, 강), 대기권(공기), 생물권(미생물, 식물, 동물)과 빛의 5권(영역)으로 되어 있으며, 이들은 서로 상호작용함으로써 생태계는 순환·유지된다.

어떠한 생물체도 수많은 다른 생명체와 수많은 자연물질과 상호작용을 하는 것 없이 홀로는 존재할 수 없는 것이다.

만일 5권 중 하나라도 없거나 하나라도 적재적소에 조립되지 않아 작동이 제대로 되지 않는다면, 그리고 그들 사이에 공동상호작용이 이루어지지 않는다면, 거대한 생태계기계는 작동(작용, 기능)되지 않을 것이며, 결국 지구상의 생명체는 존재하지 못할 것이다. 생물을 지구에서 번창시키기 위해 자연에 의해 꼭 필요한 5권이 우연히 자연히 모두 빠짐없이 정확하게 만들어졌는가, 아니면 신에 의해 의도적으로 구상 설계되어 만들어졌는가?

수조 이상의 여러 단계의 시스템으로 이루어진 한 개의 권(영역)도 다시 수조 이상의 여러 단계의 낱개의 시스템으로 이루어져 있다. 이들 사이도 공동 상호작용하는 수많은 종류의 메커니즘들에 의해 한 권이 형성되어 다른 권과 동시에 상호작용함으로써 비로소 생명체가 지구상에서 살아갈 수 있는 것이다. 설사 이 무한대의 수없는 부속물(부속품)이 주위에 있다 하더라도(실제로는 거의 없지만) 그들이 스스로 적재적소에 조립되어 스스로 서로 공동 상호작용하면서 거대한 생태계 시스템을 작동시키는 것은 불가능한 것이다. 오히려 이들 부속물들이 서로 결합하여 조립되기 전에 파괴되는 것이 훨씬 쉽게 일어나는 자연현상인 것이다.

하나님이 아담을 흙으로 만들고 생기를 불어넣어 생명을 만든 것은 (오랜 세월에 걸친 과정을 단축한 내용이지만), 곧 생령이 사람 몸속에 거하는 거와 마찬가지로, 하나님이 자연물 입자 속에 영(=하나님의 의도=하나님의 말씀=하나님의 설계=하나님의 성령)을 집어넣었기 때문에 모든 물질 속에도 하나님의 영이 들어 있어 물질마다 주어진 특성이 들어 있고, 주어진 특성에 따라 행하는 수동능력이 있는 것이다.

지구상의 모든 물질은 태양의 빛에너지가 들어 있고, 빛은 전자기파와 광자(양자)로 되어 있고 광자 속에는 에너지와 정보와 영이 들어 있다. 그러므로 모든 물질 속에는 역학적에너지로 광자나 보이지 않는 에너지가 들어 있는데, 이들이 신의 의도에 따라 물질이 주어진 특성에 따라 수동적으로 따르게끔 돌보고 이끄는 것이다.

다시 말해 생태계의 생성·순환은 그저 우연히 저절로 되는 것이 아니고 무한히 높은 지성을 가진 자에 의한 영적인 설계로 이루어져서 그의 계획 아래 행해져 가는 것이다. 쓸모없이 보이는 돌, 바람, 번개 등 자연물도 생물체가 생존하는 데 모두 꼭 필요하고 불필요한 자연물은 하나도 없기 때문에 지구생태계는 자연에 의해 우연히 자연히 저절로 만들어진 것이 아니고, 높은 지성을 가진 자에 의해 의도적으로 만들어졌기 때문에 모든 자연물이 모두 다 꼭 필요한 것이다.

생물과 생물, 생물과 무생물, 무생물과 무생물 사이는 지구의 생태계를 위해서 물질과 에너지가 순환되면서 무생물과 생물이 서로 상호작용하며, 그럼으로써 생태계의 순환을 이루어 자연의 평형(조화, 균형)을 이루어 자연이 오래 유지되는 것이다.

물질과 에너지가 순환하면서 지구 도처에 있는 수많은 무생물과 생물이 서로 상호작용하여 생물이 살아갈 수 있도록 생태계의 메커니즘은 고차원적으로 설계되어 있는데, 이 고도의 지성이 담긴 설계는 신에 의해서인가, 아니면 그저 자연히 우연히 저절로 시간이 지나가서 자연에 의해서 저절로 설계되었는가?

지구에서 생태계를 이루고 생물이 살아가기 위해서는 수억만 가지 조건을, 예를 들어 시간과 공간의 방향과 크기와 순서, 물질의 양과 종류와 수와 치수와 에너지의 종류와 양들이 정확하게 배정 작동되어 각각 특정한 시스템을 이루어 특정한 메커니즘에 의해 작동되어져야만 한다. 이 수많은 조건을 모두 충족시키기에는 이러한 설계를 할 수 있는 영적인 능력과 영을 소유한 전지전능한 신밖에 없는 것이다. 그 때문에 지구생태계가 영적으로 만들어져서 46억 년의 오랜 세월 동안 변함없이 영적으로 작동되어 왔고 먼 미래까지 변함없이 작동되어 갈 것이다.

지구상에 있는 모든 물질은 지구의 생태계를 위해 반드시 필요하며, 이것을 이해하기 위해서는 5권을 살펴보는 것이 좋을 것이고, 그럼으로써 신의 창조의 의도와 목적, 감정, 설계, 지성(지혜와 능력) 등을 더 가까이 느끼고 이해하게 될 것이다.

13

생물의 모체인 땅(돌과 흙, 토양)

우리가 보기에 필요 없어 보이는 돌은 광물과 다른 원소를 포함한 저장물인 것이다. 돌은 풍화와 지층의 침식작용에 의해 죽은 유기물(생물)과 함께 형성된 화석연료(석탄과 석유)와 산화금속물과 염을 포함하고 있다. 땅은 생물에게 양분을 공급해 주므로 어머니와 같은 존재이다. 지구의 표면인 지각은 흙과 돌로 되어 있고, 암석층은 지층의 압력에 의해 모래나 흙이 바위형태로 변한 것인데, 그 속에는 유기물, 물, 공기, 광물이 섞인 얇은 층으로 되어 있다.

흙은 몇몇의 벌레와 곤충이 사는 곳 같지만 현미경으로 자세히 보면 무수한 미생물이 산다. 1g의 흙 속에는 수십억 이상의 박테리아, 곰팡이, 해초가 산다. 이들 미생물들은 흙에서 다른 생명체가 살도록 생명의 중요한 역할을 실행하고 있는 것이다. 미생물이 흙 속에서 광물과 유기물을 분해하여 무기물로 만들어 식물의 양분으로 공급하고 있는 것이다. 식물은 오직 광물이 녹은 상태, 즉 이온형으로 섭취할 수 있기 때문이다.

40억 년 전 돌들이 굳어지자마자 돌의 풍화작용이 바람, 온도차이, 비에 의해 일어나기 시작했다. 온도차이는 돌을 팽창시키거나 수축시킨다. 그와 동시에 빗물이 들어갈 틈이 생기고, 빗물이 들어간 돌 틈이 얼면 돌은 잘게 부서진다. 돌이 부서지면 돌에 들어 있던 원소와 광물염이 비에 녹는다. 생명체가 지구상에서 발달·번성할 때 유기물의 분비물이 화학적인 풍화작용을 더 강화시켰다. 유기물질이 무기물질인 돌조각과 물과 공기와 혼합되었고, 미생물이 이것들을 분해시켜 옥토를 만들어 생물체가 살아갈 수 있는 근본 터전을 만들게 한 것이다.

땅(흙)은 지구생태계의 다른 권(영역)하고도 항상 상호작용을 하고 있다. 땅은 땅의 숨구멍에 빗물을 저장하는데, 이것은 홍수의 위험을 막기도 하고 식물에게 주기도 하고 나머지는 지하수로 보내는데, 이 과정에서 해로운 원소나 양분을 변화시키거나 없애거나 한다. 그런가 하면 빗물은 식물을 위해 양분을 운반해 준다.

유기물은 빛에너지를 화학에너지로 함유하고 있으며, 땅은 수많은 유기물을 함유하고 있으므로 거대한 에너지 저장소이고, 그러므로 지구기후에도 큰 영향을 미치고 있는 것이다. 낮에는 태양에너지를 흡수하고 밤에는 일부 내놓아, 낮과 밤의 온도 격차를 줄여 생물체가 살아가는 기후에 기여한다.

돌도 생물체를 위해 삶의 터전을 제공한다. 지구표면 밑 4km에 있는 돌 속에도 박테리아는 존재한다. 미생물 생명체는 돌을 만들기도 한다. 석회암은 바다 생명체의 석회껍질에서 만들어진다. 바다에 사는 생물이 죽으면 껍질이 바다 바닥에 가라앉고 침식작용으로 땅속에 들어갔다가, 지질학적인 과정을 통해 침식암이 솟아오른 것이다. 여러 다른 지질학적인 과정을 통해 암석의 일부는 수권, 대기권 그리고 생명체와 함께 상호작용함으로써 특정한 광물의 저장소인 암석층을 만드는데, 그 중에는 금속도 있다.

땅속 깊이 압력이 크면, 물은 100℃ 이상이더라도 액체상태로 머문다. 그러면 금과 같은 광물을 녹여서 운반한다. 만일 물이 식으면 광물이 석출되며 금인 경우 금맥을 형성하게 된다. 금속은 수천 년 전부터 사용해왔고, 비금속의 광물인 경우 비료 등에 사용되거나 현대화학의 기본원료로 쓰인다. 또한 생물의 암석층은 생물학적 과정을 통해 연료의 원료로 쓰인다. 만일 생물의 물질이 완전히 분해되지 않는 경우, 예를 들어 산소가 차단된 습지나 늪지에서는 이탄이 생긴다. 백만 년 이상 지나는 동안에 바다 생물이나 육지 생물이 지각변동에 의한 침식작용으로 침식층의 압력으로 석유층(동물)이나 석탄층(식물)으로 되어 화석의 연료인 지하가스나 석유, 석탄을 만든다. 탄소화합물(유기화합물)인 석탄, 가스, 기름은 결국 태양에너지의 저장물이므로, 이것을 연료로 쓰면 대기권에 다시 탄소를 내놓게 되는 것이다.

돌과 흙으로 된 지구의 지각도 정지된 상태로 머무는 것이 아니라 느리지만 풍화작용, 지각변동 등으로 순환운동을 하며 수권, 대기권, 생물권, 빛과 끊임없이 상호작용을 하고 있는 것이다.

땅속에 있는 뜨거운 지층은 지하가스와 함께 솟아오르고 지구 표면의 낮은 온도의 지층은 땅속으로 들어가면서 지각변동이 일어나며, 이로 인해 화산과 지진이 일어나고 대류이 이동하고, 이로 인해 큰 산맥이 솟아오른다.

지각변동은 땅의 순환이며, 이로 인해 지하자원과 광물염을 끊임없이 생물체에게 공급하게 된다. 지각변동에 의한 화산, 지진, 해일이 일어나는 것은 땅의 순환을 의미하므로 지구가 살아있다는 증거인 것이다. 즉 생물이 번창하며 살아가기 위해서는 땅의 순환도 이루어져야 하는 것이다.

지표의 암석의 구성성분은 산소, 규소, 알루미늄, 철, 마그네슘, 칼슘 등으로 흙의 구성성분과 비슷하다. 지표의 암석들은 풍화작용으로 잘게 부서져 흙으로 된다. 흙은 다시 모래, 세사, 점토, 부식질 등으로 구분되는데, 입자의 크기가 $2\mu m (\mu = 10^{-6})$ 이하인 점토는 구조적 특징 때문에 음전하를 띠고 있어 생명체들이 필요로 하는 양전하(금속류)를 띤 광물질들을 극성의 힘으로 붙들고 있다가 생명체에게 전달하고, 부식질(양전하)은 점토와 반대로 음전하(산기, 염)를 띠는 질산염, 황산염 등을 붙들고 있다가 생명체인 식물에게 전달하고, 식물은 이들을 유기물 속에 저장시켜 양분으로 동물에게 전달한다.

지구의 생태계를 지탱하는 영양분이 풍부한 흙은 지표로부터 50~60cm 깊이 이내에만 존재한다. 이 얇은 층의 흙 속에 모든 식물과 동물, 미생물(더 깊이)들의 생명이 걸려 있는 것이다.

우리는 육체의 어머니 속에서 태어나면 따듯한 육체의 어머니 품속에서 자라나며, 물질적 정신적인 모든 것을 거의 어머니가 보살피며 인도해 준다.

그러나 땅의 어머니는 우리의 육체를 만드는 원소와 양분을 직접 제공하고, 중력으로 대기권을 붙잡고 있어 우리가 호흡할 수 있고, 그리고 온화한 기후를 만들고 물도 주고, 아름다운 산과 들, 강과 시냇물, 귀여운 새와 동물, 꽃과 과일나무 등 너무나 많을 것을 우리에게 제공하여 물질적 정신적 정서적 미적 등으로 우리의 마음을 풍부하게 만들어 준다. 밤이든 낮이든, 아침이든 저녁이든 가리지 않고, 우리가 나서 죽을 때까지 땅의 어머니 품속과 손길을 한시도 벗어나지 않고, 땅의 어머니 냄새인 흙냄새를 맡으며 함께 살아가는 것이다. 그리고 우리가 죽으면 우리의 육체는 다시 땅의 어머니 곁으로 돌아가는 것이다.

✱시스템(계, 사회)—위대한 선구적인 민족✱

세계에서 가장 선하고 착한 민족은 이스라엘 민족인 것 같다. 왜냐하면 이스라엘 민족은 아직까지도 율법을 지키려 하며 자신들의 메시아를 기다리고 있기 때문이다. 이미 그들의 메시아(구세주)인 예수님이 오셨지만 유감히도 그들은 예수님을 하나님의 아들인 신으로 안 보고 사람으로 보고 메시아로 인정하지 않기 때문이다. 그 때문에 지금까지도 이스라엘 민족은 평온하지 않은 것이다.

물론 오늘날 일부 이스라엘인은 뉘우치고 예수님을 믿는 사람들이 해마다 늘어간다. 그러나 그 숫자는 많지 않다. 이와 같이 이스라엘 민족이 예수님을 메시아로 받아들이지 않기 때문에 구원받은 숫자도 매우 적은 것이다. 그 때문에 이방인(다른 민족)들에게 구원을 받을 길이 활짝 열리게 된 것이다. 예수님이 재림하시면 그제야 이스라엘 민족은 예수님이 그토록 오래도록 기다리던 메시아임을 깨닫게 되어 뉘우치고 구원을 받게 될 것이다.

중세 이후 세계에서 가장 진보적이고 위대한 선구적인 민족은 영국민족일 것이다. 물론 영국민족이 중세기에 바다 해상에서 해적단 일도 많이 했고, 인도 등 많은 식민지를 만들어 경제적으로 착취한 나쁜 단면도 없지 않다. 그러나 일본이 한국과 중국을 식민지화 하고 수많은 젊은 여성을 위안부로, 그리고 수많은 젊은이들을 병사로 강제 징용하여 전쟁터로 몰고 가고, 많은 항일투사들을 잔인하게 학살한 것에 비하면, 그래도 영국은 신사적으로 자국의 경제를 위해서 신사적으로 덜 잔인하게 식민지정치를 한 것이다.

우리는 영국의 단점인 패국주의 제국주의로 식민지정책을 쓴 것만 살펴보는 것은 공평하지 않다고 생각한다. 중세기에는 어느 나라든 자국 내이건 국외이건 전쟁이 잦은 시대였고, 모두 통치세력과 자원문제로 정치적 경제적인 시스템이 불안정한 시대였기 때문에 전쟁이 자주 일어났던 것이다.

영국은 전 세계의 현대문명의 발생지이고 현대 학문의 발생지이며 현대 민주주의 평화에 선구자 역할을 한 나라라고 볼 수 있다. 세계에서 탐구기관인 대학 시스템이 가장 먼저 세워진 것도 영국 케임브리지 대학이 1209년을 기원으로 하여 1284년 국립종합대학으로 개교한 것을 보아 알 수 있는 것이다. 그리고 14세기경에 옥스퍼드 대학이 설립되었다.

우리나라 조선의 제1대 태조인 이성계가 즉위한 해는 겨우 1392년으로, 비교해 보면 영국이 얼마나 일찍부터 탐구기관인 대학 육성에 힘을 기울였는지 알 수 있다.

그 당시 프랑스나 독일 등 많은 서방 유럽나라 사람들이 영국대학에서 유학을 하였다. 그 후 유럽나라들이 영국대학시스템을 본받아 대학들을 설립하게 된 것이다.

오늘날 화학공업은 독일이 유명한데 처음 화학전문가들은 대부분 영국에서 유학한 유학생들이 기초가 되어 독일의 화학터전을 닦게 한 것이다. 오늘날 자연과학의 선구자 역할을 한 것도 대부분이 영국대학 출신의 영국학자들에 의해서이다.

산업 면에서도 영국은 선구자 역할을 했다. 영국은 처음에 인도에서 많은 목화를 수입해서 목화에서 실을 빼내는 나무기계(직기)와 목화실로 천을 짜는 베틀 등을 이용해 옷의 천을 짜내 많은 종류의 옷을 만들었는데, 이 나무기계들을 쇠로 바꿔 처음으로 기계화 하여 많은 기계들에 의해 많은 옷감을 짜내게 되고 동시에 많은 노동자와 큰 공장시설이 필요했고, 이 기계들을 인간의 손의 힘 대신 뜨거운 물의 수증기의 힘으로 힘들이지 않고 기계를 가동시켜 많은 옷감을 짜서 다시 비싼 가격으로 인도와 다른 나라에 팔고 헐값으로 목화를 수입해 들였다.

수증기의 힘을 빌리자면 물을 끓이는 석탄을 캐야 했고 캐낸 무거운 석탄을 나르기 위해 철로가 필요했고, 철로를 놓기 위해 철이 들어 있는 철광석을 땅속에서 캐내야 했으므로 탄광업이 발전하게 되고 동시에 석탄으로 철을 녹이는 철공장과 녹인 쇠로 철도와 증기기관차와 쇠로 만든 철다리를 놓아야 했으므로 동시에 여러 기계공장들과 공업기술, 수많은 노동자들이 필요했고 동시에 산업도시가 생겨났고 아울러 자연히 산업혁명이 일어나게 되었던 것이다. 그러므로 현대 문명은 영국의 산업혁명으로 석탄과 쇠와 운송에 필요한 증기기관차와 철도산업으로 시작되어진 것이다. 즉 영국의 산업혁명은 현대 인류문명의 선구자 역할을 한 것이다.

영국민족(영국시스템)에 대해 살펴보면 만일 영국민족이 주축이 되어 미국을 만들지 않고 미국 대신 여러 나라들로 쪼개져 있었으면, 오늘날 같은 세계 평화는 유지되기 어려웠을 것이다.

제2차 세계대전이 끝나고 유럽 민주주의 나라들은 프랑스, 영국, 독일 등 많은 서방국가들이 경제침체에 빠져 있을 때 미국은 마샬정책에 의해 서방민주국가들에게 대규모적인 경제지원을 하여 이들 민주국가들이 경기침체 구렁텅이에서 빠져나와 공장건설 등 경제발판을 쌓고 빠르게 경제부흥을 이루게 하였다. 즉 미국의 정치는 대부분 영국민족이 주체가 되었기 때문이다. 물론 영국은 처음에 미국을 만들어 영국의 식민지 나라로 만들 계획이었으나, 미국에 사는 영국민족은 오히려 영국의 무역세를 피해서 미국의 자주독립을 원했기 때문에 미국을 탄생시킨 것이다. 물론 미국민족은 영국민족 이외에 프랑스, 네덜란드, 독일 등 서유럽 여러 나라들의 민족이 혼합한 민족이지만 그 중에 영국민족과 프랑스민족이 가장 숫자가 많기 때문에 주축가 되는 것이다. 만일 제2차 세계대전 후 미국의 대규모 서유럽 경제지원이 없었다면 서유럽 나라들은 오늘날 같이 풍요로운 선진국이 빨리 되기가 어려웠을 것이다.

만일 6.25사변 때도 미국이 앞장서서 영국, 프랑스 등 유엔이 우리나라를 돕지 않았다면 우리는 아마도 지금까지 공산주의로 머물러 있었을 것이다. 6.25사변 이후 지금까지 미국이 우리나라를 경제 면으로나 군사 면으로 얼마나 원조하고 지원해 주고 희생을 해왔는가? 제2차 세계대전 이후 지금까지 미국은 전 세계의 평화와 민주주의 시스템을 지키기 위해 세계 도처에서 앞장서서 경제면으로나 군사 면으로 얼마나 희생을 치르고 있는가? 지금은 자유무역시대이지만 그래도 미국은 무역 면에서 무역 상대국 사이에서 항상 수입을 더 많이 하기 때문에 결국 손해 보는 무역을 해왔다. 이것이 누적되어 2008년 9월부터 금융위기에 빠지게 된 것이다.

금융위기가 온 두 번째 이유는, 증권계와 은행시스템이 투기적인 증권사업과 부동산사업을 하여 그동안 투기적으로 부풀려진 증권 값과 부동산 값이 몰락되어 거품이 꺼지는 현상으로 오는 경제난인 것이다. 투기적으로 시스템이 부풀려지면 상대적으로 시스템을 지키기 위한 질서도 늘어나야 하며, 질서를 지키기 위해서는 법이 만들어져야 하나 그동안 금융법이 제대로 금융시스템을 감시하고 금융질서를 지키기 위한 법으로 만들어지지 않았기 때문에 금융질서의 혼란으로 오는 대혼란인 것이다.

세 번째 이유는, 중국과 인도 같은 거대한 개발도상국들이 자유무역시대의 힘을 입어 무역의 장벽 없이 싼 임금으로 생산된 저렴한 상품으로 세계시장을 점차로 장악하기 때문이다. 임금이 비싼 선진국의 생산 공장들은 특수한 고도의 기술로 만들어진 상품이 아닌 한 국제시장에서 심한 타격을 받게 되고, 이로 인해 증권 값도 타격을 받게 된다. 임금 때문에 선진국들의 많은 공장들이 중국이나 인도로 이전을 하기 때문에 중국과 인도는 점점 공장 수가 기하급수적으로 늘어나고 상대적으로 선진국들의 공장 규모는 작아지게 된다. 앞으로 멀지 않은 장래에는 중국과 인도가 세계시장을 장악하게 되어 세계경제를 좌우하게 될 수도 있는 것이다. 건전한 세계경제의 활성을 위해서는 건전한 세계경제 메커니즘이 작동되도록 세계경제시스템을 보강하는 것이 급선무일 것이다. 예를 들어 유럽공동체와 같은 시스템을 만들어 경제적, 정치적, 교통적, 안보적, 무역 면에서 여러 나라가 고루 발전할 수 있게 할 수 있다.

 2008년의 경제난의 가장 큰 이유는 나라 사이에 경제시스템과 경제메커니즘이 서로 상호작용으로 작용을 하는 것이 아니고, 세계시장시스템의 장악으로 오는 반상호작용으로 오는 결과인 것이다.

 제2차 세계대전 때 미국은 일본과 태평양해전에서 수십만 전쟁사를 냈지만 대전 후 일본의 경제부흥을 위해 얼마나 많은 경제원조를 해 주었는가? 이러한 행동 뒤에는 미국민족 속에 영국민족의 피가 흐르고 있기 때문에 이러한 화해적인 경제원조를 하는 상호작용을 할 수 있었던 것이다. 영국민족 상위층 속에는 수많은 이스라엘민족도 있는 것이다. 이스라엘민족이 영국이나 소련, 독일 등 많은 유럽나라에 살면서 그 나라의 정치계나 경제계나 학계에 큰 영향을 미치기 때문이다. 만일 우리 민족이나 중국민족이나 일본민족이나 독일민족이 미국민족의 주최가 되었다면 과감하게 이러한 화해적이고 평화적인 경제원조 정책을 쓸 수 있었겠는가?

 대전 후 우리도 살기가 나쁘다고 하고 이러한 상황이 네 나라 때문이라고 푸념하고 경제원조 대신 오히려 전쟁보상비나 다른 요구조건을 강하게 내세울 것이다. 그러나 일부에서는 미국 민족의 위대한 공적을 찬양하기보다는, 미국이 경제착취를 위해서 경제원조를 해 주는 것이라고 몰아치는 것은 올바른 역사관이 아닌 것이다. 누구나 상업이나 무역에서 이윤을 내고자 하지 않는 사람이 없듯이, 무역 면에서 어느 나라든 무역흑자를 올리려 하지 않는 나라는 없는 것이다. 만일 미국이 그러한 이기적이고 배타적인 세계관으로 정치를 해 왔다면 미국에서 제일 먼저 대금융위기가 오지도 않았을 것이다.